9

Schlüssel zur Mathematik

Rheinland-Pfalz

Unter Beratung von
Manuela Becker (Edenkoben)
Marion Heller (Bobenheim-Roxheim)
Luitgard Schatral (Speyer)
Sebastian Schönthaler (Eisenberg)
Diana Tibo (Winnweiler)

Cornelsen

Teile dieses Unterrichtswerkes basieren auf Inhalten bereits erschienener Lehrwerke.
Diese wurden herausgegeben von Reinhold Koullen † und Udo Wennekers
sowie erarbeitet von:

Helga Berkemeier, Ilona Gabriel, Wolfgang Hecht, Barbara Hoppert, Ines Knospe, Reinhold Koullen †,
Jeannine Kreuz, Frank Nix, Doris Ostrow, Hans-Helmut Paffen, Günther Reufsteck, Jutta Schaefer,
Gabriele Schenk, Willi Schmitz, Ingeborg Schönthaler, Christine Sprehe, Herbert Strohmayer,
Martina Verhoeven, Udo Wennekers, Rainer Zillgens

Unter Beratung von: Manuela Becker, Marion Heller, Luitgard Schatral, Sebastian Schönthaler, Diana Tibo

Redaktion: Kerstin Kälberer, Martin Karliczek, Christina Schwalm

Illustration: Roland Beier

Grafik: Christian Böhning, Ulrich Sengebusch †

Umschlaggestaltung und Layoutkonzept:
Syberg | Kirstin Eichenberg und Torsten Symank

Layout und technische Umsetzung:
CMS – Cross Media Solutions GmbH

Begleitmaterialien zum Lehrwerk			
für Schülerinnen und Schüler		**für Lehrerinnen und Lehrer**	
Arbeitsheft	978-3-06-040146-8	Lösungsheft	978-3-06-040148-2
Arbeitsheft Basis	978-3-06-040147-5	Handreichungen	978-3-06-040160-4
Begleitmaterial auf USB-Stick inkl. Unterrichtsmanager und E-Book			978-3-06-001004-2

www.cornelsen.de

Druck: Mohn Media Mohndruck, Gütersloh

1. Auflage, 1. Druck 2018
ISBN 978-3-06-040145-1 (Schülerbuch)
ISBN 978-3-06-040161-1 (E-Book)

PEFC zertifiziert
Dieses Produkt stammt aus nachhaltig
bewirtschafteten Wäldern und kontrollierten
Quellen.

www.pefc.de

PEFC/04-31-1033

Inhalt

☐ Basis ☐ Basis/Erweiterung ☐ Erweiterung ■ Vertiefung 👥 Partnerarbeit 👥 Gruppenarbeit

123

Daten und Zufall

145

Ähnlichkeit

171

Kannst du das?

189

Anhang

☐ Basis   ☐ Basis/Erweiterung   ☐ Erweiterung   ■ Vertiefung   👥 Partnerarbeit   👥 Gruppenarbeit

Rallye durch dein Mathe-Buch

Auf diesen zwei Seiten findest du einige Hinweise zu deinem neuen Mathematikbuch.
Löse die Rätsel (ä, ö, ü und ß sind erlaubt).
Das Lösungswort verrät dir, was das Bild auf dem Umschlag zeigt.

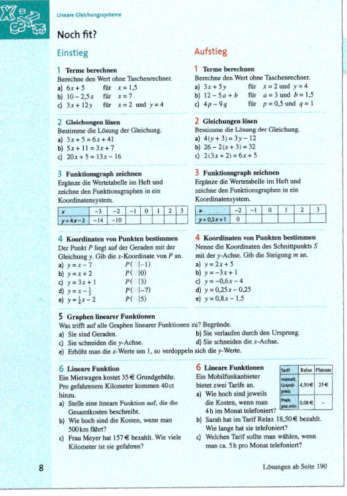

■ Noch fit?
Mit dem Einstiegstest kannst du
dein bisher erworbenes
Wissen testen. Deine Ergebnisse
kannst du mit den Lösungen im
Anhang vergleichen.
**Rätsel zum Noch fit? im Kapitel
Lineare Gleichungssysteme:**
Wer in Aufgabe 6 hat 157 €
bezahlt?
__ __ 9 __ __ __ __ __ __

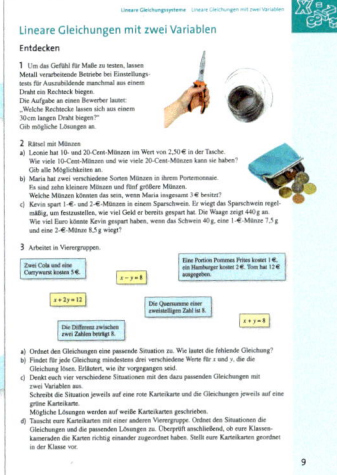

■ Entdecken
Jede Lerneinheit beginnt mit
einführenden Aufgaben, die
zum Ausprobieren und
Entdecken anregen.
**Rätsel zum Entdecken – Pfadregeln
im Kapitel Daten und Zufall:**
Welche Fahrzeuge werden in Aufgabe
3 kontrolliert? __ 12 8 __ __ __ __ __ __

■ Verstehen
Der neue Unterrichtsstoff wird anhand von
Merksätzen und Beispielen erklärt.
**Rätsel zum Verstehen – Quadratische Funktionen
und ihre Umkehrung im Kapitel Funktion und
Umkehrfunktion – Rechnen mit Wurzel:**
Im Beispiel 1 wird der Zusammenhang untersucht
von Geschwindigkeit und …? 11 __ __ __ 6 __ __ __

■ Üben und anwenden
Die Aufgaben trainieren den neu
gelernten Unterrichtsstoff.
**Rätsel zum Üben und
anwenden – Der Satz des
Pythagoras im Kapitel
Die Satzgruppe des
Pythagoras:**
Welche Dachform hat
das Einfamilienhaus in
Aufgabe 14?
7 __ __ __ __ 4 __ __ 2 __

Mittelschwere
Aufgaben haben
eine schwarze
Aufgabennummer.

In der Randspalte
stehen zusätzliche
Informationen,
Aufgaben und
Lösungshinweise.

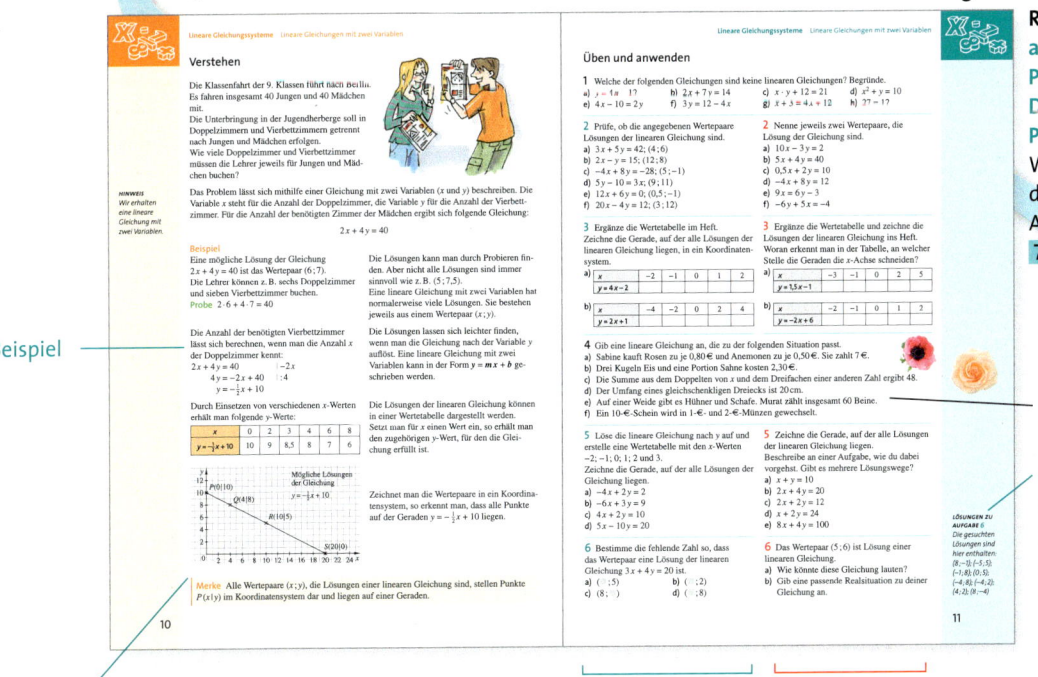

Beispiel

Wichtiger
Merkstoff

Die linke Spalte
enthält leichtere
Aufgaben.

Die rechte Spalte
enthält schwierigere
Aufgaben.

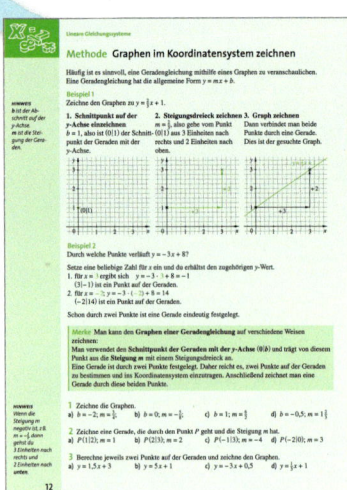

Die Symbole in den oberen Ecken stehen für bestimmte Bereiche in der Mathematik:

Zahlen und Variablen

Geometrie

Funktionen

Daten und Zufall

Methode und Thema
Auf den Methodenseiten werden die wichtigsten mathematischen Methoden vorgestellt und geübt. Die Themenseiten zeigen mathematische Inhalte aus verschiedenen Lebensbereichen.
Rätsel zur Methode: Schrägbilder zeichnen im Kapitel Pyramide, Kegel, Kugel:
Welche Form hat das Grabmal des römischen Amtsträgers Gaius Cestius Epulo in Aufgabe 13?
_ _ _ _ 10 _ _ _

Klar so weit?
Mit dem Zwischentest kannst du überprüfen, ob du den neuen Unterrichtsstoff verstanden hast. Deine Ergebnisse kannst du mit den Lösungen im Anhang vergleichen.
Rätsel zum Klar so weit? im Kapitel Lineare Gleichungssysteme:
Wem läuft der Fuchs in Aufgabe 4 hinterher?
_ _ 1 _

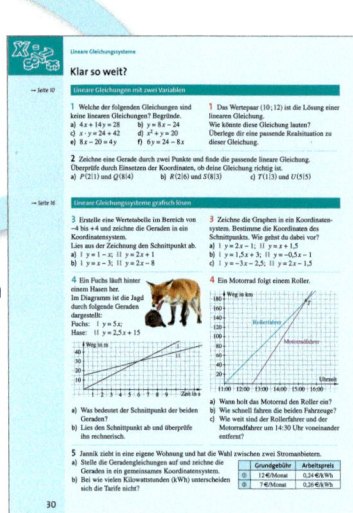

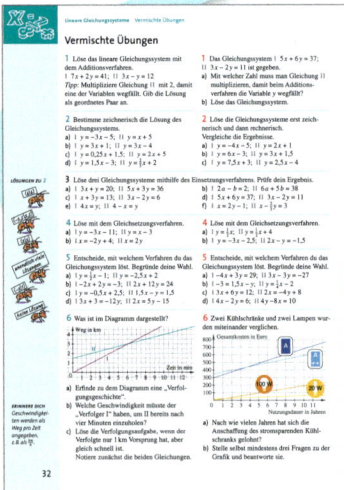

Vermischte Übungen
Die Seiten enthalten Aufgaben zu allen Lerneinheiten eines Kapitels.
Rätsel zu den Vermischten Übungen im Kapitel Ähnlichkeit:
Welchen Begriff kannst du im Anhang nachschlagen (Hinweis zu Aufgabe 6)?
_ _ _ 14 _ _ _

Zusammenfassung
Die Zusammenfassung am Ende eines Kapitels enthält die wichtigsten Merksätze zum Nachschlagen.
Rätsel zu der Zusammenfassung im Kapitel Daten und Zufall:
Die Pfadregeln sind die Summenregel und die ...
_ _ 5 _ _ _ _ _ _ _ _

Teste dich!
Überprüfe zur Vorbereitung auf die Klassenarbeit dein Können. Die Lösungen zum Abschlusstest findest du im Anhang.
Rätsel zum Teste dich! im Kapitel Satz des Pythagoras:
Was lässt Tim in Aufgabe 5 steigen?
_ _ _ 13 3 _ _

Wie lautet das Lösungswort?
1 2 3 4 5 6 7 8 9 10 11 12 13 14

Lineare Gleichungssysteme

Transport und Verkehr erfordern viel Koordination.
Bei der Planung muss man gleichzeitige Abfahrten
und Anschlussverbindungen berechnen.
Dabei spielt mathematisch auch das Lösen
von Gleichungssystemen eine Rolle.

Noch fit?

Einstieg

1 Terme berechnen
Berechne den Wert ohne Taschenrechner.
a) $6x + 5$ für $x = 1{,}5$
b) $10 - 2{,}5x$ für $x = 7$
c) $3x + 12y$ für $x = 2$ und $y = 4$

2 Gleichungen lösen
Bestimme die Lösung der Gleichung.
a) $3x + 5 = 6x + 41$
b) $5x + 11 = 3x + 7$
c) $20x + 5 = 13x - 16$

3 Funktionsgraph zeichnen
Ergänze die Wertetabelle im Heft und zeichne den Funktionsgraphen in ein Koordinatensystem.

x	-3	-2	-1	0	1	2	3
$y = 4x - 2$	-14	-10					

4 Koordinaten von Punkten bestimmen
Der Punkt P liegt auf der Geraden mit der Gleichung y. Gib die x-Koordinate von P an.
a) $y = x - 7$ $P(\ \ |-1)$
b) $y = x + 2$ $P(\ \ |0)$
c) $y = 3x + 1$ $P(\ \ |3)$
d) $y = x - \frac{1}{3}$ $P(\ \ |-7)$
e) $y = \frac{1}{4}x - 2$ $P(\ \ |5)$

5 Graphen linearer Funktionen
Was trifft auf alle Graphen linearer Funktionen zu? Begründe.
a) Sie sind Geraden.   b) Sie verlaufen durch den Ursprung.
c) Sie schneiden die y-Achse.   d) Sie schneiden die x-Achse.
e) Erhöht man die x-Werte um 1, so verdoppeln sich die y-Werte.

6 Lineare Funktion
Ein Mietwagen kostet 35 € Grundgebühr. Pro gefahrenem Kilometer kommen 40 ct hinzu.
a) Stelle eine lineare Funktion auf, die die Gesamtkosten beschreibt.
b) Wie hoch sind die Kosten, wenn man 500 km fährt?
c) Frau Meyer hat 157 € bezahlt. Wie viele Kilometer ist sie gefahren?

Aufstieg

1 Terme berechnen
Berechne den Wert ohne Taschenrechner.
a) $3x + 5y$ für $x = 2$ und $y = 4$
b) $12 - 5a + b$ für $a = 3$ und $b = 1{,}5$
c) $4p - 9q$ für $p = 0{,}5$ und $q = 1$

2 Gleichungen lösen
Bestimme die Lösung der Gleichung.
a) $4(y + 3) = 3y - 12$
b) $26 - 2(x + 3) = 32$
c) $2(3x + 2) = 6x + 5$

3 Funktionsgraph zeichnen
Ergänze die Wertetabelle im Heft und zeichne den Funktionsgraphen in ein Koordinatensystem.

x	-2	-1	0	1	2	3
$y = 0{,}5x + 1$	0					

4 Koordinaten von Punkten bestimmen
Nenne die Koordinaten des Schnittpunkts S mit der y-Achse. Gib die Steigung m an.
a) $y = 2x + 5$
b) $y = -3x + 1$
c) $y = -0{,}6x - 4$
d) $y = 0{,}25x - 0{,}25$
e) $y = 0{,}8x - 1{,}5$

6 Lineare Funktionen
Ein Mobilfunkanbieter bietet zwei Tarife an.
a) Wie hoch sind jeweils die Kosten, wenn man 4 h im Monat telefoniert?
b) Sarah hat im Tarif Relax 18,50 € bezahlt. Wie lange hat sie telefoniert?
c) Welchen Tarif sollte man wählen, wenn man ca. 5 h pro Monat telefoniert?

Tarif	Relax	Flatrate
monatl. Grundpreis	4,50 €	25 €
Preis pro min	0,08 €	–

Lösungen ab Seite 190

Lineare Gleichungen mit zwei Variablen

Entdecken

1 Um das Gefühl für Maße zu testen, lassen
Metall verarbeitende Betriebe bei Einstellungs-
tests für Auszubildende manchmal aus einem
Draht ein Rechteck biegen.
Die Aufgabe an einen Bewerber lautet:
„Welche Rechtecke lassen sich aus einem
30 cm langen Draht biegen?"
Gib mögliche Lösungen an.

2 Rätsel mit Münzen

a) Leonie hat 10- und 20-Cent-Münzen im Wert von 2,50 € in der Tasche.
Wie viele 10-Cent-Münzen und wie viele 20-Cent-Münzen kann sie haben?
Gib alle Möglichkeiten an.

b) Maria hat zwei verschiedene Sorten Münzen in ihrem Portemonnaie.
Es sind zehn kleinere Münzen und fünf größere Münzen.
Welche Münzen könnten das sein, wenn Maria insgesamt 3 € besitzt?

c) Kevin spart 1-€- und 2-€-Münzen in einem Sparschwein. Er wiegt das Sparschwein regelmäßig, um festzustellen, wie viel Geld er bereits gespart hat. Die Waage zeigt 440 g an.
Wie viel Euro könnte Kevin gespart haben, wenn das Schwein 40 g, eine 1-€-Münze 7,5 g
und eine 2-€-Münze 8,5 g wiegt?

3 Arbeitet in Vierergruppen.

> Zwei Cola und eine
> Currywurst kosten 5 €.

> Eine Portion Pommes Frites kostet 1 €,
> ein Hamburger kostet 2 €. Tom hat 12 €
> ausgegeben.

$$x - y = 8$$

$$x + 2y = 12$$

> Die Quersumme einer
> zweistelligen Zahl ist 8.

$$x + y = 8$$

> Die Differenz zwischen
> zwei Zahlen beträgt 8.

a) Ordnet den Gleichungen eine passende Situation zu. Wie lautet die fehlende Gleichung?

b) Findet für jede Gleichung mindestens drei verschiedene Werte für x und y, die die
Gleichung lösen. Erläutert, wie ihr vorgegangen seid.

c) Denkt euch vier verschiedene Situationen mit den dazu passenden Gleichungen mit
zwei Variablen aus.
Schreibt die Situation jeweils auf eine rote Karteikarte und die Gleichungen jeweils auf eine
grüne Karteikarte.
Mögliche Lösungen werden auf weiße Karteikarten geschrieben.

d) Tauscht eure Karteikarten mit einer anderen Viergruppe. Ordnet den Situationen die
Gleichungen und die passenden Lösungen zu. Überprüft anschließend, ob eure Klassenkameraden die Karten richtig einander zugeordnet haben. Stellt eure Karteikarten geordnet
in der Klasse vor.

Verstehen

Die Klassenfahrt der 9. Klassen führt nach Berlin. Es fahren insgesamt 40 Jungen und 40 Mädchen mit.
Die Unterbringung in der Jugendherberge soll in Doppelzimmern und Vierbettzimmern getrennt nach Jungen und Mädchen erfolgen.
Wie viele Doppelzimmer und Vierbettzimmer müssen die Lehrer jeweils für Jungen und Mädchen buchen?

HINWEIS
Wir erhalten eine lineare Gleichung mit zwei Variablen.

Das Problem lässt sich mithilfe einer Gleichung mit zwei Variablen (x und y) beschreiben. Die Variable x steht für die Anzahl der Doppelzimmer, die Variable y für die Anzahl der Vierbettzimmer. Für die Anzahl der benötigten Zimmer der Mädchen ergibt sich folgende Gleichung:

$$2x + 4y = 40$$

Beispiel

Eine mögliche Lösung der Gleichung $2x + 4y = 40$ ist das Wertepaar $(6\,;7)$.
Die Lehrer können z. B. sechs Doppelzimmer und sieben Vierbettzimmer buchen.
Probe $2 \cdot 6 + 4 \cdot 7 = 40$

Die Lösungen kann man durch Probieren finden. Aber nicht alle Lösungen sind immer sinnvoll wie z. B. $(5\,;7,5)$.
Eine lineare Gleichung mit zwei Variablen hat normalerweise viele Lösungen. Sie bestehen jeweils aus einem Wertepaar $(x\,;y)$.

Die Anzahl der benötigten Vierbettzimmer lässt sich berechnen, wenn man die Anzahl x der Doppelzimmer kennt:

$$2x + 4y = 40 \qquad |-2x$$
$$4y = -2x + 40 \qquad |:4$$
$$y = -\tfrac{1}{2}x + 10$$

Die Lösungen lassen sich leichter finden, wenn man die Gleichung nach der Variable y auflöst. Eine lineare Gleichung mit zwei Variablen kann in der Form $y = mx + b$ geschrieben werden.

Durch Einsetzen von verschiedenen x-Werten erhält man folgende y-Werte:

x	0	2	3	4	6	8
$y = -\tfrac{1}{2}x + 10$	10	9	8,5	8	7	6

Die Lösungen der linearen Gleichung können in einer Wertetabelle dargestellt werden. Setzt man für x einen Wert ein, so erhält man den zugehörigen y-Wert, für den die Gleichung erfüllt ist.

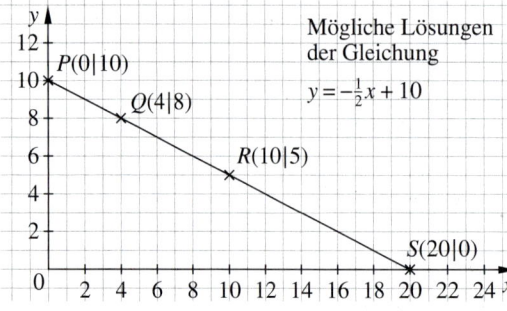

Mögliche Lösungen der Gleichung $y = -\tfrac{1}{2}x + 10$

Zeichnet man die Wertepaare in ein Koordinatensystem, so erkennt man, dass alle Punkte auf der Geraden $y = -\tfrac{1}{2}x + 10$ liegen.

Merke   Alle Wertepaare $(x\,;y)$, die Lösungen einer linearen Gleichung sind, stellen Punkte $P(x|y)$ im Koordinatensystem dar und liegen auf einer Geraden.

Üben und anwenden

1 Welche der folgenden Gleichungen sind keine linearen Gleichungen? Begründe.

a) $y = 4x - 12$ b) $2x + 7y = 14$ c) $x \cdot y + 12 = 21$ d) $x^2 + y = 10$

e) $4x - 10 = 2y$ f) $3y = 12 - 4x$ g) $x + 3 = 4x + 12$ h) $27 = 12$

2 Prüfe, ob die angegebenen Wertepaare Lösungen der linearen Gleichung sind.

a) $3x + 5y = 42$; $(4\,;6)$

b) $2x - y = 15$; $(12\,;8)$

c) $-4x + 8y = -28$; $(5\,;-1)$

d) $5y - 10 = 3x$; $(9\,;11)$

e) $12x + 6y = 0$; $(0,5\,;-1)$

f) $20x - 4y = 12$; $(3\,;12)$

2 Nenne jeweils zwei Wertepaare, die Lösung der Gleichung sind.

a) $10x - 3y = 2$

b) $5x + 4y = 40$

c) $0,5x + 2y = 10$

d) $-4x + 8y = 12$

e) $9x = 6y - 3$

f) $-6y + 5x = -4$

3 Ergänze die Wertetabelle im Heft. Zeichne die Gerade, auf der alle Lösungen der linearen Gleichung liegen, in ein Koordinatensystem.

a)

x	-2	-1	0	1	2
$y = 4x - 2$					

b)

x	-4	-2	0	2	4
$y = 2x + 1$					

3 Ergänze die Wertetabelle und zeichne die Lösungen der linearen Gleichung ins Heft. Woran erkennt man in der Tabelle, an welcher Stelle die Geraden die x-Achse schneiden?

a)

x	-3	-1	0	2	5
$y = 1,5x - 1$					

b)

x	-2	-1	0	1	2
$y = -2x + 6$					

4 Gib eine lineare Gleichung an, die zu der folgenden Situation passt.

a) Sabine kauft Rosen zu je $0,80\,€$ und Anemonen zu je $0,50\,€$. Sie zahlt $7\,€$.

b) Drei Kugeln Eis und eine Portion Sahne kosten $2,30\,€$.

c) Die Summe aus dem Doppelten von x und dem Dreifachen einer anderen Zahl ergibt 48.

d) Der Umfang eines gleichschenkligen Dreiecks ist $20\,$cm.

e) Auf einer Weide gibt es Hühner und Schafe. Murat zählt insgesamt 60 Beine.

f) Ein 10-$€$-Schein wird in 1-$€$- und 2-$€$-Münzen gewechselt.

5 Löse die lineare Gleichung nach y auf und erstelle eine Wertetabelle mit den x-Werten -2; -1; 0; 1; 2 und 3. Zeichne die Gerade, auf der alle Lösungen der Gleichung liegen.

a) $-4x + 2y = 2$

b) $-6x + 3y = 9$

c) $4x + 2y = 10$

d) $5x - 10y = 20$

5 Zeichne die Gerade, auf der alle Lösungen der linearen Gleichung liegen. Beschreibe an einer Aufgabe, wie du dabei vorgehst. Gibt es mehrere Lösungswege?

a) $x + y = 10$

b) $2x + 4y = 20$

c) $2x + 2y = 12$

d) $x + 2y = 24$

e) $8x + 4y = 100$

6 Bestimme die fehlende Zahl so, dass das Wertepaar eine Lösung der linearen Gleichung $3x + 4y = 20$ ist.

a) $(\ \ ;5)$ b) $(\ \ ;2)$

c) $(8\,;\ \ )$ d) $(\ \ ;8)$

6 Das Wertepaar $(5\,;6)$ ist Lösung einer linearen Gleichung.

a) Wie könnte diese Gleichung lauten?

b) Gib eine passende Realsituation zu deiner Gleichung an.

LÖSUNGEN ZU AUFGABE 6
Die gesuchten Lösungen sind hier enthalten: $(8\,;-1)$; $(-5\,;5)$; $(-1\,;8)$; $(0\,;5)$; $(-4\,;8)$; $(-4\,;2)$; $(4\,;2)$; $(8\,;-4)$

Methode Graphen im Koordinatensystem zeichnen

Häufig ist es sinnvoll, eine Geradengleichung mithilfe eines Graphen zu veranschaulichen. Eine Geradengleichung hat die allgemeine Form $y = mx + b$.

Beispiel 1

HINWEIS
b ist der Abschnitt auf der y-Achse.
m ist die Steigung der Geraden.

Zeichne den Graphen zu $y = \frac{2}{3}x + 1$.

1. Schnittpunkt auf der y-Achse einzeichnen
$b = 1$, also ist $(0|1)$ der Schnittpunkt der Geraden mit der y-Achse.

2. Steigungsdreieck zeichnen
$m = \frac{2}{3}$, also gehe vom Punkt $(0|1)$ aus 3 Einheiten nach rechts und 2 Einheiten nach oben.

3. Graph zeichnen
Dann verbindet man beide Punkte durch eine Gerade. Dies ist der gesuchte Graph.

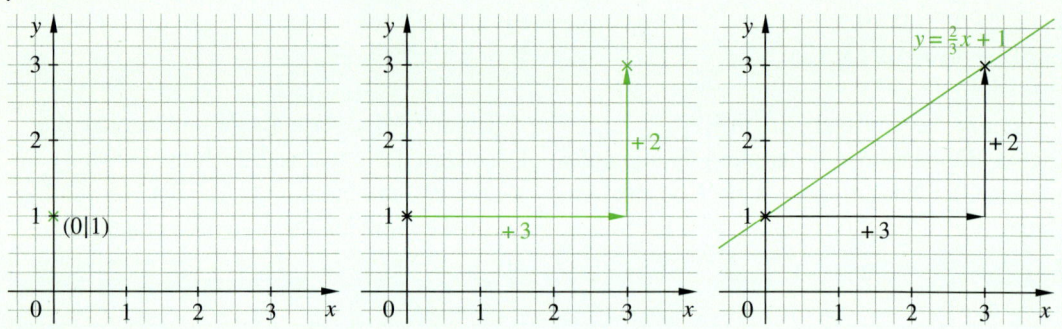

Beispiel 2

Durch welche Punkte verläuft $y = -3x + 8$?

Setze eine beliebige Zahl für x ein und du erhältst den zugehörigen y-Wert.
1. für $x = 3$ ergibt sich $y = -3 \cdot 3 + 8 = -1$
   $(3|-1)$ ist ein Punkt auf der Geraden.
2. für $x = -2$; $y = -3 \cdot (-2) + 8 = 14$
   $(-2|14)$ ist ein Punkt auf der Geraden.

Schon durch zwei Punkte ist eine Gerade eindeutig festgelegt.

> **Merke** Man kann den **Graphen einer Geradengleichung** auf verschiedene Weisen zeichnen:
> Man verwendet den **Schnittpunkt der Geraden mit der y-Achse** $(0|b)$ und trägt von diesem Punkt aus die **Steigung m** mit einem Steigungsdreieck an.
> Eine Gerade ist durch zwei Punkte festgelegt. Daher reicht es, zwei Punkte auf der Geraden zu bestimmen und ins Koordinatensystem einzutragen. Anschließend zeichnet man eine Gerade durch diese beiden Punkte.

HINWEIS
Wenn die Steigung m negativ ist, z B. $m = -\frac{2}{3}$, dann gehst du 3 Einheiten nach rechts und 2 Einheiten nach **unten.**

1 Zeichne die Graphen.
a) $b = -2$; $m = \frac{3}{4}$;   **b)** $b = 0$; $m = -\frac{5}{8}$;   **c)** $b = 1$; $m = \frac{6}{2}$ **d)** $b = -0{,}5$; $m = 1\frac{2}{3}$

2 Zeichne eine Gerade, die durch den Punkt P geht und die Steigung m hat.
a) $P(1|2)$; $m = 1$ **b)** $P(2|3)$; $m = 2$ **c)** $P(-1|3)$; $m = -4$ **d)** $P(-2|0)$; $m = 3$

3 Berechne jeweils zwei Punkte auf der Geraden und zeichne den Graphen.
a) $y = 1{,}5x + 3$ **b)** $y = 5x + 1$ **c)** $y = -3x + 0{,}5$ **d)** $y = \frac{1}{3}x + 1$

Methode Arbeiten mit einem Funktionenplotter

Ein Funktionenplotter ist ein Computerprogramm, das Graphen von Funktionen zeichnen kann. Muss man viele Funktionsgraphen zeichnen, ermöglicht einem ein Funktionenplotter einen schnellen Überblick über den Verlauf der Graphen.

In eine Eingabezeile oder ein Eingabefeld wird der Term der Funktionsgleichung eingegeben. Beachte, dass bei manchen Programmen ein Punkt statt ein Komma gesetzt werden muss und dass einige Programme ein Malzeichen zwischen der Variablen und dem Faktor fordern.

Wenn du die Geradengleichung anschließend veränderst, dann passt sich die Gerade automatisch an.

Einige Funktionenplotter können Schnittpunkte des Funktionsgraphen mit der x-Achse direkt angeben:
Wähle dazu das Werkzeug, mit dem zwei Objekte geschnitten werden. Schneide dann den Funktionsgraphen und die x-Achse.
Lassen sich der Graph oder die Achse nicht direkt anwählen, kannst du sie mit einer Geraden nachzeichnen.

Beispiel $y = 0{,}5 \cdot x + 2$

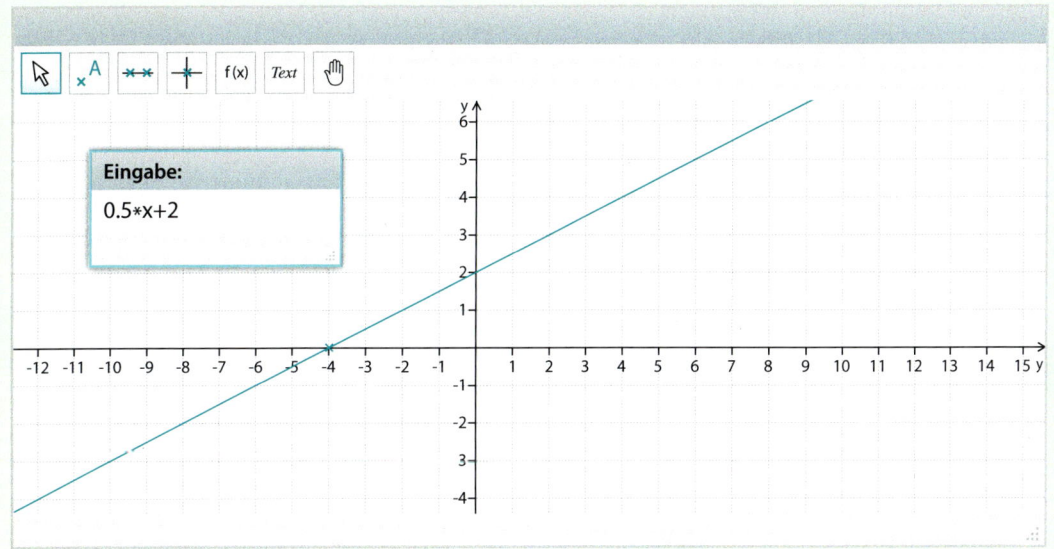

1 Zeichne die Funktionen mit einem Funktionenplotter.

a) $y = 3x + 4$ **b)** $y = -2x + 5$ **c)** $y = \frac{1}{3}x - 2$

2 Gib je eine Gleichung für eine lineare Funktion an, die durch die angegebenen Punkte geht.
Überprüfe mithilfe des Funktionenplotters, ob die Funktionsgleichung richtig ist.

a) $P(0|3)$, **b)** $R(1|2)$, **c)** $A(-2|0)$,
   $Q(6|0)$ $S(3|6)$ $B(4|-3)$

3 Zeichne die vier Funktionsgraphen rechts mit einem Funktionenplotter nach. Beschreibe, wie du vorgehst.

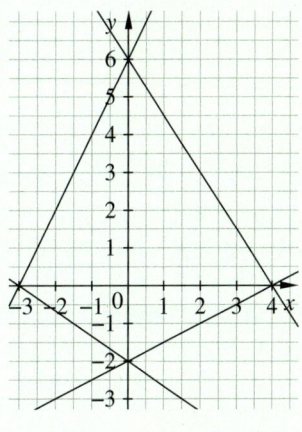

HINWEIS
Es gibt viele kostenlose Funktionenplotter im Internet.

HINWEIS
Für einen Bruch benutzt man häufig den Schrägstrich, z. B. 1/5.

7 Ordne die Gleichungen den Geraden zu.

a) $y = x + 1$

b) $y = 2x - 1$

c) $y = -2x - 1$

d) $4y = -2x + 8$

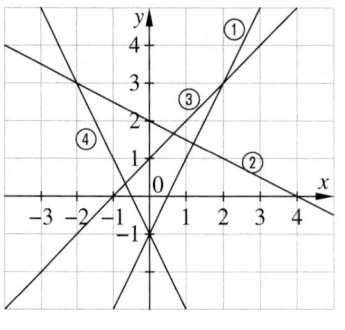

7 Tim hat drei Lösungen einer linearen Gleichung bestimmt: $(1;2)$, $(3;3)$ und $(4;5)$ Marvin macht sich eine Skizze und behauptet dann, dass Tim einen Fehler gemacht hat.

a) Erkläre, woran Marvin erkannt hat, dass eine Lösung falsch sein muss.

b) Gib jeweils eine lineare Gleichung an, die zwei der oben genannten Wertepaare als Lösungen hat.

c) Sind die Wertepaare $(-1;9)$, $(2;4,5)$ und $(-3;12)$ Lösung einer linearen Gleichung?

8 Mara hat die Lösungen dieser linearen Gleichungen dargestellt:

a) $x + y = 2$ b) $-2x + y = 1$

c) $3x - y = 1$ d) $4x + 2y = -4$

Dazu hat sie die Gleichungen vorher in die Form $y = \dots$ gebracht.

Ordne die Gleichungen den Geraden zu.

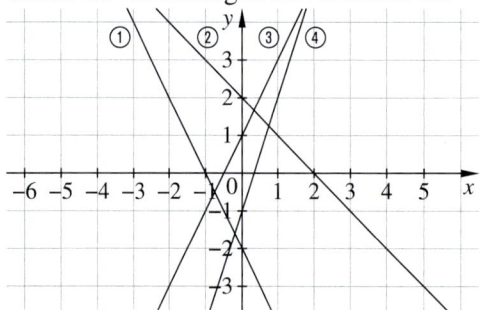

8 Carina hat fünf Lösungen der Gleichung $2x - 5y = -10$ durch eine Zeichnung bestimmt.

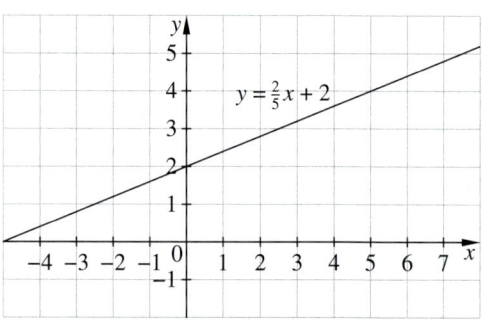

Überprüfe, ob ihre Lösungen richtig sind.

$A(0|2)$, $B(1|2,5)$, $C(2|2,8)$, $D(4|3,5)$, $E(5|4)$

Beschreibe, wie du dabei vorgehst.

9 👥 Kai hat für seine Geburtstagsparty für 20 € Saft und Limonade eingekauft. Eine Flasche Saft kostet 1,20 €. Für jede Flasche Limonade hat er 1 € bezahlt.

a) Wie viele Flaschen hat Kai von jeder Sorte gekauft?

b) Begründe, warum die zugehörige lineare Gleichung nur drei sinnvolle Lösungen hat. Welche Lösungen sind das?

c) Bei welcher Lösung erhält Kai die größte Anzahl an Flaschen?

9 Dana will aus 20 m Maschendrahtzaun einen rechteckigen Kaninchenauslauf bauen. Bestimme nur ganzzahlige Lösungen.

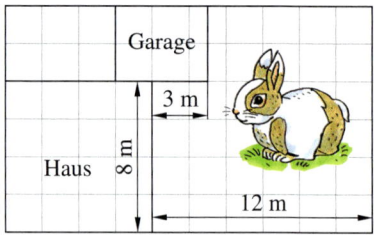

a) Welche Maße kann der Auslauf haben, wenn er …

① frei auf dem Rasen steht?

② nur an die Hauswand grenzt?

③ an die Hauswand und an die Garage angrenzen kann?

b) Welchen Flächeninhalt hat der größtmögliche Auslauf?

Lineare Gleichungssysteme grafisch lösen

Entdecken

1 Jette und Marvin verkaufen ihre alten Spielsachen auf verschiedenen Flohmärkten. Jette zahlt 4 € Standgebühr und verkauft jedes Spielzeug für 1 €. Marvin zahlt 8 € Standgebühr und verkauft jedes Spielzeug für 1,50 €.

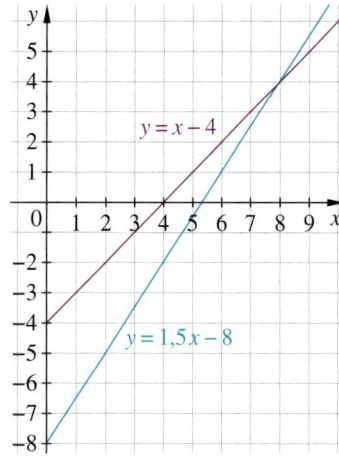

a) Ordne Jette und Marvin jeweils eine der Funktionsgleichungen zu, die die Einnahmen je nach Anzahl der verkauften Spielsachen bestimmen.

b) Beschreibe das Diagramm und interpretiere den Schnittpunkt der beiden Graphen.

c) Wer hat mehr Geld eingenommen, wenn er zehn Spielzeuge verkauft?

d) Was bedeuten die Schnittpunkte der Graphen mit der x-Achse?

HINWEIS ZU AUFGABE 1–3
Ihr könnt alle Aufgaben in Gruppen zu viert bearbeiten.

2 Frau Arndt geht mit ihren vier Kindern ins Kino und bezahlt 44 €. Familie Berndt, dazu gehören drei Erwachsene und ein Kind, geht in denselben Film und bezahlt auch 44 €. Wie viel kostet eine Kinokarte für Erwachsene bzw. für Kinder?

Annika möchte die Aufgabe grafisch lösen und plant ihr Vorgehen.

a) Im ersten Schritt stellt sie für jede Familie eine Gleichung auf. Dazu legt sie die Variablen fest: x ist der Kartenpreis für Erwachsene und y ist der Kartenpreis für Kinder.
Wie lauten die Gleichungen für Familie Arndt und Familie Berndt?

b) Im zweiten Schritt stellt sie die Zusammenhänge grafisch dar. Dazu löst sie die Gleichungen nach y auf und zeichnet die Graphen in ein Koordinatensystem.
Führe Annikas Lösung fort.

c) Bestimme die gesuchten Preise. Wie gehst du dabei vor?

3 Ben möchte sich im Winterurlaub einen Helm zum Snowboardfahren leihen.

① **Helmverleih „Be Prepared"**
Leihgebühr pro Tag: 2 €
Versicherung einmalig: 12 €

② **Helmverleih „Helmet"**
Leihgebühr pro Tag: 3 €
Versicherung einmalig: 7 €

a) Vergleiche die beiden Angebote. Wie gehst du vor?

b) Stelle die Kosten beider Helmverleihe in einer Grafik dar.

c) Bei welcher Leihdauer spielt es keine Rolle, welchen Anbieter Ben wählt?

d) Für welchen Anbieter sollte sich Ben entscheiden? Notiert mehrere Einflussmöglichkeiten, von denen die Entscheidung abhängig sein kann.

Verstehen

Anne benötigt häufig 1-€- und 2-€-Münzen. Sie wechselt am Postschalter einen 10-€-Schein und erhält insgesamt acht Münzen. Wie viele Münzen von jeder Sorte erhält sie?

Zur Lösung dieser Aufgabe sind zwei Gleichungen erforderlich. Dabei gilt:
x ist die Anzahl der 1-€-Münzen,
y ist die Anzahl der 2-€-Münzen.

Die Gleichungen lauten:
I $x + y = 8$,   da sie acht Münzen erhält und
II $1x + 2y = 10$, da 10 € in eine unbekannte Zahl jeder Münzsorte gewechselt wird.
Wir erhalten zwei Gleichungen mit zwei Variablen.

BEACHTE
Die Gleichungen eines Gleichungssystems werden mit römischen Ziffern bezeichnet.

> **Merke** Wenn mehrere lineare Gleichungen zum Lösen einer Aufgabe erforderlich sind, spricht man von einem **linearen Gleichungssystem (LGS)**.
> Die Lösung des linearen Gleichungssystems ist das Wertepaar, das **beide** Gleichungen erfüllt.

Das lineare Gleichungssystem kann man grafisch lösen. Damit das System im Koordinatensystem dargestellt werden kann, werden beide Gleichungen in die Koordinatengleichung umgeformt, d.h. sie werden nach y aufgelöst:
I $y = -x + 8$ und II $y = -\frac{1}{2}x + 5$

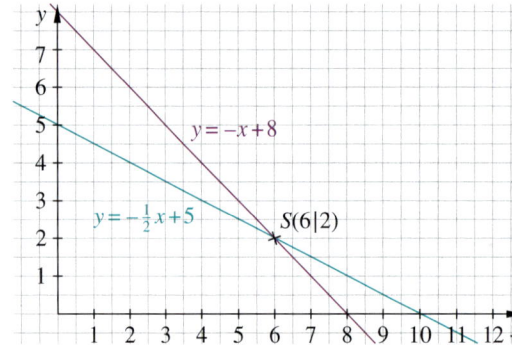

Im Diagramm ergeben sich zwei Geraden.

Die Geraden schneiden sich in einem Punkt. Die Koordinaten dieses Schnittpunkts stellen das Wertepaar dar, das die gemeinsame Lösung beider Gleichungen ist.

TIPP
Überprüfe deine Lösung mit einer Probe:
$2 = -6 + 8$ und
$2 = -3 + 5$

Das lineare Gleichungssystem hat die Lösung $x = 6$ und $y = 2$.
Anne hat sechs 1-€-Münzen und zwei 2-€-Münzen erhalten.

> **Merke** Bei der **grafischen Lösung** eines Gleichungssystems mit zwei Variablen zeichnet man die Graphen der Gleichungen in dasselbe Koordinatensystem. Die Koordinaten des Schnittpunktes beider Graphen sind die **Lösungen des Gleichungssystems**.

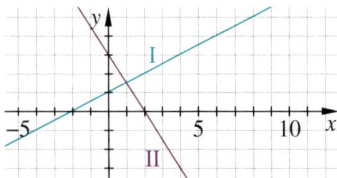

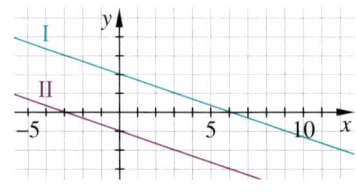

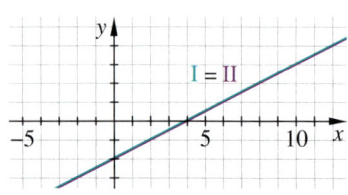

Schneiden sich die Graphen in einem Punkt, hat das LGS **eine Lösung** $S(x|y)$.

Verlaufen die Graphen parallel, hat das LGS **keine Lösung**.

Sind die Graphen identisch, hat das LGS **unendlich viele Lösungen**.

Üben und anwenden

1 Stelle ein lineares Gleichungssystem auf.

a) Leon sagt: „Zusammen haben wir 117 Aufkleber." Marie sagt: „Ich habe doppelt so viele Aufkleber wie du." Wie viele Aufkleber hat jeder?

b) Bei einem Basketballspiel sind insgesamt 47 Körbe geworfen worden. Mannschaft A hat sieben Körbe weniger geworfen als Mannschaft B. Wie viele Körbe haben die Mannschaften jeweils geworfen?

2 👥 Erklärt euch an den Beispielen, wie ihr beim zeichnerischen Lösen vorgeht.

Beispiel **I** $y = x + 1$; **II** $y = 4x - 2$

Ich zeichne die Geraden wie folgt …
Dann lese ich den Schnittpunkt ab: S(1|2).

a) **I** $y = 10 - x$; **II** $y = 2x + 1$

b) **I** $y = x + 3$; **II** $y = 3x + 1$

c) **I** $y = x + 7$; **II** $y = -\frac{1}{2}x - 2$

3 Gegeben sind zwei Gleichungssysteme.

① **I** $y = -x + 2$; **II** $2y = -2x + 6$

② **I** $2x + y = 4$; **II** $3x + 1{,}5y = 6$

a) Löse grafisch. Was stellst du fest?

b) Erkläre, warum die Gleichungssysteme nicht genau eine Lösung haben.

4 Zwei Kerzen werden angezündet. Eine Kerze ① ist 8 cm hoch und brennt pro Stunde 1 cm herunter, Kerze ② ist 5 cm hoch und brennt pro Stunde 0,5 cm herunter.

a) Ordne die Gleichungen den Kerzen zu.

b) Nach welcher Zeit sind beide Kerzen gleich hoch? Bestimme die Höhe.

c) Welche Kerze ist zuerst abgebrannt?

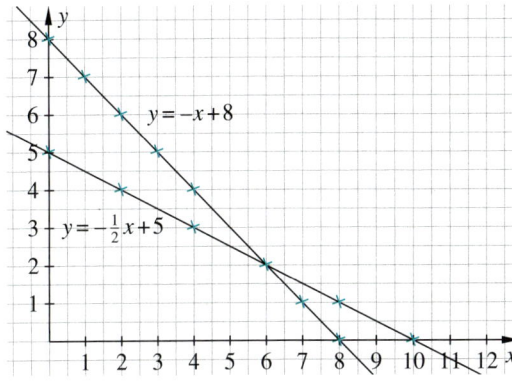

1 Löse die Aufgabe mithilfe eines LGS.

a) Zwei Bauern treffen sich. Der erste sagt: „Zusammen haben wir 84 Kühe." Der andere sagt: „Wenn du mir zwei Kühe abgeben würdest, hätten wir gleich viele." Wie viele Kühe hat jeder der beiden?

b) Tom meint zu Alex: „Insgesamt waren wir im letzten Jahr 23-mal im Kino. Wenn du noch 7-mal gegangen wärst, wären wir gleich oft gewesen." Wie oft war Tom, wie oft Alex im Kino?

2 Vervollständige den Lerntagebucheintrag im Heft. Ergänze jeweils ein Beispiel.

> Man kann die Lösungen von einem linearen Gleichungs-
> system finden, indem man zwei Geraden zeichnet.
> Dabei können *drei Fälle* auftreten:
> 1. Die Geraden schneiden sich, dann hat das LGS…
> 2. Die Geraden …

3 Gegeben ist folgendes Gleichungssystem:
I $y = -2x + 1$; **II** $y = -2x + 4$

a) Löse das Gleichungssystem grafisch.

b) Was stellst du fest? Begründe.

c) Suche weitere Gleichungssysteme mit der gleichen Eigenschaft.

4 In dem Koordinatensystem ist der Graph der linearen Funktion $y = \frac{1}{4}x + 3$ dargestellt. Übertrage ihn in dein Heft.

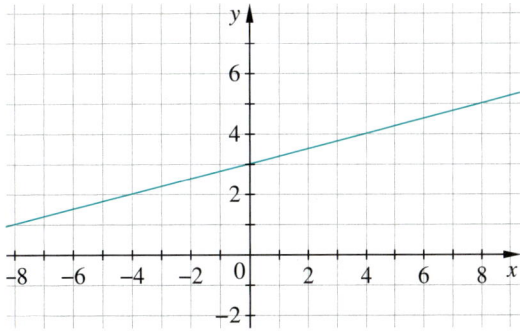

a) Zeichne die Graphen folgender Funktionen in dasselbe Koordinatensystem.
① $y = x$ ② $y = 4x + 3$ ③ $y = \frac{5}{4}x - 3$

b) Bestimme die Lösung des jeweiligen Gleichungssystems (blauer Graph mit ①, …). Erkläre, wie du vorgehst.

TIPP
Ob deine Lösung stimmt, kannst du auch mithilfe eines Funktionenplotters überprüfen

LÖSUNGEN ZU AUFGABE 6
Die gesuchten Lösungen sind hier enthalten:
$(-1|-2)$; $(-2|1)$;
$(-1|3)$; $(2|-2)$;
$(-5|-1)$; $(-5|1)$;
$(-2|-1)$; $(6|2)$

5 Teile die Achsen von -6 bis $+6$ ein. Zeichne jeweils die Geraden eines linearen Gleichungssystems ein und lies den Schnittpunkt ab. Rechne die Probe.
a) **I** $y = 3x + 1$; **II** $y = x - 3$
b) **I** $y = 2x - 2$; **II** $y = -2x + 2$
c) **I** $y = 7 - x$; **II** $y = 2x + 1$
d) **I** $y = x - 3$; **II** $y = 2x - 5$
e) **I** $y = -2x - 5$; **II** $y = x + 4$

6 Bringe die Gleichungen zuerst auf die Form $y = mx + b$.
Löse dann das Gleichungssystem grafisch. Überprüfe durch eine Probe.
a) **I** $x + 2y = 10$; **II** $x + y = 8$
b) **I** $2x - y = -5$; **II** $5x + y = -2$
c) **I** $6x + 3y = -9$; **II** $2x - 4y = -8$
d) **I** $-4y - 1 = x$; **II** $2y = x + 7$
e) **I** $3x + y = 4$; **II** $2,5x - y = 7$

7 Gegeben sind zwei Gleichungssysteme.
① **I** $2x + 3y = 4,5$; **II** $6y = -4x + 6$
② **I** $-0,75x + y = 1,5$; **II** $-3x + 4y = 6$
a) Versuche, die Gleichungssysteme grafisch zu lösen. Was stellst du fest?
b) Erkläre, woran es liegt, dass diese Gleichungssysteme nicht genau eine Lösung haben?

5 Löse die Gleichungssysteme grafisch. Überprüfe dein Ergebnis. Beschreibe, wie du bei der Probe vorgehst.
Gibt es mehrere Möglichkeiten?
a) **I** $y = 2x$; **II** $y = -x + 3$
b) **I** $y = 2x - 4$; **II** $y = x + 1$
c) **I** $y = -3x - 1$; **II** $y = 0,5x + 6$
d) **I** $y = -0,75x + 1$; **II** $y = -0,25x + 3$
e) **I** $y = 2x - 3$; **II** $y = -3x + 7$

6 Forme zunächst die Gleichungen so um, dass y allein steht.
Löse das Gleichungssystem dann grafisch. Führe anschließend die Probe durch.
a) **I** $2y - x = 4$; **II** $2y + 3x = 12$
b) **I** $-x + 2y = 10$; **II** $-1,5x + y = 5$
c) **I** $6x + 3y = -6$; **II** $-4y + 2x = 8$
d) **I** $2y = 4x - 10$; **II** $x + y = 1$
e) **I** $3y = 6x - 21$; **II** $2x + y = 5$

7 Begründe, warum das Gleichungssystem keine oder unendlich viele Lösungen hat.
a) **I** $2x + 2y = 2$; **II** $x = 1 - y$
b) **I** $x - y = 3$; **II** $15 + 5y = 5x$
c) **I** $y = 2x + 4$; **II** $y - 2x = 3,4$
d) **I** $y = -x + 4$; **II** $\frac{1}{3}y + \frac{1}{3}x = \frac{4}{3}$
e) **I** $4y = 10x + 12$; **II** $4y - 10x = -8$
f) **I** $x + 2y = 2$; **II** $0,2x + 0,4y = 4$

8 Ergänze die Platzhalter so, dass das Gleichungssystem **I** $y = 4x + 2$ und **II** $y = \blacksquare x + \blacktriangle$ folgende Eigenschaften hat. Begründe deine Wahl.
a) Das LGS hat unendlich viele Lösungen.
b) Das LGS hat keine Lösung.
c) Das LGS hat genau eine Lösung.

9 Eine Firma möchte Werbegeschenke bestellen. Sie hat zwei Anbieter in die engere Wahl genommen:

Werbehaus
0,70 € pro Geschenk,
Versandkosten inklusive

Kundenzieher
0,50 € pro Geschenk,
10 € Versandkosten

a) Stelle pro Anbieter eine Gleichung auf.
b) Löse das lineare Gleichungssystem grafisch.
c) Welchen Anbieter sollte die Firma wählen? Wovon kann die Wahl abhängen?

9 Herr Wendt möchte für einen Tagesausflug ein Auto mieten. Er kann zwischen zwei Tarifen wählen:
① Citycar: pro Tag 23 €, 1,60 € pro km
② Eurocar: pro Tag 18 €, 1,80 € pro km
Ab welcher geplanten Fahrstrecke wird er sich für den Tarif „Citycar", ab wann für „Eurocar" entscheiden?

Lineare Gleichungssysteme rechnerisch lösen

Entdecken

1 Im Sommer war Nora in einem Zeltlager. Dort gab es Zelte für zwei Personen und Zelte für drei Personen. Im Ferienlager waren insgesamt 30 Jugendliche und es gab 13 Zelte. Wie viele Zelte für zwei Personen und wie viele Zelte für drei Personen gab es? Sprecht zu zweit über mögliche Lösungswege und vergleicht eure Ideen. Einigt euch auf einen Lösungsweg, den ihr gemeinsam der Klasse vorstellt. Gestaltet dazu ein Plakat oder eine Folie und präsentiert eure Vorgehensweise zur Lösung der Aufgabe.

2 Auf einem Bauernhof gibt es Hühner und Kühe. Es gibt doppelt so viele Hühner wie Kühe. Alle Tiere zusammen haben 600 Beine. Wie viele Hühner und wie viele Kühe gibt es auf dem Bauernhof?

Marie:

	Anzahl Kühe	Anzahl Kühe mal zwei gleich Anzahl Hühner	Anzahl Hühner	Anzahl Kühe mal vier plus Anzahl Hühner mal zwei
1. Versuch	60	$60 \cdot 2 = 120$	120	$60 \cdot 4 + 120 \cdot 2 < 600$ Die Anzahl der Kühe muss größer sein.
2. Versuch	80	$80 \cdot 2 = 160$	160	$80 \cdot 4 + 160 \cdot 2 > 600$ Die Anzahl der Kühe muss kleiner sein.

Özlem:

x: Anzahl der Kühe,
y: Anzahl der Hühner
I $y = 2x$; **II** $4x + 2y = 600$

Term für y aus
I in **II** einsetzen:
$4x + 2 \cdot 2x = 600$

Wert für x in
I einsetzen:
$y = 2 \cdot 75$

a) Wie muss die Antwort lauten?
b) Begründet Maries und Özlems Rechenschritte.
c) Wie wurde der Wert für y berechnet?
d) Welcher Lösungsweg gefällt euch besonders gut? Begründet.
e) Löst das Rätsel grafisch und erklärt den Zusammenhang mit der rechnerischen Lösung.

3 Das Gleichungssystem **I** $y = 100x + 57$; **II** $y - 70x = 147$ soll gelöst werden.
a) Welche Möglichkeiten sind dir zur Lösung des Gleichungssystems bekannt?
b) Weil $y = 100x + 57$ ist, darf man statt y auch $100x + 57$ schreiben. Setze in Gleichung **II** anstelle von y den Term $100x + 57$ ein und löse die Gleichung.
   Wie könnte man den Wert von y finden?
c) Warum ist die grafische Lösung der Aufgabe nicht sinnvoll? Überlegt zwei Gründe.

Verstehen

Frau Jähring und Herr Klein bepflanzen ihre Balkone.
Frau Jähring kauft drei Geranien und einen Blumenkasten.
Sie zahlt dafür 9 €.
Herr Klein kauft acht Geranien und zwei Blumenkästen und
bezahlt 22 €.
Wie viel kostet eine Geranie und wie viel ein Blumenkasten?

Es ist x der Preis für eine Geranie und y der Preis für einen Blumenkasten (jeweils in Euro).
I Frau Jährings Einkauf: $3x + y = 9$ **II** Herr Kleins Einkauf: $8x + 2y = 22$

Gleichungssysteme kann man grafisch lösen, aber das Zeichnen der beiden Graphen ist oft aufwändig und kann ungenau sein. Daher gibt es weitere Lösungsverfahren.

Beispiel 1 Systematisches Probieren

	Preis einer Geranie x	Preis eines Blumenkastens $y = 9 - 3x$	Gesamtpreis für Herrn Klein $8x + 2y = 22$
1. Versuch	1	$9 - 3 \cdot 1 = 6$	$8 \cdot 1 + 2 \cdot 6 = 20$

Der Preis für eine Geranie ist zu niedrig angesetzt. Im nächsten Versuch wird ein höherer Preis x für eine Geranie angenommen.

2. Versuch	3	$9 - 3 \cdot 3 = 0$	$8 \cdot 3 + 2 \cdot 0 = 24$

Der Preis für eine Geranie ist zu hoch angesetzt. Im nächsten Versuch wird ein niedrigerer Preis x für eine Geranie genommen.

3. Versuch	2	$9 - 3 \cdot 2 = 3$	$8 \cdot 2 + 2 \cdot 3 = 22$

$x = 2$ und $y = 3$ sind Lösungen beider Gleichungen. Damit ist das Gleichungssystem gelöst.

> **Merke** Lineare Gleichungssysteme können durch **systematisches Probieren** mithilfe einer Tabelle gelöst werden.

Gleichungssysteme kann man auch durch Umformen der Gleichungen und Einsetzen lösen.
Dieses Lösungsverfahren heißt **Einsetzungsverfahren**.

Beispiel 2 **I** $3x + y = 9$ und **II** $8x + 2y = 22$
1. Gleichung **I** wird nach y aufgelöst:
   I′ $y = 9 - 3x$
2. $9 - 3x$ wird in Gleichung **II** für y eingesetzt, die neue Gleichung wird gelöst:
   $8x + 2(9 - 3x) = 22$
   $2x + 18 \quad = 22$, also $x = 2$
3. Für x wird in Gleichung **I** der Wert 2 eingesetzt und y bestimmt:
   $3 \cdot 2 + y = 9$, also $y = 3$
4. Die Probe wird gerechnet:
   I $3 \cdot 2 + 3 = 9$ w; **II** $8 \cdot 2 + 2 \cdot 3 = 22$ w
5. Eine Geranie kostet 2 €, ein Kasten 3 €.

> **Merke** Lineare Gleichungssysteme kann man mit dem **Einsetzungsverfahren** lösen:
> 1. Man löst eine der Gleichungen nach einer Variable auf.
> 2. Der erhaltene Term wird in die andere Gleichung eingesetzt, um eine Gleichung mit nur einer Variable zu erhalten. Diese Gleichung wird wie gewohnt gelöst.
> 3. Der Wert der zweiten Variable wird durch Einsetzen der Lösung in eine der Ausgangsgleichungen gefunden.
> 4. Die Lösung wird geprüft.
> 5. Die Antwort wird formuliert.

HINWEIS
Die Probe mit
$x = 2$, $y = 3$
ergibt:
I $6 + 3 = 9$ W
II $16 + 6 = 22$ W
Beide Aussagen
sind wahr.

Üben und anwenden

1 Lea möchte das Gleichungssystem
I $y = 2x$; II $x + y = 15$ durch systematisches
Probieren mit einer Tabelle lösen.
Wie könnte sie fortfahren?
Übertrage die Tabelle in dein Heft.

x	y = 2x	x + y = 15
1	y = 2	1 + 2 = 3

1 Das Gleichungssystem
I $3x + 1 = y$; II $y - x = 7$
wird durch Probieren gelöst.
Führe die Tabelle in deinem Heft fort.

x	y = 3x + 1	y − x = 7
1	y = 4	4 − 1 = 3
2	y = 7	...

2 Löse das Gleichungssystem durch systematisches Probieren mit einer Tabelle.
a) I $x + y = 19$; II $2x = y + 5$

x	y	x + y = 19	2x = y + 5
1	18	1 + 18 = 19	2 · 1 < 18 + 5

b) I $3x + y = 15$; II $8x + 2y = 38$

2 Löse das Gleichungssystem durch systematisches Probieren.
Eine Tabelle kann dabei helfen.
a) I $2x + y = 23$; II $3x + 3y = 39$
b) I $3x - y = 11$; II $2x + y = 14$
c) I $5x + 2y = 24$; II $3x - y = 10$
d) I $2,2x + y = 4,6$; II $x + y = 1$

3 👥 Arbeitet zu zweit.
Stellt ein Gleichungssystem auf und löst es durch systematisches Probieren.

> Frau Blüte ist Klassenlehrerin der Klasse 9 a. Sie stellt ihrer neuen Kollegin von der Klasse 9 b eine Aufgabe:
> „Zusammen haben wir in unseren beiden Klassen 52 Schülerinnen und Schüler. In der Klasse 9 a sind zwei Schüler mehr als in der Klasse 9 b.
> Wie viele Schüler sind jeweils in den Klassen 9 a und 9 b?"

4 Dominik löst das Gleichungssystem
I $4x + y = 21$; II $9x + 2y = 46$
mit dem Einsetzungsverfahren. Bringe seine Rechenschritte in die richtige Reihenfolge.

① $4 \cdot 4 + y = 21$
   $16 + y = 21$ $| -16$
   $y = 5$
② $4x + y = 21$ $| -4x$
   $y = 21 - 4x$
③ $9x + 2(21 - 4x) = 46$
   $9x + 42 - 8x = 46$ $| -42$
   $x = 4$

5 Löse das lineare Gleichungssystem mithilfe des Einsetzungsverfahrens.
Rechne die Probe.
a) I $y = 20 - 2x$; II $8x + 2y = 68$
b) I $y = 17 - 3x$; II $14x + 3y = 76$
c) I $2x + y = 21$; II $5x + 2y = 48$
d) I $4x + y = 33$; II $9x + 2y = 73$
e) I $x + 3y = 26$; II $2x + 7y = 60$
f) I $x + 2y = 39$; II $2x + 5y = 93$

4 Vervollständige die Lösung des linearen Gleichungssystems in deinem Heft.
I $2x + y = 8$; II $6x + 2y = 22$
① $2x + y = 8$ $| -2x$
   $y = 8 - 2x$
② $6x + 2(8 - 2x) = 22$
   $6x + 16 - 4x = 22$ $| -16$
   $2x = 6$ $| :2$
   $x = 3$

5 Löse mithilfe des Einsetzungsverfahrens.
Rechne die Probe.
a) I $4,5x + 4y = 110$;
   II $1,5x - 4y = 10$
b) I $2,5x + 0,4y = 9,5$;
   II $0,5x = 0,4y - 0,5$
c) I $0,2x + 0,3y = 6,5$;
   II $0,1x - 0,6y = -8$
d) I $2y = 1,5x + 4,25$
   II $3,5y = 29,4x - 5,95$
e) I $a + 8b = 20$;
   II $5a + 2b = 24$

6 Verwendet bei der Lösung das Einsetzungsverfahren.
Stellt ein Gleichungssystem auf und löst es.
a) Jonas ist zwei Jahre älter als seine Schwester. Zusammen sind sie 30 Jahre alt.
b) Herr Berger hat bisher insgesamt 21 Dienstreisen nach Wuppertal oder Köln gemacht. Davon war er doppelt so oft in Köln wie in Wuppertal.
c) Frau Yilmaz kauft Kartoffeln und Äpfel. Die Kartoffeln wiegen dreimal so viel wie die Äpfel. Insgesamt sind es 6 kg.

7 Familie Schneider, das sind zwei Erwachsene und ein Kind, zahlt im Freibad 11,50 € Eintritt.
Familie Lehmann zahlt 14 € Eintritt. Zur Familie Lehmann gehören zwei Erwachsene und zwei Kinder.
Wie viel kostet der Eintritt für einen Erwachsenen, wie viel für ein Kind?

7 Lena hat beim Einsetzungsverfahren einen Fehler gemacht. Finde und berichtige ihn.

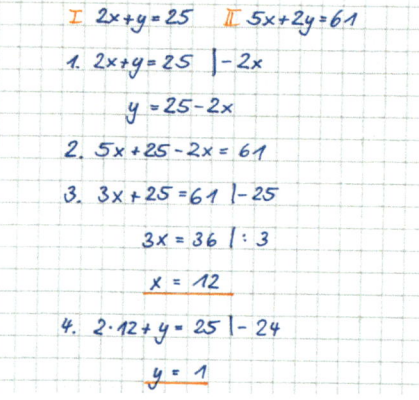

$$\text{I } 2x+y=25 \qquad \text{II } 5x+2y=61$$
$$1. \ 2x+y=25 \quad |-2x$$
$$y=25-2x$$
$$2. \ 5x+25-2x=61$$
$$3. \ 3x+25=61 \quad |-25$$
$$3x=36 \quad |:3$$
$$x=12$$
$$4. \ 2\cdot12+y=25 \quad |-24$$
$$y=1$$

ZU AUFGABE 8
Deute die Lösungen grafisch.

8 Berechne die Lösung des linearen Gleichungssystems. Rechne die Probe.
a) I $3x+y=24$; II $10x+2y=68$
b) I $2s+t=19$; II $5s+2t=45$
c) I $a+4b=26$; II $3a+15b=93$
d) I $15c+5d=120$; II $2c+d=17$

8 Löse das lineare Gleichungssystem mithilfe des Einsetzungsverfahrens.
a) I $4a-2b=-6$; II $2a+b=9$
b) I $0,5x-3y=-3$; II $-x+4y=-4$
c) I $-2,5k+3y=6$; II $5k-6y=-12$
d) I $2,4x+3y=0$; II $3,6x+5y=0,8$

9 Anna kauft drei Rosen und eine Nelke und bezahlt dafür 7 €. Jonas kauft neun Rosen und zwei Nelken und bezahlt 20 €.
① Stelle zu der Aufgabe zwei Gleichungen auf. Bezeichne den Preis für eine Rose mit r, für eine Nelke mit n.
② Forme die Gleichung zu Annas Einkauf so um, dass n allein steht.
③ Setze den Term, der gleichwertig zu n ist, in die zweite Gleichung ein.

10 Judith kauft für ihre Inlineskates drei Ersatzrollen und für sich ein Paar Gelenkschützer. Sie zahlt dafür 27 €. Jan kauft zwei Ersatzrollen und zwei Paar Gelenkschützer, er bezahlt 38 €. Berechne die Preise für ein Paar Gelenkschützer und eine Ersatzrolle. Berechne mithilfe des Einsetzungsverfahrens.

9 Stelle eine Frage, löse das Gleichungssystem und schreibe einen Antwortsatz.
a) Herr Wolff kauft zwölf Flaschen Mineralwasser und eine Flasche Saft und bezahlt insgesamt 12,06 €. Frau Fuchs kauft zehn Flaschen Mineralwasser und fünf Flaschen Saft und bezahlt dafür 18,30 €.
b) Jana und Erik sind in einer Eisdiele. Jana zahlt für drei Kugeln Eis und eine Portion Sahne 2,30 €, Erik zahlt für zwei Kugeln Eis und zwei Portionen Sahne 2,20 €.

10 In eine Realschule gehen 50 Jungen mehr als Mädchen. 20 % der Jungen und 30 % der Mädchen nehmen an einer AG teil. Es sind insgesamt 295 AG-Teilnehmer.
Wie viele Schülerinnen und Schüler gehen auf die Schule?

Gleichsetzungsverfahren und Additionsverfahren

Entdecken

1 Betrachte die Abbildung. Wie viel wiegen drei Hasen und drei Meerschweinchen zusammen? Erkläre, wie du zu einer Lösung kommst.

2 ♟♟ Wie viel wiegt ein Hase, wie viel ein Meerschweinchen?

a) Zum Lösen der Aufgabe benötigt ihr auch ein Bild aus Aufgabe 1.
   Welches Bild könnte das sein?

b) Bringt die beiden Waagen in Verbindung und bestimmt das Gewicht des Hasen bzw. des Meerschweinchens.

c) Schreibt zu jeder Waage eine Gleichung auf. Wählt h für das Gewicht des Hasen und m für das Gewicht des Meerschweinchens (jeweils in kg).
   Wie könnt ihr das gesuchte Gewicht berechnen?

3 ♟♟ Arbeitet zu zweit.

a) Löst das lineare Gleichungssystem mit dem Einsetzungsverfahren oder durch systematisches Probieren.
   $\text{I } 2x + y = 10;\ \text{II } 5x - y = 11$

b) Schaut euch rechts die Lösung des Gleichungssystems an.
   Erklärt euch gegenseitig die Vorgehensweise.
   Findet ihr dieses Verfahren einfacher als eure Methode? Begründet.

$$
\begin{array}{lrl}
\text{I} & 2x + y = 10 & \\
\text{II} & 5x - y = 11 & \\
\hline
\text{I + II} & 7x = 21 & |:7 \\
& x = 3 & \\
& 2 \cdot 3 + y = 10 & |-6 \\
& y = 4 &
\end{array}
$$

4 Zeichne die Graphen zum Gleichungssystem $\text{I } y = x + 2;\ \text{II } y = 2x - 1$.

a) Bestimme den Schnittpunkt.

b) Merlin findet das Zeichnen von Koordinatensystemen zu aufwändig. Er berechnet lieber den Schnittpunkt der beiden Geraden. Die linken Seiten beider Gleichungen sind gleich, deshalb verbindet Merlin die beiden rechten Terme durch ein Gleichheitszeichen: $x + 2 = 2x - 1$.
   Stelle die Gleichung nach x um und löse sie.
   Setze dann x in Gleichung I ein und berechne y.

c) Erkläre, wie die Gleichsetzung der beiden Terme für y und der Schnittpunkt der beiden Geraden zusammenhängen.

d) Löse das Gleichungssystem $\text{I } x = 2 + 2y;\ \text{II } x = 30 - 12y$ wie in Teil b).
   Erkläre, warum man dieses Verfahren Gleichsetzungsverfahren nennt.

Verstehen

Nele ist Lukas' ältere Schwester. Zusammen sind die Geschwister 30 Jahre alt. Die Differenz zwischen dem Alter von Nele und Lukas beträgt vier Jahre. Wie alt sind die beiden jeweils?
Zu der Frage lassen sich zwei Gleichungen aufstellen. Das Alter von Nele wird mit x bezeichnet, das Alter von Lukas mit y: I $x + y = 30$; II $x - y = 4$

Die Aufgabe lässt sich mithilfe von zwei **verschiedenen Verfahren** lösen.

Beispiel 1

I $x + y = 30$ und II $x - y = 4$
1. I und II werden nach y aufgelöst:
   I′ $y = 30 - x$; II′ $y = x - 4$
2. Beide Terme für y werden gleichgesetzt.
   $30 - x = x - 4$ | $+x$ und $+4$
   $\qquad 34 = 2x$ | $: 2$
   $\qquad 17 = x$
3. Für x wird in Gleichung I 17 eingesetzt.
   $17 + y = 30$ | -17
   $\qquad y = 13$
4. Die Lösungen werden in die Ausgangsgleichung eingesetzt und überprüft:
   I $17 + 13 = 30$ w; II $17 - 13 = 4$ w
5. Nele ist 17 und Lukas ist 13 Jahre alt.

Merke Beim **Gleichsetzungsverfahren** werden die Gleichungen umgeformt und die Terme gleichgesetzt. Die neue Gleichung hat nur noch eine Variable.
1. Beide Gleichungen werden nach derselben Variable aufgelöst.
2. Die Terme werden gleichgesetzt. Die Gleichung mit nur einer Variable wird gelöst.
3. Der Wert der zweiten Variable wird durch Einsetzen der Lösung in eine der Ausgangsgleichungen bestimmt.
4. Die Lösung wird geprüft.
5. Die Antwort wird formuliert.

Beispiel 2

I $x + y = 30$ und II $x - y = 4$
1. I und II werden addiert:
   I $\qquad x + y = 30$
   II $\qquad x - y = \ 4$
   ———————————————
   I + II $\qquad 2x = 34$, also $x = 17$
2. Für x wird in Gleichung I der Wert 17 eingesetzt und y bestimmt:
   $17 + y = 30$, also $y = 13$
3. I $17 + 13 = 30$ w; II $17 - 13 = 4$ w
4. Nele ist 17 und Lukas ist 13 Jahre alt.

Merke Beim **Additionsverfahren** werden die Gleichungen umgeformt und addiert, sodass eine Variable wegfällt.
1. Beide Gleichungen werden eventuell umgeformt und dann addiert. Die Gleichung mit nur einer Variable wird gelöst.
2. Die Lösung wird in eine der Ausgangsgleichungen eingesetzt. So findet man den Wert der zweiten Variable.
3. Die Lösung wird geprüft.
4. Die Antwort wird formuliert.

HINWEIS
Oft müssen eine oder sogar beide Gleichungen vor dem Addieren zunächst umgeformt werden.

Beispiel 3

I $6x + 6y = 18$ und II $3x - y = 13$
1. II wird mit (-2) multipliziert: II′ $\quad -6x + 2y = -26$
   I und II′ werden addiert: I $\qquad 6x + 6y = 18$
   II′ $-6x + 2y = -26$
   ————————————————
   I + II′ $\qquad 8y = -8$, also $y = -1$
2. Für y wird in Gleichung II der Wert -1 eingesetzt und x bestimmt: $3x - (-1) = 13$, also $x = 4$
3. I $24 - 6 = 18$ w; II $12 - (-1) = 13$ w
4. $(4; -1)$ ist Lösung des linearen Gleichungssystems.

Üben und anwenden

1 Das folgende Gleichungssystem wurde mit dem Additionsverfahren gelöst:

$$\begin{array}{ll} \text{I} & 2x + 4y = 14 \\ \text{II} & 5x - 4y = 7 \\ \hline \text{I} + \text{II} & 7x = 21 \\ & x = 3 \end{array}$$

in I einsetzen: $2 \cdot 3 + 4y = 14 \quad |-6$
$$\begin{array}{ll} & 4y = 8 \quad |:4 \\ & y = 2 \end{array}$$

Lösung: $x = 3$ und $y = 2$

a) Erläutere die einzelnen Schritte.
b) Warum ist das Verfahren hier geeignet?
c) Bestätige die Lösung durch eine Probe.

2 Antonia hat noch Probleme mit dem Additionsverfahren.
Was hat sie falsch gemacht?
Gib die richtige Lösung an.

$$\begin{array}{ll} \text{I} & x + 4y = 9 \\ \text{II} & 3x - 4y = 1 \\ \hline \text{I} + \text{II} & 4x = 9 \quad |:4 \\ & x = 2{,}25 \end{array}$$

3 Löse mithilfe des Additionsverfahrens.
a) I $5x + y = 22$; II $-2x - y = -10$
b) I $-9x - 7y = -25$; II $4x + 7y = 15$
c) I $2x + 4y = 22$; II $2x + 2y = 16$
d) I $x + 7y = 50$; II $x + 3y = 26$
e) I $3x + 2y = 25$; II $x + 2y = 10$

4 Stelle selbst Gleichungssysteme auf.
a) Denke dir drei verschiedene lineare Gleichungssysteme aus, die sich einfach mit dem Additionsverfahren lösen lassen.
b) Löse deine Gleichungssysteme und tausche sie mit deinem Nachbarn aus.

5 Johanna löst das Gleichungssystem
I $y = 5x - 2$; II $y + x = 16$ mit dem Gleichsetzungsverfahren. Bringe ihre Rechenschritte in die richtige Reihenfolge.
① $y = 5 \cdot 3 - 2$, also $y = 13$
② I $y = 5x - 2y$; II $y = 16 - x$
③ $\begin{array}{ll} 5x - 2 = 16 - x & |+x \\ 6x - 2 = 16 & |+2 \\ 6x = 18 & |:6 \\ x = 3 \end{array}$

1 Was genau bedeutet es, zwei Gleichungen zu addieren?
a) Erkläre die Vorgehensweise anhand des Gleichungssystems.

$$\begin{array}{lll} \text{I} & 6x + 5y = 34 \\ \text{II} & 8x - 10y = 12 & |:2 \\ \text{II}' & 4x - 5y = 6 \\ \hline \text{I} + \text{II}' & 10x = 40 \end{array}$$

b) Löse das Gleichungssystem. Gib die Lösung als geordnetes Paar an.
c) Bestätige die Lösung anschließend durch eine Probe.

2 Wie könnte man die linearen Gleichungssysteme am einfachsten lösen? Diskutiert darüber in kleinen Gruppen.
Gebt die Lösung an und überprüft anschließend eure Lösung.
a) I $5x + 2y = 26$; II $2x + 2y = 14$
b) I $3x + 2y = 30$; II $x + 2y = 2$

3 Löse mithilfe des Additionsverfahrens.
a) I $6x + 4y = 4$; II $9x - 4y = 1$
b) I $2x - 3y = 1$; II $-3x + 3y = 3$
c) I $3x + 4y = 32$; II $x + 4y = 16$
d) I $5x + y = 19$; II $3x + y = 15$
e) I $4x + 6y = 16$; II $4x + 2y = 8$

4 Das Gleichungssystem I $5x + 6y = 37$; II $3x - 2y = 11$ ist gegeben.
a) Mit welcher Zahl müsste man die Gleichung II multiplizieren, damit beim Additionsverfahren die Variable y wegfällt?
b) Löse das Gleichungssystem.

5 Das Gleichungssystem I $y = 2x - 5$; II $x + y = 1$ soll mit dem Gleichsetzungsverfahren gelöst werden.
Vervollständige die Lösung und überprüfe dein Ergebnis mit der Probe.
1. Gleichung I ist schon nach y aufgelöst, Gleichung II wird umgeformt zu $y = 1 - x$.
2. Die beiden Terme, die gleichwertig zu y sind, werden gleichgesetzt und die Gleichung wird nach x aufgelöst.

6 Löse das Gleichungssystem mit dem Gleichsetzungsverfahren.
a) I $y = 4x - 2$; II $y = 2x$
b) I $y = 3x - 5$; II $y = 2x - 3$
c) I $y = 7x - 21$; II $y = 4x - 12$
d) I $y = 8x - 11$; II $y = 5x - 5$
e) I $y = 6x + 4$; II $y = -x - 3$

6 Sind die angegebenen Werte Lösung des Gleichungssystems?
Erkläre, wie du das überprüfen kannst.
a) I $3x + 2y = 19$; II $4x = y + 7$
   Lösung: $x = 3$ und $y = 5$
b) I $2x + y = 12$; II $x + 2y = 11{,}5$
   Lösung: $x = 4{,}5$ und $y = 3$

7 Löse das lineare Gleichungssystem mit dem Gleichsetzungsverfahren.
a) I $12x + y = 40$; II $y = 3x - 5$
b) I $x + 4y = 11$; II $2y - 1 = x$
c) I $y = x + 1$; II $2 = x - y$
d) I $y = -8x + 7$; II $7x = 8 - y$
e) I $x = -y + 8$; II $-6y = 57 - x$

7 Löse das lineare Gleichungssystem mit dem Gleichsetzungsverfahren.
a) I $4x = -4y + 8$; II $2x = 6y + 20$
b) I $5x = 4y - 3$; II $x = 1{,}2y - 16{,}6$
c) I $5x = -4y - 9$; II $10x = 2y - 9$
d) I $-y = 3x - 5$; II $-2y = 10x - 14$
e) I $-3y = 2x - 10$; II $-6y = -2x - 26$

8 Löse das Gleichungssystem nach einem Verfahren deiner Wahl.
Begründe, warum dein gewähltes Verfahren sich dafür besonders eignet.
a) I $4x + y = 27$; II $3x + 4y = 43$
b) I $3x + y = 20$; II $5x + 3y = 36$
c) I $2a - b = 2$; II $6a + 5b = 38$
d) I $x + 3y = 13$; II $3x - 2y = 6$
e) I $5x + 6y = 37$; II $3x - 2y = 11$
f) I $4x = y$; II $4 - x = y$

8 Stelle ein Gleichungssystem auf und löse es mit einem Verfahren deiner Wahl.
Begründe die Wahl des Verfahrens.
a) Ein Kaninchen und ein Käfig kosten zusammen 43,50 €. Der Käfig kostet doppelt so viel wie das Kaninchen.
b) Ein Stempel und ein Stempelkissen kosten zusammen 7,80 €.
   Das Stempelkissen kostet dreimal so viel wie der Stempel.

9 Simon und Tim machen zusammen Hausaufgaben. Sie sollen das Gleichungssystem
I $2x + 4y = 30$; II $-6x - 2y = -50$ lösen.
a) Simon multipliziert die Gleichung I mit 3, damit bei der Addition der beiden Gleichungen x wegfällt.
   Löse das Gleichungssystem wie Simon.
b) Tim multipliziert Gleichung II mit 2, damit bei der Addition der beiden Gleichungen y wegfällt.
   Löse das Gleichungssystem wie Tim.
c) Wie erreicht man, dass x oder y im Gleichungssystem wegfällt? Beschreibe.

9 Zum Renovieren kaufen Herr und Frau Reuss Tapete und Kleber.
Herr Reuss kauft vier Rollen Tapete und zwei Päckchen Kleber, er zahlt 103,70 €.
Frau Reuss kauft im gleichen Geschäft einen Tag später noch zwei Rollen Tapete und zwei Päckchen Kleber für 57,80 €.
Wie viel kosten jeweils eine Rolle Tapete und ein Päckchen Kleber?

10 Lisa zahlt für ihren Einkauf von zehn Dosen Cola und vier Packungen Pizza 20,50 €.
Jan kauft im gleichen Geschäft ein:

Wie viel kosten die Produkte einzeln?

10 Auf einem Bauernhof gibt es dreimal so viele Schweine wie Gänse. Beide Tierarten haben zusammen 420 Beine.
Wie viele Schweine und wie viele Gänse leben auf dem Bauernhof?
Tipp: Beachte die Anzahl der Beine der jeweiligen Tiere.

Methode: Lineares Optimieren

Ein Ferienlager benötigt neue Zelte. Den Organisatoren stehen 1800 €
zur Verfügung. Aus zwei Zelttypen können die Organisatoren wählen:
- 10-Personen-Zelt (200 €, fünf Stück vorrätig)
- 15-Personen-Zelt (400 €, vier Stück vorrätig)

Die Anzahl der Schlafplätze soll maximal sein. Wie viele Zelte von jeder Sorte werden gekauft?

Die Anzahl der Schlafplätze hängt von der Anzahl
x und y der beiden Zelttypen ab.
Mithilfe der Gleichung $10x + 15y = z$ kann die
Gesamtanzahl der Schlafplätze berechnet werden.
Die Gleichung wird auch **Zielfunktion** genannt.
Weil die Zielfunktion eine lineare Funktion ist,
spricht man von **linearer Optimierung**.
Bei der Lösung der Aufgabe müssen bestimmte
Nebenbedingungen berücksichtigt werden:
- Es stehen höchstens 1800 € zur Verfügung (V)
- Es gibt höchstens fünf 10-Personen-Zelte (II)
  und höchstens vier 15-Personen-Zelte (IV).
Diese Nebenbedingungen drückt man als Glei-
chungen bzw. Ungleichungen aus.

Variablen festlegen:
x: Anzahl der 10-Personen-Zelte
y: Anzahl der 15-Personen-Zelte
z: Anzahl aller Schlafplätze

Zielfunktion: $10x + 15y = z$;
z soll maximal werden

Nebenbedingungen:
I $x \geq 0$
II $x \leq 5$
III $y \geq 0$
IV $y \leq 4$
V $200x + 400y \leq 1800$

Vorgehen bei der grafischen Lösung

1. Alle Nebenbedingungen werden in ein Koordinatensystem ge-
   zeichnet. V wurde hierfür nach y umgeformt: $y \leq -\frac{1}{2}x + \frac{9}{2}$.
   Der orange Lösungsbereich markiert die Punkte, die alle Neben-
   bedingungen erfüllen.
2. Die Zielfunktion wird nach y umgestellt: $y = -\frac{2}{3}x + \frac{z}{15}$. Die
   Zielgerade $y = -\frac{2}{3}x$ wird so lange parallel verschoben, bis gilt:
   – Die verschobene Gerade hat mindestens einen (Eck-)Punkt
     mit dem Lösungsbereich gemeinsam.
   – Der y-Achsenabschnitt der verschobenen Gerade ist möglichst groß.

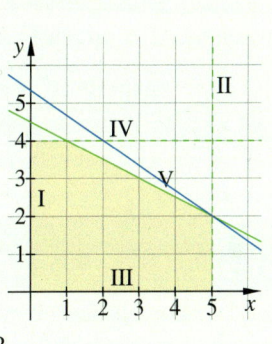

Der Punkt $P(5|2)$ ist die optimale Lösung. Es sollten fünf 10-Personen-Zelte und zwei 15-Per-
sonen-Zelte gekauft werden.

1 Die Ungleichungen $4x + y \geq 13$; $-x + 2y \geq -1$ und $2x + 5y \leq 29$ beschreiben die Nebenbedingungen einer linearen Optimierungsaufgabe. Bestimme mithilfe eines Funktionenplotters
das Minimum und das Maximum für die Zielfunktionen.
a) $2x + y = z$ b) $2x + 5y = z$

2 👥 Für einen Duft werden zwei Flüssigkeiten in einem 8-ℓ-Behälter gemischt:
x (3 € pro ℓ) soll mit 2 ℓ bis 6 ℓ und y (5 € pro ℓ) soll mit 1 ℓ bis 4 ℓ am Gemisch beteiligt sein.
a) Notiert die Nebenbedingungen und ermittelt grafisch den Lösungsbereich.
b) Das Gemisch soll 25 € kosten. Ergänzt den Graphen der Zielfunktion.
c) Welche Punkte $(x|y)$ erfüllen alle Nebenbedingungen und ergeben den Preis von 25 €?
   $P_1(5|2)$, $P_2(6|\frac{7}{5})$, $P_3(\frac{13}{2}|\frac{11}{10})$, $P_4(\frac{5}{3}|4)$, $P_5(3|2)$
d) Welches Gemisch erfüllt alle Nebenbedingungen und minimiert die Kosten?

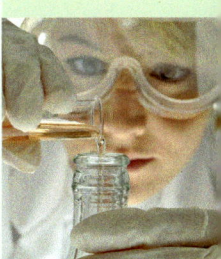

Thema: Lineare Gleichungssysteme mit drei Variablen

Ein Winzer von der Mosel bietet drei Probier-
pakete mit jeweils zehn Flaschen an.

Paket	Riesling	Ebling	Dornfelder	Preis
①	2	5	3	88 €
②	3	2	5	94 €
③	5	3	2	78 €

Wie teuer ist jede Flschensorte? Es ergibt sich
ein Gleichungssystem mit drei Variablen:

I $2x + 5y + 3z = 88$
II $3x + 2y + 5z = 94$
III $5x + 3y + 2z = 78$

HINWEIS
*Die Idee zu die-
sem Verfahren
hatte der Ma-
thematiker Carl
Friedrich Gauß
(1777–1855). Nach
ihm ist dieses
Verfahren be-
nannt: **Gauß-
sches Eliminie-
rungsverfahren**.*

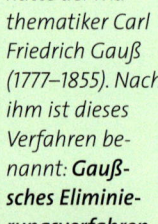

Karl Friedrich Gauß.

Das Gleichungssystem wird mithilfe des Additionsverfahrens gelöst. Man eliminiert (d. h. man
entfernt) schrittweise Variablen, bis eine Gleichung mit nur noch *einer* Variable entsteht.

1. Eine Variable (hier x) wird eliminiert.

I	$2x + 5y + 3z = 88$	$\mid \cdot 3$
II	$3x + 2y + 5z = 94$	$\mid \cdot (-2)$
I′	$6x + 15y + 9z = 264$	$\mid \cdot 3$
II′	$-6x - 4y - 10z = -188$	$\mid \cdot (-2)$
IV	$11y - z = 76$	

I	$2x + 5y + 3z = 88$	$\mid \cdot 5$
III	$5x + 3y + 2z = 78$	$\mid \cdot (-2)$
I′	$10x + 25y + 15z = 440$	
III′	$-10x - 6y - 4z = -156)$	
V	$19y + 11z = 284$	

Die Gleichungen **IV** und **V** bilden ein neues Gleichungssystem mit nur noch zwei Variablen.

2. Eine Variable (hier z) wird eliminiert.

IV	$11y - z = 76$	$\mid \cdot 11$
V	$19y + 11z = 284$	
IV′	$121y - 11z = 836$	$\mid \cdot 11$
V′	$19y + 11z = 284$	
VI	$140y = 1\,120$	

Die Gleichung **VI** enthält nur noch eine Variable und kann gelöst werden.

VI $140y = 1\,120$ $\mid : 140$

$y = 8$ Eine Flasche Ebling kostet 8 €.

3. $y = 8$ wird in die Gleichung IV und V (hier IV) eingesetzt.

IV $11 \cdot 8 - z = 76$ $\mid -76 + z$

$12 = z$ Eine Flasche Dornfelder kostet 12 €.

4. $y = 8$ und $z = 12$ werden in die Gleichung I, II oder III (hier I) eingesetzt.

I $2x + 5 \cdot 8 + 3 \cdot 12 = 88$ $\mid -76$
I $2x = 12$ $\mid : 2$
I $x = 6$ Eine Flasche Riesling kostet 6 €.

5. Probe $x = 6$, $y = 8$ und $z = 12$ werden in die Gleichungen I, II und III eingesetzt.

I $2 \cdot 6 + 5 \cdot 8 + 3 \cdot 12 = 88$ II $3 \cdot 6 + 2 \cdot 8 + 5 \cdot 12 = 94$ III $5 \cdot 6 + 3 \cdot 8 + 2 \cdot 12 = 78$

Merke Lineare Gleichungssysteme mit **mehr als zwei Variablen** werden mit dem Additionsverfahren gelöst. Dabei werden schrittweise je zwei Gleichungen so zusammenfasst, dass
eine Variable eliminiert wird und eine Gleichung mit nur einer Variablen entsteht.

1 Löse das lineare Gleichungssystem mit drei Variablen.

a) I $x + y = 7$
    II $y + z = 14$
    III $x + z = 11$

b) I $x + y = 28$
    II $x + z = 30$
    III $y + z = 32$

c) I $x - y - z = 2$
    II $2x + z = 16$
    III $-2x + 3z = 0$

d) I $-2x + y - z = 0$
    II $3x - 2y + 2z = -1$
    III $-x + 2y - z = 1$

2 Löse das Zahlenrätsel. Stelle zunächst das lineare Gleichungssystem auf.

a) Bei einer dreistelligen natürlichen Zahl ist die Quersumme 14.
   Die zweite Ziffer ist um 2 kleiner als die dritte.
   Die erste und zweite Ziffer sind zusammen so groß wie die dritte.
   Wie heißt diese Zahl?

b) Die Quersumme einer dreistelligen natürlichen Zahl ist 20.
   Die dritte Ziffer ist das Dreifache der zweiten.
   Die Differenz aus der ersten und der zweiten Ziffer ist 5.
   Wie heißt diese Zahl?

3 Zwei Ehepaare sind zusammen 135 Jahre alt. Die Ehefrauen sind gleich alt, das Alter der Ehemänner ergibt zusammen 75 Jahre. Ein Ehepaar ist fünf Jahre älter als das andere. Wie alt sind die einzelnen Personen?

4 In einer Werkstatt arbeitet der Meister mit einem Gesellen und einem Auszubildenden. Zusammen sind sie 93 Jahre alt. Meister und Geselle sind zusammen 77 Jahre, Geselle und Auszubildender sind zusammen 39 Jahre alt. Wie alt ist jeder?

5 In einer Familie sind die Großmutter, die Mutter und die Tochter zusammen 129 Jahre alt.
Die Großmutter und die Mutter sind zusammen 113 Jahre alt.
Dagegen sind Großmutter und Enkelin zusammen 88 Jahre alt.
Berechne das Alter der drei Frauen.

6 Eine Konzertveranstaltung ist mit 560 Plätzen ausverkauft.
Die Plätze im 1. Parkett kosten 14 €, die Plätze im 2. Parkett 12 € und die auf dem Rang 9 €.
Insgesamt wurden 6 370 € eingenommen.
Im Rang und im 2. Parkett gibt es zusammen 420 Plätze.
Wie viele Plätze stehen in jeder Kategorie zur Verfügung?

7 Ein Hotel hat 170 Einbettzimmer, Zweibettzimmer und Dreibettzimmer mit insgesamt 330 Betten. Die Zahl der Zweibettzimmer ist um 10 größer als die der Einbettzimmer und der Hälfte der Dreibettzimmer zusammen.
Wie viele Einbett-, Zweibett- und Dreibettzimmer sind vorhanden?
Wähle für die Anzahl der Einbettzimmer x, für die Anzahl der Zweibettzimmer y und für die Anzahl der Dreibettzimmer z.

Klar so weit?

→ Seite 10

Lineare Gleichungen mit zwei Variablen

1 Welche der folgenden Gleichungen sind keine linearen Gleichungen? Begründe.
a) $4x + 14y = 28$
b) $y = 8x - 24$
c) $x \cdot y = 24 + 42$
d) $x^2 + y = 20$
e) $8x - 20 = 4y$
f) $6y = 24 - 8x$

1 Das Wertepaar $(10\,;12)$ ist die Lösung einer linearen Gleichung.
Wie könnte diese Gleichung lauten?
Überlege dir eine passende Realsituation zu dieser Gleichung.

2 Zeichne eine Gerade durch zwei Punkte und finde die passende lineare Gleichung. Überprüfe durch Einsetzen der Koordinaten, ob deine Gleichung richtig ist.
a) $P(2|1)$ und $Q(8|4)$
b) $R(2|6)$ und $S(8|3)$
c) $T(1|3)$ und $U(5|5)$

→ Seite 16

Lineare Gleichungssysteme grafisch lösen

3 Erstelle eine Wertetabelle im Bereich von -4 bis $+4$ und zeichne die Geraden in ein Koordinatensystem.
Lies aus der Zeichnung den Schnittpunkt ab.
a) **I** $y = 1 - x$; **II** $y = 2x + 1$
b) **I** $y = x - 3$; **II** $y = 2x - 8$

3 Zeichne die Graphen in ein Koordinatensystem. Bestimme die Koordinaten des Schnittpunkts. Wie gehst du dabei vor?
a) **I** $y = 2x - 1$; **II** $y = x + 1,5$
b) **I** $y = 1,5x + 3$; **II** $y = -0,5x - 1$
c) **I** $y = -3x - 2,5$; **II** $y = 2x - 1,5$

4 Ein Fuchs läuft hinter einem Hasen her.
Im Diagramm ist die Jagd durch folgende Geraden dargestellt:
Fuchs: **I** $y = 5x$;
Hase: **II** $y = 2,5x + 15$

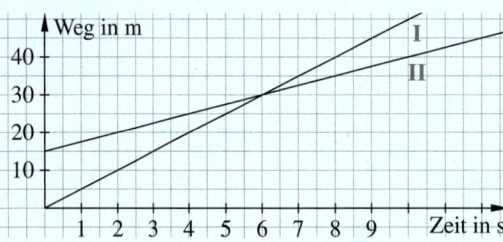

a) Was bedeutet der Schnittpunkt der beiden Geraden?
b) Lies den Schnittpunkt ab und überprüfe ihn rechnerisch.

4 Ein Motorrad folgt einem Roller.

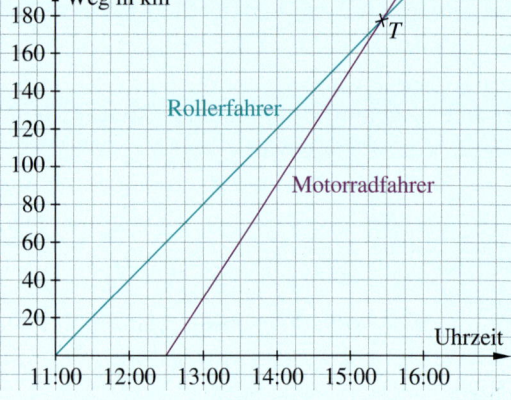

a) Wann holt das Motorrad den Roller ein?
b) Wie schnell fahren die beiden Fahrzeuge?
c) Wie weit sind der Rollerfahrer und der Motorradfahrer um 14:30 Uhr voneinander entfernt?

5 Jannik zieht in eine eigene Wohnung und hat die Wahl zwischen zwei Stromanbietern.
a) Stelle die Geradengleichungen auf und zeichne die Geraden in ein gemeinsames Koordinatensystem.
b) Bei wie vielen Kilowattstunden (kWh) unterscheiden sich die Tarife nicht?

	Grundgebühr	Arbeitspreis
①	12 €/Monat	0,24 €/kWh
②	7 €/Monat	0,26 €/kWh

Lineare Gleichungssysteme rechnerisch lösen

→ Seite 20

6 Löse durch systematisches Probieren.
a) I $y = 2x$; II $y = x + 4$
b) I $y = 2x$; II $x + y = 15$

6 Löse durch systematisches Probieren.
a) I $3x + 1 = y$; II $y - x = 7$
b) I $2x + 8 = y$; II $-0{,}5x + 18 = x$

7 Löse mit dem Einsetzungsverfahren.
a) I $2x + 2y = 8$; II $y = 4x + 24$
b) I $x + 4y = 24$; II $3x - 2y = 30$
c) I $-4x - 5y = -18$; II $x - 1{,}5y = -1$
d) I $3x - 7y = -15$; II $x + 14y = 44$

7 Löse mit dem Einsetzungsverfahren.
a) I $7x + 4 = 8y$; II $3x - 4 = 2y$
b) I $-4x + 5y = 22$; II $2x + 3y = 22$
c) I $3x + y = -1$; II $4x + 3y = 2$
d) I $2x + 5y = 33$; II $6x + 3y = 63$

8 Max und Maria benötigen zum Streichen ihrer Wohnung Farbe und Farbrollen. Max kauft zwei Eimer Farbe und drei Malerrollen und bezahlt 67,75 €.
Weil sie mit der Farbe und den Rollen nicht ausgekommen sind, fährt Maria zum Geschäft zurück. Sie kauft zwei Eimer Farbe und zwei Farbrollen für 64,80 €.
Wie viel kosten Farbeimer und Farbrolle einzeln? Löse mit dem Einsetzungsverfahren.

8 Bei einem Multiple-Choice-Test stehen zu einer Frage immer mehrere vorformulierte Antworten zur Wahl. Ein solcher Test hat nun insgesamt 30 Fragen. Für eine richtig beantwortete Aufgabe werden entweder drei oder vier Punkte vergeben. In dem Test kann man maximal 96 Punkte erreichen.
Wie viele Drei- und Vierpunktefragen gibt es jeweils?
Löse mit dem Einsetzungsverfahren.

9 Antonia ist die ältere Schwester von Lea. Zusammen sind Antonia und Lea 26 Jahre alt. Die Differenz zwischen Antonias und Leas Alter beträgt 2 Jahre.
Wie alt sind die beiden? Bestimme das Alter mit dem Einsetzungsverfahren.

9 Ein Kunde kauft beim Bäcker vier Brötchen und drei Croissants für 3,70 €.
Ein anderer Kunde zahlt für sechs Brötchen und vier Croissants 5,10 €.
Wie viel kostet ein Brötchen und wie viel ein Croissant?

Gleichsetzungsverfahren und Additionsverfahren

→ Seite 24

10 Löse mit dem Additionsverfahren. Forme, falls nötig, die Gleichungen zuerst um.
a) I $2x + 5y = 6$; II $-2x - 3y = -10$
b) I $8a + 2b = 58$; II $3a + b = 24$
c) I $2x + 10y = 122$; II $x + 4y = 50$

10 Forme die Gleichungen geschickt um und löse mit dem Additionsverfahren.
a) I $2c + d = 18$; II $11c + 2d = 85$
b) I $-7k - 2y = -25$; II $-2k + 5y = 4$
c) I $-3x - 5y = -8$; II $-4x - 2y = -20$

11 Löse mit dem Gleichsetzungsverfahren.
a) I $2x = 12 - 3y$; II $2x = -18 + 2y$
b) I $4x + 6y = 54$; II $-8x - 2y = -38$
c) I $3x + y = 7$; II $4x - 2y = 6$

11 Löse mit dem Gleichsetzungsverfahren.
a) I $2x + 3y = 37$; II $-5x - 5y = -80$
b) I $5x - 3y = 6$; II $2x + 4y = -8$
c) I $4x + 12y = 10$; II $3x - 8y = -26{,}5$

12 Löse die Zahlenrätsel. Wähle ein Lösungsverfahren.
a) Die Summe zweier Zahlen ist 40, ihre Differenz ist 6.
b) Die Summe zweier Zahlen ist 28, ihre Differenz ist 2.

Vermischte Übungen

1 Löse das lineare Gleichungssystem mit dem Additionsverfahren.
I $7x + 2y = 41$; II $3x - y = 12$
Tipp: Multipliziere Gleichung II mit 2, damit eine der Variablen wegfällt. Gib die Lösung als geordnetes Paar an.

1 Das Gleichungssystem I $5x + 6y = 37$;
II $3x - 2y = 11$ ist gegeben.
a) Mit welcher Zahl muss man Gleichung II multiplizieren, damit beim Additionsverfahren die Variable y wegfällt?
b) Löse das Gleichungssystem.

2 Bestimme zeichnerisch die Lösung des Gleichungssystems.
a) I $y = -3x - 5$; II $y = x + 5$
b) I $y = 3x + 1$; II $y = 3x - 4$
c) I $y = 0{,}25x + 1{,}5$; II $y = 2x + 5$
d) I $y = 1{,}5x - 3$; II $y = \frac{2}{3}x + 2$

2 Löse die Gleichungssysteme erst zeichnerisch und dann rechnerisch.
Vergleiche die Ergebnisse.
a) I $y = -4x - 5$; II $y = 2x + 1$
b) I $y = 6x - 3$; II $y = 3x + 1{,}5$
c) I $y = 7{,}5x + 3$; II $y = 2{,}5x - 4$

3 Löse drei Gleichungssysteme mithilfe des Einsetzungsverfahrens. Prüfe dein Ergebnis.
a) I $3x + y = 20$; II $5x + 3y = 36$
b) I $2a - b = 2$; II $6a + 5b = 38$
c) I $x + 3y = 13$; II $3x - 2y = 6$
d) I $5x + 6y = 37$; II $3x - 2y = 11$
e) I $4x = y$; II $4 - x = y$
f) I $x = 2y - 1$; II $x - \frac{2}{3}y = 3$

4 Löse mit dem Gleichsetzungsverfahren.
a) I $y = -3x - 11$; II $y = x - 3$
b) I $x = -2y + 4$; II $x = 2y$

4 Löse mit dem Gleichsetzungsverfahren.
a) I $y = \frac{1}{2}x$; II $y = \frac{1}{2}x + 4$
b) I $y = -3x - 2{,}5$; II $2x - y = -1{,}5$

5 Entscheide, mit welchem Verfahren du das Gleichungssystem löst. Begründe deine Wahl.
a) I $y = \frac{1}{2}x - 1$; II $y = -2{,}5x + 2$
b) I $-2x + 2y = -3$; II $2x + 12y = 24$
c) I $y = -0{,}5x + 2{,}5$; II $1{,}5x - y = 1{,}5$
d) I $3x + 3 = -12y$; II $2x = 5y - 15$

5 Entscheide, mit welchem Verfahren du das Gleichungssystem löst. Begründe deine Wahl.
a) I $-4x + 3y = 29$; II $3x - 3y = -27$
b) I $-3 = 1{,}5x - y$; II $y = \frac{1}{4}x - 2$
c) I $3x + 6y = 12$; II $2x = -4y + 8$
d) I $4x - 2y = 6$; II $4y - 8x = 10$

6 Was ist im Diagramm dargestellt?

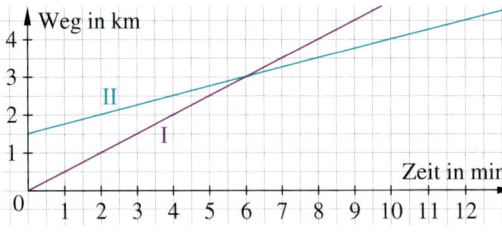

a) Erfinde zu dem Diagramm eine „Verfolgungsgeschichte".
b) Welche Geschwindigkeit müsste der „Verfolger I" haben, um II bereits nach vier Minuten einzuholen?
c) Löse die Verfolgungsaufgabe, wenn der Verfolgte nur 1 km Vorsprung hat, aber gleich schnell ist.
Notiere zunächst die beiden Gleichungen.

6 Zwei Kühlschränke und zwei Lampen wurden miteinander verglichen.

a) Nach wie vielen Jahren hat sich die Anschaffung des stromsparenden Kühlschranks gelohnt?
b) Stelle selbst mindestens drei Fragen zu der Grafik und beantworte sie.

LÖSUNGEN ZU 2

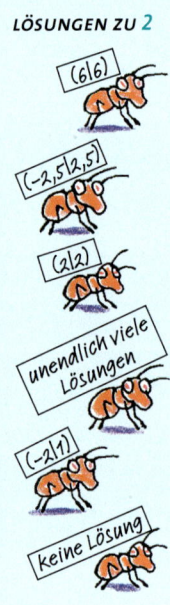

(6|6)
(-2,5|2,5)
(2|2)
unendlich viele Lösungen
(-2|1)
keine Lösung

ERINNERE DICH
Geschwindigkeiten werden als Weg pro Zeit angegeben, z. B. als $\frac{km}{h}$.

7 Auf einem Parkplatz stehen Pkw und Motorräder. Zusammen sind es 55 Fahrzeuge mit 190 Rädern. Wie viele Fahrzeuge von jeder Sorte stehen auf dem Parkplatz?
Tipp: Beachte die Anzahl der Räder.

7 Zwei Schwestern kaufen sich je ein Fahrrad. Dafür bezahlen beide zusammen 990 €. Die ältere Schwester zahlt 20 % mehr als die jüngere.
Wie viel bezahlt jede Schwester?

8 👥 Stellt gemeinsam drei verschiedene lineare Gleichungssysteme auf, die ihr mit den euch bekannten Verfahren gut lösen könnt.
Stellt dabei die Gleichungen so auf, dass immer ein Verfahren besonders günstig ist. Löst die Gleichungssysteme dann selbstständig mit mindestens zwei verschiedenen Verfahren.
Vergleicht danach gegenseitig eure Ergebnisse.

9 Ein Ruderboot fährt auf einem Fluss.
Mit der Strömung fährt es 2,8 m pro Sekunde, gegen die Strömung nur 0,6 m pro Sekunde.
a) Wofür stehen die Gleichungen?
 $\text{I}\ x + y = 2{,}8;\quad \text{II}\ x - y = 0{,}6$
b) Berechne die Geschwindigkeit des Ruderboots x und die Strömungsgeschwindigkeit des Flusses y.

9 Erfinde zu der Darstellung eine Aufgabe, in der es um ein Treffen geht.
Löse die Aufgabe und präsentiere sie in deiner Klasse.

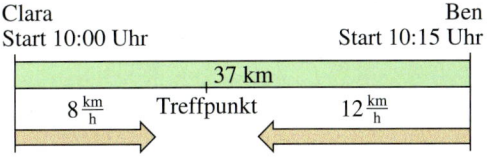

Clara
Start 10:00 Uhr
Ben
Start 10:15 Uhr
37 km
$8\ \frac{km}{h}$ Treffpunkt $12\ \frac{km}{h}$

10 Katharina hat für ihren Urlaub eine bestimmte Summe Geld gespart.
Gibt sie täglich 12 € aus, reicht ihr Geld neun Tage länger als geplant. Gibt sie aber täglich 17 € aus, muss sie ihren Urlaub um einen Tag verkürzen.
Wie lange sollte ihre Urlaubsreise dauern und wie viel Geld hatte Katharina gespart?
Löse mithilfe des Einsetzungsverfahrens.

10 Ein Busunternehmer kaufte einen Reisebus mit 60 Sitzplätzen für 375 000 €.
Der Unternehmer rechnet pro Kilometer mit 2,27 € Betriebskosten. Im Durchschnitt befördert er 40 Fahrgäste und berechnet ihnen für jeden gefahrenen Kilometer 0,20 €.
Bei welcher Fahrtstrecke sind Kosten und Einnahmen ausgeglichen?
Welche Kosten sind bis dahin entstanden?

11 Für ein Schulkonzert wurden 350 Karten für insgesamt 1380 € verkauft.
Der Eintritt betrug für Schüler 3 € und für Erwachsene 5 €.
a) Wie viele Karten jeder Sorte wurden verkauft?
b) Um welchen Betrag hätten sich die Einnahmen erhöht, wenn man den Preis für Erwachsene um 20 % angehoben hätte?

11 Eine Bank bietet zwei verschiedene Girokonten an: ein Konto ohne Grundpreis, dafür aber mit Kosten von 0,50 € pro Buchung und ein Konto mit 3,50 € monatlichem Grundpreis und 0,15 € pro Buchung.
Ab wie vielen Buchungen im Monat lohnt sich das Konto mit Grundpreis?

12 Die Eheleute Glomp planen ihren Urlaub. Sie können fünf Nächte im Hotel und sieben Nächte in einer Pension für 930 € bleiben. Für zwei Nächte im Hotel und zwölf Nächte in der Pension würden sie 970 € bezahlen. Wie viel kostet jeweils eine Übernachtung?

12 Ein Rechteck hat einen Umfang von 60 dm. Verkürzt man eine Seite um 2 dm und verlängert die andere Seite um 1,5 dm, dann entsteht ein Rechteck mit einem genau so großen Flächeninhalt. Berechne die Seitenlängen der beiden Rechtecke.

LOGISTIKER/IN
Die Ausbildung dauer 3 Jahre. Suche nach weiteren Informationen über den Beruf z.B. im Internet oder im BIZ.

Beruf Fachkraft für Lagerlogistik

Fachkräfte für Lagerlogistik sorgen dafür, dass die Waren im Lager immer zur rechten Zeit, am rechten Ort und in der richtigen Menge zur Verfügung stehen.
Sie planen und organisieren das möglichst effiziente Be- und Entladen der Lieferfahrzeuge und das Einsortieren der Waren. Dabei packen sie selbst mit an und überlegen, wie man das System im Lager noch verbessern könnte.
Spezielle Computerprogramme helfen ihnen bei ihren Aufgaben.
Arbeit finden Fachkräfte für Lagerlogistik z. B. bei Speditionen und im Versandhandel, aber auch bei Industrieunternehmen aller Branchen.

13 Kosten und Erlös

Bevor ein Buch gedruckt wird und verkauft werden kann, sind bei einem Verlag hohe Anfangskosten entstanden. Für ein Schulbuch betragen sie ungefähr 150 000 €.
Zusätzlich entstehen für jedes Buch Druckkosten von ca. 5 €. Mit dem Verkauf der Bücher erzielt der Verlag für jedes verkaufte Buch einen Erlös von ca. 15 €.

a) Erkläre den Verlauf beider Geraden.
b) Bestimme jeweils die Funktionsgleichung.
c) Bei welcher Anzahl verkaufter Bücher sind Kosten und Erlös gleich?
d) Wie hoch ist der Verlust, wenn nur 6 000 Bücher verkauft werden?

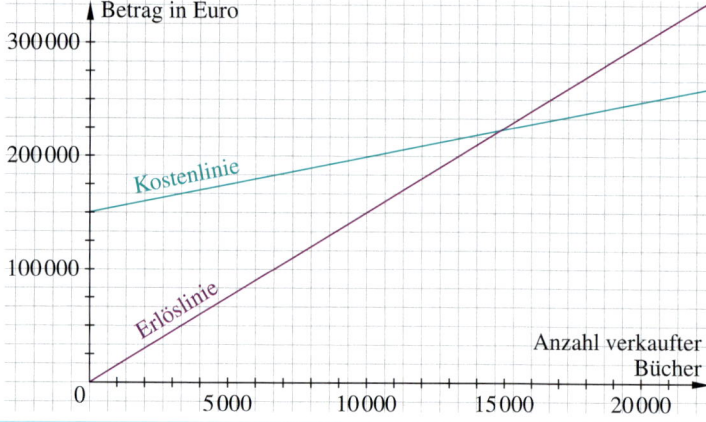

14 Transport von Gütern

Ein Lkw der Speditionsfirma Engelmayer fährt von Köln über Hannover nach Berlin.
Die Strecke beträgt 576 km. Der Lkw startet um 8:00 Uhr in Köln und fährt mit einer Durchschnittsgeschwindigkeit von $80 \frac{km}{h}$.
Um 9:00 Uhr, schon nach der Abfahrt des Lkw, werden fünf schwere Pakete verspätet abgegeben, die für den Lkw bestimmt waren.
Herr Engelmayer schickt einen Transporter mit einem anderen Fahrer hinterher, um die Pakete zum Lkw zu bringen. Der Transporter fährt mit einer Durchschnittsgeschwindigkeit von $120 \frac{km}{h}$.

a) Wann wird der Lkw eingeholt?
b) Wie viele Kilometer sind beide Fahrzeuge bis zum Treffpunkt gefahren?
c) Wie weit sind die Fahrzeuge von Berlin entfernt?
d) Welche Zusatzkosten entstehen für die Firma, wenn der Dieselverbrauch für den Transporter $\frac{8l}{100\,km}$ beträgt und die Arbeitszeit des Fahrers mit 38 € pro Stunde berechnet wird?

HINWEIS
Rechne mit einem Dieselpreis von 1,43 € pro Liter. Vergiss den Rückweg nicht.

Zusammenfassung

Lineare Gleichungen mit zwei Variablen

→ Seite 10

Sachprobleme, bei denen zwei voneinander abhängige Größen gesucht werden, können mithilfe einer linearen Gleichung mit zwei Variablen gelöst werden.
Die lineare Gleichung kann in der Form $y = mx + b$ geschrieben werden.

Lineare Gleichungssysteme grafisch lösen

→ Seite 16

Zwei lineare Gleichungen zu einem Problem bilden ein **lineares Gleichungssystem (LGS)**.

Bei der **grafischen Lösung** eines LGS zeichnet man die Graphen der Gleichungen in ein gemeinsames Koordinatensystem.
Die **Lösung** kann abgelesen werden.

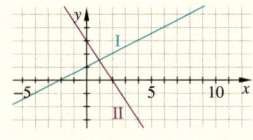

Die Graphen schneiden sich in einem Punkt. Das LGS hat genau **eine Lösung** $S(x \mid y)$.

Sind die Geraden **parallel**, hat das LGS **keine** Lösung.
Sind die Geraden **identisch**, hat das LGS **unendlich viele** Lösungen.

Lineare Gleichungssysteme rechnerisch lösen

→ Seite 20

Lösen durch **systematisches Probieren**:
Dabei wird ein Wert für x angenommen und der Wert für y berechnet. Beide Werte werden anschließend in die 2. Gleichung eingesetzt.

x	$3x + y = 9$	$8x + 2y = 22$
1	$3 \cdot 1 + y = 9$, also $y = 6$	$8 \cdot 1 + 2 \cdot 6 = 20$ ↯

$x = 1$ und $y = 6$ ist keine Lösung des LGS.

Lösen mit dem **Einsetzungsverfahren**:
Eine Gleichung wird nach einer Variable aufgelöst und dieser Term wird in die andere Gleichung eingesetzt.

I $3x + y = 9$ und II $8x + 2y = 22$
I′ $y = 9 - 3x$

I′ in II: $8x + 2(9 - 3x) = 22$, also $x = 2$

x in I: $3 \cdot 2 + y = 9$, also $y = 3$

Gleichsetzungsverfahren und Additionsverfahren

→ Seite 24

Beim **Gleichsetzungsverfahren** werden beide Gleichungen nach derselben Variable aufgelöst. Die zugehörigen Terme werden gleichgesetzt. Die neu entstandene Gleichung hat nur noch eine Variable.

I $3x + y = 9$ und II $8x + 2y = 22$
I′ $y = 9 - 3x$ und II′ $y = 11 - 4x$

I′ = II′: $9 - 3x = 11 - 4x$, also $x = 2$

x in I: $3 \cdot 2 + y = 9$, also $y = 3$

Beim **Additionsverfahren** werden beide Gleichungen so umgeformt, dass eine Variable beim Addieren der beiden Gleichungen wegfällt.

I $3x + y = 9$ und II $8x + 2y = 22$

I $\cdot (-2)$: $-6x - 2y = -18$
II $\qquad\quad 8x + 2y = 22$
I′ + II $\qquad\qquad 2x = 4$, also $x = 2$

x in I: $3 \cdot 2 + y = 9$, also $y = 3$

Teste dich!

2 Punkte | 2 Punkte

1 Wie alt sind die Personen?
Löse z. B. durch systematisches Probieren.
a) Thomas ist halb so alt wie seine Mutter. Zusammen sind sie 75 Jahre alt.
b) Jürgen ist zwei Jahre älter als Monika. Zusammen sind sie 100 Jahre alt.

1 Wie alt sind die Personen?
a) Sabine ist 16 Jahre älter als Tim. Zusammen sind beide 38 Jahre alt.
b) Vor 7 Jahren war der Opa 3-mal so alt wie seine Enkelin damals. In 18 Jahren ist der Opa doppelt so alt wie seine Enkelin. Wie alt sind beide heute?

2 Punkte | 2 Punkte

2 Eine Jugendherberge hat Vierbettzimmer und Sechsbettzimmer. Insgesamt sind es 80 Zimmer. Den Gästen stehen damit 390 Betten zur Verfügung.
Wie viele Vierbettzimmer, wie viele Sechsbettzimmer gibt es?

2 Ein 200-€-Schein wird in 10-€-Scheine und in 20-€-Scheine gewechselt.
Man bekommt zwei 10-€-Scheine mehr als 20-€-Scheine.
Wie viele 10-€-Scheine und wie viele 20-€-Scheine bekommt man?

6 Punkte | 6 Punkte

3 Bestimme grafisch die Lösung des Gleichungssystems.
a) **I** $y = -2x - 5$; **II** $y = 3x + 5$
b) **I** $y = 3x + 1$; **II** $y = 3x - 4$

3 Bestimme grafisch die Lösung des Gleichungssystems.
a) **I** $y = 0{,}25x + 1{,}5$; **II** $y = 2x + 5$
b) **I** $y = 1{,}5x - 3$; **II** $y = \frac{2}{3}x + 2$

6 Punkte | 6 Punkte

4 Bestimme rechnerisch die Lösung des Gleichungssystems.
Wähle ein geeignetes Verfahren. Begründe deine Wahl.
a) **I** $y = \frac{1}{2}x - 1$; **II** $y = -2{,}5x + 2$
b) **I** $-2x + 2y = -3$; **II** $2x + 12y = 24$

4 Bestimme rechnerisch die Lösung des Gleichungssystems.
Wähle ein geeignetes Verfahren. Begründe deine Wahl.
a) **I** $y = -0{,}5x + 2{,}5$; **II** $1{,}5x - y = 1{,}5$
b) **I** $3x + 3 = -12y$; **II** $2x = 5y - 15$

3 Punkte | 8 Punkte

5 In dem Koordinatensystem ist der Graph der Funktion $y = -0{,}4x + 2$ dargestellt.

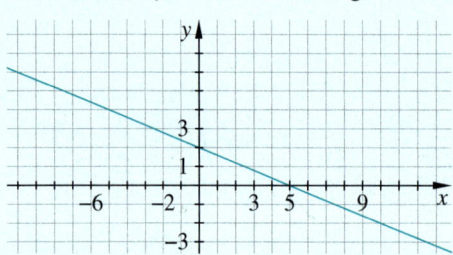

a) Übertrage den Graphen ins Heft.
b) Ergänze den Graphen zu $y = 3x + 2$.
c) Bestimme die Lösung des Gleichungssystems. Wie gehst du dabei vor?

5 Franziska vergleicht zwei Angebote.

Angebot A
Stückpreis: 2,85 €
Versand: 4,90 €

Angebot B
Stückpreis: 2,99 €
Versand: 5,90 €, ab 29 € Einkaufswert frei

a) Ab welcher Stückzahl ist Angebot B versandkostenfrei?
b) Stelle eine Geradengleichung für Angebot A und zwei für Angebot B auf.
c) Bei welcher Stückzahl sind die Angebote gleich?
d) Für welche Stückzahlen ist Angebot A günstiger, für welche Angebot B?

Funktion und Umkehrfunktion – Rechnen mit Wurzeln

Der Affenbrotbaum wächst in Afrika. Eine Legende besagt, dass ihn die Götter umgekehrt in den Boden gesteckt haben, sodass seine Wurzeln in die Luft ragen.

Noch fit?

Einstieg

Aufstieg

1 Funktionen erkennen

Bei welchen grafischen Darstellungen handelt es sich um den Graphen einer Funktion? Begründe deine Antwort.

① 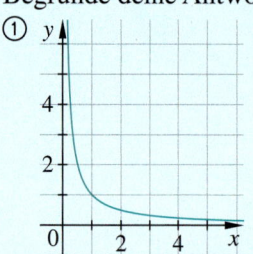 ② 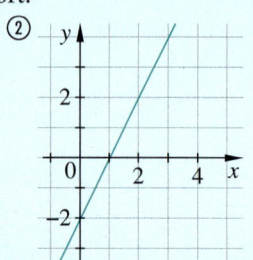 ③ 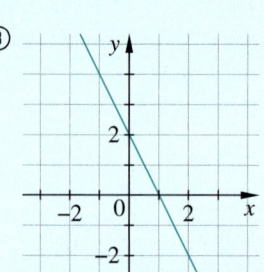 ④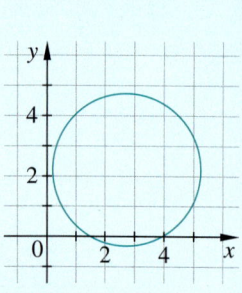

2 Lineare Funktionen erkennen

Welche Funktionen sind linear?
Gib für diese Funktionen die Steigung m und den Achsenabschnitt b an.

a) $y = 2x + 5$ b) $y = -2x + 5$

c) $y = \frac{2}{x} + 5$ d) $y = 2x^2 + 5$

2 Lineare Funktionen erkennen

Welche Funktionen sind linear?
Gib für diese Funktionen die Steigung m und den Achsenabschnitt b an.

a) $y = 0{,}5x + 2$ b) $y = -\frac{1}{x} + 2{,}5$

c) $y = \frac{1}{3}x^2 - 3$ d) $y = -\frac{4}{5}x - 4$

3 Funktionen darstellen

Lineare Funktionen können auf verschiedene Arten dargestellt werden.

a) Übertrage und ergänze die Tabelle.

x	1	2	3	4	5	6	7
y	2	4	6				

b) Zeichne den Funktionsgraphen.
c) Formuliere eine Wortvorschrift.
d) Gib die Funktionsgleichung an.

3 Funktionen darstellen

Lineare Funktionen können auf verschiedene Arten dargestellt werden.

a) Übertrage und ergänze die Tabelle.

x	1	2	3	4	5	6	7
y	0,5	1	1,5				

b) Zeichne den Funktionsgraphen.
c) Formuliere eine Wortvorschrift.
d) Gib die Funktionsgleichung an.

4 Funktionsgleichungen bestimmen

Gib die Funktionsgleichungen $y = mx + b$ an.

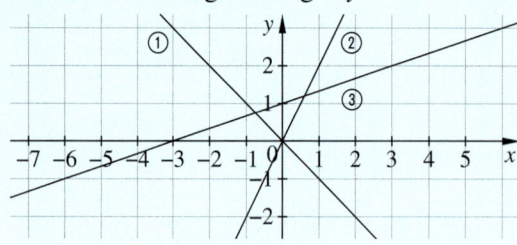

4 Funktionsgleichungen bestimmen

Gib jeweils die Funktionsgleichung an.

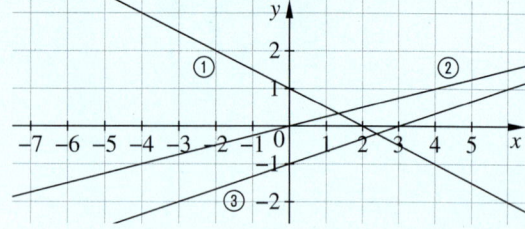

5 Mit Variablen rechnen

Vereinfache und fasse zusammen.

a) $x \cdot x + y \cdot y$ b) $2a + 2b$

c) $-0{,}2m + 4{,}3m$ d) $x \cdot 3x \cdot 2y$

e) $x^3 + 5x^3 + x^2$ f) $a^2 + a^3 + ab + a^2$

5 Mit Variablen rechnen

Vereinfache und fasse zusammen.

a) $x \cdot y \cdot x \cdot y + 2x$ b) $(x + 3)^2 + 3x$

c) $2y(3 + y) - y^2$ d) $(2a - b)^2 - 4ab$

e) $(x - y)^2 + 2x^2$ f) $(a - b)(b - a)$

Lösungen ab Seite 190

Lineare Funktionen und ihre Umkehrung

Entdecken

1 Luca und Tim planen eine Reise in die USA. Luca hat 200 €
gespart und will nun wissen, wie viel US-Dollar das sind.
Tim hat sich über den Dollarkurs informiert und sagt: „1 $ hat
ungefähr den Wert von 0,765 €."
Luca behauptet, dass dann 1 € ungefähr den Wert von 1,307 $
habe. Er habe somit Reisegeld im Wert von 261,40 $ angespart.
Tim sagt: „Nach meiner Rechnung sind 200 € aber 261,43 $."

a) Überprüfe die Aussage von Luca. Wie hat er gerechnet?
b) Wie hat Tim gerechnet?
c) Erstelle eine Tabelle für die Umrechnung von Euro in
   US-Dollar. Welche Hilfsmittel unterstützen dich dabei?
d) Erstelle eine Tabelle für die Umrechnung von US-Dollar in
   Euro.
e) Zeichne die Graphen zu beiden Umrechnungstabellen in
   jeweils ein Koordinatensystem.
   Was stellst du fest?

2 Die Werte der beiden Tabellen gehören jeweils zu einer Funktion.

①

x	−2	−1	0	2	3	4
y	−4	−2	0	4	6	8

②

x	−4	−2	0	4	6	8
y	−2	−1	0	2	3	4

a) Vergleiche die Werte- und Definitionsbereiche und stelle Vermutungen über den Verlauf der
   beiden Graphen an.
b) Zeichne die Graphen in ein Koordinatensystem und bestimme die Funktionsgleichungen.
c) Füge die Gerade $y = x$ hinzu. Untersuche die Lage einzelner Punkte beider Graphen in
   Bezug auf die Gerade $y = x$. Formuliere eine Vermutung über den Zusammenhang.

3 👥 Untersucht, wie die Graphen zu $y = 1,5x$ und zu $y = \frac{2}{3}x$ in Bezug zur Geraden $y = x$ ver-
laufen und überprüft die nachfolgenden Aussagen.
Jannis sagt: „Ich benötige nur von zwei Punkten einer der beiden Geraden die Koordinaten,
                dann kann ich die andere Gerade auch zeichnen."
Isabell sagt: „Ich kann bereits an der Steigung m erkennen, dass die beiden Funktionen sich an
                der Geraden $y = x$ spiegeln."

4 Untersuche die Funktionsgraphen.
a) Formuliere Aussagen über die Steigung m und
   die jeweiligen Schnittpunkte mit der x-Achse und
   der y-Achse.
b) Bestimme den Schnittpunkt der Graphen.
   Wie gehst du dabei vor?
c) Beschreibe die Lage der beiden Geraden zur
   Geraden $y = x$.

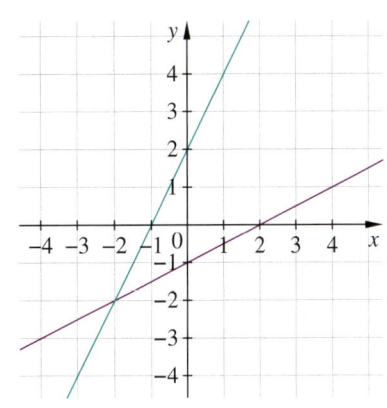

HINWEIS
*Die Werte aus
dem **Definitions-
bereich** werden
auf der x-Achse
abgetragen. Die
zugeordneten
Werte aus dem
Wertebereich
nennt man
Funktionswerte.
Sie werden auf
der y-Achse ab-
getragen.*

Verstehen

Lydia lebt seit ein paar Tagen als Austauschschülerin bei einer Gast-
familie in Kalifornien. In ihrem Zimmer hat sie eine Klimaanlage.
Die gewünschte Temperatur stellt sie dort in Grad Fahrenheit (°F) ein.
Die Klimaanlage ist auf 68 °F eingestellt. Sie möchte wissen, wie viel
Grad Celsius das sind.
Ihr Gastvater nennt ihr die Formel für die Umrechnung von Grad Celsius
in Grad Fahrenheit: $T_F = 1{,}8 \cdot T_C + 32$

Lydia benötigt aber die **umgekehrte** Umrechnung. Sie löst deshalb die Gleichung nach T_C auf
und erhält die Formel für die Umrechnung von Grad Fahrenheit in Grad Celsius: $T_C = \frac{T_F}{1{,}8} - \frac{32}{1{,}8}$

Nun kann sie Tabellen für beliebige Umrechnungen von °C in °F und von °F in °C erstellen.

Beispiel 1

x	Temperatur in °C	0	10	20	30
y	Temperatur in °F	32	50	68	86

Beispiel 2

x	Temperatur in °F	32	50	68	86
y	Temperatur in °C	0	10	20	30

Zur Umrechnungsformel $T_F = 1{,}8 \cdot T_C + 32$ ist die Umkehrung $T_C = \frac{T_F - 32}{1{,}8}$.
Die Tabellen zeigen, dass beim Umkehren der Definitionsbereich und der Wertebereich ge-
tauscht werden. Beide Umrechnungsformeln sind lineare Funktionen der Form $y = m \cdot x + b$.

Beispiel 3

$y = 1{,}8 \cdot x + 32$

1. nach x auflösen:

$y = 1{,}8x + 32 \quad | -32$

$y - 32 = 1{,}8x \quad | :1{,}8$

$\frac{y - 32}{1{,}8} = x$

2. x und y vertauschen:

$\frac{x - 32}{1{,}8} = y$

3. Umkehrfunktion mit $f^{-1}(x)$ kennzeichnen:

$f^{-1}(x) = \frac{x - 32}{1{,}8} = \frac{1}{1{,}8}x - \frac{32}{1{,}8}$

Merke Die **Umkehrfunktion** zu einer linearen Funktion wird in drei Schritten bestimmt:

1. Man löst die Gleichung nach x auf:

$y = mx + b \quad | -b$

$y - b = mx \quad | :m$

$\frac{y - b}{m} = x$

2. Man vertauscht x und y:

$\frac{x - b}{m} = y$

3. Man nennt die Umkehrfunktion $f^{-1}(x)$:

$f^{-1}(x) = \frac{x - b}{m} = \frac{1}{m}x - \frac{b}{m}$

Für Funktionen der Form $y = m \cdot x + b$ schreibt man auch $f(x) = m \cdot x + b$. Deshalb wird die
Umkehrfunktion mit $f^{-1}(x)$ gekennzeichnet: $f^{-1}(x) = \frac{1}{m}x - \frac{b}{m}$.

Die Graphen von Funktion und Umkehrfunktion haben eine besondere Lage zueinander.

HINWEIS
*Um einen Funk-
tionswert zu
einer bestimm-
ten Stelle auf
der x-Achse zu
berechnen, ver-
wendet man
die **f(x)**-Schreib-
weise.
Für x = 10 gilt
f(10) = 50.
Man spricht: Der
Funktionswert
von f an der Stel-
le x = 10 ist 50.*

Beispiel 4

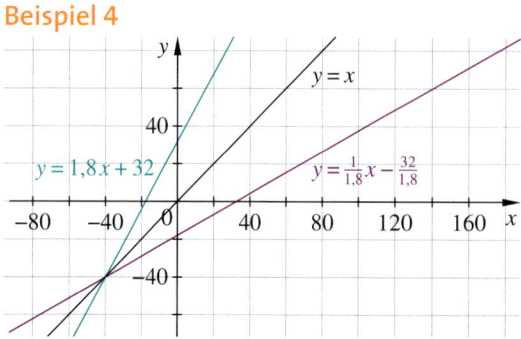

Merke Eine Umkehrfunktion ordnet jedem
Wert aus dem Wertebereich einer Funktion
den dazugehörigen Wert aus dem Definitionsbereich zu.

Durch **Spiegelung des Graphen** einer linearen Funktion an der **Winkelhalbierenden**
$y = x$ erhält man den Graphen der Umkehrfunktion.

Üben und anwenden

1 Übertrage die Tabellen in dein Heft.

a) Gib die Funktionsgleichungen für die Umrechnung der Eurowerte in die ausländische Währung an. Dabei steht CHF für Schweizer Franken und GBP für Britisches Pfund.

b) Nutze die Umkehrfunktion für die Berechnung der Eurowerte. Fülle die Tabelle aus.

①

EUR	1	5	10	15	50	100
CHF	1,2326					

CHF	1	5	10	15	50	100
EUR						

②

GBP	1	5	10	15	50	100
EUR	0,8373					

EUR	1	5	10	15	50	100
GBP						

2 Bestimme die Umkehrfunktion.

a) $y = 3x + 9$ **b)** $y = \frac{1}{4}x - 1$

c) $y = -2x + 4$ **d)** $y = -\frac{1}{3}x + 2$

2 Bestimme die Umkehrfunktion.

a) $y = 2x + 1$ **b)** $y = \frac{1}{5}x - 0,5$

c) $y = -\frac{1}{3}x + 2$ **d)** $y = -\frac{2}{3}x + 1,5$

3 Untersuche die Funktion $y = 3x - 6$ und ihre Umkehrfunktion.

a) Bestimme die Funktionsgleichung der Umkehrfunktion.

b) Zeichne die Graphen beider Funktionen in ein Koordinatensystem.

c) Vergleiche ihre Lage bezüglich der Geraden $y = x$.

4 Übertrage die Zeichnung in dein Heft.

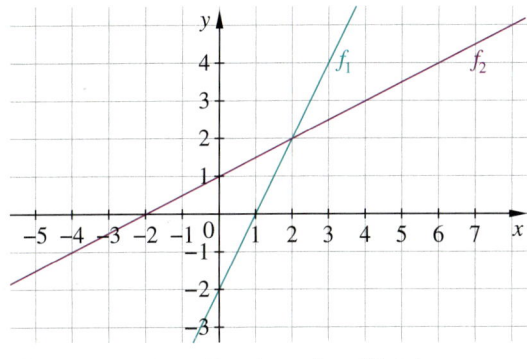

a) Ordne jedem Graphen eine Gleichung zu.

$y = \frac{1}{2}x + 1$ $f^{-1}(x) = 2x - 2$

b) Zeige rechnerisch oder zeichnerisch, dass $f^{-1}(x) = 2x - 2$ die Umkehrfunktion zu $y = \frac{1}{2}x + 1$ ist.

c) Berechne das Produkt der beiden Steigungen. Was stellst du fest?

4 Übertrage die Zeichnung in dein Heft.

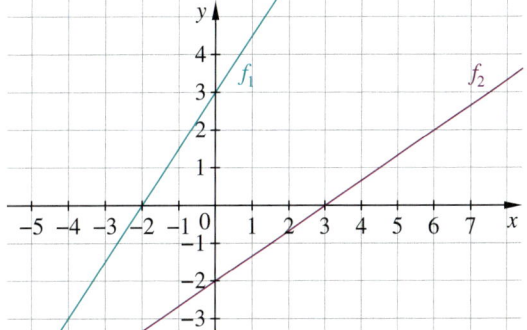

a) Bestimme zu den abgebildeten Funktionsgraphen die Funktionsgleichung.

b) Zeige rechnerisch, dass $f^{-1}(x) = m_2 x + b_2$ die Umkehrfunktion zu $y = m_1 x + b_1$ ist.

c) Berechne das Produkt der beiden Steigungen m_1 und m_2. Was stellst du fest?

5 Die Funktionsgleichung $y = x + 273,15$ beschreibt den Zusammenhang zwischen der Temperaturangabe in °C und der in K (Kelvin). Die Temperaturwerte in °C bilden den Definitionsbereich. Beantworte die nachfolgenden Fragen, nutze auch die Umkehrfunktion.

a) Welcher Funktionswert ergibt sich für die Zimmertemperatur 20 °C?

b) Bei welcher Temperatur gefriert Wasser? Gib in Kelvin an.

c) Der absolute Nullpunkt liegt bei 0 K. Gib ihn in °C an.

d) Welche Steigung m hat die Umkehrfunktion?

41

6 Übertrage die Zeichnung in dein Heft.

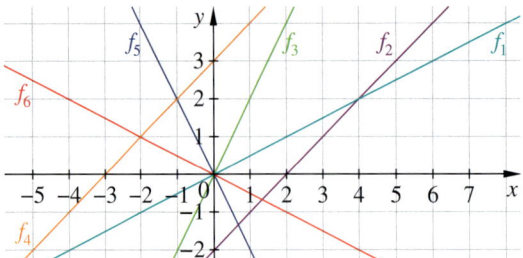

a) Bestimme die Funktionsgleichungen zu den Graphen.

b) Gib zu jeder Funktion die Umkehrfunktion an. **Beispiel** $y = 2x$ und $f^{-1}(x) = \frac{1}{2}x$

c) Zu welchen Funktionen ist keine Umkehrfunktion eingezeichnet?

d) Ergänze fehlende Funktionsgraphen.

7 Eine Kerze brennt ab.

Zeit in min	0	10	20	30
Höhe in cm	14	10		

Höhe in cm	0	5	7	
Zeit in min				

a) Gib die Gleichung zu der zugehörigen Funktion und zur Umkehrfunktion an. Ergänze die Tabellen im Heft.

b) Wie hoch war die Kerze zu Beginn?

c) Nach wie vielen Minuten ist die Kerze ganz abgebrannt?

HINWEIS ZU 8
Beim freien Fall gilt:
$v = g \cdot t$
$h = \frac{1}{2} \cdot g \cdot t^2$
Dabei ist g die Fallbeschleunigung und beträgt ca. $9{,}8 \frac{m}{s^2}$.

8 Geschwindigkeiten werden im Alltag in der Maßeinheit $\frac{km}{h}$ angegeben.

a) Gib an, wie die Geschwindigkeit in $\frac{m}{s}$ in die Angabe mit der Einheit $\frac{km}{h}$ umgerechnet wird.

b) Wie heißt die Funktionsgleichung für die Funktion *Geschwindigkeit in* $\frac{m}{s}$ → *Geschwindigkeit in* $\frac{km}{h}$?

c) Wie heißt die Funktionsgleichung für die Umkehrfunktion *Geschwindigkeit in* $\frac{km}{h}$ → *Geschwindigkeit in* $\frac{m}{s}$?

NACHGEDACHT
Wie lautet die Umkehrfunktion zu $y = mx + b$?
a) $m = 1; b = 3$
b) $m = 1; b = 0$

9 Überprüfe mithilfe der nachfolgenden Gleichungen, ob die Funktion und ihre Umkehrfunktion gleich sind.

a) $y = -x + 2$ b) $y = -2x + 2$
c) $y = 2x + 2$ d) $y = -x - 2$

---

6 Übertrage die Zeichnung in dein Heft.

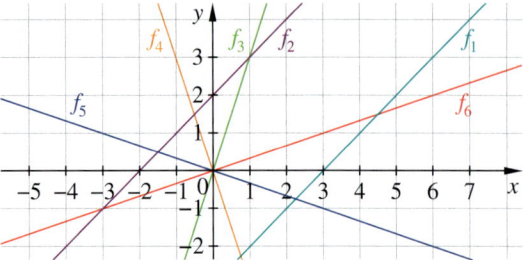

a) Bestimme die Funktionsgleichungen zu den Graphen.

b) Gib zu jeder Funktion die Umkehrfunktion an. **Beispiel** $y = 2{,}5x$ und $f^{-1}(x) = \frac{2}{5}x$

c) Zu welchen Funktionen ist keine Umkehrfunktion eingezeichnet?

d) Ergänze fehlende Funktionsgraphen.

7 Ein Eiswürfel schmilzt.

Zeit in min	0	1	5	30
Höhe in cm	15	14,75		

Höhe in cm	0	5	10	12
Zeit in min				

a) Gib die Gleichung zu der zugehörigen Funktion und zur Umkehrfunktion an. Ergänze die Tabellen im Heft.

b) Wie hoch war der Eiswürfel zu Beginn?

c) Nach wie vielen Minuten ist der Eiswürfel ganz geschmolzen?

8 Auf den Hügeln über dem mexikanischen Acapulco liegt La Quebrada. Die Klippentaucher springen dort von den Felsen ins Wasser. Beachte den Hinweis in der Randspalte.

a) Aus welcher Höhe springen sie ab, wenn sie 2,6 s in der Luft sind?

b) Mit welcher Geschwindigkeit tauchen sie in das Wasser ein?

c) Wie lange ist ein Springer in der Luft, der aus 30 m Höhe abspringt? Welche Geschwindigkeit erreicht er?

9 Zeige allgemein, dass bei linearen Funktionen mit $m \neq 0$ und deren Umkehrfunktionen das Produkt der Steigungen stets 1 ist. Überprüfe an Beispielen die Frage: „Was bewirkt der Steigungsfaktor $m = -1$?"

Quadratzahlen und Quadratwurzeln

Entdecken

1 ⛄ Quadrate aus Quadraten

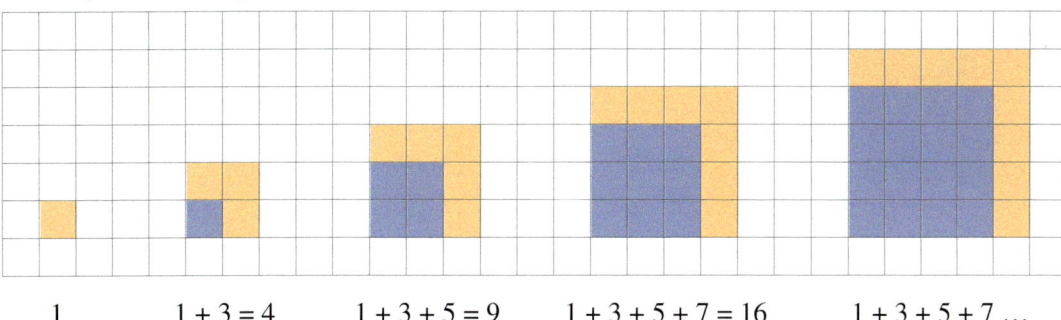

| 1 | 1 + 3 = 4 | 1 + 3 + 5 = 9 | 1 + 3 + 5 + 7 = 16 | 1 + 3 + 5 + 7 … |

a) Übertragt die Zeichnung in euer Heft und führt die Reihe für weitere fünf Quadrate fort.
b) Wie viele kleine Quadrate wird die 12. Zeichnung der Folge enthalten?
c) Bestimmt die Seitenlänge und den Flächeninhalt der einzelnen Quadrate, wenn das erste Quadrat die Seitenlänge $a = 1\,cm$ hat.
d) Überprüft die Aussage am Beispiel der Zahl 144:
„Jede Quadratzahl n^2 lässt sich als Summe der ersten n ungeraden Zahlen darstellen."

2 ⛄ Die Zahlen in der Tabelle wurden immer nach der gleichen Vorschrift gebildet.
a) Formuliert mit eigenen Worten, durch welche Rechenvorschrift die Zahlen in der Tabelle entstehen.
b) Die Zahlen wurden bewusst so dargestellt. Was fällt euch in den Spalten auf? Beschreibt.
c) Annina behauptet: „Aus der Tabelle kann man den Flächeninhalt von 100 Quadraten zu einer gegebenen Seitenlänge ablesen." Überprüft ihre Behauptung.

1	4	9	16	25	36	49	64	81	100
121	144	169	196	225	256	289	324	361	400
441	484	529	576	625	676	729	784	841	900
961	1 024	1 089	1 156	1 225	1 296	1 369	1 444	1 521	1 600
1 681	1 764	1 849	1 936	2 025	2 116	2 209	2 304	2 401	2 500
2 601	2 704	2 809	2 916	3 025	3 136	3 249	3 364	3 481	3 600
3 721	3 844	3 969	4 096	4 225	4 356	4 489	4 624	4 761	4 900
5 041	5 184	5 329	5 476	5 625	5 776	5 929	6 084	6 241	6 400
6 561	6 724	6 889	7 056	7 225	7 396	7 569	7 744	7 921	8 100
8 281	8 464	8 649	8 836	9 025	9 216	9 409	9 604	9 801	10 000

3 Mosaiksteine
a) Eine 50 cm × 50 cm große Fläche soll mit Mosaiksteinen ausgelegt werden.
Jeder Mosaikstein ist 1 cm × 1 cm groß.
Wie viele Mosaiksteine werden benötigt?
Hinweis: Fugen werden nicht berücksichtigt.
b) Eine andere quadratische Fläche wurde mit 1 600 Mosaiksteinen ausgelegt.
Wie viele Steine liegen jeweils in einer Reihe?
Berechne die Anzahl der Steine je Reihe auch für
– ein Quadrat mit 900 Mosaiksteinen und
– ein Quadrat mit 3 600 Mosaiksteinen.

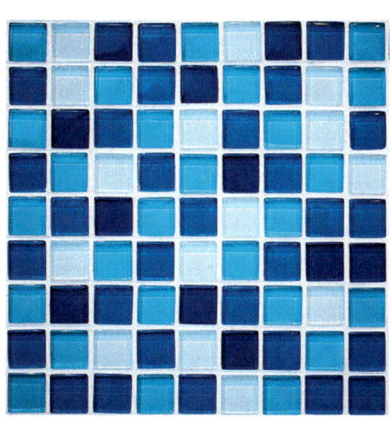

Verstehen

Ein quadratisches Bild hat die Seitenlänge $a = 8\,\text{cm}$.
Zur Berechnung des Flächeninhalts multipliziert man die
Seitenlänge a mit sich selbst: $A = 8\,\text{cm} \cdot 8\,\text{cm} = 64\,\text{cm}^2$

> **Merke** Eine Zahl wird **quadriert**,
> indem man sie mit sich selbst
> multipliziert.
> Das Ergebnis heißt **Quadratzahl**.

$7^2 = 49 \leftarrow$ Quadratzahl
von 7

Beispiel 1

$8^2 = 8 \cdot 8 = 64$

Man schreibt: $8^2 = 64$

Man liest: 8 hoch 2 gleich 64

Im Taschenrechner tippt man z. B.: 🔲8🔲 🔲x²🔲 🔲=🔲

$(-5)^2 = (-5) \cdot (-5) = 25$

Man schreibt: $(-5)^2 = 25$

Man liest: -5 hoch 2 gleich 25

Taschenrechner: 🔲(🔲 🔲-🔲 🔲5🔲 🔲)🔲 🔲x²🔲 🔲=🔲

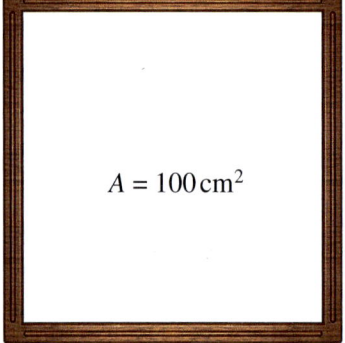

$A = 100\,\text{cm}^2$

Gegeben ist ein Quadrat mit dem Flächeninhalt $A = 100\,\text{cm}^2$.

Zur Berechnung der Seitenlänge a überlegt man, welche Zahl
mit sich selbst multipliziert 100 ergibt:
$a = 10\,\text{cm},$ denn $10\,\text{cm} \cdot 10\,\text{cm} = 100\,\text{cm}^2 = A$

> **Merke** Die **Quadratwurzel** aus einer positiven Zahl x ist die-
> jenige positive Zahl, die mit sich selbst multipliziert x ergibt.
>
> Für die Quadratwurzel aus x schreibt man kurz $\sqrt{x}$.

$\sqrt{144} = 12$
↑
Quadratwurzel aus 144

Beispiel 2

$\sqrt{121} = 11$, denn $11 \cdot 11 = 121$

Man schreibt: $\sqrt{121}$

Man liest: Wurzel aus 121 ist 11

Im Taschenrechner tippt man z. B.: 🔲√🔲 🔲1🔲 🔲2🔲 🔲1🔲 🔲=🔲

Man rechnet: $\sqrt{121} = 11$, denn $11 \cdot 11 = 121$

$\sqrt{0{,}81} = 0{,}9$, denn $0{,}9 \cdot 0{,}9 = 0{,}81$

$\sqrt{x^2} = x$, denn $x \cdot x = x^2$

$\sqrt{\frac{9}{16}} = \frac{3}{4}$, denn $\frac{3}{4} \cdot \frac{3}{4} = \frac{9}{16}$

Wurzeln gehen nicht immer auf. Es muss dann gerundet werden: $\sqrt{10} \approx 3{,}16$, denn $3{,}16 \cdot 3{,}16 \approx 10$

Bei positiven Zahlen ist das Ziehen der
Quadratwurzel die **Umkehrung des Quadrierens**.

Beispiel 3

Quadratwurzel ziehen

$12^2 = 144$ ⟶ $12 = \sqrt{144}$

quadrieren

Üben und anwenden

1 Lege eine Liste mit den Quadratzahlen von $1^2 = 1$ bis $20^2 = 400$ an. Präge sie dir gut ein.

2 Berechne im Kopf.
a) 6^2 b) 9^2 c) 4^2
d) 12^2 e) 20^2 f) 11^2

2 Berechne im Kopf.
a) 8^2 b) 30^2 c) 25^2
d) $(-3)^2$ e) $(-10)^2$ f) $0{,}5^2$

3 👥 Berechnet. Was fällt euch an den Ergebnissen auf? Formuliert eine Regel.
a) 50^2 5^2 $0{,}5^2$ b) 70^2 7^2 $0{,}7^2$ c) 12^2 $1{,}2^2$ $0{,}12^2$ d) 300^2 30^2 3^2 $0{,}3^2$

4 Berechne. Achte auf Vorzeichen.
Beispiel $\left(\frac{2}{3}\right)^2 = \frac{2}{3} \cdot \frac{2}{3} = \frac{2^2}{3^2} = \frac{4}{9}$
a) 10^2; 20^2; 30^2; 40^2; 50^2
b) 2^2; $(-2)^2$; 3^2; $(-3)^2$; 4^2; $(-4)^2$
c) $\left(\frac{1}{2}\right)^2$; $\left(\frac{1}{3}\right)^2$; $\left(\frac{3}{4}\right)^2$; $\left(\frac{3}{10}\right)^2$

4 Berechne. So quadriert man den Bruch $\frac{a}{b}$:
$$\left(\frac{a}{b}\right)^2 = \frac{a}{b} \cdot \frac{a}{b} = \frac{a^2}{b^2}$$
a) 1^2; 10^2; 100^2; $1\,000^2$; $10\,000^2$
b) $(-2)^2$; $(-7)^2$; $(-12)^2$; $(-21)^2$; 0^2
c) $\left(\frac{3}{4}\right)^2$; $\frac{3^2}{4}$; $\frac{3}{4^2}$; $\left(-\frac{3}{4}\right)^2$; $-\left(\frac{3}{4}\right)^2$

5 Berechne mit dem Taschenrechner. Nutze die x^2-Taste.
a) 26^2 b) 43^2 c) 305^2 d) $2{,}34^2$ e) $16{,}88^2$ f) $0{,}99^2$ g) $7\,261^2$

6 Übertrage in dein Heft und ergänze.
a) $\sqrt{16} = $ ▨ , denn ▨$^2 = 16$
b) $\sqrt{81} = $ ▨ , denn ▨$^2 = 81$
c) $\sqrt{121} = $ ▨ , denn ▨$^2 = 121$
d) $\sqrt{400} = $ ▨ , denn ▨$^2 = 400$

6 Übertrage in dein Heft und ergänze.
a) $\sqrt{64} = $ ▨ , denn ▨$^2 = 64$
b) $\sqrt{▨} = 12$, denn $12^2 = $ ▨
c) $\sqrt{625} = $ ▨ , denn ▨$^2 = 625$
d) $\sqrt{▨} = 17$, denn $17^2 = $ ▨

7 Schätze ab: Zwischen welchen natürlichen Zahlen liegt der Wert der Wurzel?
Beispiel $\sqrt{30}$ liegt zwischen 5 und 6, weil gilt: $\sqrt{25} = 5$ und $\sqrt{36} = 6$ und $25 < 30 < 36$
a) $\sqrt{6}$ b) $\sqrt{40}$ c) $\sqrt{75}$ d) $\sqrt{111}$ e) $\sqrt{200}$ f) $\sqrt{450}$ g) $\sqrt{666}$ h) $\sqrt{1\,000}$

8 Nutze den Taschenrechner zum Wurzelziehen. Runde auf eine Nachkommastelle, wenn nötig.
a) $\sqrt{900}$ b) $\sqrt{2\,025}$ c) $\sqrt{12{,}25}$
d) $\sqrt{10}$ e) $\sqrt{0}$ f) $\sqrt{90}$
g) $\sqrt{1}$ h) $\sqrt{5{,}5}$ i) $\sqrt{500}$

8 Rechne mit dem Taschenrechner. Runde auf zwei Nachkommastellen, falls nötig.
a) $\sqrt{1\,600}$ b) $\sqrt{5\,625}$ c) $\sqrt{1\,024}$
d) $\sqrt{2}$ e) $\sqrt{50}$ f) $\sqrt{300}$
g) $\sqrt{16{,}9}$ h) $\sqrt{0{,}5}$ i) $\sqrt{9{,}9}$

9 Familie Hubertus lässt den Boden ihres Bads neu fliesen. Im Baumarkt wählen sie eine quadratische Fliese mit einer Kantenlänge von 15 cm.
a) Wie viel cm² Fußboden bedeckt eine solche Fliese?
b) Das Bad hat einen quadratischen Fußboden (Flächeninhalt 9 m²). Wie viele Fliesen werden mindestens benötigt?
Wie viele Fliesen liegen in einer Reihe?
c) Eine andere Fliese hat eine doppelt so lange Kantenlänge. Wie viele Fliesen werden davon benötigt?

10 Ergänze im Heft. Überschlage zunächst. Überprüfe dann mit dem Taschenrechner.

a)
Quadratzahl	64	81	324	529	625
Quadratwurzel	8				

b)
Quadratzahl					
Quadratwurzel	11	17	21	32	40

10 Ergänze im Heft. Überschlage zunächst. Überprüfe dann mit dem Taschenrechner.

a)
Quadratzahl	169		196		1 024
Quadratwurzel		55		110	

b)
Quadratzahl	144		484		361
Quadratwurzel		26		50	

11 Übertrage ins Heft und ergänze.

a) $\sqrt{\frac{1}{4}} = \frac{1}{\blacksquare}$

b) $\sqrt{\frac{\blacksquare}{49}} = \frac{3}{7}$

c) $\sqrt{\frac{25}{36}} = \blacksquare$

d) $\sqrt{\blacksquare} = \frac{4}{9}$

e) $\sqrt{\frac{\blacksquare}{100}} = \frac{9}{\blacksquare}$

f) $\sqrt{\blacksquare} = \frac{11}{20}$

11 Berechne die Quadratwurzel.

a) $\sqrt{\frac{1}{9}}$

b) $\sqrt{\frac{1}{25}}$

c) $\sqrt{\frac{1}{121}}$

d) $\sqrt{\frac{81}{100}}$

e) $\sqrt{\frac{49}{144}}$

f) $\sqrt{\frac{361}{900}}$

12 Das Rechteck mit der gegebenen Länge und Breite soll in ein flächengleiches Quadrat umgewandelt werden.
Welche Seitenlänge hat das Quadrat?

a) $a = 24\,\text{m}$; $b = 6\,\text{m}$

b) $a = 7\,\text{m}$; $b = 28\,\text{m}$

c) $a = 18\,\text{m}$; $b = 0,5\,\text{m}$

d) $a = 0,27\,\text{m}$; $b = 3\,\text{m}$

12 Das Rechteck mit der gegebenen Länge und Breite soll in ein flächengleiches Quadrat umgewandelt werden.
Welche Seitenlänge hat das Quadrat?

a) $a = 1,25\,\text{m}$; $b = 5\,\text{m}$

b) $a = 10\,\text{m}$; $b = 4,225\,\text{m}$

c) $a = 0,005\,\text{m}$; $b = 0,5\,\text{m}$

d) $a = 25\,\text{m}$; $b = 5,29\,\text{m}$

13 Auf dem Schulhof soll ein $16\,\text{m}^2$ großes Schachfeld angelegt werden. Dazu braucht man 32 weiße und 32 schwarze quadratische Bodenplatten. Welche Seitenlänge haben die einzelnen Platten?

14 Ein $1\,\text{m}^2$ großes Quadrat wird vollständig mit 2 500 quadratischen Steinen ausgelegt. Rechne zuerst $1\,\text{m}^2$ in cm^2 um.

a) Welche Kantenlänge hat ein Stein?

b) Wie viele Steine benötigt man für eine Fläche von $72,75\,\text{m}^2$?

14 Der Thronsaal eines Schlosses ist mit einem Bodenmosaik aus quadratischen Steinen mit $1,5\,\text{cm}$ Kantenlänge geschmückt. Aus wie vielen Steinen besteht der $15\,\text{m}$ breite und $24\,\text{m}$ lange Saal?

15 Die Abbildung zeigt, wie man seine Reaktionszeit testen kann. Aus dem Weg s (in m), den das Lineal durch die Finger der Testperson zurücklegt, lässt sich die Reaktionszeit t (in s) mit der Faustformel $t = \sqrt{\frac{s}{5}}$ berechnen.

a) Berechne die Reaktionszeiten bei $18\,\text{cm}$, $11\,\text{cm}$ und $20\,\text{cm}$. Welche Wertung für die Reaktion wird jeweils gegeben?

b) Gib für die angegebenen Reaktionszeiten jeweils den Weg in Millimeter an.

0,204 s	*mehr als genügend*
0,191 s	*gut*
0,177 s	*sehr gut*
0,161 s	*ausreichend*
0,144 s	*rasend schnell*
0,125 s	*Sie lesen Gedanken!*

Quadratische Funktionen und ihre Umkehrung

Entdecken

1 In einer Kleingartenanlage sehen alle Grundstücke
wie in der Skizze aus.
Um die Hütte herum befindet sich ein 2 m breiter
Streifen Rasen.
Die Hälfte des Grundstücks wird für Beete genutzt.

a) Den Flächeninhalt des Grundstücks kann man
schrittweise berechnen.

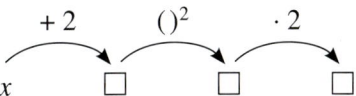

Erkläre die drei Schritte.

b) Berechne den Flächeninhalt des Grundstücks, wenn die Hütte eine Seitenlänge von $x = 5$ m
hat. Verwende das Schema aus a).

c) Ein Grundstück hat einen Flächeninhalt von $60{,}6 \, m^2$. Bestimme die Seitenlänge der Hütte x.
Beschreibe dein Vorgehen.

d) Beschreibe allgemein, wie man schrittweise aus dem Flächeninhalt des Grundstücks die
Seitenlänge der Hütte berechnen kann. Nutze ein Schema ähnlich wie in a).

2 Sana hat eine Wertetabelle mit Quadratzahlen angefangen
und die Punkte in ein Koordinatensystem eingetragen.

Quadratwurzel	0	1	2	3	4	5
Quadratzahl	0	1	4			

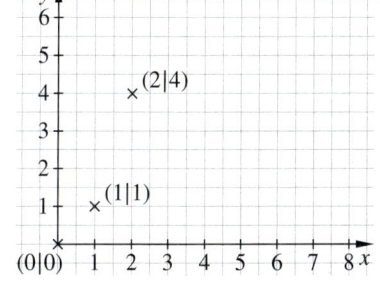

a) Ergänze die Tabelle im Heft.

b) Übertrage das Koordinatensystem ins Heft und trage die
weiteren Punkte ein, die zur Tabelle passen.
Wie viel Platz benötigst du?

c) Sara meint: „Wie bei linearen Funktionen spiegele ich jetzt die Punkte an der Geraden
$y = x$." Zeichne die Gerade ein und spiegele die fünf Punkte an ihr.

3 Merle und Fabian haben mit einem Funktionenplotter gearbeitet und Quadrate untersucht.
Einmal wurde aus verschiedenen Seitenlängen der Flächeninhalt berechnet. Einmal wurde aus
verschiedenen Flächeninhalten die Seitenlänge bestimmt.

①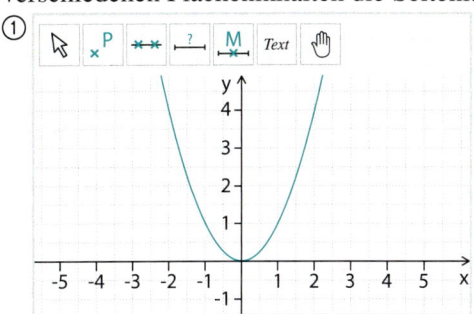

②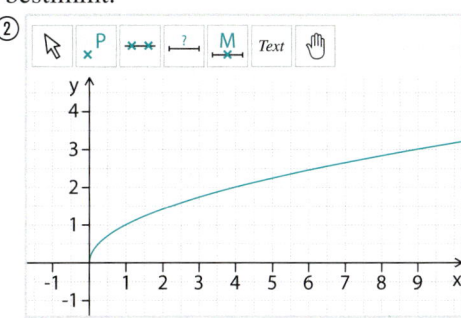

a) Wie müssen die Achsen beschriftet werden?

b) Gib jeweils eine Rechenvorschrift für die Berechnung der y-Werte an.

c) Beschreibe den Unterschied der Definitionsbereiche.

Verstehen

Peter benutzt in der Fahrschule für die Berechnung des Bremsweges die „Faustregel" im Kasten rechts.
Er berechnet für eine Geschwindigkeit von $30\frac{km}{h}$ einen Bremsweg von 9 m.

> **Bremsweg-Faustregel:**
> „Teile die Tachoanzeige durch 10 und multipliziere das Ergebnis mit sich selbst."

Die Faustformel lässt sich näherungsweise durch die Funktion $y = \frac{1}{100}x^2$ beschreiben.
Die Variable x hat den **Exponenten** 2, deshalb nennt man die Funktion eine **quadratische Funktion**, sie hat die allgemeine Gleichung $y = ax^2$.
Der Graph einer quadratischen Funktion hat eine besondere Form.

HINWEIS
In vielen Anwendungen sind nur positive x-Werte sinnvoll.

Beispiel 1

Wenn man die Werte mithilfe der Tabelle in ein Koordinatensystem einträgt, so erkennt man, dass der Graph der Funktion $y = \frac{1}{100}x^2$ eine Kurve beschreibt.

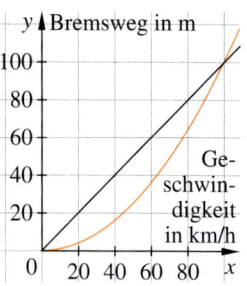

Geschwindigkeit in $\frac{km}{h}$	0	10	20	30	40	50	100	130
Bremsweg in m	0	1	4	9	16	25	100	169

Für die Polizei ist es bei der Überprüfung von Unfällen wichtig, mithilfe des Bremswegs die gefahrene Geschwindigkeit zu ermitteln.

Beispiel 2

Welche Geschwindigkeit gehört z. B. zu einem Bremsweg von 35 m?
Die Umkehrfunktion hilft, die Geschwindigkeit zu bestimmen.

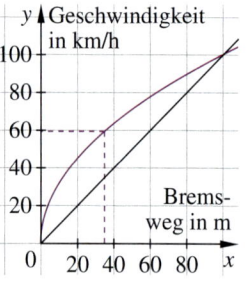

Bremsweg in m	0	5	10	20	40	80	100	169
Geschwindigkeit in $\frac{km}{h}$	0	22	32	45	63	89	100	130

Bei einem Bremsweg von 35 m beträgt die gefahrene Geschwindigkeit ca. $59\frac{km}{h}$.

Die Geschwindigkeit kann mithilfe der Umkehrfunktion genau berechnet werden.

Beispiel 3

$y = \frac{1}{100}x^2$

1. nach x auflösen:

$y = \frac{1}{100}x^2 \qquad | : \frac{1}{100}$

$100\,y = x^2 \qquad | \sqrt{\ }$ (Wurzelziehen)

$\sqrt{100\,y} = x$

2. x und y vertauschen:

$\sqrt{100\,x} = y$

3. Umkehrfunktion mit $f^{-1}(x)$ kennzeichnen:

$f^{-1}(x) = \sqrt{100\,x}$

Merke Die **Umkehrfunktion** zu einer quadratischen Funktion wird wie folgt bestimmt:
1. Man löst die Gleichung nach x auf:

$y = ax^2 \qquad | : a$

$\frac{y}{a} = x^2 \qquad | \sqrt{\ }$ (Wurzelziehen)

$\sqrt{\frac{y}{a}} = x$

2. Man vertauscht x und y:

$\sqrt{\frac{x}{a}} = y$

3. Man nennt die Umkehrfunktion $f^{-1}(x)$:

$f^{-1}(x) = \sqrt{\frac{x}{a}}$

Merke Die Umkehrfunktion zu einer **quadratischen Funktion** in der Form $y = ax^2$ ist eine **Wurzelfunktion** in der Form $f^{-1}(x) = \sqrt{\frac{x}{a}}$.
Durch Spiegelung des Graphen einer quadratischen Funktion für $x \geq 0$ an der Winkelhalbierenden $y = x$ erhält man den Graphen der Umkehrfunktion.

Üben und anwenden

1 Übertrage die Tabellen in dein Heft.
Überprüfe die vorgegebenen Werte und bestimme die fehlenden Werte.

① Funktion:
$y = 2x^2$

x	0	0,25	0,5	0,75	1	1,25	1,5	1,75	2
y		0,125		1,125		3,125		6,125	

② Umkehrfunktion:
$f^{-1}(x) = \sqrt{\frac{x}{2}}$

x	0	0,25	0,5	0,75	1	1,25	1,5	1,75	2
y		0,35		0,61		0,79		0,94	

2 Ordne den Funktionen der gelben Kärtchen die zugehörige Umkehrfunktion auf einem blauen Kärtchen zu.

① $y = 4x^2$

② $y = 0,4x^2$

③ $y = \frac{1}{4}x^2$

Ⓐ $f^{-1}(x) = \sqrt{4x}$

Ⓑ $f^{-1}(x) = \sqrt{2,5x}$

Ⓒ $f^{-1}(x) = \sqrt{\frac{1}{4}x}$

2 Ordne, wenn möglich, den Funktionen der gelben Kärtchen die zugehörige Umkehrfunktion auf einem blauen Kärtchen zu.

① $y = \frac{1}{5}x^2$

② $y = 2x^2$

③ $y = 0,2x^2$

Ⓐ $f^{-1}(x) = \sqrt{2x}$

Ⓑ $f^{-1}(x) = \sqrt{0,5x}$

Ⓒ $f^{-1}(x) = \sqrt{5x}$

ZU AUFGABE 2
Wie viele Kärtchen bleiben übrig? Ergänze fehlende Karten.

3 Bestimme die Umkehrfunktion.
Beschreibe, wie du dabei vorgehst.
Prüfe deine Lösung z.B. durch Einsetzen.
a) $y = 20x^2$ b) $y = 0,2x^2$
c) $y = \frac{1}{5}x^2$ d) $y = 5x^2$

3 Bestimme die Umkehrfunktion.
Überprüfe deine Lösung. Welche Möglichkeiten gibt es dafür?
a) $y = 25x^2$ b) $y = \frac{1}{25}x^2$
c) $y = 0,25x^2$ d) $y = \frac{25}{1000}x^2$

4 👥 Der Bremsweg eines Autos lässt sich näherungsweise mithilfe der Funktion $y = ax^2$ berechnen.
Die Variable x gibt die Geschwindigkeit des Autos in $\frac{km}{h}$ an, y gibt den Bremsweg in m an und a gibt einen Bremsfaktor an.
Bei der Faustformel wird der Bremsfaktor $a = 0,01$ benutzt.
Bei erfahrenen Fahrern und optimalen Straßenverhältnissen ist $a = 0,005$. Bei einer verschneiten Straße ist $a = 0,019$.
a) Gebt die Funktionsgleichungen und ihre Umkehrfunktionen an.
b) Berechnet mithilfe der Funktionen bzw. Umkehrfunktionen die Tabellenwerte für $a = 0,005$.

Geschwindigkeit in $\frac{km}{h}$	0	10	20	30	40	50	100	130
Bremsweg in m								

Bremsweg in m	0	10	20	30	40	50	100	130
Geschwindigkeit in $\frac{km}{h}$								

c) Wie verändert sich der Bremsweg bei verschneiten Straßen?
Erstellt die Tabellen wie in Aufgabenteil b) für $a = 0,019$.
d) Welchen Wert für a erwartet ihr bei einer regennassen Straße? Begründet.
e) Erstellt eine Präsentation eurer Ergebnisse. Überlegt euch eine passende Form dafür.

5 Die Skateboardschanze ist durch mehrere Träger unterhalb des Skatingbodens verstärkt. Die Länge der einzelnen Träger kann mit der Funktionsgleichung $y = 0,0025 x^2$ berechnet werden.

a) Bestimme die Länge der roten Träger. Entnimm ihre Positionen aus der Zeichnung.

b) Bestimme die Positionen für die 9 cm, 30,25 cm und 49 cm langen Verstärkungsträger.

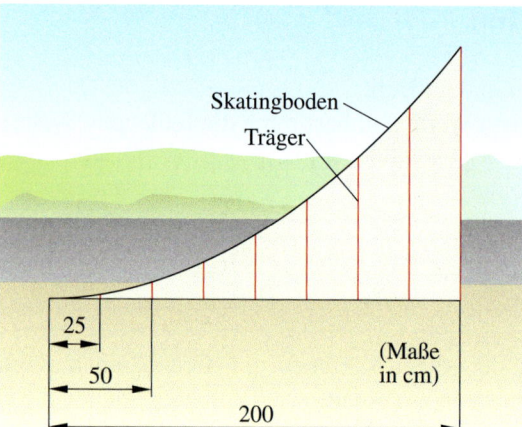

Skatingboden
Träger
25
50
200
(Maße in cm)

5 Der Skaterpark wird erweitert.

a) Berechne die Trägerlängen einer 150 cm langen Skateboardschanze, die jeweils einen Abstand von 25 cm haben, wenn deren Krümmung mit der Gleichung $y = 0,0032 x^2$ beschrieben werden kann.

b) Zeichne die Rampe im Maßstab 1:10.

c) Ermittle die Positionen der Träger mit einer Länge von 5,12 cm, 20,48 cm und 46,08 cm.

6 Galileo Galilei führte Versuche zum freien Fall durch. Er stellte fest, dass der Weg proportional zum Quadrat der Zeit ist.

x	1	2	3	4	5			
y	10	40	90	160	250	50	100	150

a) Prüfe, ob die Funktion *Zeit* → *Weg* durch die Funktionsgleichung $y = 10 x^2$ beschrieben werden kann.

b) Übertrage die Tabelle und berechne die fehlenden Werte.

---

7 Eine Kugel rollt auf einer schiefen Bahn.

a) Berechne mithilfe der Funktionsgleichung $y = 10 x^2$ den Weg in cm, den eine Kugel nach 6 s (8 s, 10 s) zurückgelegt hat.

b) Warum schafft die Kugel in 2 s einen viermal so langen Weg wie in 1 s?

c) Wie lange braucht die Kugel etwa für einen 60 cm (80 cm, 120 cm) langen Weg?

7 Eine Kugel rollt auf einer schiefen Bahn.

a) Berechne mithilfe der Funktionsgleichung $y = 10 x^2$ den Weg in cm, den eine Kugel nach 7 s (9 s, 12 s) zurückgelegt hat.

b) Vergleiche den Weg, den eine Kugel in 2 s und in 4 s zurücklegt?

c) Wie viele Sekunden benötigt die Kugel für einen 15 cm (75 cm, 82 cm) langen Weg?

---

8 Lässt man einen Stein von einem Turm fallen, so kann man anhand der Fallzeit die Turmhöhe mit der Faustformel $h = 5 t^2$ bestimmen. Dabei steht h für die Höhe in Metern und t für die Zeit in Sekunden. Kennt man die Höhe eines Turms, so kann man mit der Umkehrfunktion $t = \sqrt{\frac{h}{5}}$ berechnen, wie lange ein Stein fällt.

a) Berechne die Turmhöhe.
  ① $t = 3$ s   ② $t = 6,5$ s   ③ $t = 11$ s

b) Berechne die Fallzeit.
  ① $h = 20$ m ② $h = 85$ m ③ $h = 250$ m

8 Die Funktionsgleichung $y = 5 x^2$ beschreibt die Bewegung, wenn ein Gegenstand fällt. Dabei gibt y die Fallhöhe in Metern und x die Fallzeit in Sekunden an.

a) Berechne die Tiefe eines Brunnens, wenn der Stein nach 5 s auf den Boden prallt.

b) Erstelle eine Wertetabelle. Zeichne die Funktion $y = 5 x^2$ für Fallzeiten von 1 s bis 7 s in ein Koordinatensystem.

c) Berechne mithilfe der Umkehrfunktion die Zeit, die ein Stein etwa benötigt, um 150 m (175 m, 200 m) tief zu fallen.

Mit Quadratwurzeln rechnen

Entdecken

1 👥 Natürliche Zahlen als Summe von Quadratzahlen darstellen – ist das möglich?

Jede natürliche Zahl kann ich als Summe von höchstens vier Quadratzahlen darstellen. Für die Zahl 12 z. B. gilt:
$12 = 1^2 + 1^2 + 1^2 + 3^2$ oder
$12 = 2^2 + 2^2 + 2^2$

Na, dann zeige das doch mal für die Zahlen 75, 275, 1 075 und 1 275!

Welche Zahl habe ich als Summe dargestellt?
$100^2 + 7^2 + 5^2 + 1^2 = x$

a) Diskutiert die Aussage von Christoph. Was meint ihr?

b) Wie kann Christoph die Aufgaben von Andrea lösen?

c) Erstellt eine Lösungsstrategie für eine beliebige 5-stellige natürliche Zahl. Präsentiert euer Ergebnis in der Klasse.

2 👥 Schaut euch die Quadrate genau an.

a) Gebt jeweils die Seitenlänge zum vorgegebenen Flächeninhalt an.

b) Es gilt $c = a_1 + a_2$ und $A_c = A_1 + A_2$. Gehört dann auch die Seitenlänge c zum Quadrat mit dem Flächeninhalt A_c? Begründet dies oder erläutert, warum es nicht so sein kann.

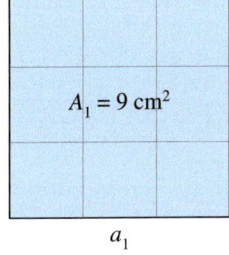

$A_1 = 9\ \text{cm}^2$

a_1

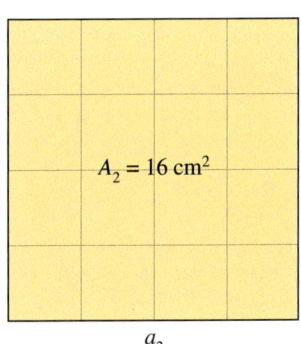

$A_2 = 16\ \text{cm}^2$

a_2

c) Gebt zu Aufgabenteil b) Folgendes an:
① den Flächeninhalt zum Quadrat mit der Seitenlänge c
② die Seitenlänge zum Quadrat mit dem Flächeninhalt A_c
Stellt beide Lösungen zeichnerisch dar. Verwendet dazu das blaue und das gelbe Quadrat.

d) Nils fragt sich: „$(-3) \cdot (-3)$ ist ja auch 9 und $(-4) \cdot (-4)$ ist auch 16. Gibt es dann auch Quadrate mit einer Seitenlänge von −3 cm oder −4 cm?"
Begründet eure Antwort.

3   Digitale Fotos bestehen aus sehr kleinen Quadraten, so genannten Pixeln.
Alle Pixel sind gleich groß und haben jeweils nur eine Farbe.
Das Foto rechts ist 4 cm × 4 cm groß und besteht aus 2 116 Pixeln.

a) Wie viele dieser quadratischen Pixel sind in jeder Reihe?

b) Welche Seitenlänge hat ein einzelnes Pixel?

c) Das Bild bleibt 4 cm × 4 cm groß. Beschreibe….
① die Änderung der Seitenlänge eines Pixels, wenn man das Bild mit doppelt so vielen Pixeln darstellt.
② die Änderung der Anzahl der Pixel, die man braucht, wenn man Pixel mit dreifacher Seitenlänge verwendet.

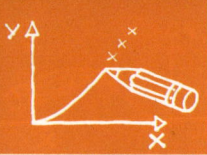

Verstehen

Die Schüler der Luisen-Schule wollen ihre Aula verschönern.
In Anlehnung an Gerhard Richters Werk „Farbfelder" haben sie verschiedenfarbige, quadratische Felder erstellt und jeweils als Quadrat angeordnet:
Die Kunst-AG hat 36 quadratische Platten gefertigt.
Als Abschlussarbeit haben alle 64 Schülerinnen und Schüler der 10. Klassen 64 quadratische Platten fertiggestellt.

Die Aulawand hat eine Länge von 15 m.
Christoph möchte beide Ergebnisse nebeneinander ausstellen.
Andrea ist der Meinung, dass alle 100 Platten zusammen ein imposanteres Bild ergeben würden.
Reicht der Platz an der Wand, wenn jede Platte 1 m² groß ist?

Beispiel 1

Christoph berechnet die benötigte Wandlänge für zwei kleine Quadrate:
$$\sqrt{64} + \sqrt{36} = 8 + 6 = 14$$

Beispiel 2

Andrea berechnet die benötigte Wandlänge für ein großes Quadrat:
$$\sqrt{64 + 36} = \sqrt{100} = 10$$

Es können also beide Vorschläge realisiert werden.
Die unterschiedlichen Ergebnisse der Rechnungen zeigen, dass bei der Addition von Wurzeln unterschiedliche Radikanden *nicht* zusammengefasst werden dürfen.
Ein **Radikand** ist die Zahl (bzw. der Term) unter dem Wurzelzeichen.

Beispiel 3

Auch bei der Subtraktion von Wurzeln ist zu beachten, dass unterschiedliche Radikanden nicht subtrahiert werden dürfen: $\sqrt{64} - \sqrt{36} = 8 - 6 = 2$ aber $\sqrt{64 - 36} = \sqrt{28} \approx 5{,}29$

> **Merke** Es können nur Quadratwurzeln **mit gleichen Radikanden addiert** oder **subtrahiert** werden. Mithilfe des Distributivgesetzes werden sie zusammengefasst.
> Für nicht negative reelle Zahlen x gilt:
>
> 1. $a\sqrt{x} + b\sqrt{x} = (a + b)\sqrt{x}$ 2. $a\sqrt{x} - b\sqrt{x} = (a - b)\sqrt{x}$
> $5\sqrt{4} + 3\sqrt{4} = (5 + 3)\sqrt{4} = 8 \cdot 2 = 16$ $5\sqrt{4} - 3\sqrt{4} = (5 - 3)\sqrt{4} = 2 \cdot 2 = 4$

Beispiel 4

Bei der Multiplikation und der Division von Quadratwurzeln ergibt der Vergleich der Rechnungen, dass die Radikanden multipliziert bzw. dividiert werden dürfen:
$$\sqrt{64} \cdot \sqrt{36} = 8 \cdot 6 = 48 \quad \text{und} \quad \sqrt{64 \cdot 36} = \sqrt{2\,304} = 48$$
und
$$\sqrt{144} : \sqrt{16} = 12 : 4 = 3 \quad \text{und} \quad \sqrt{\tfrac{144}{16}} = \sqrt{9} = 3$$

> **Merke** Bei der **Multiplikation und Division** von Quadratwurzeln ist das Ergebnis die Quadratwurzel aus dem Produkt bzw. aus dem Quotienten der Radikanden.
> Für nicht negative, reelle Zahlen a und b gilt: $\sqrt{a} \cdot \sqrt{b} = \sqrt{a \cdot b}$
> $\sqrt{49} \cdot \sqrt{25} = \sqrt{49 \cdot 25} = 35$
>
> Für nicht negative, reelle Zahlen a und b gilt: $\sqrt{a} : \sqrt{b} = \frac{\sqrt{a}}{\sqrt{b}} = \sqrt{\frac{a}{b}}$
> $\sqrt{49} : \sqrt{25} = \frac{\sqrt{49}}{\sqrt{25}} = \sqrt{\frac{49}{25}} = \frac{7}{5}$

Üben und anwenden

1 Fasse zusammen. Berechne das Ergebnis und runde auf Hundertstel.
a) $2\sqrt{5} + 3\sqrt{5}$
b) $8\sqrt{8} - 5\sqrt{8}$
c) $3\sqrt{4} - 4\sqrt{4}$
d) $7\sqrt{10} + 5\sqrt{10}$
e) $8\sqrt{6} - 10\sqrt{6}$
f) $6\sqrt{5} + 9\sqrt{5}$

1 Fasse zusammen. Berechne das Ergebnis und runde auf Hundertstel.
a) $5\sqrt{21} + 2,5\sqrt{21}$
b) $7\sqrt{9} - 11\sqrt{9}$
c) $0,8\sqrt{15} - 1,6\sqrt{15}$
d) $12\sqrt{31} - 1,4\sqrt{31}$
e) $6,3\sqrt{27} + 12,9\sqrt{27}$
f) $21,1\sqrt{7} + 13,9\sqrt{7}$

2 Ein Quadrat mit der Seitenlänge c wurde in zwei Quadrate und zwei Rechtecke zerlegt. Berechne jeweils die fehlenden Flächeninhalte und Seitenlängen der Teilflächen.
a) Es gilt $c^2 = 121\,cm^2$ und $a^2 = 16\,cm^2$.
b) Es gilt $a^2 = 16\,cm^2$ und $b^2 = 121\,cm^2$.
c) Es gilt $b^2 = 25\,cm^2$ und $c^2 = 225\,cm^2$.

3 Rechne vorteilhaft. Beachte das Beispiel in der Randspalte.
a) $\sqrt{5} \cdot \sqrt{20}$
b) $\sqrt{6} \cdot \sqrt{24}$
c) $\sqrt{7} \cdot \sqrt{28}$
d) $\sqrt{75} : \sqrt{3}$
e) $\sqrt{80} : \sqrt{5}$
f) $\sqrt{108} : \sqrt{3}$

3 Rechne vorteilhaft wie in der Randspalte. Kontrolliere dein Ergebnis.
a) $\sqrt{9} \cdot \sqrt{49}$
b) $\sqrt{8} \cdot \sqrt{98}$
c) $\sqrt{12} \cdot \sqrt{75}$
d) $\sqrt{68} : \sqrt{17}$
e) $\sqrt{14,4} : \sqrt{0,9}$
f) $\sqrt{0,045} : \sqrt{0,5}$

BEISPIEL
Fasse unter einer Wurzel zusammen und zerlege den Radikanden geschickt in ein Produkt:
$\sqrt{3} \cdot \sqrt{48} = \sqrt{3 \cdot 48}$
$= \sqrt{3 \cdot 3 \cdot 4 \cdot 4}$
$= 3 \cdot 4 = 12$

4 Berechne ohne Taschenrechner.
a) $\sqrt{12,5\sqrt{4}}$
b) $2\sqrt{\sqrt{81}}$
c) $\sqrt{64\sqrt{256}}$
d) $(\sqrt{64})^2$
e) $\sqrt{8,5^2}$
f) $2\sqrt{7^2}$

4 Berechne ohne Taschenrechner.
a) $\sqrt{4\sqrt{625}}$
b) $\sqrt{0,25\sqrt{16}}$
c) $\sqrt{0,5\sqrt{0,25}}$
d) $(-\sqrt{37})^2$
e) $(\sqrt{0,00125})^2$
f) $4\sqrt{0,5^2}$

ZU AUFGABE 5
*Ist der Radikand einer Quadratwurzel so in ein Produkt zerlegbar, dass mindestens ein Faktor eine Quadratzahl ist, kann die **Wurzel teilweise (partiell)** gezogen werden.*

5 Stelle mit den Kärtchen alle möglichen Gleichungen auf.
Wie viele Lösungen gibt es?

$\sqrt{16 \cdot 3}$ $\sqrt{4 \cdot 5}$ $4\sqrt{3}$ $\sqrt{175}$

$2\sqrt{5}$ $5\sqrt{7}$ $\sqrt{20}$ $\sqrt{25 \cdot 7}$ $\sqrt{48}$

6 Ziehe teilweise (partiell) die Wurzel.
a) $\sqrt{12}$
b) $\sqrt{18}$
c) $\sqrt{45}$
d) $\sqrt{150}$
e) $\sqrt{60a^2}$
f) $\sqrt{50b}$
g) $\sqrt{300x^2y}$
h) $\sqrt{147ab^2}$

6 Ziehe teilweise (partiell) die Wurzel.
a) $\sqrt{75}$
b) $\sqrt{98}$
c) $\sqrt{500a^2}$
d) $\sqrt{6300x}$
e) $\sqrt{216a^2b}$
f) $\sqrt{891xy^2z}$
g) $\sqrt{720a^2b^2z}$
h) $\sqrt{96xyz^2}$

7 Ziehe teilweise die Wurzel und fasse zusammen.
a) $\sqrt{40} - \sqrt{90} + \sqrt{250} + \sqrt{360}$
b) $\sqrt{18} + \sqrt{8} + \sqrt{32} - \sqrt{50}$
c) $\sqrt{63} + \sqrt{175} - \sqrt{28} - \sqrt{252}$

7 Ziehe teilweise die Wurzel und fasse zusammen.
a) $\sqrt{12} - \sqrt{27} - \sqrt{48} + \sqrt{75} + \sqrt{108}$
b) $\sqrt{8x} + \sqrt{18x} + \sqrt{32x} - \sqrt{50x}$
c) $\sqrt{27a^2b} - \sqrt{75a^2b} - \sqrt{12a^2b} + \sqrt{48a^2b}$

BEISPIEL ZU 7
$\sqrt{160} + \sqrt{90}$
$= \sqrt{10} \cdot (\sqrt{16} + \sqrt{9})$
$= \sqrt{10} \cdot (4 + 3)$
$= 7 \cdot \sqrt{10}$

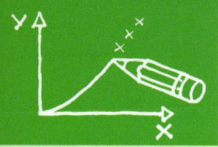

Thema: Irrationale Zahlen

Der gezeichnete Tisch ist quadratisch und hat in der Ausgangsform die Seitenlänge 1 m. Die Tischfläche beträgt 1 m².

Die vier dreieckigen Klappteile sind gleich groß. Im ausgeklappten Zustand ist die Tischfläche doppelt so groß wie vorher, also 2 m². Wir suchen die Seitenlänge für eine quadratische Fläche von 2 m², gesucht ist also $\sqrt{2}$.

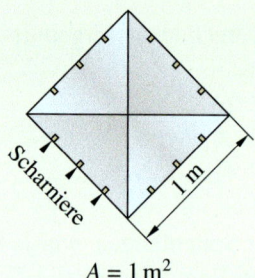

$A = 1\,m^2$

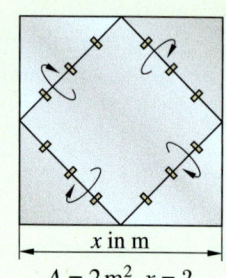

$A = 2\,m^2,\ x = ?$

$x^2 = 2$; wir suchen also die Zahl x, die mit sich selbst multipliziert 2 ergibt: $x = \sqrt{2}$. Durch systematisches Probieren finden wir:

x	x^2
1,2	1,44
1,3	1,69
1,4	1,96
1,5	2,25

$1,4 < x < 1,5$, denn $1,96 < x^2 < 2,25$

Die Quadratwurzel aus 2 ist keine Dezimalzahl mit nur einer Stelle nach dem Komma.

x	x^2
1,41	1,9881
1,42	2,0164
1,414	1,999396
1,415	2,002225

Wenn die Anzahl der Nachkommastellen von x wächst, verdoppelt sich die Anzahl der Nachkommastellen von x^2. An der letzten Nachkommastelle von x können nur Ziffern von 1 bis 9 vorkommen. Daher kann die letzte Nachkommastelle von x^2 niemals 0 sein. x^2 kann somit nie 2,0 werden. x^2 kann nur an die Zahl 2 angenähert werden.

BEACHTE
*Die Quadratwurzel kann nur aus einer **nicht negativen** Zahl gezogen werden. Der Wert der Quadratwurzel aus einer Zahl ist nie negativ. Es gilt:*
$x \cdot x = x^2 = a$
$\sqrt{a} \cdot \sqrt{a} = a$
Sonderfall:
$\sqrt{0} = 0$,
denn $0 \cdot 0 = 0$

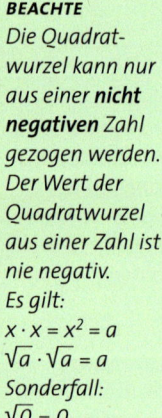

Die Zahl $\sqrt{2}$ kann nicht als endlicher und nicht als periodischer Dezimalbruch geschrieben werden, sie gehört deshalb nicht zu den rationalen Zahlen. Die Quadratwurzel aus 2 ist eine **irrationale Zahl**.

1 Die Zeichnung zeigt, wie man mithilfe einer Flächenverdopplung für die Zahl $\sqrt{2}$ auf der Zahlengeraden einen Punkt finden kann.
a) Erkläre, wie man anhand der Zeichnung den Punkt für $\sqrt{2}$ auf der Zahlengeraden findet.
b) Welchen Wert kannst du für $\sqrt{2}$ ungefähr ablesen?

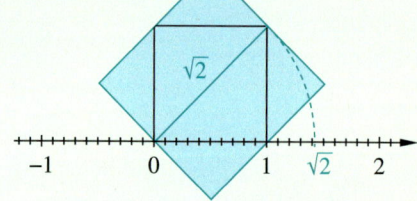

2 Bestimme mithilfe der Flächenverdopplung für die Zahlen $\sqrt{8}$ und $\sqrt{18}$ jeweils den Punkt auf der Zahlengeraden.

Die Quadratwurzel aus einer Zahl, die keine Quadratzahl ist, kann z. B. durch systematisches Probieren beliebig genau angenähert werden.

Auf der Zahlengeraden gibt es Punkte für rationale und irrationale Zahlen. Sie bilden zusammen die **reellen Zahlen** $\mathbb{R}$.

3 Übertrage die Abbildung ins Heft und trage die Zahlen ein:
$23;\ -2;\ 0,125;\ \sqrt{2};\ 4;\ -34;\ -\frac{3}{4};\ -0,1;\ \pi$

Methode: Wurzelziehen mit einer Tabellenkalkulation

Die Quadratwurzel aus einer beliebigen Zahl x, also $\sqrt{x}$, soll berechnet werden.
Stell dir dazu ein Rechteck mit den Seitenlängen a_1 und b_1 und dem Flächeninhalt $x = a_1 \cdot b_1$ vor.
Das Rechteck wird nach und nach in ein Quadrat mit dem gleichen Flächeninhalt umgewandelt.

Beispiel Rechtecke mit dem Flächeninhalt x:

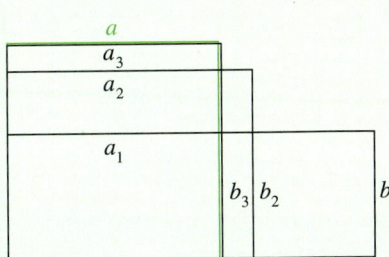

$$a_1 \cdot b_1 = x \qquad a_1 > 0 \text{ (Startwert ist beliebig)}; \quad b_1 = \tfrac{x}{a_1}$$

$$a_2 \cdot b_2 = x \qquad a_2 = \tfrac{(a_1 + b_1)}{2} \qquad \text{und} \qquad b_2 = \tfrac{x}{a_2}$$

$$a_3 \cdot b_3 = x \qquad a_3 = \tfrac{(a_2 + b_2)}{2} \qquad \text{und} \qquad b_3 = \tfrac{x}{a_3}$$

und so weiter

Allgemein ist $a_{n+1} = \tfrac{(a_n + b_n)}{2}$ und $b_{n+1} = \tfrac{x}{a_{n+1}}$

also $a_{n+1} = \tfrac{1}{2} \cdot \left(a_n + \tfrac{x}{a_n}\right)$

HINWEIS
*Das schrittweise Annähern an einen Wert nennt man **Iteration**. Dabei wird der besser angenäherte Wert aus dem alten berechnet.*

Das Ziel ist es, dass die beiden Seitenlängen a_n und b_n gleich groß sind. Dann gilt nämlich $a_n = b_n = a$ und $a \cdot a = x$, also ist $a = \sqrt{x}$ die Quadratwurzel aus x.

1 In der Tabelle wurde $\sqrt{7}$ näherungsweise berechnet.

a) Gib den Wert für $\sqrt{7}$ an. Runde auf Tausendstel.

b) Welcher Startwert wurde gewählt?

c) Welche Formel enthält die Zelle **A5**?

d) Übertrage die Tabelle in ein Tabellenkalkulationsprogramm.
Untersuche, welche Auswirkung die Auswahl des Startwertes auf die Anzahl der Schritte bis zum Näherungswert 2,645 713 11 hat.

	A	B	C	D
1	Berechnung der Wurzel aus	7		
3	a	b	Anzahl der Annäherungen	
4	3,5	?	1	
5	2,75		2	
6	2,647727273		3	
7	2,645752048		4	
8	2,645751311		5	
9	2,645751311		6	
10	2,645751311		7	

ZUR INFORMATION
*Das Verfahren wird auch **Heronverfahren** genannt. Heron von Alexandria war Mathematiker und lebte um 20 bis ca. 62 n. Chr.*

2 Übertrage die gegebene Tabelle in ein Tabellenkalkulationsprogramm und berechne die Wurzeln mit einer Genauigkeit von zehn Stellen nach dem Komma.

a) $\sqrt{8}$; $\sqrt{12}$; $\sqrt{222}$ **b)** $\sqrt{0,8}$; $\sqrt{1,2}$; $\sqrt{22,2}$ **c)** $\sqrt{0,08}$; $\sqrt{0,12}$; $\sqrt{2,22}$

3 Mit einem Tabellenkalkulationsprogramm kann man Wertetabellen für Quadratzahlen und Quadratwurzeln erstellen.
Nutze für das Potenzieren die Taste ⌃ und zum Wurzelziehen die Funktion **WURZEL()**.

a) Welche Formel wurde in Zelle **B4** eingetragen?

b) Welche Formel wurde in Zelle **C4** eingetragen?

c) Lege ein Tabellenblatt an und erstelle für beliebige Zahlen Wertetabellen zu Quadratzahlen und Quadratwurzeln.

	A	B	C
1	Quadratzahlen und Quadratwurzeln		
3	Zahl	Quadratzahl	Quadratwurzel
4	5	25	2,236067977
5	55	3025	7,416198487
6	5,5	30,25	2,34520788
7	0,5	0,25	0,707106781
8	0,05	0,0025	0,223606798
9	500	250000	22,36067977

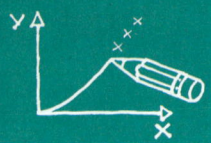

Klar so weit?

→ Seite 40

Lineare Funktionen und ihre Umkehrung

1 Übertrage die Tabellen in dein Heft. Gib die zugehörigen Funktionsgleichungen an und berechne die fehlenden Werte.

a)
GBP	1	5	10	15	120	150
US$	1,6414					

b)
US$	1	5	10	15	120	150
GBP						

1 Übertrage die Tabellen in dein Heft. Gib die zugehörigen Funktionsgleichungen an und berechne die fehlenden Werte.

a)
EUR	1	2,70	12,50	150	270	0,50
RUB	45,121					

b)
RUB	1	2,70	12,50	150	270	0,50
EUR						

2 Zeichne die Graphen der linearen Funktionen in ein Koordinatensystem.

① $y = x + 2$ ② $y = -2x + 4$

③ $y = 2x + 1$ ④ $y = -\frac{1}{2}x - 1$

a) Ergänze jeweils den Graphen der zugehörigen Umkehrfunktion.

b) Gib jeweils die Gleichung der Umkehrfunktion an.

2 Zeichne die Graphen der linearen Funktionen in ein Koordinatensystem.

① $y = x + 0,5$ ② $y = -\frac{1}{4}x + 0,75$

③ $y = 2,5x + 5$ ④ $y = -4x - 1$

a) Ergänze jeweils den Graphen der zugehörigen Umkehrfunktion.

b) Gib jeweils die Gleichung der Umkehrfunktion an.

3 Ein Schwimmbecken fasst insgesamt 28 000 l Wasser. Beim Füllen des Beckens wurde an der Wasseruhr abgelesen, dass 800 l Wasser in 20 min geflossen sind.

a) Bestimme die Funktionsgleichung. Stelle die Funktion *Zeit in h → Füllmenge in m³* und ihre Umkehrfunktion *Füllmenge in m³ → Zeit in h* grafisch dar.

b) Wann ist das Becken zu 20 % gefüllt, wenn der Füllvorgang um 8:00 Uhr beginnt?

c) Wie viel Liter sind bis 9:40 Uhr eingefüllt?

→ Seite 44

Quadratzahlen und Quadratwurzeln

4 Berechne im Kopf.

a) 8^2 b) 10^2 c) 4^2

d) $\sqrt{16}$ e) $\sqrt{36}$ f) $\sqrt{100}$

4 Berechne im Kopf.

a) 15^2 b) $0,6^2$ c) $(-7)^2$

d) $\sqrt{2\,500}$ e) $\sqrt{1,44}$ f) $\sqrt{0,81}$

5 Berechne mit dem Taschenrechner.

a) 92^2 b) $4,8^2$ c) $1,5^2$

d) $\sqrt{76}$ e) $\sqrt{82,5}$ f) $\sqrt{635}$

5 Berechne mit dem Taschenrechner.

a) $2,85^2$ b) $(-9,1)^2$ c) $1,041^2$

d) $\sqrt{4\,444}$ e) $\sqrt{82,42}$ f) $\sqrt{0,05}$

6 Ein quadratisches Baugrundstück ist 140 m² groß.

a) Wie lang ist die Seitenlänge?

b) Passt ein quadratisches Haus mit einer Seitenlänge von 12 m auf das Grundstück?

6 Eine 10 m² große, quadratische Terrasse wird mit 25 quadratischen Platten ausgelegt.

a) Welche Kantenlänge hat eine Platte?

b) Wie viele Platten benötigt man für eine Fläche von 72,75 m²?

→ Seite 48

Quadratische Funktionen und ihre Umkehrung

7 Übertrage die Tabellen in dein Heft. Überprüfe den vorgegebenen Wert. Bestimme die fehlenden Tabellenwerte.

a) $y = 3x^2$

x	0	5	10	20	50	100
y		75				

b) $y = \sqrt{5x}$

x	0	5	10	20	50	100
y		5				

7 Übertrage die Tabellen in dein Heft. Überprüfe den vorgegebenen Wert. Bestimme die fehlenden Tabellenwerte.

a) $y = 0{,}2x^2$

x	0	0,5	5	50	100	200
y			5			

b) $y = \sqrt{\frac{1}{3}x}$

x	0	0,2	0,5	0,75	5	50
y				0,5		

8 Bestimme die Umkehrfunktion.

a) $y = 0{,}4x^2$ **b)** $y = 4x^2$

c) $y = \frac{2}{5}x^2$ **d)** $y = 2{,}5x^2$

8 Bestimme die Umkehrfunktion.

a) $y = 3x^2$ **b)** $y = \frac{1}{3}x^2$

c) $y = 4{,}5x^2$ **d)** $y = 0{,}75x^2$

9 Laura steht auf dem Zehnmeterturm. Sie fragt sich, wie lange es dauert, bis sie ins Wasser eintaucht, wenn sie herunterspringt. Sie schätzt zwei Sekunden, hält die Luft an und springt.

a) Näherungsweise lässt sich der Weg (in m), den ein Körper in einer bestimmten Zeit (in s) fällt, mithilfe der Formel $y = 5x^2$ beschreiben. Berechne den Weg für 2 s.

b) Wie lange dauert es, bis Laura eintaucht?

c) Schätze die Zeit, die beim Sprung von verschiedenen Turmhöhen bis zum Eintauchen ins Wasser vergeht. Berechne dann und vergleiche mit deinen Schätzwerten.

Mit Quadratwurzeln rechnen

→ Seite 52

10 Fasse, wenn möglich, zusammen.

a) $3{,}5\sqrt{32} - \sqrt{32}$ **b)** $11\frac{2}{3}\sqrt{3} + 9\sqrt{3}$

c) $6\sqrt{5} - 5\sqrt{6}$ **d)** $6{,}4\sqrt{13} + 7{,}2\sqrt{31}$

e) $0{,}5\sqrt{20} + 0{,}5\sqrt{2}$ **f)** $13{,}2\sqrt{28} - \frac{9}{10}\sqrt{28}$

10 Fasse, wenn möglich, zusammen.

a) $3\sqrt{a} - 5\sqrt{a}$ **b)** $3n\sqrt{a} + 4n\sqrt{a}$

c) $a\sqrt{ax} + ab\sqrt{x}$ **d)** $1{,}8\sqrt{x} - 2{,}9\sqrt{x}$

e) $4\frac{1}{2}\sqrt{ab} + \frac{1}{3}\sqrt{ab}$ **f)** $2a\sqrt{b} - \frac{1}{4}\sqrt{ab}$

11 Berechne vorteilhaft.

a) $\sqrt{8} \cdot \sqrt{32}$ **b)** $\sqrt{5} \cdot \sqrt{45}$

c) $\sqrt{6} \cdot \sqrt{54}$ **d)** $\sqrt{24} : \sqrt{6}$

e) $\sqrt{128} : \sqrt{2}$ **f)** $\sqrt{3{,}2} \cdot \sqrt{0{,}2}$

11 Berechne vorteilhaft.

a) $\sqrt{2a} \cdot \sqrt{18a}$ **b)** $\sqrt{20x} \cdot \sqrt{5y}$

c) $\sqrt{28m} \cdot \sqrt{7mn}$ **d)** $\sqrt{50a} : \sqrt{2a}$

e) $\sqrt{1000x} : \sqrt{10x}$ **f)** $\sqrt{32n^2} \cdot \sqrt{2n}$

12 Berechne. Vereinfache, wenn möglich.

a) $(4 + \sqrt{3}) \cdot 2$ **b)** $\sqrt{5} \cdot (\sqrt{5} - \sqrt{2})$

c) $(\sqrt{1} - \sqrt{2}) \cdot \sqrt{3}$ **d)** $(7 + \sqrt{2}) \cdot 7$

12 Berechne. Vereinfache, wenn möglich.

a) $(7 + \sqrt{2})^2$ **b)** $(\sqrt{4} + \sqrt{12})^2$

c) $(\sqrt{5} - 2)^2$ **d)** $(\sqrt{25} - \sqrt{16})^2$

Vermischte Übungen

1 Übertrage die Tabelle in dein Heft. Ergänze die Quadratzahl bzw. die Quadratwurzel.

Quadratzahl	49	169	256	361	400
Quadratwurzel					

Quadratzahl					
Quadratwurzel	9	15	22	31	50

1 Ergänze die Tabelle im Heft. Schätze zunächst, überprüfe dein Ergebnis rechnerisch.

x	2,25	10,24	20,25		
$\sqrt{x}$				5,2	6,7

x		0,0625		2,9584	
$\sqrt{x}$	0,625		2,9584		5,7600

2 Eine quadratische Fläche soll mit 144 kleinen Spiegelkacheln der Größe 15 cm × 15 cm beklebt werden.

a) Wie viele Spiegelkacheln bilden eine Seite der quadratischen Fläche?
Wie lang ist diese Seite?

b) Wie groß ist der Flächeninhalt der beklebten quadratischen Fläche?

3 Gib die Umkehrfunktion an.

a) $y = 2x - 2$ b) $y = x^2$

c) $y = \frac{1}{2}x$ d) $y = \sqrt{x}$

e) $y = -2x + 2$ f) $y = -\frac{1}{2}x$

3 Gib die Umkehrfunktion an.

a) $y = \frac{1}{2}x^2$ b) $y = \frac{1}{3}x + 2,5$

c) $y = 3x - 6$ d) $y = \frac{1}{x}$

e) $y = \sqrt{2x}$ f) $y = 2x^2$

4 Untersuche die beiden Funktionen:

① Seitenlänge eines Quadrats → Umfang

② Seitenlänge eines Quadrats → Flächeninhalt

a) Notiere je eine Funktionsgleichung und zeichne die Graphen.

b) Handelt es sich um eine lineare oder eine quadratische Funktion? Begründe.

c) Gib jeweils die Umkehrfunktion an.

4 Zeichne die Funktionsgraphen ins Heft. Um welche Art von Funktion handelt es sich jeweils?
Woran kann man das am Graphen erkennen?

a)

x	0	5	7,5	10	12
y	2	17	24,5	32	38

b)

x	0	5	7,5	10	12
y	0	25	56,25	100	144

c)

x	0	5	7,5	10	12
y	0	2,2	2,7	3,2	3,5

5 Vereinfache die Wurzelausdrücke.

a) $(\sqrt{6})^2$ b) $\sqrt{8^2}$

c) $\sqrt{13^2}$ d) $(\sqrt{17})^2$

5 Welche Zahlen darf man für a einsetzen? Gib ein Beispiel an und begründe dann.

a) $\sqrt{a^2}$ b) $(\sqrt{a})^2$ c) $(\sqrt{5+a})^2$ d) $\sqrt{a-2}$

6 Rechne vorteilhaft.

a) $\sqrt{11} \cdot \sqrt{44}$ b) $\sqrt{3,2} \cdot \sqrt{0,8}$

c) $\sqrt{64 : 25}$ d) $\sqrt{1,47} : \sqrt{3}$

6 Rechne vorteilhaft.

a) $\sqrt{96a} : \sqrt{6a}$ b) $\sqrt{121a^2 \cdot 169b^2}$

c) $\sqrt{3,24x^2 \cdot 0,01}$ d) $\sqrt{625 : (900y^2)}$

7 Fasse zusammen, runde das Ergebnis auf zwei Nachkommastellen.

a) $\sqrt{2} - 5\sqrt{2} + 12\sqrt{2} - 3\sqrt{2}$

b) $7\sqrt{11} - 8\sqrt{15} - 4\sqrt{11} + 7\sqrt{15}$

7 Fasse zusammen, runde das Ergebnis auf zwei Nachkommastellen.

a) $-3,2\sqrt{26} - (0,2\sqrt{7} - 1,4\sqrt{26}) - 0,5\sqrt{7}$

b) $(4,5\sqrt{5} - 5\sqrt{4,5}) - (4,5\sqrt{5} - 5\sqrt{4,5})$

8 👥 Ab 13:00 Uhr wird ein mit Öl gefüllter Tankwagen geleert. Nach neun Minuten enthält er noch $12,8\,m^3$ Öl, nach weiteren sechs Minuten nur noch $8\,m^3$ Öl.

a) Welcher Graph stellt diesen Sachverhalt dar?

b) Übertragt die Grafik in euer Heft.

c) Bestimmt die Funktionsgleichungen der drei Graphen.

d) Beschreibt jeweils in einem Satz: Welcher Sachverhalt wird durch die Punkte A, B, C, D und E dargestellt?

e) Nach wie vielen Minuten ist der Tankwagen völlig leer?

f) Wie viel Liter Öl werden abgepumpt?

g) Um wie viel Uhr sind noch $10\,m^3$ Öl im Tankwagen?

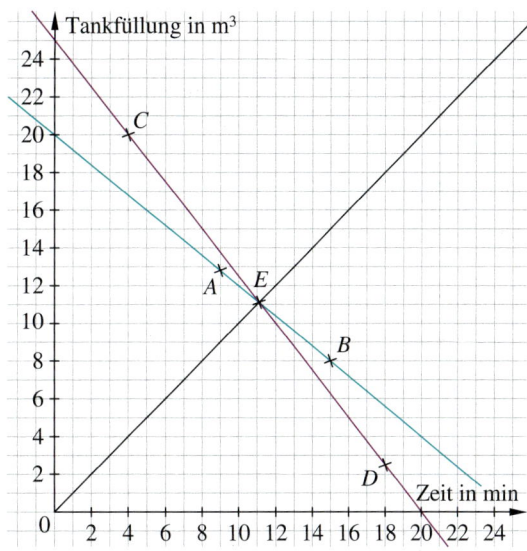

ZU AUFGABE 8
Markiere die Punkte zu den Lösungen von e) und f) auf einem der Graphen.

---

9 Überprüfe. Korrigiere alle fehlerhaften Rechnungen.

a) $\sqrt{81} + \sqrt{144} = \sqrt{225} = 15$

b) $\sqrt{16} + \sqrt{9} = 4 + 3 = 7$

c) $\sqrt{169} - \sqrt{25} = 14 - 5 = 9$

d) $\sqrt{100} - \sqrt{64} = 6$

e) $\sqrt{16 + 9} = 4 + 3 = 7$

9 Begründe oder widerlege die Aussagen.

a) Die Summe des Quadrats zweier Zahlen ergibt den gleichen Wert wie das Quadrat der Summe dieser beiden Zahlen.

b) Das Produkt des Quadrats zweier Zahlen ergibt den gleichen Wert wie das Quadrat des Produkts dieser beiden Zahlen.

---

10 Die Tabelle zeigt den Zusammenhang zwischen Geschwindigkeit und Reaktionsweg bzw. Bremsweg.
Übertrage die Tabelle ins Heft.

Geschwindigkeit (in $\frac{km}{h}$)	15	35	75	115	130
Reaktionsweg (in m) $y = 0,3x$					
Bremsweg (in m) $y = 0,01x^2$					

a) Berechne die fehlenden Werte.

b) Erweitere die Wertetabelle und zeichne die Funktionsgraphen.

c) Welcher Funktionstyp liegt jeweils vor?

10 Übertrage die Tabelle ins Heft.

Geschwindigkeit (in $\frac{km}{h}$)			50		
Reaktionsw. (in m) $y = 0,3x$		9			39
Bremsw. (in m) $y = 0,01x^2$	1			100	
Anhaltew. (in m)					

a) Berechne die fehlenden Werte. Beachte die Information in der Randspalte.

b) Zeichne die Funktionsgraphen mithilfe einer dynamischen Geometrie-Software.

c) Gib die Umkehrfunktion zur Faustformel für Reaktionsweg und Bremsweg an.

ZUR INFORMATION
*Der **Reaktionsweg** ist der Weg vom Erkennen eines Hindernisses bis zum Beginn des Bremsvorgangs.*
*Der **Anhalteweg** setzt sich aus dem Reaktionsweg und dem Bremsweg zusammen.*

---

11 👥 Prüft mithilfe der Faustformeln aus Aufgabe 10 zur Berechnung des Reaktionswegs und des Bremswegs, ob die folgenden Aussagen richtig sind. Nennt jeweils ein Beispiel.

a) Wenn man mit einer niedrigeren Geschwindigkeit fährt, verkürzt sich der Bremsweg.

b) Wenn der Bremsweg doppelt so lang ist, war die Geschwindigkeit auch doppelt so groß.

c) Wenn man mit $90\,\frac{km}{h}$ statt mit $30\,\frac{km}{h}$ fährt, verdreifacht sich der Bremsweg.

d) Fährt man mit $100\,\frac{km}{h}$ statt mit $50\,\frac{km}{h}$, so verdoppelt sich der Reaktionsweg.

e) Wenn man doppelt so schnell fährt, wird der Bremsweg viermal so lang.

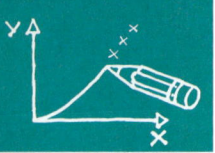

ELEKTRONIKER/IN
Die Ausbildung dauert $3\frac{1}{2}$ Jahre. Suche nach weiteren Informationen über den Beruf z. B. im Internet oder im BIZ.

Beruf Elektroniker/in

Elektroniker und Elektronikerinnen montieren mechanische Teile, elektrische Geräte und Komponenten, nehmen diese in Betrieb und halten sie instand.
Sie führen elektrotechnische Messungen durch und überprüfen Systeme auf Funktion und Sicherheit.
Elektroniker und Elektronikerinnen finden Arbeit z. B. in der produzierenden Industrie oder im Anlagenmanagement.

12 Aufgaben aus dem ersten Lehrjahr

Steffen ist mit dem Computer schon gut vertraut, denn er muss oft Listen ausfüllen und Berechnungen durchführen. Mit den nachfolgenden Formeln musste er im ersten Ausbildungsjahr Tabellenwerte berechnen.

$$U = R \cdot I$$
(Ohmsches Gesetz)

$$P = U \cdot I$$
(elektrische Leistung)

$$G = \tfrac{1}{R}$$
(elektrischer Leitwert)

BEACHTE
R:
elektrischer Widerstand
U:
elektrische Spannung
I:
elektrische Stromstärke
P:
elektrische Leistung
G:
elektrischer Leitwert

Übertrage die Tabelle und berechne die fehlenden Werte.

	a)	b)	c)	d)	e)	f)	g)	h)
R in Ohm (Ω)	10		10					21
U in Volt (V)		10	100		10			
I in Ampere (A)	5	20		230		230		
P in Watt (W)				2 300	2 300		2 300	2 300
G in Siemens (S)						23	0,047	

13 Häufig verwendete Formeln

Einige Formeln verwendet Steffen so häufig, dass er sie nicht mehr nachschlagen muss.
Ergänze die Formeln im Heft. Formuliere Sätze, z. B. Die Spannung berechne ich, indem ich …

a) $\blacksquare = \frac{U}{I}$ b) $\blacksquare = \frac{U}{R}$ c) $\blacksquare = I^2 \cdot \frac{1}{G}$

d) $\blacksquare = \sqrt{\frac{P}{R}}$ e) $\blacksquare = \sqrt{P \cdot G}$ f) $\blacksquare = \frac{U^2}{R}$

g) $\blacksquare = I^2 \cdot R$ h) $\blacksquare = \frac{I}{U}$ i) $\blacksquare = \frac{I}{G}$

14 Dynamische Formelsammlung

Steffen hat ein Tabellenblatt zur Berechnung verschiedener physikalischer Größen erstellt.
Gib jeweils die Formeln für die blau markierten Zellen an.

	A	B	C	D	E	F	G	H	I	J	K	L	M	N	O	P	Q	R	S	T	U	V	W	X
1	geg.	R	604,00		I	1,70		P	1745,56		R	604,00		U	1026,80		U	1026,80		R	604,00		I	1,70
2		I	1,70		P	1745,56		G	0,001656		U	1026,80		I	1,70		P	1745,56		P	1745,56		G	0,001656
3		U			U			U			I			R			I			U			P	
4	ges.	P			R			I			P			P			R			I			U	
5		G			G			R			G			G			G			G			R	

Zusammenfassung

Lineare Funktionen und ihre Umkehrung

→ *Seite 36*

Die **Umkehrfunktion** einer linearen Funktion ist wieder eine lineare Funktion.
Durch **Spiegelung** des Graphen einer Funktion **an der Winkelhalbierenden** $y = x$ erhält man den Graphen der Umkehrfunktion.

$y = 2x + 3$

x	-2	-1	0	1	2	3	4
y	-1	1	3	5	7	9	11

$f^{-1}(x) = \frac{1}{2}x - \frac{3}{2}$

x	-1	1	3	5	7	9	11
y	-2	-1	0	1	2	3	4

1. nach x auflösen:

$y = 2x + 3 \quad | -3$

$y - 3 = 2x \quad | : 2$

$\frac{y-3}{2} = x$

2. x und y vertauschen: $\frac{x-3}{2} = y$

3. Benennung $f^{-1}(x)$: $f^{-1}(x) = \frac{x-3}{2}$

$f^{-1}(x) = \frac{1}{2}x - \frac{3}{2}$

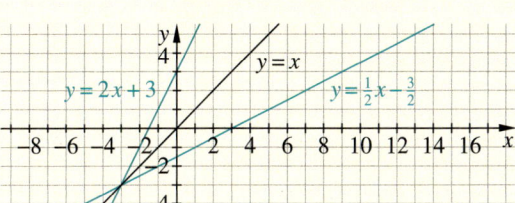

Quadratzahl und Quadratwurzel

→ *Seite 44*

$x^2 = a \quad$ a heißt Quadratzahl von x.

$x = \sqrt{a} \quad$ x heißt Quadratwurzel von a, a heißt Radikand. Beides darf nicht negativ sein.

Quadratische Funktionen und ihre Umkehrung

→ *Seite 48*

Die **Umkehrfunktion** zu einer quadratischen Funktion der Form $y = ax^2$ ist eine **Wurzelfunktion**, die jedem Wert aus dem Wertebereich der Funktion den Wert für $x \geq 0$ aus dem Definitionsbereich zuordnet.

$y = 4x^2$

x	0	1	2	3	4	5	6
y	0	4	16	36	64	100	144

$f^{-1}(x) = \sqrt{\frac{x}{4}}$

x	0	4	16	36	64	100	144
y	0	1	2	3	4	5	6

1. nach x auflösen:

$y = 4x^2 \quad | : 4$

$\frac{y}{4} = x^2 \quad | \sqrt{}$

$\sqrt{\frac{y}{4}} = x$

2. x und y vertauschen: $\sqrt{\frac{x}{4}} = y$

3. Benennung $f^{-1}(x)$: $f^{-1}(x) = \sqrt{\frac{x}{4}}$

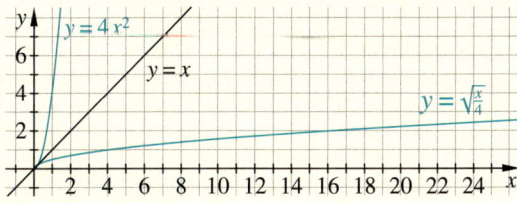

Mit Quadratwurzeln rechnen

→ *Seite 52*

Für nicht negative, reelle Radikanden gilt:
Es können nur Quadratwurzeln mit gleichen Radikanden **addiert** oder **subtrahiert** werden.

$5\sqrt{x} + 3\sqrt{x} = 8\sqrt{x}$ $\qquad\qquad$ $5\sqrt{x} - 3\sqrt{x} = 2\sqrt{x}$

Bei der **Multiplikation** und **Division** von Quadratwurzeln ist das Ergebnis die Quadratwurzel aus dem Produkt bzw. aus dem Quotienten der Radikanden:

$5\sqrt{a} \cdot 3\sqrt{b} = 15\sqrt{ab}$ $\qquad\qquad$ $5\sqrt{a} : \left(3\sqrt{b}\right) = \frac{5}{3}\sqrt{\frac{a}{b}}$, für $b \neq 0$

Teste dich!

3 Punkte | 3 Punkte

1 Ein Pkw verbraucht auf einer Strecke von 100 Kilometern durchschnittlich 6 Liter Benzin.
a) Gib die Funktionsgleichung zur Funktion *Kilometer → Benzinverbrauch* und zur Funktion *Benzinverbrauch → Kilometer* an.
b) Welche Strecke kann mit 45 Liter Benzin zurückgelegt werden?

1 Die Leistung von Motoren wird in Pferdestärken (PS) und in Kilowatt (kW) angegeben. Dabei ist 1 PS = 0,736 kW.
a) Gib für die Umwandlung von PS in kW und von kW in PS jeweils eine Funktionsgleichung an.
b) Wie viel PS sind 100 kW? Runde auf drei Nachkommastellen.

4 Punkte | 4 Punkte

2 Für welche Zahl(en) steht x?
a) $x = \sqrt{81}$
b) $\sqrt{x} = 8$
c) $x - \sqrt{25} = 3$
d) $\sqrt{x} + 1 = 5$

2 Für welche Zahl(en) steht x?
a) $x + \sqrt{36} = 9$
b) $\sqrt{x} - 5 = 12$
c) $7 - \sqrt{x} = -18$
d) $\sqrt{x + 7} = 7$

2 Punkte | 2 Punkte

3 Der Boden eines Badezimmers ist 80 000 cm² groß. Mit 200 quadratischen Fliesen kann man den Boden bedecken.
a) Berechne den Flächeninhalt einer Fliese.
b) Berechne die Kantenlänge einer Fliese.

3 Ein 5,50 m langes und 4,80 m breites Zimmer kann mit 300 oder 425 quadratischen Fliesen ausgelegt werden.
Berechne jeweils die Kantenlänge der Fliesen. Runde auf Zentimeter.

4 Punkte | 6 Punkte

4 Betrachte die Graphen der Funktionen.

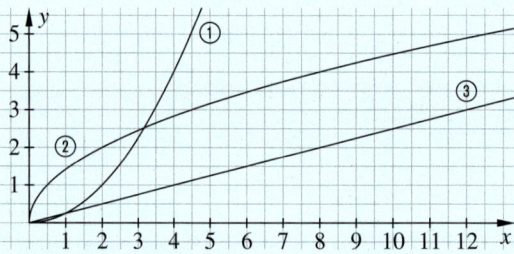

a) Ordne die Begriffe zu: lineare Funktion, quadratische Funktion und Wurzelfunktion.
b) Ist ① die Umkehrfunktion von ②? Begründe.

4 Betrachte die Graphen der Funktionen.

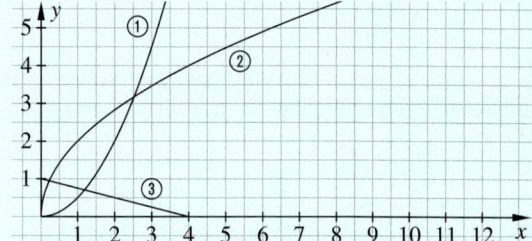

a) Bestimme die Funktionsgleichungen der drei Funktionen.
b) Bestimme die jeweilige Umkehrfunktion.

2 Punkte | 6 Punkte

5 Die Krümmung einer Halfpipe kann mithilfe der Gleichung $y = 0,003\,x^2$ beschrieben werden.

a) Bestimme die Höhe y der Halfpipe nach einer Länge von $x = 80$ cm.
b) Die Halfpipe ist 120 cm hoch. Bestimme die Länge der Halfpipe.

5 Die Krümmung einer Halfpipe kann mithilfe der Gleichung $y = 0,003\,x^2$ beschrieben werden.
a) Berechne die Höhen der Halfpipe nach 40 cm; 120 cm und 160 cm.
b) An welchen Stellen ist die Halfpipe 25 cm; 75 cm und 100 cm hoch?

4 Punkte | 4 Punkte

6 Forme um. Vereinfache, wenn möglich.
a) $\sqrt{16a} : \sqrt{a}$
b) $\sqrt{36a} \cdot \sqrt{4a}$
c) $\sqrt{a} : \sqrt{4a}$
d) $\sqrt{17a} \cdot \sqrt{17a}$

6 Forme um. Vereinfache, wenn möglich.
a) $(\sqrt{a} + \sqrt{b}) : \sqrt{b}$
b) $(\sqrt{a} - \sqrt{b}) \cdot \sqrt{a}$
c) $\sqrt{4a - 4b}$
d) $\sqrt{9x + 27y}$

Die Satzgruppe des Pythagoras

Dieser Baum wächst nach dem Satz des Pythagoras. Die Skulptur könnte man immer weiter fortführen, wodurch die Äste des Baums immer kleiner würden. Solche Muster nennt man Fraktale.

Noch fit?

Einstieg

1 Einheiten umrechnen
Rechne in die Einheit in Klammern um.
a) 1,5 m (cm)
b) 55 mm (cm)
c) 800 cm (m)
d) 2,75 cm (mm)
e) 0,25 m (mm)
f) 36,7 dm (cm)
g) 640 mm² (cm²)
h) 0,7 cm² (mm²)
i) 4500 cm² (m²)
j) 0,88 m² (cm²)

2 Flächeninhalte und Längen berechnen
Berechne die gesuchte Größe.
a) Quadrat mit $a = 2,5$ cm; $A = ?$
b) Quadrat mit $A = 3600$ m²; $a = ?$
c) Rechteck mit $a = 3$ cm; $b = 12$ cm; $A = ?$
d) Rechteck mit $a = 3,8$ m; $b = 6$ m; $A = ?$

3 Quadratwurzeln ziehen
Berechne im Kopf.
a) $\sqrt{81}$ b) $\sqrt{64}$ c) $\sqrt{900}$ d) $\sqrt{144}$

Aufstieg

1 Einheiten umrechnen
Rechne in die Einheit in Klammern um.
a) 2,75 m (cm)
b) 95 mm (cm)
c) 6000 cm (m)
d) 2,75 cm (mm)
e) 0,075 m (mm)
f) 94,73 dm (cm)
g) 320 mm² (cm²)
h) 5,2 cm² (mm²)
i) 83000 cm² (m²)
j) 0,333 m² (cm²)

2 Flächeninhalte und Längen berechnen
Berechne die gesuchte Größe.
a) Quadrat mit $a = 3,6$ km; $A = ?$
b) Quadrat mit $A = 1505,44$ m²; $a = ?$
c) Rechteck mit $a = 8$ cm; $b = 4,5$ cm; $A = ?$
d) Rechteck mit $a = 6$ m; $A = 108$ m²; $b = ?$

3 Quadratwurzeln ziehen
Berechne im Kopf.
a) $\sqrt{121}$ b) $\sqrt{196}$ c) $\sqrt{0,04}$ d) $\sqrt{256}$

4 Dreiecksarten
a) Teile die Dreiecke ein in spitzwinklig, rechtwinklig oder stumpfwinklig.
b) Teile die Dreiecke ein in gleichschenklig, gleichseitig oder unregelmäßig.

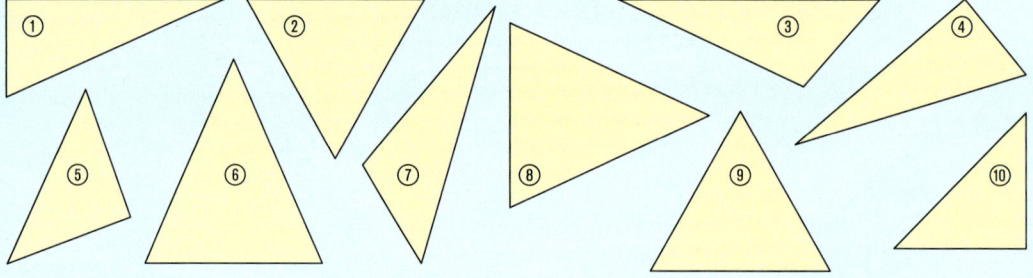

5 Dreiecke konstruieren
Konstruiere das Dreieck ABC. Zeichne erst Seite c mit den Endpunkten A und B. Zeichne dann mit dem Zirkel um A einen Kreisbogen mit dem Radius b usw.
a) $a = 3$ cm; $b = 5$ cm; $c = 7$ cm
b) $a = 4$ cm; $b = 7,5$ cm; $c = 8,5$ cm
c) $a = 2,1$ cm; $b = 6,7$ cm; $c = 4,8$ cm

6 Gleichungen lösen
Löse die Gleichung. Rechne die Probe.
a) $54 + 2x = 120$
b) $225 - 5x = -10$
c) $6y - 12 = -3 + 9y$
d) $7 \cdot (a + 10) = 84$

5 Dreiecke konstruieren
Konstruiere das Dreieck ABC. Zeichne erst Seite c mit den Endpunkten A und B. Trage dann mit dem Geodreieck in A an c den Winkel α ab usw.
a) $c = 6$ cm; $\alpha = 45°$; $b = 4$ cm
b) $c = 5,4$ cm; $\alpha = 90°$; $\beta = 35°$
c) $c = 7,1$ cm; $\alpha = 124°$; $a = 9,8$ cm

6 Gleichungen lösen
Löse die Gleichung. Rechne die Probe.
a) $24y - 12 = 60$
b) $7(a + 12) = 70$
c) $5(7 - x) = 25$
d) $6b^2 = 54$

Lösungen ab Seite 190

Pythagoreische Zahlentripel

Entdecken

1 Übertrage das Koordinatensystem und die Dreiecke ins Heft.

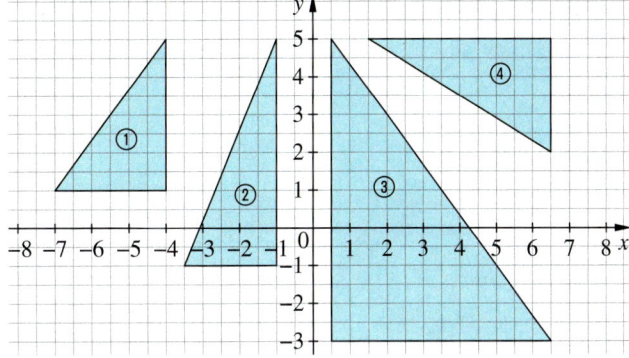

a) Beschrifte an jedem Dreieck die Eckpunkte, Seiten und Winkel.

b) Miss alle Winkel.
Finde heraus, was alle Dreiecke gemeinsam haben.

c) Markiere jeweils die längste Seite eines Dreiecks farbig.
Was fällt dir auf?

2 👥 a) Seht euch die Bildfolge an und beschreibt sie.

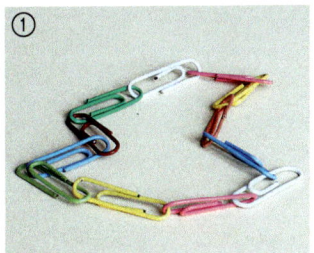
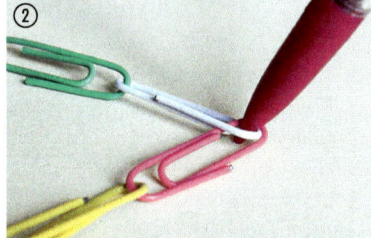
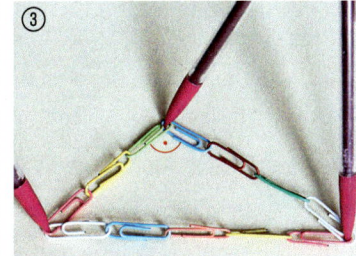

b) Legt ein Dreieck wie auf dem Foto ③. Wie viele Büroklammern benötigt ihr dazu?

c) Zu welcher Dreiecksart gehört das Dreieck auf dem Foto ③?

d) Kann man ein rechtwinkliges Dreieck aus 15 (24; 30) Büroklammern formen?

3 Mit einem Lineal und einem Blatt Karopapier kann man Seitenlängen für ein rechtwinkliges Dreieck finden. Es ergeben sich immer drei Zahlen, die zueinander passen. Das nennt man ein **Tripel**.

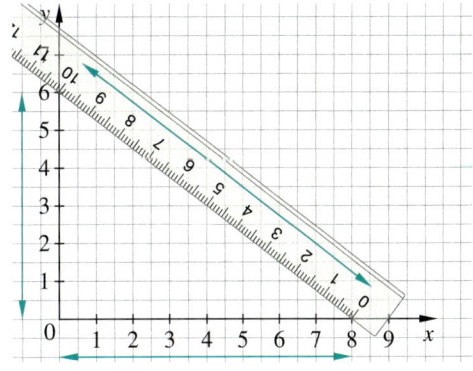

a) Welches Zahlentripel ist in der Zeichnung dargestellt?

b) Welche ganzzahligen Tripel gibt es?
Probiere es systematisch mit einem 30 cm langen Lineal aus. Schreibe alle gefundenen Zahlentripel in eine Tabelle.

4 Im Schulgarten sollen drei quadratische Beete gerecht auf die Klassen 9 a und 9 b aufgeteilt werden.

a) Janine behauptet, dass es eine Lösung gibt, bei der kein Beet geteilt werden muss.
Begründe, ob sie recht hat oder nicht.

b) Finde andere Beispiele für drei quadratische Flächen, die ohne Zerteilung gerecht auf zwei Personen aufgeteilt werden können.
Wie gehst du dabei vor?

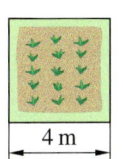
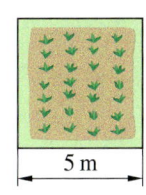

3 m   4 m   5 m

Verstehen

Im alten Ägypten wurden regelmäßig die Felder vom Nil überschwemmt.
Nach jeder Überschwemmung mussten die Felder neu eingeteilt werden.
Die „Seilspanner" sollen dazu die sogenannte Zwölfknotenschnur genutzt haben.
Diese Schnur war in zwölf gleich lange Seilstücke unterteilt.

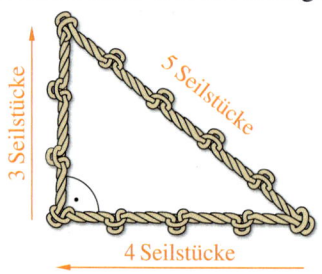

Sie schlugen einen Pflock am ersten Knoten in den Boden, zählten vier Seilstücke ab und
schlugen den nächsten Pflock in den Boden. Nach weiteren drei Seilstücken schlugen sie den
dritten Pflock in den Boden und erhielten ein rechtwinkliges Dreieck.

Merke Die Eckpunkte, Seiten und Winkel eines **rechtwinkligen Dreiecks** werden wie in der Zeichnung benannt.

Die Seiten, die den rechten Winkel einschließen, nennt man
Katheten.
Die Seite, die dem rechten Winkel gegenüberliegt, heißt
Hypotenuse. Die Hypotenuse ist immer die längste Seite.

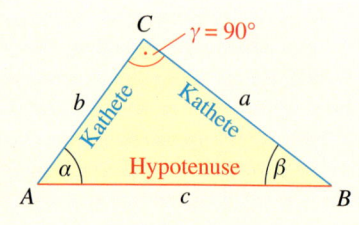

Es gibt weitere rechtwinklige Dreiecke, die
man auf ähnliche Weise abstecken kann.
Der griechische Philosoph und Mathematiker
Pythagoras hat sich vor über 2500 Jahren damit beschäftigt.

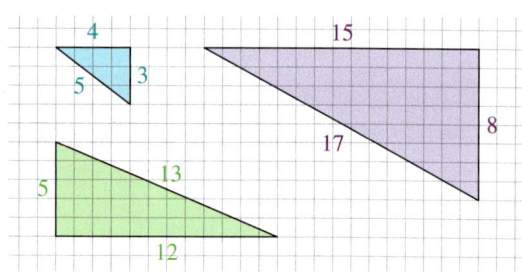

Merke Als **pythagoreisches Zahlentripel**
$(a|b|c)$ werden drei natürliche Zahlen a, b
und c bezeichnet, wenn sie als Seitenlängen
ein rechtwinkliges Dreieck bilden.

Für jedes pythagoreische Zahlentripel
$(a|b|c)$ gilt: $a^2 + b^2 = c^2$.

Dabei ist c die größte Zahl des Tripels.

Beispiel 1

Die Zahlentripel $(3|4|5)$ und $(8|15|17)$ sind
pythagoreische Tripel.
Sind die Tripel $(5|12|13)$ und $(5|11|12)$
pythagoreisch?

$$5^2 + 12^2 = 13^2 \qquad\qquad 5^2 + 11^2 = 12^2$$
$$25 + 144 = 169 \qquad\qquad 25 + 121 = 144$$
$$169 = 169 \quad w \qquad\qquad 146 = 144 \quad f$$

Beispiel 2

Das pythagoreische Tripel $(3|4|5)$ führt zu folgender Gleichung:
$3^2 + 4^2 = 5^2$, denn $9 + 16 = 25$

Üben und anwenden

1 Zeichne drei unterschiedliche rechtwinklige Dreiecke in dein Heft.
a) Bezeichne die Eckpunkte, Seiten und Winkel wie in der Zeichnung im Merkkasten oben.
b) Markiere die Hypotenuse rot und die Katheten blau.

2 Gib für jedes rechtwinklige Dreieck die Hypotenuse und die beiden Katheten an.

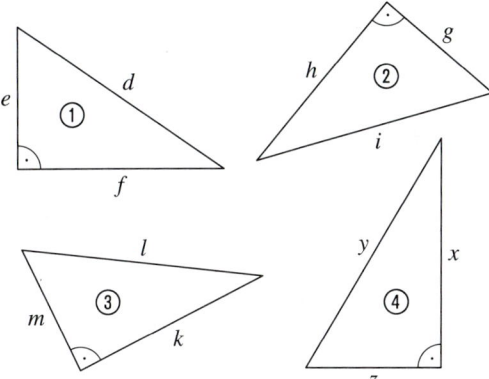

3 Bestimme den rechten Winkel im Dreieck. Gib die Hypotenuse und die Katheten an.
a) $a = 3\,cm$; $b = 4\,cm$; $c = 5\,cm$
b) $a = 6\,cm$; $b = 2,5\,cm$; $c = 6,5\,cm$
c) $a = 25\,cm$; $b = 24\,cm$; $c = 7\,cm$

4 Handelt es sich um pythagoreische Tripel? Konstruiere die Dreiecke. Miss nach, ob die Dreiecke rechtwinklig sind.
a) $(6\,cm\,|\,8\,cm\,|\,10\,cm)$
b) $(35\,mm\,|\,120\,mm\,|\,125\,mm)$
c) $(25\,mm\,|\,60\,mm\,|\,65\,mm)$

5 Prüfe rechnerisch, ob es sich um pythagoreische Zahlentripel handelt.
a) $(27\,|\,36\,|\,45)$
b) $(29\,|\,37\,|\,45)$
c) $(12\,|\,59\,|\,62)$
d) $(11\,|\,60\,|\,61)$
e) $(24\,|\,69\,|\,74)$
f) $(24\,|\,70\,|\,74)$

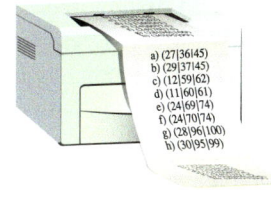

1 Trage die Punkte in ein Koordinatensystem ein und verbinde sie zu einem Dreieck. Markiere Katheten blau und Hypotenuse rot.
a) $A\,(5\,|\,0)$; $B\,(5\,|\,12)$; $C\,(0\,|\,0)$
b) $D\,(11\,|\,6)$; $E\,(11\,|\,10)$; $F\,(6\,|\,10)$
c) $G\,(2\,|\,8)$; $H\,(2\,|\,12)$; $I\,(-5\,|\,12)$
d) $J\,(1\,|\,0)$; $K\,(-3\,|\,7)$; $L\,(-5\,|\,3)$

2 In welchen Dreiecken gibt es eine Hypotenuse und zwei Katheten? Zeichne diese Dreiecke ins Heft und markiere die Hypotenuse rot und die Katheten blau.

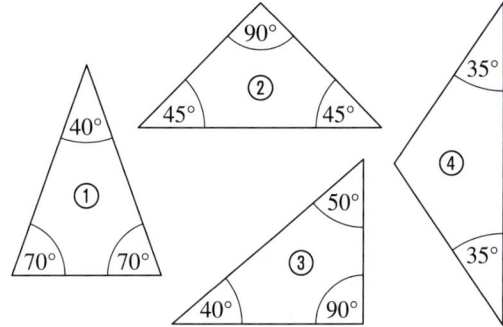

3 Die folgenden Dreiecke sind rechtwinklig. Gib die Hypotenuse und die Katheten an.
a) $a = 6,25\,cm$; $b = 3,75\,cm$; $c = 5\,cm$
b) $a = 5\,cm$; $b = 13\,cm$; $\gamma = 68°$
c) $\alpha = 16°$; $b = 5\,cm$; $c = 4,8\,cm$

4 Konstruiere aus den Seitenlängen so viele rechtwinklige Dreiecke wie möglich.

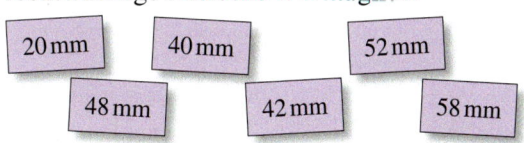

5 Prüfe rechnerisch, ob es sich um pythagoreische Zahlentripel handelt.
a) $(15\,|\,112\,|\,113)$
b) $(15\,|\,110\,|\,115)$
c) $(70\,|\,155\,|\,169)$
d) $(72\,|\,154\,|\,170)$
e) $(120\,|\,182\,|\,218)$
f) $(121\,|\,180\,|\,217)$

6 Warum ist die rechnerische Überprüfung bei Aufgabe 5 besser geeignet als die zeichnerische Überprüfung mithilfe einer Konstruktion? Begründe deine Antwort.

7 Übertrage die Tabelle zu den pythagoreischen Tripeln ins Heft und vervollständige sie.

a	b	c	a^2	b^2	c^2
			144	256	
			225		289
		10		64	

7 Vervollständige die Tabelle zu den pythagoreischen Tripeln im Heft.

a	b	c	a^2	b^2	c^2
24				100	
		52	400		
	42				3 364

8 Finde unter den Quadraten ①–⑥ drei Quadrate, deren Seitenlängen pythagoreische Tripel ergeben.

8 Notiere alle pythagoreischen Tripel aus den Seitenlängen der Quadrate ①–⑥.

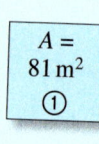

$A = 81\,m^2$
①

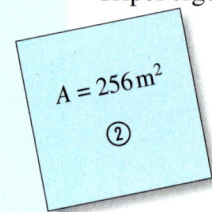

$A = 256\,m^2$
②

$A = 144\,m^2$
③

$A = 400\,m^2$
④

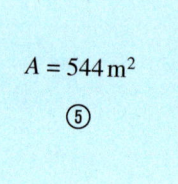

$A = 544\,m^2$
⑤

$A = 225\,m^2$
⑥

RÜCKBLICK

Multipliziere die Terme aus.
a) $5(a+b)$
b) $b(3-c)$
c) $-4(x+y)$
d) $-r(-s-9)$
e) $4(a-b+c)$

9 👥 Arbeitet zu zweit.
Es gibt ein Verfahren, mit dem man pythagoreische Zahlentripel finden kann.
a) Findet ein pythagoreisches Tripel.
– Jeder denkt sich zwei beliebige Zahlen m und n, dabei muss m größer sein als n.
– Berechnet und notiert die Werte für
$a = m^2 - n^2$ und
$b = 2 \cdot n \cdot m$ und
$c = m^2 + n^2$
– Kontrolliert eure pythagoreischen Tripel gegenseitig.
b) Findet mithilfe einer Tabellenkalkulation weitere pythagoreische Zahlentripel.

	A	B	C	D	E	F	G	H	I	J
1	m	n		a	b	c				
2	12	7	Tripel:	95	168	193				
3										
4				a^2	b^2	c^2	$a^2 + b^2$			
5			Probe:	9025	28224	37249	37249			
6										

10 Was hat Merle bei ihren Hausaufgaben falsch gemacht? Finde den Fehler und korrigiere ihn.

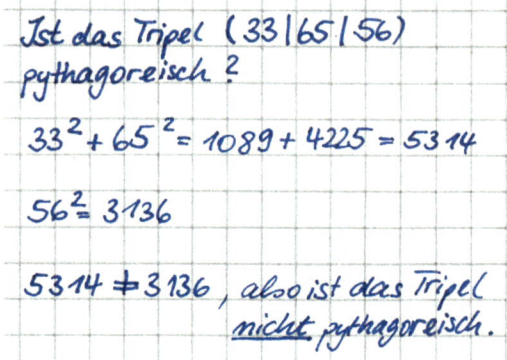

Ist das Tripel (33|65|56) pythagoreisch?

$33^2 + 65^2 = 1089 + 4225 = 5314$

$56^2 = 3136$

$5314 \neq 3136$, also ist das Tripel nicht pythagoreisch.

10 Welche Aussagen sind richtig? Begründe bzw. widerlege durch ein Beispiel.
a) Haben alle Seiten in einem Dreieck ganzzahlige Längen, dann bilden die Seitenlängen ein pythagoreisches Tripel.
b) Zu jedem pythagoreischen Tripel kann ein rechtwinkliges Dreieck konstruiert werden.
c) Aus den Seitenlängen jedes rechtwinkligen Dreiecks lässt sich ein pythagoreisches Tripel bilden.
d) Haben zwei Quadrate zusammen den gleichen Flächeninhalt wie ein drittes Quadrat, so ergeben die Seiten der drei Quadrate ein rechtwinkliges Dreieck.

Der Satz des Pythagoras

Entdecken

1 👥 Beschreibt den Aufbau der Figur rechts.

a) Zeichnet die Figur sauber auf ein Blatt Papier.

b) Schneidet erst die Quadrate über den Katheten und dann die Teilflächen des rechten Quadrats entlang der Linien aus.

c) Versucht, mit den farbigen Figuren das graue Quadrat auszulegen. Was fällt euch auf?

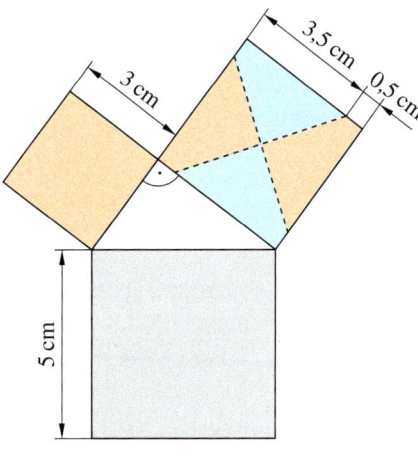

2 👥 Untersucht rechtwinklige Dreiecke mithilfe einer dynamischen Geometrie-Software.

a) Verändert das Dreieck, indem ihr Punkt C verschiebt. Beobachtet die Auswirkungen auf Seitenlängen und Flächeninhalte.

b) Übertragt die Tabelle ins Heft und füllt sie für vier Dreiecke aus.

	a	b	c	a^2	b^2	c^2	$a^2 + b^2$
Dreieck ①							
...							

c) Was fällt euch auf?

a = 2.5 cm
b = 6 cm
c = 6.5 cm

36 cm²   6.25 cm²   42.25 cm²

3 Von A nach B gibt es zwei Wege.
Der eine Weg führt über die breite Straße. Er ist $2\,km + 4\,km = 6\,km$ lang.
Der andere Weg führt über die schmale Straße direkt von A nach B. Wie lang ist dieser Weg?

a) Beantworte die Frage durch Messen in der Zeichnung.

b) Erkläre diese Rechnung zu der Aufgabe:

$$2^2 + 4^2 = c^2$$
$$4 + 16 = c^2$$
$$20 = c^2 \quad | \sqrt{}$$
$$c \approx 4{,}47$$

Der Weg über die schmale Straße ist etwa 4,47 km lang.

c) Welche Methode ist genauer: Messen oder Rechnen?

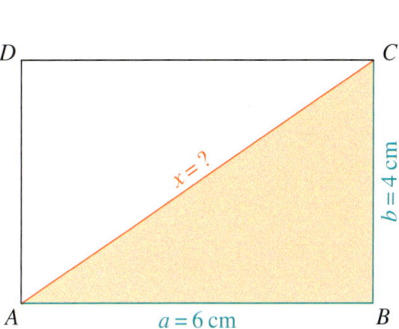

1 cm ≙ 1 km
4 km   2 km

4 Bestimme die Länge der Diagonalen nach diesem Plan:

① Bestimme die Hypotenuse im Dreieck ABC.

② Notiere eine Gleichung nach dem Satz des Pythagoras.

③ Setze die gegebenen Seitenlängen in die Gleichung ein.

④ Berechne die Länge der Diagonale.

⑤ Überprüfe deine Rechnung.

$x = ?$ $b = 4\,cm$ $a = 6\,cm$

Verstehen

Der Philosoph und Mathematiker Pythagoras soll diesen Satz über rechtwinklige Dreiecke als erster bewiesen haben.

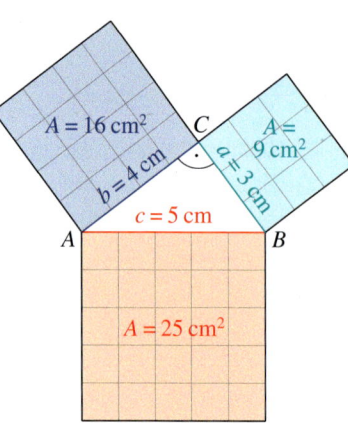

Beispiel 1
Flächeninhalt des Quadrats über der *ersten Kathete*:
$A = 3\,\text{cm} \cdot 3\,\text{cm} = 9\,\text{cm}^2$
Flächeninhalt des Quadrates über der *zweiten Kathete*:
$A = 4\,\text{cm} \cdot 4\,\text{cm} = 16\,\text{cm}^2$
Flächeninhalt des Quadrats über der *Hypotenuse*:
$A = 5\,\text{cm} \cdot 5\,\text{cm} = 25\,\text{cm}^2$
Es gilt: $9\,\text{cm}^2 + 16\,\text{cm}^2 = 25\,\text{cm}^2$

HINWEIS
Einen Beweis für den Satz des Pythagoras findest du auf Seite 74.

Merke Im **rechtwinkligen Dreieck** mit dem rechten Winkel $\gamma = 90°$ gilt:
Die Quadrate über den Katheten a und b haben zusammmen den gleichen Flächeninhalt wie das Quadrat über der Hypotenuse c: $\boldsymbol{a^2 + b^2 = c^2}$

Es gilt auch **umgekehrt**: Wenn für die Seiten eines Dreiecks ABC die Gleichung $a^2 + b^2 = c^2$ stimmt, dann ist das Dreieck rechtwinklig mit dem rechten Winkel bei C.

Beispiel 2
gegeben: Katheten $a = 4{,}8\,\text{m}$; $c = 8\,\text{m}$
gesucht: Hypotenuse b
Gleichung: $a^2 + c^2 = b^2$
einsetzen: $4{,}8^2 + 8^2 = b^2$
lösen: $23{,}04 + 64 = b^2$
            $87{,}04 = b^2 \quad | \sqrt{}$
            $b \approx 9{,}33$
Antwort: Die Hypotenuse ist etwa $9{,}33\,\text{m}$ lang.

Planfigur

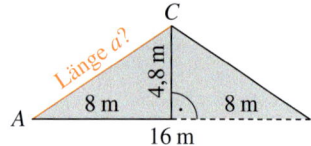

Merke So werden Seitenlängen mit dem Satz des Pythagoras berechnet:
① Zeichne eine Skizze oder Planfigur, falls nicht vorhanden. Trage alle Größen ein.
② Finde ein passendes rechtwinkliges Dreieck.
③ Notiere eine passende Gleichung nach dem Satz des Pythagoras.
④ Setze die gegebenen Größen in die Gleichung ein.
⑤ Berechne die gesuchte Größe durch Umformen und Lösen der Gleichung.
⑥ Formuliere einen Antwortsatz.

Beispiel 3
gegeben: Dreieck ABC mit Kathete $b = 4{,}5\,\text{m}$; Hypotenuse $c = 4{,}8\,\text{m}$; $\gamma = 90°$
gesucht: Kathete a
Gleichung: $a^2 + b^2 = c^2$
einsetzen: $a^2 + 4{,}5^2 = 7^2$
lösen: $a^2 + 20{,}25 = 49 \quad | -20{,}25$
            $a^2 = 28{,}75 \qquad | \sqrt{}$
            $a \approx 5{,}36$
Antwort: Die Kathete a ist etwa $5{,}36\,\text{m}$ lang.

Planfigur

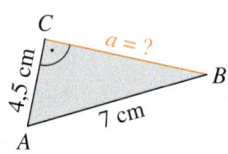

Üben und anwenden

1 Übertrage die Figuren ins Heft.

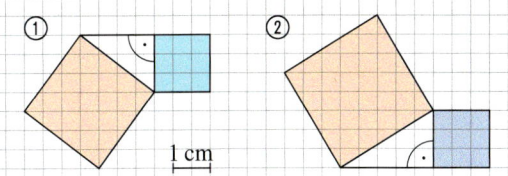

a) Ergänze jeweils das fehlende Quadrat.
b) Miss die Seitenlängen der Quadrate.
c) Bestimme die Flächeninhalte der Quadrate.
  Welcher Zusammenhang gilt?

2 Finde das rechtwinklige Dreieck. Notiere die Gleichung nach dem Satz von Pythagoras.

a) 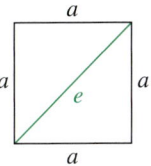   b)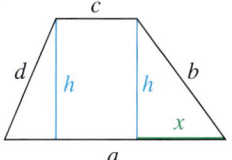

3 Prüfe, ob das Dreieck *ABC* rechtwinklig ist.
Beispiel *gegeben*:
  $a = 12\,\text{cm}$; $b = 13\,\text{cm}$; $c = 3\,\text{cm}$
  Die längste Seite ist *b*. Ist *b* die Hypotenuse?
  $12^2 + 3^2 = 13^2$
  $144 + 9 = 169$
  $143 = 169$ falsch
  Das Dreieck ist nicht rechtwinklig.
a) $a = 8\,\text{cm}$; $b = 10\,\text{cm}$; $c = 6\,\text{cm}$
b) $a = 5\,\text{cm}$; $b = 10\,\text{cm}$; $c = 12\,\text{cm}$
c) $a = 15\,\text{cm}$; $b = 12\,\text{cm}$; $c = 9\,\text{cm}$
d) $a = 7\,\text{cm}$; $b = 7\,\text{cm}$; $c = 5\,\text{cm}$

4 Berechne die Länge der Hypotenuse.

a) 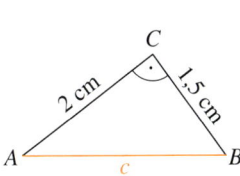   b)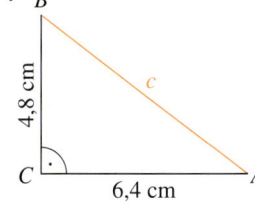

1 Übertrage die Figuren ins Heft.

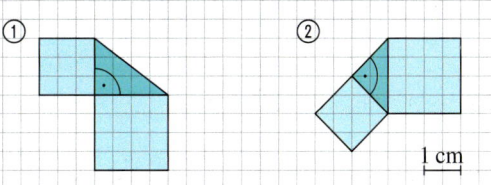

a) Ergänze jeweils das fehlende Quadrat.
b) Bestimme die Flächeninhalte der Quadrate.
  Welcher Zusammenhang gilt?

2 Suche rechtwinklige Dreiecke.
Schreibe alle Gleichungen auf, die sich nach dem Satz des Pythagoras ergeben.

a) 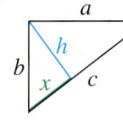   b)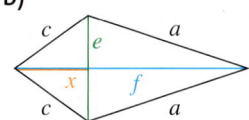

3 Mit dem Satz des Pythagoras kann man prüfen, ob ein Dreieck *ABC* rechtwinklig ist.
a) Finde und korrigiere den Fehler:
  Ist das Dreieck ABC mit a = 33 cm,
  b = 65 cm, c = 56 cm rechtwinklig?
  $33^2 + 65^2 = 56^2$
  $1089 + 4225 = 3136$
  $5314 = 3136$ falsch, nicht rechtwinklig
b) Sind die Dreiecke *ABC* rechtwinklig?
  ① $a = 60\,\text{cm}$; $b = 80\,\text{cm}$ und $c = 100\,\text{cm}$
  ② $a = 4\,\text{cm}$; $b = 32{,}5\,\text{mm}$ und $c = 12\,\text{mm}$
  ③ $a = 50\,\text{cm}$; $b = 1{,}2\,\text{m}$ und $c = 1{,}3\,\text{m}$

4 Berechne die Länge der Hypotenuse.

a)   b)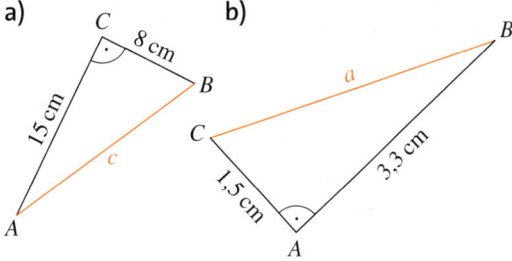

5 👥 Jeder zeichnet ein rechtwinkliges Dreieck und misst die Längen der beiden Katheten.
Nennt euch gegenseitig die Längen der Katheten und berechnet die Länge der Hypotenuse.
Prüft gegenseitig eure Ergebnisse durch Messen an den Dreiecken.

6 Berechne die Länge der gesuchten Kathete.

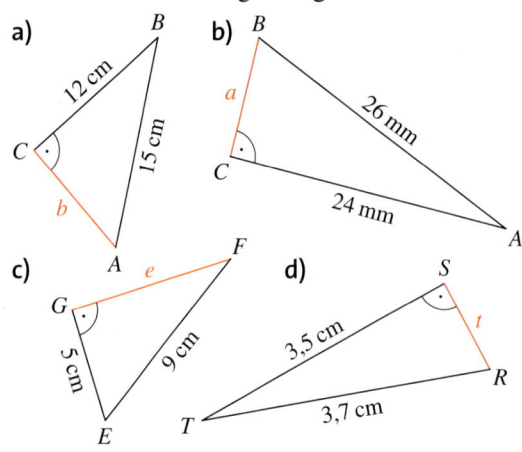

a)

b)

c)

d)

6 Berechne die gesuchten Seitenlängen.

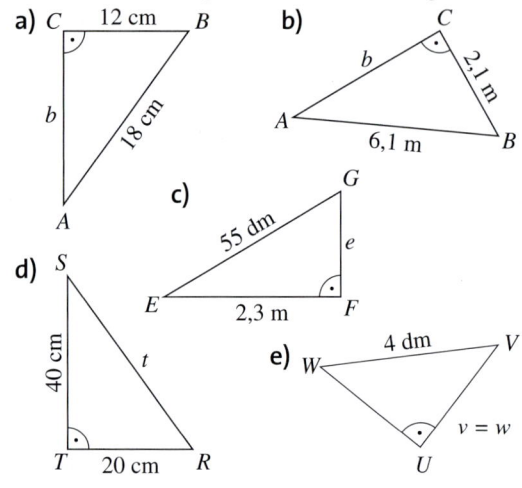

a)

b)

c)

d)

e)

7 Gegeben sind rechtwinklige Dreiecke. Ergänze die Tabelle im Heft.
Runde jeweils auf zwei Stellen nach dem Komma.

	Hypotenuse z	Kathete x	Kathete y
a)	3,7 cm	2,4 cm	
b)	18,3 dm		10,0 dm
c)		120 m	80 m
d)	0,83 m	0,39 m	
e)	3,20 m		2,44 m

7 Berechne die fehlenden Größen der rechtwinkligen Dreiecke.
Beachte, dass der rechte Winkel nicht immer bei γ liegt.

	90° bei	Seite a	Seite b	Seite c
a)	α		3 cm	4 cm
b)	β	8 cm		18 cm
c)	γ		4,5 cm	8,5 cm
d)	α	1 dm	6 cm	
e)	β		15 cm	128 mm

8 Wie lang ist jeweils die Diagonale d des Rechtecks?
a) $a = 5,6$ cm und $b = 9$ cm
b) $a = 4,7$ cm und $b = 8,2$ cm
c) $a = 23$ mm und $b = 4$ cm

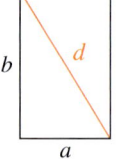

8 Beginne jeweils mit einer Skizze.
a) Berechne, wie lang die Diagonalen in einem Quadrat mit $a = 7,2$ cm sind.
b) Gegeben ist ein gleichseitiges Dreieck mit $a = 8$ cm. Berechne die Höhe h.

9 Berechne im rechtwinkligen Dreieck ABC mit $\gamma = 90°$ die …
a) Hypotenuse für $a = 1,5$ cm; $b = 2$ cm
b) fehlende Kathete für $a = 1,2$ cm; $c = 2$ cm

9 Berechne im rechtwinkligen Dreieck ABC mit $\gamma = 90°$ die …
a) Hypotenuse für $a = 25$ mm; $b = 6$ cm
b) fehlende Kathete für $a = 8$ cm; $c = 0,17$ m

10 Berechne die Höhe h des Dachstuhls. Entnimm alle Maße aus der Zeichnung.

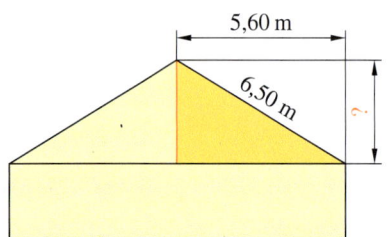

5,60 m

6,50 m

10 Ein Grundstück hat diesen Grundriss.
Wie viele Meter Zaun sind für das Grundstück notwendig?
Übertrage die Zeichnung ins Heft.
Tipp: Eine Hilfslinie erleichtert die Lösung.

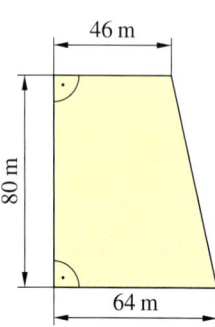

46 m

80 m

64 m

11 Ein Baum ist abgeknickt.

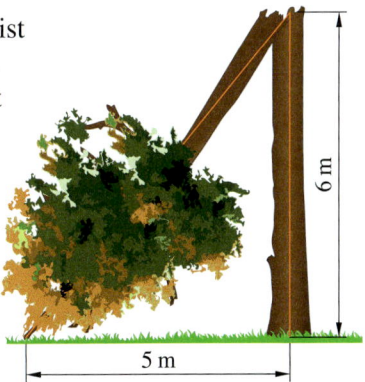

6 m

5 m

a) Wie lang ist das abgeknickte Stück?
b) Wie hoch war der Baum ursprünglich?

11 Eine fünf Meter lange Leiter wird an eine Hauswand angelehnt. Fertige eine Skizze an.
a) Die Leiter ist 1 m von der Wand entfernt aufgestellt. In welcher Höhe erreicht ihr oberes Ende die Hauswand?
b) Das obere Ende der Leiter erreicht die Wand in 4,70 m Höhe. In welchem Abstand zur Hauswand ist die Leiter am Boden aufgestellt?

12 Fertige zunächst eine Skizze an. Berechne dann.
Ein Blatt DIN-A4-Papier ist 297 mm lang und 210 mm breit. Wie lang ist eine Diagonale?

12 Ein Ballon ist an einem Seil befestigt. Der Wind treibt den Ballon 18 m weit zur Seite. Er hat dann eine Höhe von 80 m über dem Boden. Wie lang ist das straff gespannte Seil?

13 Die Kantenlänge des Würfels beträgt $a = 9$ cm.

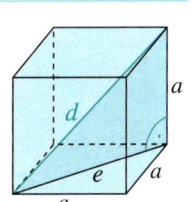

a) Berechne die Länge der Flächendiagonale e.
b) Berechne die Länge der Raumdiagonale d.
c) Zeichne das Dreieck mit den Seiten a; d und e.

13 Der Kaffeelöffel ragt genau bis zum Rand einer Tasse. Die Tasse hat einen Durchmesser von 7,3 cm und ist 4,3 cm hoch. Wie lang ist der Löffel? Fertige eine Skizze an (Querschnitt von der Seite).

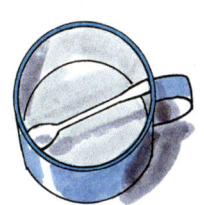

14 Ein Einfamilienhaus hat ein Satteldach.

s h s
b

a) Das Dach ist $h = 6$ m hoch und $b = 11$ m breit. Wie lang sind die Dachbalken?
b) Ein anderes Dach ist 9,4 m breit. Die Dachbalken sind 7,5 m lang. Wie hoch ist das Dach?
c) Wie breit ist ein Haus, wenn 6 m lange Dachbalken eine Höhe von 4,8 m ergeben?

14 Bestimme für diesen „Pythagorasbaum" die Maßzahlen für die Flächeninhalte der grünen Quadrate und die Maßzahlen der Längen der blauen Strecken.

12
3
6
1
14
8
13
49

15 „Rasenlatscher" sind Fußgänger, die quer über den Rasen laufen, um Wege abkürzen. Wie viel Meter „spart" der Rasenlatscher, wenn er so läuft wie in der Randspalte?

15 Drei Autos parken am Straßenrand hintereinander. Sie haben je 25 cm Abstand voneinander. Das mittlere Auto ist 4,5 m lang und 1,65 m breit. Kann es ausparken?

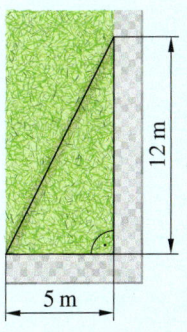

12 m

5 m

Methode Ein Beweis zum Satz des Pythagoras

Bisher wurde durch Nachmessen an einigen rechtwinkligen Dreiecken gezeigt, dass der Satz des Pythagoras für sie gilt.

In der Mathematik genügt das Nachmessen an einigen Beispielen aber nicht für einen Beweis. Man muss zeigen, dass der Satz für *alle* rechtwinkligen Dreiecke gilt.

Beweis

Zeichne ein beliebiges rechtwinkliges Dreieck viermal und schneide die vier Dreiecke aus.

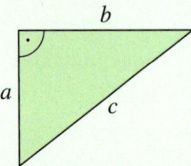 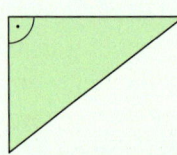 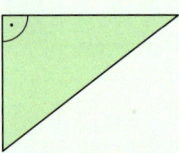 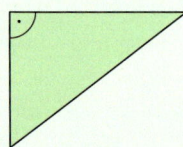

Zeichne ein Quadrat mit der Kantenlänge $a + b$. Lege die Dreiecke auf das Quadrat.

Zuerst so: Figur ①   Dann so: Figur ②

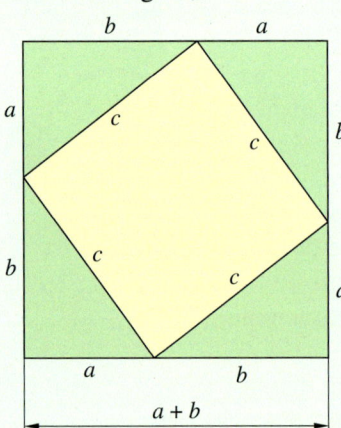   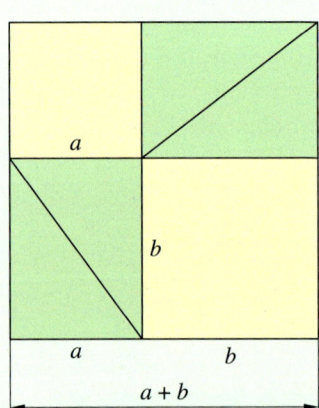

Das gezeichnete Quadrat ist in beiden Figuren gleich groß.

Legt man alle vier Dreiecke darauf, müssen also auch die gelben Restflächen gleich groß sein.

Die Restfläche von Figur ① ist das Quadrat über der Hypotenuse c, also c^2.

Die Restfläche von Figur ② sind die beiden Quadrate über den Katheten a und b, also zusammen $a^2 + b^2$.

Weil die gelbe Restfläche genauso groß ist wie die beiden gelben Restflächen in Figur ② zusammen, gilt $c^2 = a^2 + b^2$.

Also gilt auch für das rechtwinklige Ausgangsdreieck der Satz des Pythagoras: $a^2 + b^2 = c^2$.

Egal, wie das rechtwinklige Ausgangsdreieck aussieht, man kann mit ihm immer die Figuren ① und ② legen. Damit ist der Satz des Pythagoras bewiesen.

1 Vollziehe den Beweis zum Satz des Pythagoras Schritt für Schritt nach.

2 👥 Arbeitet zu dritt oder zu viert zusammen.

a) Sucht nach weiteren Beweisen zum Satz des Pythagoras z. B. in Büchern oder im Internet.

b) Wählt einen Beweis aus und vollzieht ihn nach.

c) Präsentiert den Beweis in eurer Klasse.

Höhen- und Kathetensatz

Entdecken

1 Von einem rechtwinkligen Dreieck ABC sind nur die Länge der Hypotenuse $c = 10\,\text{cm}$ und die Länge des Hypotenusenabschnitts $q = 6{,}4\,\text{cm}$ bekannt. Wie lang sind a und b?

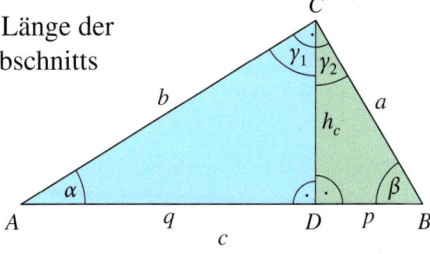

a) Begründe mit Hilfe der Winkelgrößen, dass die zwei Dreiecke ABC und ADC zueinander ähnlich sind. Begründe dann, dass auch die Dreiecke ABC und DBC zueinander ähnlich sind.

b) Welche Seiten entsprechen in den Dreiecken ABC, ADC und DBC einander? Übertrage die beiden Tabellen in dein Heft und fülle sie aus.

	$\triangle ABC$	$\triangle ADC$
Hypotenuse		
längere Kathete		
kürzere Kathete		

	$\triangle ABC$	$\triangle DBC$
Hypotenuse		
längere Kathete		
kürzere Kathete		

c) Die Seite b kommt im Dreieck ABC und im Dreieck ADC vor. Stelle eine Gleichung für die entsprechenden Seitenverhältnisse auf, in der b zweimal vorkommt, und stelle nach b um. Du erhältst eine Gleichung für b^2. Berechne die Länge von b.

d) Gehe genauso für die Seite a vor, die im Dreieck ABD und im Dreieck DBC vorkommt. Berechne die Länge von p und nutze deine Gleichung, um die Länge von a zu berechnen.

e) Überprüfe deine Lösungen mit dem Satz des Pythagoras.

f) Nutze die Seitenverhältnisse aus den Dreiecken ADC und DBC, um die Höhe h_c zu berechnen.

2 Die Figur rechts zeigt Teile der Pythagorasfigur.

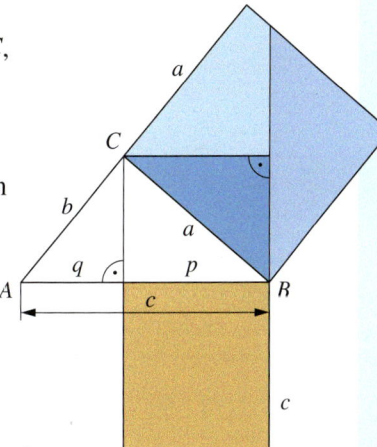

a) Zeichne die Figur auf ein Blatt Papier. Schneide die drei blauen Teile aus und lege damit das untere braune Rechteck aus.

b) Notiere die Erkenntnisse über die Zusammenhänge zwischen den verschiedenen Längen im rechtwinkligen Dreieck. Vergleicht eure Ergebnisse untereinander.

c) Was gilt für den anderen Teil der Pythagorasfigur?

3 Beschreibe, wie die drei Figuren unten zusammengesetzt sind.

a) Skizziere die Figuren und beschrifte alle Seiten wie bei Dreieck ①.

b) Begründe, dass Dreieck ② und ③ den gleichen Flächeninhalt haben.

c) Was gilt für den Flächeninhalt vom weißen Quadrat und vom weißen Rechteck? Stelle eine Formel auf. Dies ist der Höhensatz.

d) Formuliere den Höhensatz für rechtwinklige Dreiecke in eigenen Worten.

①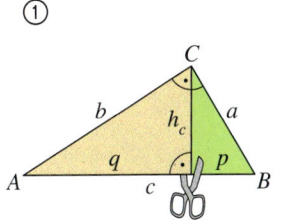

②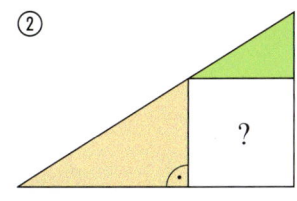

③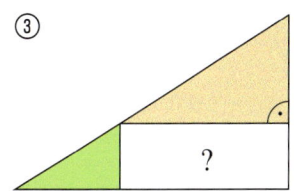

Verstehen

Die AG Schulgarten baut ein Gewächshaus mit einem Pultdach.
Die Breite beträgt 6,4 m, die Strecke $\overline{HB}$ ist 4,65 m lang.
Wie lang sind die Dachsparren a und b?
Wie hoch wird das Dach?

In jedem rechtwinkligen Dreieck ($\gamma = 90°$) teilt die Höhe h_c die Hypotenuse c in zwei **Hypotenusenabschnitte** q und p.

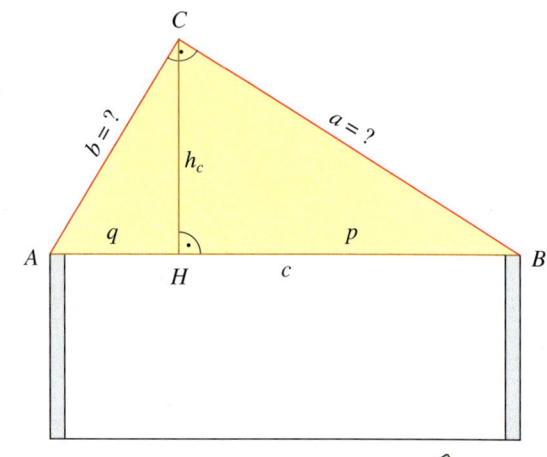

Merke Kathetensatz des Euklid

Im rechtwinkligen Dreieck hat das Quadrat über einer Kathete den gleichen Flächeninhalt wie das Rechteck mit der Hypotenuse und dem anliegenden Hypotenusenabschnitt als Seiten.
Es gilt: $a^2 = c \cdot p$ und $b^2 = c \cdot q$

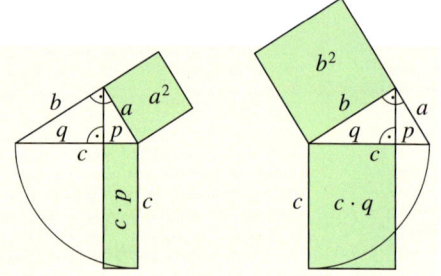

Beispiel 1

Berechnung der Dachsparrenlänge a:
gegeben: $p = 4,65$ m, $c = 6,4$ m
gesucht: a
Lösung:
$a^2 = c \cdot p \qquad a^2 = 6,4\,\text{m} \cdot 4,65\,\text{m}$
$\qquad\qquad\qquad a^2 = 29,76\,\text{m}^2$
$\qquad\qquad\qquad\ a \approx 5,46\,\text{m}$

Antwort: Dachsparren a ist ca. 5,46 m lang.

Berechnung der Dachsparrenlänge b:
gegeben: $c = 6,4$ m
gesucht: q und b
Lösung: $q = c - p = 6,4\,\text{m} - 4,65\,\text{m} = 1,75\,\text{m}$
$b^2 = c \cdot q \qquad b^2 = 6,4\,\text{m} \cdot 1,75\,\text{m}$
$\qquad\qquad\qquad b^2 = 11,2\,\text{m}^2$
$\qquad\qquad\qquad\ b \approx 3,35\,\text{m}$

Antwort: Dachsparren b ist ca. 3,35 m lang.

Merke Höhensatz des Euklid

Im rechtwinkligen Dreieck hat das Quadrat über der Hypotenusenhöhe den gleichen Flächeninhalt wie das Rechteck mit den beiden Hypotenusenabschnitten als Seiten.
Es gilt: $h_c{}^2 = p \cdot q$

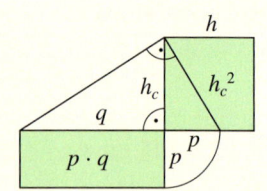

Beispiel 2

Berechnung der Höhe h_c des Daches:
gegeben: $p = 4,65$ m, $q = 1,75$ m
gesucht: h_c
Lösung: $h_c{}^2 = p \cdot q \qquad h_c{}^2 = 4,65\,\text{m} \cdot 1,75\,\text{m}$
$\qquad\qquad\qquad\qquad h_c{}^2 \approx 8,14\,\text{m}^2 \qquad |\ \sqrt{}$
$\qquad\qquad\qquad\qquad h_c{}^2 \approx 2,85\,\text{m}$

Antwort: Das Dach ist ca. 2,85 m hoch.

Üben und anwenden

1 Zeichne ein rechtwinkliges Dreieck. Trage die Höhe auf der Hypotenuse ein. Beschrifte das Dreieck mit a, b, c, h_c, p und q. Zeichne das Quadrat über einer Kathete ein und das flächengleiche Rechteck unter dem Hypotenusenabschnitt.
Miss und berechne, ob die beiden Vierecke den gleichen Flächeninhalt haben.

2 Berechne die Länge der Kathete a bzw. b im Dreieck ABC mit $\gamma = 90°$ (Kathetensatz).
a) $c = 9\,\text{cm}$; $p = 4\,\text{cm}$; $a = ?$
b) $c = 5\,\text{cm}$; $p = 1{,}25\,\text{cm}$; $a = ?$
c) $c = 1{,}6\,\text{cm}$; $q = 0{,}9\,\text{cm}$; $b = ?$
d) $c = 4\,\text{cm}$; $q = \text{cm}$; $b = ?$

3 Berechne die fehlenden Größen im Dreieck ABC mit $\gamma = 90°$ (Kathetensatz).

	a)	b)	c)
a			
b			
c	7 cm	6,6 cm	
p	3 cm		2,5 cm
q		2,2 cm	2,5 cm

4 Zeichne ein rechtwinkliges Dreieck. Trage die Höhe h auf der Hypotenuse ein. Beschrifte das Dreieck. Zeichne das Quadrat über der Höhe und das flächengleiche Rechteck aus den Hypotenusenabschnitten ein. Prüfe, ob die beiden Vierecke den gleichen Flächeninhalt haben.

5 Berechne die Höhe des Dreiecks ABC (mit $\gamma = 90°$) mit dem Höhensatz.
a) $p = 28\,\text{cm}$; $q = 7\,\text{cm}$
b) $p = 12\,\text{cm}$; $q = 27\,\text{cm}$
c) $p = 3{,}2\,\text{cm}$; $q = 0{,}8\,\text{cm}$

6 Landvermesser haben zwei Längen außerhalb eines Waldes gemessen.
Wie lang ist der Wald von Ost nach West?

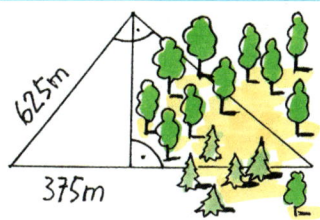

---

1 Zeichne ein rechtwinkliges Dreieck. Trage die Höhe auf der Hypotenuse ein. Beschrifte das Dreieck mit a, b, c, h_c, p und q. Zeichne die beiden Quadrate über den Katheten und die beiden flächengleichen Rechtecke unter den Hypotenusenabschnitten. Überprüfe jeweils die Flächengleichheit der Vierecke.

2 Berechne die Länge der dazugehörigen Kathete a bzw. b im Dreieck ABC ($\gamma = 90°$).
a) $c = 2{,}7\,\text{cm}$; $p = 1{,}2\,\text{cm}$
b) $c = 4{,}5\,\text{cm}$; $q = 0{,}5\,\text{cm}$
c) $c = 84\,\text{cm}$; $q = 51\,\text{cm}$
d) $c = 44\,\text{mm}$; $p = 2{,}8\,\text{cm}$

3 Berechne die fehlenden Längen von a, b, c, p und q im rechtwinkligen Dreieck ABC mit dem rechten Winkel $\gamma = 90°$.
a) $a = 5\,\text{cm}$; $p = 2{,}5\,\text{cm}$
b) $b = 4\,\text{cm}$; $q = 3{,}5\,\text{cm}$
c) $c = 17{,}2\,\text{cm}$; $q = 6{,}5\,\text{cm}$
d) $c = 9\,\text{m}$; $p = 4{,}5\,\text{m}$
e) $p = 3\,\text{cm}$; $q = 5\,\text{cm}$
f) $a = 4{,}2\,\text{cm}$; $q = 2{,}4\,\text{cm}$; $c = 6\,\text{cm}$

4 Notiere alle möglichen Beziehungen, die zwischen den beschrifteten Strecken gelten.
a)
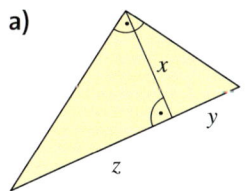
b)
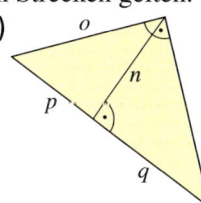

5 Berechne die Höhe des Dreiecks ABC (mit $\gamma = 90°$) mit dem Höhensatz.
a) $p = 2{,}5\,\text{cm}$; $q = 3{,}6\,\text{cm}$
b) $p = 6{,}6\,\text{cm}$; $q = 2{,}3\,\text{cm}$
c) $p = 0{,}8\,\text{cm}$; $q = 0{,}47\,\text{cm}$

Klar so weit?

→ Seite 66

Pythagoreische Zahlentripel

1 Zeichne das Dreieck ab. Markiere den rechten Winkel. Beschrifte die Hypotenuse (rot) und die Katheten (blau).

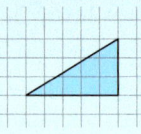

1 Zeichne ein rechtwinkliges Dreieck. Markiere den rechten Winkel, die Hypotenuse (rot) und die Katheten (blau).

2 Handelt es sich um pythagoreische Tripel?
a) $(5|12|13)$ b) $(5|10|12)$
c) $(6|20|26)$ d) $(7|24|25)$

2 Welche Tripel sind pythagoreisch?
a) $(12|21|22)$ b) $(24|70|74)$
c) $(25|69|78)$ d) $(95|168|193)$

3 Finde jeweils die fehlende Zahl im pythagoreischen Tripel. Fällt dir etwas auf?
a) $(8|15|\blacksquare)$ b) $(16|30|\blacksquare)$
c) $(24|45|\blacksquare)$ d) $(32|60|\blacksquare)$

3 Ergänze zu pythagoreischen Tripeln.
a) $(9|12|\blacksquare)$ b) $(33|56|\blacksquare)$
c) $(104|\blacksquare|185)$ d) $(51|\blacksquare|85)$
e) $(\blacksquare|99|101)$ f) $(\blacksquare|120|136)$

4 Sind die Aussagen wahr oder falsch?
a) Die Zahlen jedes pythagoreischen Tripels können als Seitenlängen eines rechtwinkligen Dreiecks dargestellt werden.
b) Die Seitenlängen jedes rechtwinkligen Dreiecks bilden ein pythagoreisches Zahlentripel.

4 Sind die Aussagen wahr oder falsch?
a) Setzt man für x eine natürliche Zahl ein, ist jedes Zahltripel der Form $(3x|4x|5x)$ pythagoreisch.
b) In jedem rechtwinkligen Dreieck, bei dem zwei Seiten ganzzahlige Werte haben, ist auch die dritte Seitenlänge ganzzahlig.

→ Seite 70

Der Satz des Pythagoras

5 Notiere zu den Dreiecken ABC jeweils eine Gleichung nach dem Satz des Pythagoras.
a)
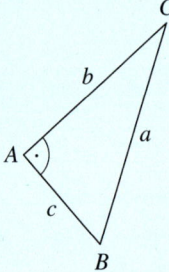
b)
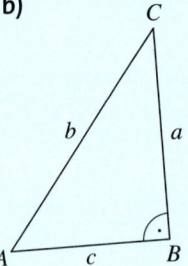

5 Notiere zu den Dreiecken ABC jeweils eine Gleichung nach dem Satz des Pythagoras.
a)
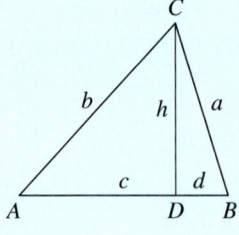
b)
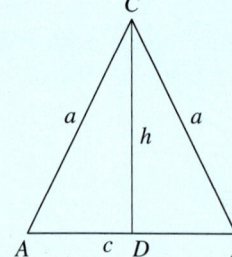

6 Prüfe, ob das Dreieck ABC mit den Maßen $a = 12\,cm$; $b = 16\,cm$; $c = 20\,cm$ rechtwinklig ist. Begründe.

6 Prüfe, ob das Dreieck ABC mit den Maßen $a = 7\,mm$; $b = 2,5\,cm$; $c = 2,4\,cm$ rechtwinklig ist. Begründe.

7 Berechne die Länge der Hypotenuse des Dreiecks.
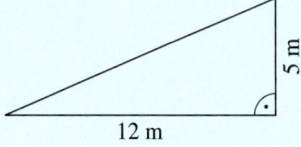

7 Gegeben ist ein rechtwinkliges Dreieck mit $b = 12\,cm$, $c = 8\,cm$ und $\beta = 90°$.
a) Fertige eine Skizze an.
b) Berechne die Länge der Kathete a.

8 Berechne die fehlenden Seitenlängen der rechtwinkligen Dreiecke ($\gamma = 90°$).

	a	b	c
a)	5 dm	12 dm	
b)		40 cm	41 cm
c)	20 cm		3,5 dm

8 Berechne die fehlende Seitenlänge. Achte auf die Lage des rechten Winkels.

	Winkel	Seite a	Seite b	Seite c
a)	$\gamma = 90°$	3,5 cm	5 cm	
b)	$\beta = 90°$	9 cm		1,5 cm
c)	$\gamma = 90°$	6 cm		8,5 cm

9 Ben und Ina lassen einen Drachen steigen. Ina hält die 100 m lange Drachenschnur, die vom Wind straff gespannt wird. Ben steht genau unter dem Drachen. Er ist 80 m von Ina entfernt.

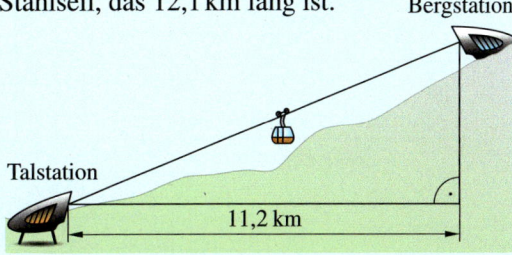

100 m

80 m

a) Wie hoch steht der Drachen?

b) Wie groß wäre die Höhe bei einer Drachenschnur, die 120 m lang ist?

9 Die Gondel der Seilbahn hängt an einem Stahlseil, das 12,1 km lang ist.

Bergstation

Talstation

11,2 km

Wie groß ist der Höhenunterschied zwischen Talstation und Bergstation?

Höhen- und Kathetensatz

→ Seite 76

10 Berechne die Länge der Kathete a im Dreieck ABC mit $\gamma = 90°$ (Kathetensatz).

a) $c = 6$ cm; $p = 2$ cm

b) $c = 9$ cm; $p = 3,5$ cm

c) $c = 7,5$ cm; $p = 2,5$ cm

10 Berechne die Länge der gefragten Kathete im Dreieck ABC ($\gamma = 90°$).

a) $c = 6,5$ cm; $p = 2,2$ cm; $a = ?$

b) $c = 8,2$ cm; $q = 5,5$ cm; $b = ?$

c) $c = 90$ mm; $p = 3,6$ cm; $a = ?$

11 Welche Gleichung gilt für p, q und h nach dem Höhensatz?

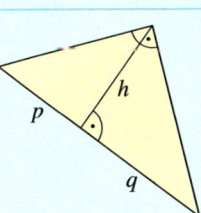

p h q

11 Welche drei Gleichungen gelten nach dem Höhensatz und nach dem Kathetensatz?

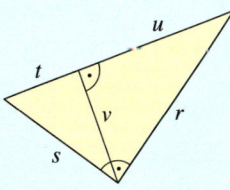

u t v r s

12 Berechne die Höhe des Dreiecks ABC (mit $\gamma = 90°$) mit dem Höhensatz.

a) $p = 5$ cm; $q = 4$ cm

b) $p = 2$ cm; $q = 0,5$ cm

12 Berechne die Höhe des Dreiecks ABC (mit $\gamma = 90°$) mit dem Höhensatz.

a) $p = 3,4$ cm; $q = 1,9$ cm

b) $p = 21,6$ m; $q = 31,02$ m

13 Wie hoch ist der Tunnel über dem linken Fahrbahnrand? Nutze den Höhensatz.

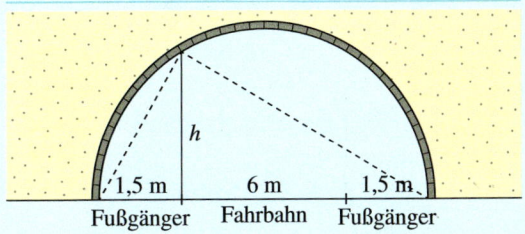

h

1,5 m 6 m 1,5 m

Fußgänger Fahrbahn Fußgänger

Vermischte Übungen

1 Ergeben die drei Zahlen ein pythagoreisches Tripel?
Erkläre, wie du das herausgefunden hast.

a) 30, 40, 50

b) 19, 180, 181

c) 20, 21, 29

d) 20, 99, 101

e) 20, 100, 101

f) 301, 402, 503

2 Kati hat in ihren Hausaufgaben noch einige Fehler gemacht. Erkläre und begründe, worin die Fehler liegen. Zeichne die Dreiecke mit den richtigen Bezeichnungen in dein Heft.

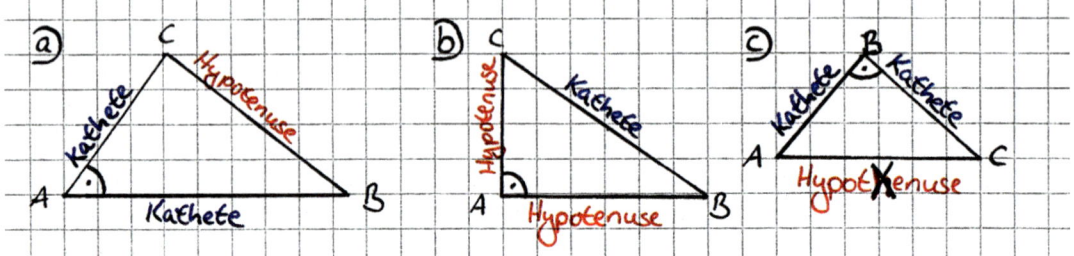

3 Bestimme die fehlenden Winkel im rechtwinkligen Dreieck.

a) $\alpha = 54°$; b ist Hypotenuse

b) $\beta = 12°$; c ist Hypotenuse

c) Das Dreieck ist gleichschenklig und c ist die Hypotenuse.

3 Konstruiere die Dreiecke.
Welche sind rechtwinklig? Miss nach.
Beschrifte sie mit *Kathete* und *Hypotenuse*.

a) $a = 3\,\text{cm}$, $b = 4\,\text{cm}$, $c = 5\,\text{cm}$

b) $a = 2{,}4\,\text{cm}$, $b = 4{,}5\,\text{cm}$, $c = 5{,}1\,\text{cm}$

c) $a = 4\,\text{cm}$, $b = 4{,}2\,\text{cm}$, $c = 5{,}8\,\text{cm}$

4 Schreibe für das rechtwinklige Dreieck die Gleichung nach dem Satz des Pythagoras auf. In Teilaufgabe d) sind es drei Gleichungen.

a)
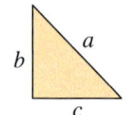

b)
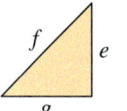

c)
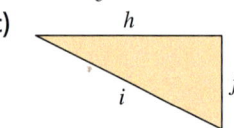

d)
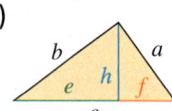

4 Suche in jeder Figur ein rechtwinkliges Dreieck. Schreibe dazu die Gleichung auf, die sich nach dem Satz des Pythagoras ergibt.

a)
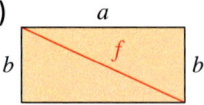

b)
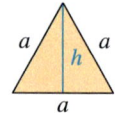

c)
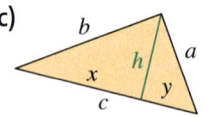

d)
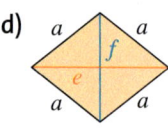

5 Berechne jeweils den Umfang und den Flächeninhalt.

a) b)
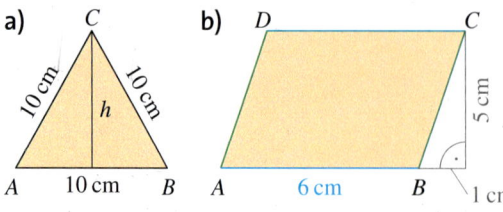

5 Berechne jeweils die gesuchten Größen.

a) Ein gleichseitiges Dreieck hat die Seiten $a = 8\,\text{cm}$.
Berechne den Flächeninhalt und den Umfang des Dreiecks.

b) Ein gleichschenkliges Dreieck ABC hat die Seitenlängen $a = b = 6\,\text{cm}$; $c = 4\,\text{cm}$.
Berechne seinen Flächeninhalt.

6 Ein Rechteck hat die Seitenlängen $a = 7\,\text{cm}$ und $b = 4\,\text{cm}$.
Berechne die Länge der Diagonale e.

6 Ein Quadrat hat eine Diagonale der Länge $\sqrt{450}\,\text{cm}$. Berechne seine Seitenlänge und seinen Flächeninhalt.

7 Christine steht auf dem Aussichtsturm. Wie weit ist sie von Daniel entfernt?

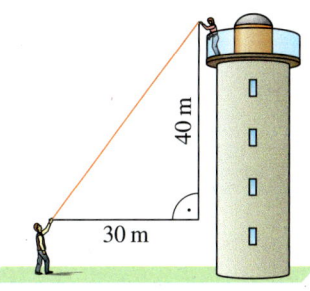

7 Die Drehleiter eines Feuerwehrautos wurde ausgefahren. In welche Höhe reicht sie?

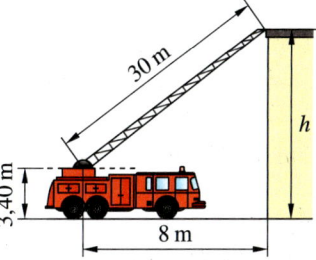

8 Bestimme mithilfe der Zeichnung die Tiefe des Grabens.

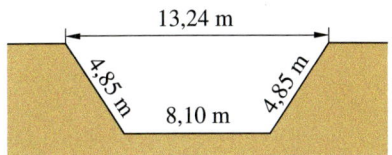

8 Bei einem Segelboot bricht der Mast so, dass die Mastspitze in 2,20 m Entfernung vom Mastfuß auf dem Deck auftrifft. In welcher Höhe ist die Bruchstelle?

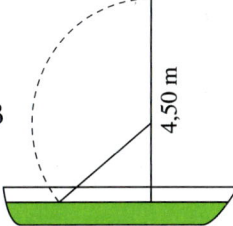

9 Die Kantenlänge des Würfels beträgt $a = 9\,\text{cm}$.
a) Berechne die Länge der Flächendiagonale e.
b) Berechne die Länge der Raumdiagonale d.

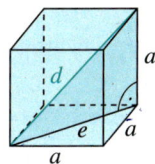

9 Die Raumdiagonale des Würfels beträgt $d = 22,5\,\text{cm}$.
a) Berechne die Länge der Kante a.
b) Zeige, dass für die Länge der Raumdiagonale im Würfel stets gilt:
$d = a\sqrt{3}$.

10 Das Dreieck ABC hat einen rechten Winkel bei C. Berechne die Länge der Höhe h und des Hypotenusenabschnitts q.

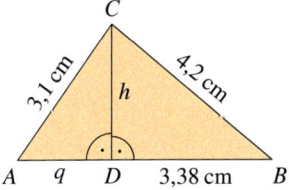

10 👥 Aus einen Quadrat aus Papier mit 9 cm Seitenlänge wird ein Drachen gefaltet. Es wird dreimal gefaltet und einmal wieder geöffnet.
Bestimmt den Flächeninhalt des Drachens.

11 Zeichne die Hypotenuse $c = 8\,\text{cm}$ eines rechtwinkligen Dreiecks ABC. Teile c in die beiden Abschnitte $q = 3\,\text{cm}$ und $p = 5\,\text{cm}$. Berechne mit dem Höhensatz, wie lang die Höhe h_c sein muss. Zeichne sie ein und vervollständige das Dreieck.

11 Zeichne die Hypotenuse $c = 7\,\text{cm}$ eines rechtwinkligen Dreiecks ABC. Teile c in die beiden Abschnitte $q = 3\,\text{cm}$ und $p = 4\,\text{cm}$. Berechne mit dem Kathetensatz, wie lang die beiden Katheten a und b sein müssen. Vervollständige das Dreieck.

12 In einem rechtwinkligen Dreieck ABC (mit $\gamma = 90°$) ist die Höhe $h_c = 6\,\text{cm}$. Wie lang können die Hypotenusenabschnitte p und q sein?

12 In einem rechtwinkligen Dreieck ABC (mit $\gamma = 90°$) ist die Höhe $h_c = 6\,\text{cm}$. Wie lang muss die Hypotenuse c mindestens sein?

Beruf Zimmerer/Zimmerin

Der Beruf umfasst Holzbauten aller Art. Fachwerk-Konstruktionen werden errichtet, vorgefertigte Fenster, Türen, Treppen und Holzdecken werden eingepasst. Auch das Anfertigen von Betonschalungen aus Holz, Wandverkleidungen und Trennwänden oder ganzen Fertighäusern gehört dazu. Gearbeitet wird in Abstimmung mit der Bauleitung nach Bauplänen und sonstigen technischen Vorgaben. Arbeitsplätze zu diesem Beruf gibt es in Zimmereibetrieben oder in Ingenieurholzbaubetrieben.

13 Mit einem Anlegewinkel arbeiten

Mit einem Anlegewinkel kann man prüfen, ob die Konstruktionselemente eines Dachstuhls rechtwinklig verbaut wurden. Solche Winkel können aus Dachlatten vor Ort selbst hergestellt werden.

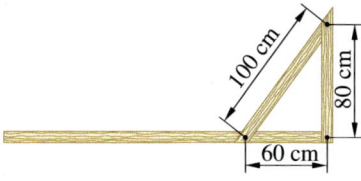

a) Welchen Abstand muss man auf der langen Dachlatte wählen, wenn die beiden kürzeren Dachlatten 90 cm und 50 cm lang sind?

b) Kann man einen Anlegewinkel aus Resthölzern mit den Längen 1,80 m, 0,75 m und 0,55 m herstellen? Fertige eine maßstäbliche Skizze an.

c) Silvia hat den abgebildeten Anlegewinkel hergestellt. Löse zeichnerisch:
   ① Wie lang ist die kürzeste Latte?
   ② Wie viel Prozent der 1,38 m langen Dachlatte braucht sie für die längere Kathete des rechtwinkligen Dreiecks?

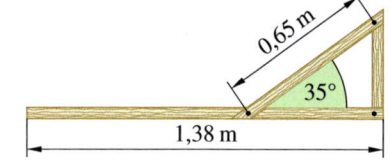

14 Auftrag für einen Dachstuhl

Der Zimmereibetrieb Finker hat einen Auftrag für einen Pfettendachstuhl erhalten.

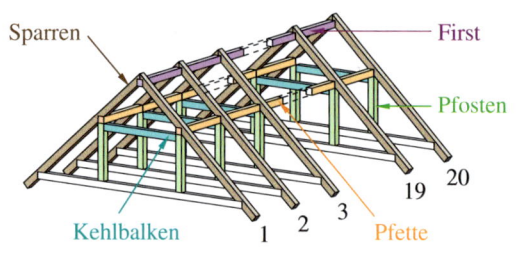

a) Berechne die Länge eines Kehlbalkens und die Länge eines Pfostens.

b) Wie viele Meter Balken werden insgesamt für alle Pfosten und Kehlbalken benötigt? Rechne ohne Verschnitt.

c) Die Sparren sind 80 mm breit und haben einen Abstand von 60 cm zueinander. Berechne die Länge einer Pfette.

d) Berechne die Länge eines Sparrens. Beachte den Überstand von 40 cm.

e) Wie viele Meter Kantholz werden für die Sparren insgesamt benötigt? Plane mit 15 % für Verschnitt.

f) Firma Finker berechnet für den neuen Dachstuhl 62 € pro m² Dachfläche zuzüglich Mehrwertsteuer. Wie hoch ist die Rechnung?

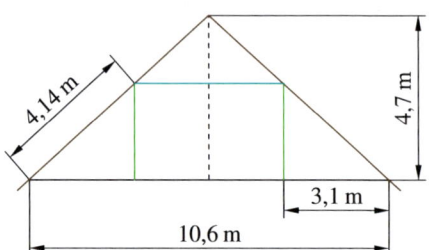

Zusammenfassung

Pythagoreische Zahlentripel

→ Seite 66

In einem rechtwinkligen Dreieck liegt die längste Seite, die **Hypotenuse**, dem rechten Winkel gegenüber. Die beiden **Katheten** schließen den rechten Winkel ein.

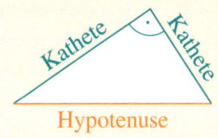

Für **pythagoreische Tripel** $(a|b|c)$ gilt: $a^2 + b^2 = c^2$. Die größte Zahl des Tripels ist c.

$(5|12|13)$ ist ein pythagoreisches Tripel. Es ist $5^2 + 12^2 = 13^2$, denn $25 + 144 = 169$.

Der Satz des Pythagoras

→ Seite 70

Im rechtwinkligen Dreieck mit $\gamma = 90°$ gilt: Die Quadrate über den Katheten a und b haben zusammen den gleichen Flächeninhalt wie das Quadrat über der Hypotenuse c, also
$$a^2 + b^2 = c^2$$
Es gilt auch **umgekehrt**: Wenn für die Seiten eines Dreiecks ABC die Gleichung $a^2 + b^2 = c^2$ stimmt, ist das Dreieck rechtwinklig mit $\gamma = 90°$.

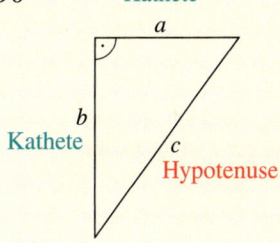

Mit dem Satz von Pythagoras kann man Seitenlängen in rechtwinkligen Dreiecken berechnen.

gegeben: rechtwinkliges Dreieck mit $a = 4\,\text{cm}$; $b = 5,5\,\text{cm}$; $\gamma = 90°$
gesucht: Hypotenuse c
Gleichung: $a^2 + b^2 = c^2$
einsetzen: $4^2 + 5,5^2 = c^2$
lösen: $16 + 30,25 = c^2$
$46,25 = c^2 \quad |\sqrt{}$
$c \approx 6,8$
Antwort: Die Hypotenuse c ist etwa $6,8\,\text{cm}$ lang.

Höhen- und Kathetensatz

→ Seite 76

Höhensatz für rechtwinklige Dreiecke: Das Quadrat über der Höhe der Hypotenuse hat den gleichen Flächeninhalt wie das Rechteck aus den beiden Hypotenusenabschnitten. Es gilt: $h_c^2 = p \cdot q$ (wenn $\gamma = 90°$)

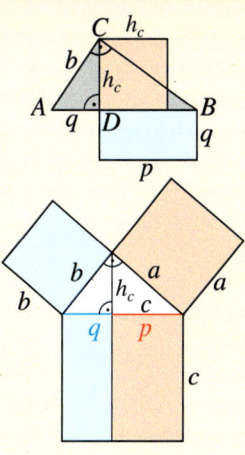

Kathetensatz für rechtwinklige Dreiecke: Das Quadrat über einer Kathete hat den gleichen Flächeninhalt wie das Rechteck aus der Hypotenuse und dem anliegenden Hypotenusenabschnitt. Es gilt: $a^2 = c \cdot p$ und $b^2 = c \cdot q$ (wenn $\gamma = 90°$)

Teste dich!

2 Punkte | 2 Punkte

1 Ergänze die fehlende Zahl im pythagoreischen Zahlentripel.
a) $(15 | 20 | \blacksquare)$ b) $(20 | 21 | \blacksquare)$

1 Prüfe, ob die Zahlenpaare zu pythagoreischen Tripeln ergänzt werden können.
a) $(15 | 8)$ b) $(15 | 25)$

4 Punkte | 4 Punkte

2 Bestimme Katheten und Hypotenuse. Wie lang ist die fehlende Dreiecksseite?
a)

b)

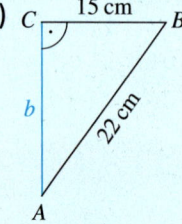

2 Berechne die Länge der blauen Seite.
a)

b)

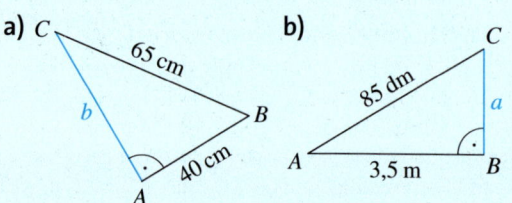

1 Punkt | 1 Punkt

3 Überprüfe mit einer Rechnung, ob das Dreieck mit $a = 2{,}4\,cm$; $b = 3{,}2\,cm$; $c = 4\,cm$ rechtwinklig ist.

3 Überprüfe mit einer Rechnung, ob das Dreieck mit $x = 6{,}5\,cm$; $y = 2{,}5\,cm$; $z = 6\,cm$ rechtwinklig ist.

3 Punkte | 4 Punkte

4 Berechne die fehlende Seitenlänge im rechtwinkligen Dreieck ABC.

		a	b	c
a)	$\gamma = 90°$	30 cm	16 cm	
b)	$\beta = 90°$	2,3 m		6,4 m
c)	$\alpha = 90°$		54 mm	86 mm

4 Berechne die fehlende Seitenlänge im rechtwinkligen Dreieck ABC.
a) $a = 3{,}5\,m$; $c = 10{,}5\,m$; $\gamma = 90°$
b) $a = 4{,}7\,cm$; $b = 50\,mm$; $\gamma = 90°$
c) $b = 3{,}540\,km$; $c = 1\,200\,m$; $\alpha = 90°$
d) $b = 1\,200\,cm$; $c = 3\,dm$; $\beta = 90°$

3 Punkte | 4 Punkte

5 Wie hoch steht Tims Drachen? Schätze zuerst, auf welcher Höhe Tim seine Hand hält. Tim ist 1,70 m groß.

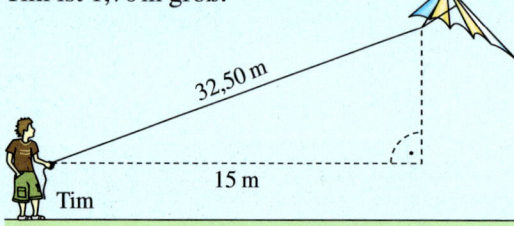

5 Ein Geschenkkarton hat die Form eines Quaders und ist 18 cm lang, 14 cm breit und 6 cm hoch. Passt ein 23 cm langer Stift in den Karton hinein?
Beginne mit einer Skizze und überlege, wie der Stift am besten hineinpasst.
Tipp: Betrachte zuerst die rechteckige Fläche am Kartonboden und berechne die Länge der Diagonalen.

3 Punkte | 3 Punkte

6 Berechne mit dem Höhensatz die Längen der rot markierten Strecken. (Maße in cm).
a) b) c)

6 Berechne mit dem Höhensatz die Längen der rot markierten Strecken. (Maße in cm).
a) b) c)

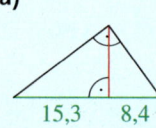
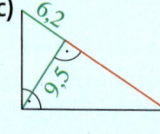

2 Punkte | 4 Punkte

7 Berechne im Dreieck ABC mit $\gamma = 90°$.
a) $c = 7\,cm$; $p = 3\,cm$; $a = ?$
b) $c = 12\,cm$; $q = 5{,}5\,cm$; $b = ?$

7 Berechne im rechtwinkligen Dreieck ABC mit $\gamma = 90°$ die Längen der Seiten a, b, c und die Höhe h_c. Es ist $q = 48\,mm$ und $p = 2{,}7\,cm$.

Pyramide, Kegel, Kugel

In deiner Umwelt findest du viele Gegenstände,
die die Form von geometrischen Körpern haben.
Der Nibelungenturm steht auf der Rheinbrücke
in Worms. Die Dächer von beiden Türmen haben
die Form einer Pyramide mit einer sechseckigen
Grundfläche.

Noch fit?

Einstieg

1 Einheiten umrechnen
Rechne in die Einheit in Klammern um.
a) 5 cm (mm) b) 3 000 m (km)
c) 70 m (cm) d) 7,5 dm (cm)
e) 7 cm² (mm²) f) 800 dm² (m²)
g) 40 cm³ (mm³) h) 9 500 m³ (dm³)
i) 1 000 000 cm³ (m³) j) 0,02 m³ (cm³)

2 Flächeninhalte berechnen
Berechne den Flächeninhalt der Figur.
a) Quadrat mit $a = 3$ cm
b) Rechteck mit $a = 4$ cm und $b = 7$ cm
c) Dreieck mit $g = 5$ cm und $h_g = 10$ cm
d) Kreis mit $r = 6$ cm

3 Körper erkennen

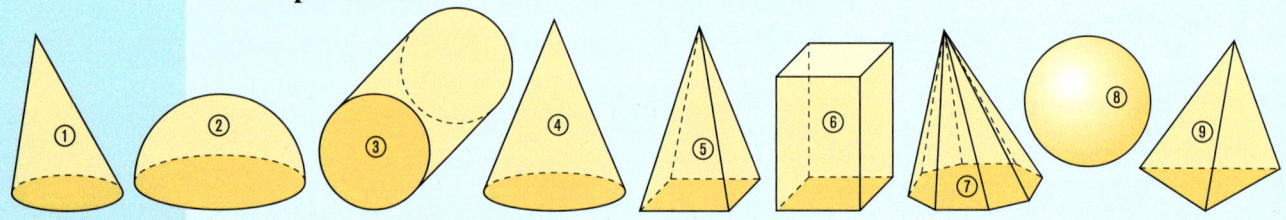

Benenne die Körper und sortiere sie …
a) nach der Art der Grundfläche (Vieleck, Kreis, keine Grundfläche).
b) nach gerade oder schief. c) nach Spitze (Spitzkörper) oder keine.

4 Würfel zeichnen und berechnen
Ein Würfel hat eine Kantenlänge von 5 cm.
a) Zeichne ein Schrägbild und ein Netz.
b) Berechne das Volumen.
c) Berechne den Oberflächeninhalt.

5 Gleichungen lösen
Löse die Gleichung. Rechne die Probe.
a) $2x - 8 = 4$ b) $25 = 5x + 10$

6 Satz des Pythagoras nutzen
Gib die Gleichung nach dem Satz des Pythagoras an. Berechne die fehlende Seitenlänge.

a)
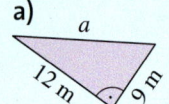

b)
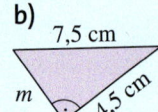

c)
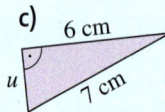

Aufstieg

1 Einheiten umrechnen
Rechne in die Einheit in Klammern um.
a) 50 cm (m) b) 67 mm (cm)
c) 5 dm² (m²) d) 2,7 mm² (cm²)
e) 6,4 m² (cm²) f) 0,7 cm² (mm²)
g) 120 mm³ (cm³) h) 3,6 cm³ (mm³)
i) 4,5 l (cm³) j) 0,8 m³ (l)

2 Flächeninhalte berechnen
Berechne den Flächeninhalt der Figur.
a) Quadrat mit $a = 2,5$ cm
b) Rechteck mit $a = 95$ mm und $b = 6$ cm
c) Dreieck mit $c = 4,5$ cm und $h_c = 5,2$ cm
d) Kreis mit $d = 8$ cm

4 Quader zeichnen und berechnen
Ein Quader hat die Kantenlängen $a = 5$ cm, $b = 4$ cm und $c = 8$ cm.
a) Zeichne ein Schrägbild und ein Netz.
b) Berechne das Volumen.
c) Berechne den Oberflächeninhalt.

5 Gleichungen lösen
Löse die Gleichung. Rechne die Probe.
a) $0,5x + 5 = 25$ b) $4(5 - y) = 6y$

6 Satz des Pythagoras nutzen
Berechne die fehlende Seitenlänge des rechtwinkligen Dreiecks ABC mit $\gamma = 90°$. Konstruiere das Dreieck.
a) $a = 9$ cm; $b = 6,5$ cm
b) $b = 7$ dm; $c = 11,3$ dm
c) $a = 5,5$ m; $c = 9,3$ m

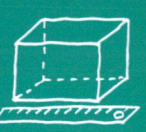

Pyramiden und Kegel erkennen

Entdecken

1 Betrachte die Körper.

a) Welche Körper kennst du bereits? Nenne ihre Eigenschaften.

b) Fasse die Körper in Gruppen mit gleichen Eigenschaften zusammen. Findest du mehrere Einteilungsmöglichkeiten?
Vergleiche deine Lösung mit deinen Klassenkameraden.

c) Finde weitere Gegenstände, die die Form dieser Körper besitzen.

2 👥 Welcher Körper passt nicht in die Reihe? Begründet eure Auswahl.

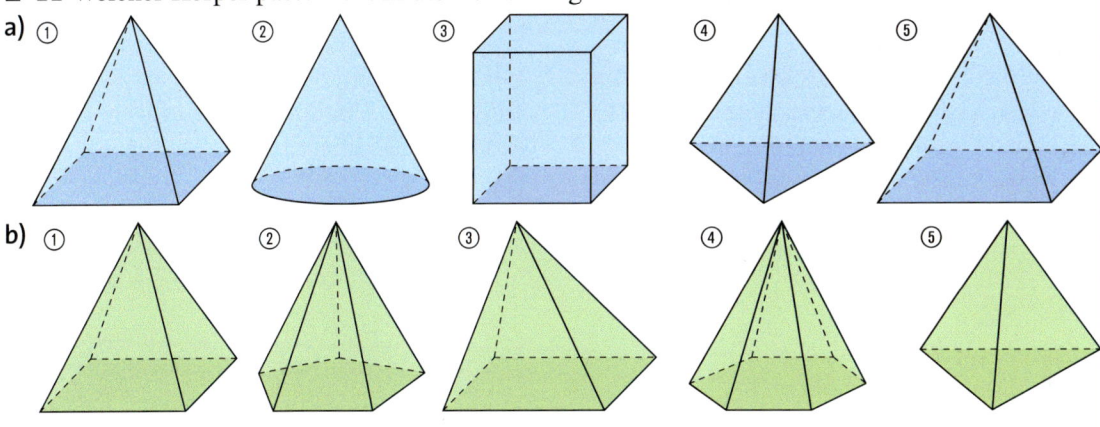

3 Prüfe, ob sich die Netze zu Körpern falten lassen.

a) Zu welchen Körpern passen diese Netze?

b) Welche Netze ergeben Prismen, welche gehören zu Körpern mit einer Spitze? Ordne zu.

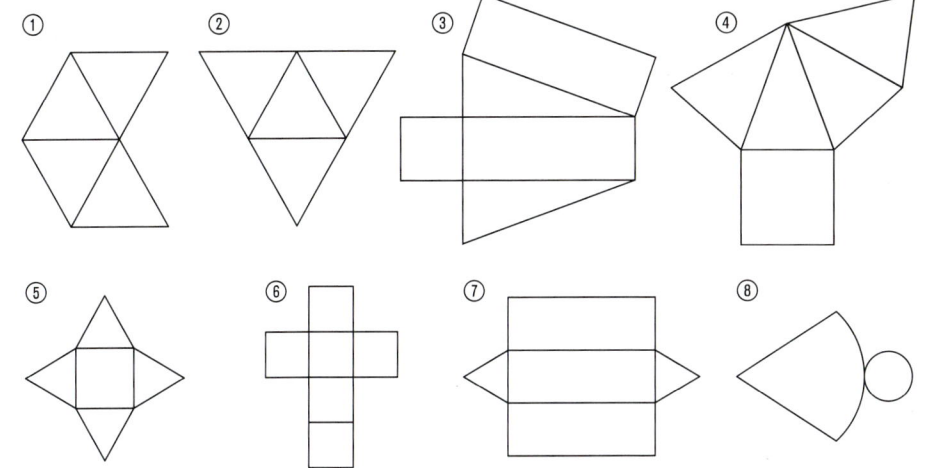

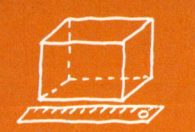

Verstehen

Jana soll die verschiedenen Körper in Gruppen einteilen
Sie unterscheidet zwischen Prismen und Spitzkörpern.
Zu den Spitzkörpern gehören die Pyramide und der Kegel,
da sie von der Grundfläche aus nach oben spitz zulaufen
und deshalb keine Deckfläche haben.

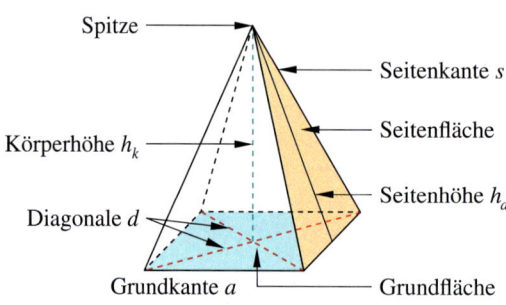

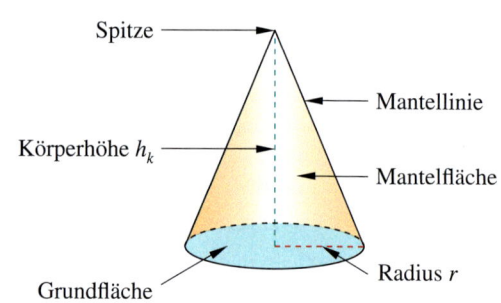

Merke Eine **Pyramide** ist ein Körper mit
einem Vieleck (Dreieck, Viereck, …) als
Grundfläche. Die Seitenflächen sind
Dreiecke. Sie bilden eine gemeinsame
Ecke, das ist die Pyramidenspitze.

Ein **Kegel** ist ein Körper mit einem Kreis als
Grundfläche. Die Spitze des Kegels muss
außerhalb der Ebene des Kreises liegen.

Pyramiden werden nach
ihrer Grundfläche benannt.
Die Königspyramiden in
Ägypten sind **quadra-
tische Pyramiden**. Sie
haben Quadrate als Grund-
flächen.
Regelmäßige Pyramiden
haben als Grundfläche ein
regelmäßiges Vieleck.

Beispiel 1

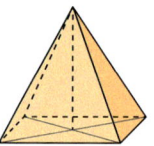

rechteckige
Pyramide

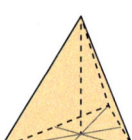

dreieckige
Pyramide

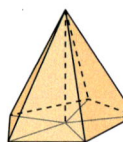

fünfeckige
Pyramide

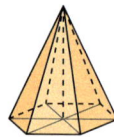

sechseckige
Pyramide

Es gibt **gerade** und **schiefe**
Spitzkörper. Wenn nichts
anderes gesagt wird, dann
sind gerade Spitzkörper
gemeint.
Bei geraden Pyramiden
und Kegeln verläuft die
Körperhöhe von der Spitze
zum Mittelpunkt der
Grundfläche.

Beispiel 2

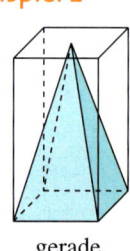

gerade,
quadratische
Pyramide

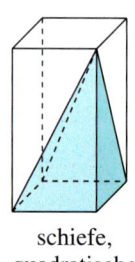

schiefe,
quadratische
Pyramide

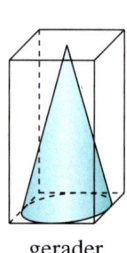

gerader
Kegel

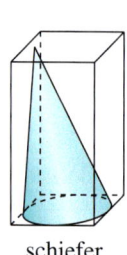

schiefer
Kegel

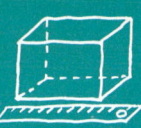

Üben und anwenden

1 Welche der Körper sind Pyramiden, welche sind Kegel? Sind sie gerade oder schief?

① 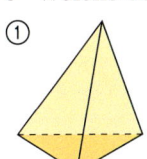 ② 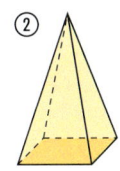 ③ 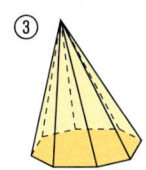 ④ 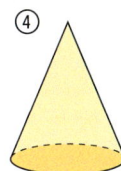 ⑤ 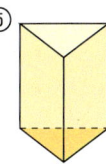 ⑥

2 Entscheide, ob das ein Kegel ist: Eistüte, Indianerzelt, Spielfigur beim Mensch-Ärgere-Dich-Nicht, Schultüte, Trichter.

2 Nenne Gegenstände oder Gebäude, die die Form eines Kegels besitzen.

3 Welche Körper entdeckst du auf den Fotos? Beschreibe sie genau (Form, Anzahl der Ecken, Kanten, Seitenflächen, …).

①

②

③

④  ⑤

3 Beschreibe die Bildfolge:

① 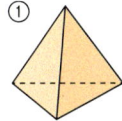 ② 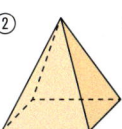 ③ 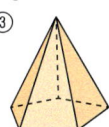 ④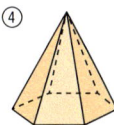

a) Übertrage die Tabelle ins Heft und vervollständige sie. Mit Flächen sind Grundflächen und Seitenflächen gemeint.

Grundfläche der Pyramide	Anzahl an der Pyramide		
	Ecken	Kanten	Flächen
Dreieck	4	6	4
Viereck	5	8	5
Fünfeck	6	10	6
Sechseck	7	12	7
Siebeneck	8	14	8
Achteck	9	16	9
Neuneck	10	18	10
Zehneck	11	20	11

b) Beschreibe Regelmäßigkeiten in der Tabelle, z. B.: „Wenn die Grundfläche eine Ecke mehr hat, dann hat die Pyramide …"

c) Wie viele Ecken (Kanten; Flächen) besitzt eine Pyramide mit einem 17-Eck als Grundfläche? Begründe.

d) Gib für die Anzahl der Ecken, Kanten und Flächen einer Pyramide mit einem n-Eck als Grundfläche einen Term an.

4 Gib für jede Pyramide die Form der Grundfläche und die Anzahl der Seitenflächen an.

① 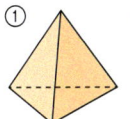 ② 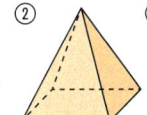 ③ 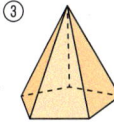 ④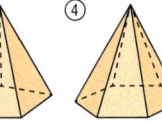

4 Beschreibe, was die beiden Körper gemeinsam haben und was sie unterscheidet.

a) Zylinder und Kegel

b) Kegel und quadratische Pyramide

c) quadratische Pyramide und Quader

d) Zylinder und Quader

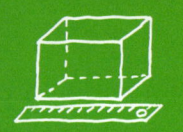

Methode: Netze zeichnen und Körper herstellen

Wenn man einen Körper aus Pappe oder Papier nachbauen möchte, dann muss man ein Netz des Körpers zeichnen, ausschneiden und passend zusammenkleben.

Das **Netz einer quadratischen Pyramide** kann beispielsweise die Form eines „Sterns" (Beispiel 1) oder eines „Fächers" (Beispiel 2) haben. Man muss die Länge der Grundkante a und die Seitenhöhe h_a oder die Länge der Seitenkante s kennen.

Beispiel 1

gegeben: quadratische Pyramide mit $a = 1\,cm$; $h_a = 1,5\,cm$ Zeichne das Netz als „Stern".

① ② ③ ④

 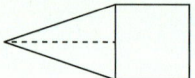 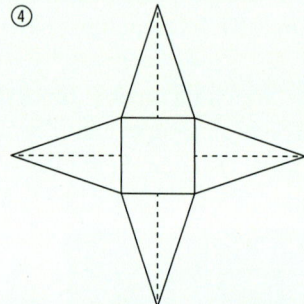

Zeichne die Grundfläche, hier ein Quadrat mit $a = 1\,cm$.

Zeichne vom Mittelpunkt einer Grundseite aus die Seitenhöhe h_a.

Verbinde das Ende der Seitenhöhe h_a mit den Eckpunkten der Grundseite.

Zeichne die anderen drei Dreiecke auf die gleiche Weise.

Beispiel 2

gegeben: quadratische Pyramide mit $a = 1,5\,cm$; $s = 2\,cm$ Zeichne das Netz als „Fächer".

① ② ③

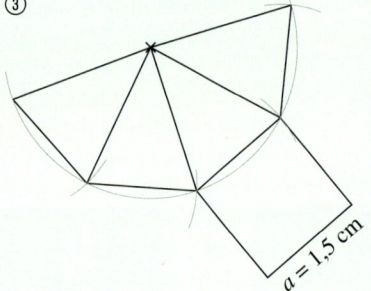

Zeichne mit dem Zirkel einen Kreis mit dem Radius s. Hier ist $s = 2\,cm$. Trage einen Radius ein.

Trage vom Radius aus auf der Kreislinie 4-mal eine Strecke der Länge a ab. Verbinde mit dem Mittelpunkt.

Vervollständige die vier Dreiecke. Zeichne über einer Strecke der Länge a ein Quadrat als Grundfläche.

1 Zeichne das Netz der quadratischen Pyramide als „Stern" oder als „Fächer".
a) $a = 4\,cm$; $h_a = 6\,cm$ **b)** $a = 5\,cm$; $h_a = 2,8\,cm$ **c)** $a = 3\,cm$; $s = 4,5\,cm$ **d)** $a = 5\,cm$; $s = 5\,cm$

2 Übertrage die Zeichnung mit viel Abstand ins Heft. Ergänze zum Netz einer quadratischen Pyramide.

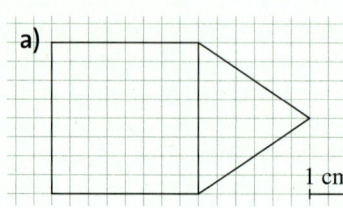

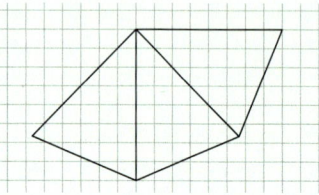

Das **Netz eines Kegels** besteht aus einem Kreis (Grundfläche) und einem Kreisausschnitt (Mantelfläche). Zum Zeichnen muss man den Radius r der Grundfläche und den Radius s des Kreisausschnitts kennen.
Der Radius s des Kreisausschnitts ist gleichzeitig die Länge der Mantellinie.
Der Mittelpunktswinkel α bestimmt, wie groß der Kreisausschnitt ist.
Vor dem Zeichnen muss man den Mittelpunktswinkel α berechnen.
Es gilt: $\frac{\alpha}{360°} = \frac{r}{s}$

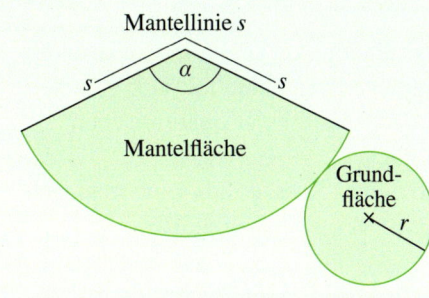

Beispiel

gegeben: Kegel mit $r = 1\,cm$; $s = 3\,cm$ Zeichne das Netz des Kegels.

Berechnung des Mittelpunktswinkels:

$$\frac{\alpha}{360°} = \frac{r}{s}$$

$$\frac{\alpha}{360°} = \frac{1}{3} \qquad | \cdot 360°$$

$$\alpha = 120°$$

① 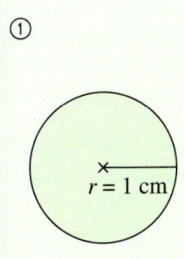   ② 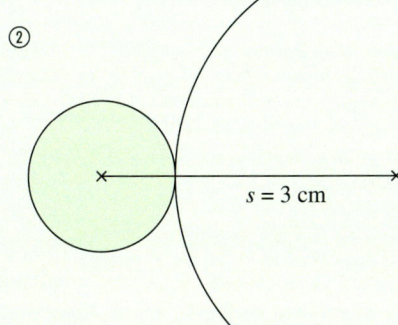   ③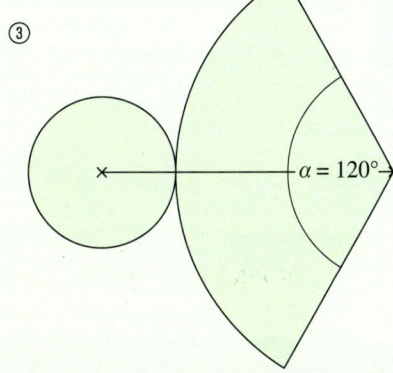

Zeichne einen Kreis mit dem Radius r, hier ist $r = 1\,cm$.

Verlängere den Radius, indem du s anfügst. Hier ist $s = 3\,cm$. Schlage vom Ende von s aus einen Kreisbogen mit Radius s.

Verbinde einen Punkt auf dem Kreisbogen mit dem Ende von s. Trage den Mittelpunktswinkel α ab (hier $\alpha = 120°$).

3 Zeichne das Netz eines Kegels mit $r = 3\,cm$, $s = 9\,cm$ und $\alpha = 120°$ auf ein Blatt Papier. Schneide das Netz aus und baue daraus den Kegel. Nutze Klebeband.

4 Berechne den Mittelpunktswinkel α mit der Formel $\alpha = \frac{r}{s} \cdot 360°$.

a) 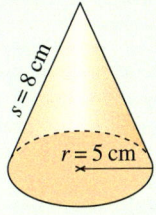   b) 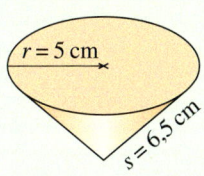   c)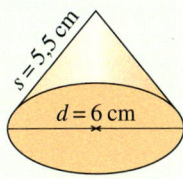

5 Zeichne das Netz des Kegels. Berechne zuerst den Mittelpunktswinkel α.
a) $r = 40\,mm$, $s = 68\,mm$ b) $r = 3{,}5\,cm$, $s = 7\,cm$ c) $r = 3{,}3\,cm$, $s = 4{,}4\,cm$

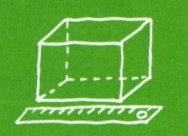

Methode: Schrägbilder zeichnen

Die Pyramiden von Gizeh in Kairo sind regelmäßige Pyramiden mit vier gleichen Seitenflächen auf einer quadratischen Grundfläche.
Mithilfe eines Schrägbilds kann man sich die Pyramide besser vorstellen.

Das **Schrägbild einer Pyramide** mit quadratischer oder rechteckiger Grundfläche kann nach den gleichen Regeln gezeichnet werden wie beim Quader.

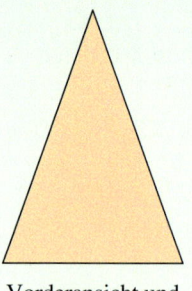
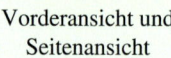

Vorderansicht und
Seitenansicht

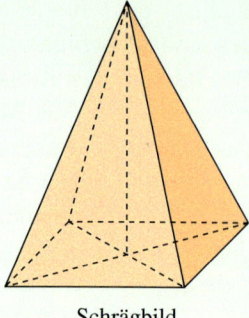

Schrägbild

Beispiel 1

gegeben: quadratische Pyramide mit der Grundkante $a = 2,2$ cm und der Höhe $h_k = 3$ cm

① ② ③

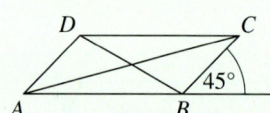
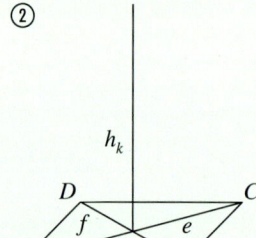
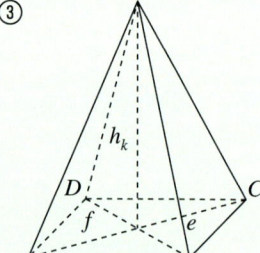

Zeichne die Grundkante $a = 2,2$ cm. Zeichne die Kante, die nach hinten verläuft, im Winkel von 45° und mit halber Länge:
2,2 cm : 2 = 1,1 cm.

Trage die Diagonalen e und f ein.
Zeichne die Körperhöhe $h_k = 3$ cm im Schnittpunkt der beiden Diagonalen senkrecht zur Zeichenebene ein.

Verbinde die Spitze der Pyramide mit den vier Eckpunkten.
Nicht sichtbare Kanten werden gestrichelt gezeichnet.

Beim **Schrägbild eines Kegels** wird die kreisförmige Grundfläche als Ellipse gezeichnet.

Beispiel 2

gegeben: Kegel mit dem Durchmesser $d = 2$ cm und der Höhe $h_k = 3$ cm

① ② ③ ④

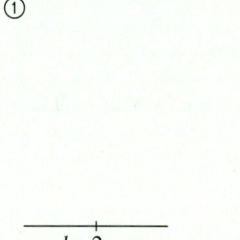

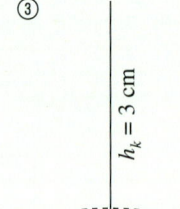
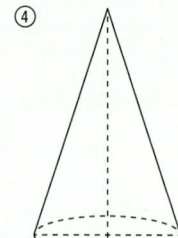

Zeichne den Durchmesser $d = 2$ cm. Markiere den Mittelpunkt.

Zeichne dort eine Senkrechte mit der Länge $d : 4 = 0,5$ cm. Skizziere die Grundfläche als Ellipse.

Zeichne die Körperhöhe $h_k = 3$ cm im Mittelpunkt senkrecht ein.

Verbinde die Spitze des Kegels mit den beiden Endpunkten des Durchmessers.

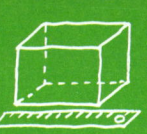

1 Hier entsteht das Schrägbild einer quadratischen Pyramide mit $a = 4\,cm$ und $h_k = 3\,cm$.

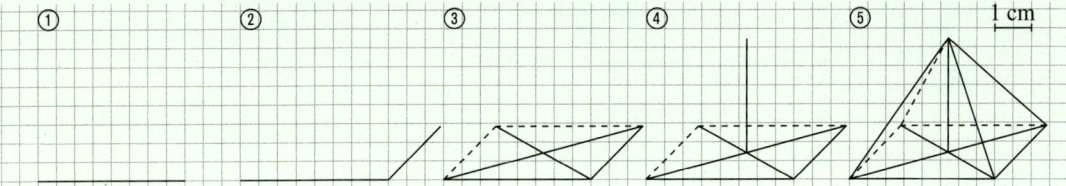

a) Beschreibe die einzelnen Arbeitsschritte.

b) Übertrage das Schrägbild in dein Heft.

c) Zeichne das Schrägbild einer Pyramide mit rechteckiger Grundfläche ($a = 3\,cm$; $b = 5\,cm$) und der Höhe $h_k = 6\,cm$. Beschreibe, was anders ist als bei der Zeichnung oben.

2 Zeichne das Schrägbild.

a) quadratische Pyramide mit der Grundkante $a = 3\,cm$ und der Höhe $h_k = 5\,cm$

b) Pyramide mit rechteckiger Grundfläche ($a = 3\,cm$; $b = 4\,cm$) und der Höhe $h_k = 5\,cm$

3 Übertrage das Schrägbild der Pyramide in dein Heft.
Entnimm alle Maße der verkleinerten Zeichnung rechts.
Beachte, dass dort gilt: zwei Kästchen stehen für 1 cm Länge.

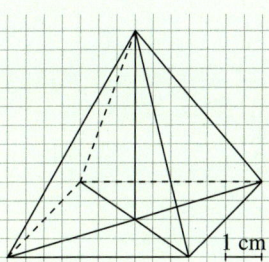

4 Zeichne das Schrägbild des Kegels in dein Heft.
Die gegebenen Zeichnungen sind nicht maßstabstreu.

a)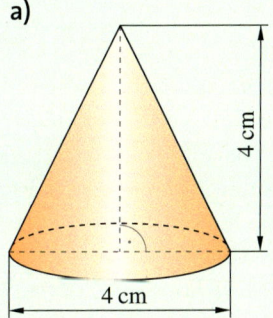

b)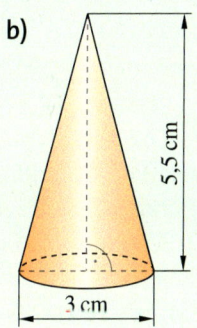

5 Warum können aus diesen Angaben keine Schrägbilder entstehen? Begründe.

a) quadratische Pyramide mit der Grundkante $a = 6\,cm$ und der Seitenhöhe $h_a = 2\,cm$

b) Pyramide mit rechteckiger Grundfläche ($a = 3,5\,cm$; $b = 5,5\,cm$) und $h_a = 2,5\,cm$

c) Kegel mit dem Durchmesser $d = 6,5\,cm$ und der Mantellinie $m = 3\,cm$

6 Wähle einen Wert für a und einen für h_k aus, die zu einer quadratischen Pyramide passen.
Zeichne damit ein Schrägbild.
Wähle noch einmal zwei Angaben und zeichne ein zweites Schrägbild.
Wie viele verschiedene Schrägbilder könntest du mit diesen Angaben zeichnen?

 4 cm   7 cm ·   2,5 cm   5,5 cm

7 Zeichne das Schrägbild eines Würfels mit der Kantenlänge $a = 6\,cm$. Zeichne in dieses Schrägbild hinein das Schrägbild einer möglichst großen Pyramide.
Gib die Maße dieser Pyramide an (Grundkante und Höhe).

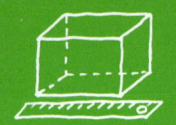
8 Leo hat als Hausaufgabe ein Schrägbild zu einer rechteckigen Pyramide gezeichnet.
Die Pyramide hat die Maße:
$a = 4\,cm$, $h_k = 4\,cm$ und $b = 3\,cm$.
Aber irgendetwas ist hier falsch gelaufen.
a) Beschreibe Leos Fehler.
b) Zeichne das Schrägbild richtig ins Heft.

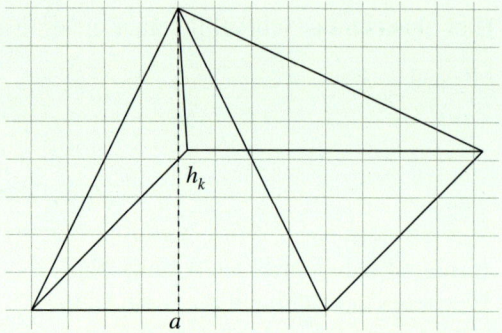

9 Gib an, aus welchen Teilkörpern der Körper zusammengesetzt ist.
Zeichne das Schrägbild.
Die Maße sind in Zentimeter (cm) angegeben.

a)
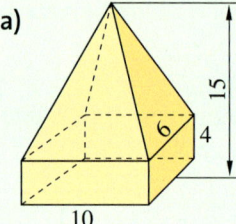

b)
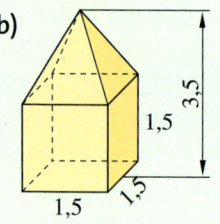

10 Zeichne das Schrägbild der Pyramide bzw. des Kegels mit der abgebildeten Grundfläche.
a) Höhe $h_k = 4,5\,cm$ **b)** Höhe $h_k = 4,2\,cm$ **c)** Höhe $h_k = 3,5\,cm$

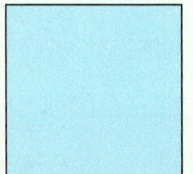

6 cm

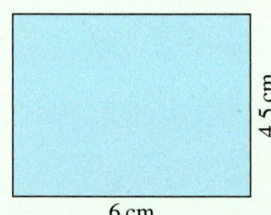

6 cm

4,5 cm

$r = 1,5\,cm$

11 Die Rote Pyramide ist die dritthöchste der ägyptischen Pyramiden. Früher war sie 105 m hoch. Die Grundfläche war ein Quadrat mit einer Seitenlänge von 220 m.
Zeichne ein Schrägbild der ursprünglichen Pyramide im Maßstab 1 : 2000.
Der Maßstab 1 : 2000 bedeutet, dass man alle Maße der ursprünglichen Pyramide durch 2000 teilen muss, um auf die Maße für das Schrägbild zu kommen.
Beispiel 105 m : 2000 = 10500 cm : 2000 = 5,25 cm

12 Die Grundfläche einer Pyramide ist ein Quadrat mit der Seitenlänge mit $a = 5,5\,m$.
Die Pyramide ist 7 m hoch.
Zeichne ein Schrägbild der Pyramide in dein Heft. Wähle den Maßstab 1 : 100. Du musst also alle gegebenen Seitenlängen durch 100 teilen.

13 Die Cestius-Pyramide in Rom ist das Grabmal des römischen Amtsträgers Gaius Cestius Epulo.
Sie wurde zwischen 18 und 12 v. Chr. (vor Christus) erbaut.
Schätze die Maße der Pyramide und zeichne die Pyramide in einem geeigneten Maßstab in dein Heft.

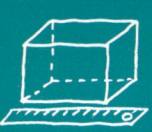

Oberfläche von Pyramiden

Entdecken

1 Du siehst rechts das Netz einer quadratischen Pyramide.

a) Übertrage das Netz ohne die lila markierte Strecke auf ein kariertes Blatt Papier.

b) Färbe in dem Netz alle Seitenkanten s in grüner Farbe, alle Seitenhöhen h_a in blauer Farbe und alle Grundkanten a in roter Farbe.

c) Miss die folgenden Längen:
  – Grundkante a
  – Seitenhöhe h_a
  – Seitenkante s

d) Bestimme den Flächeninhalt des Netzes:
  – Gib den Flächeninhalt der Grundfläche an.
  – Berechne den Flächeninhalt einer dreieckigen Seitenfläche mit der Formel $A = \frac{a \cdot h_a}{2}$.
  – Berechne den gesamten Flächeninhalt des Netzes.

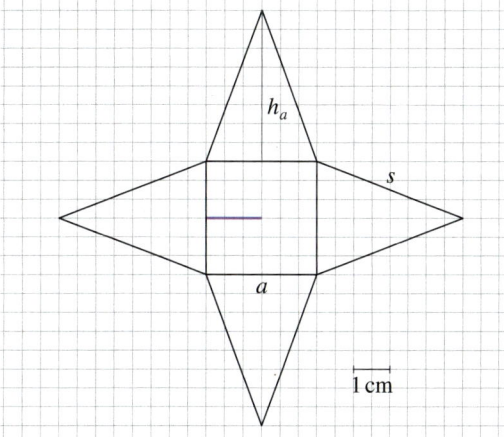

2 Hier kannst du das Modell einer Pyramide basteln. Das Modell hilft dir später bei der Berechnung von Längen mit dem Satz des Pythagoras.

a) Übertrage das Netz aus Aufgabe 1 auf ein kariertes Blatt Papier und schneide es aus. Zeichne in das Netz auch die lila markierte Strecke ein.

b) In das Netz sollen nun ein „Stützdreieck" eingebaut werden:
  – Zeichne ein rechtwinkliges Dreieck mit den Seitenlängen 1,5 cm und 3,7 cm und einem eingeschlossenen rechten Winkel.
  – Füge an der kürzeren Seite eine Klebefläche hinzu.
  – Schneide das Dreieck aus.
  – Knicke die Klebefläche um.
  – Klebe das Dreieck auf die lila markierte Strecke im Netz.

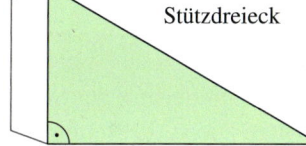

Stützdreieck

c) Klebe das Netz mit dem klappbaren Stützdreieck in dein Heft: Klebe nur die Grundfläche fest. Falze die Kanten, sodass sich das Netz zu einer Pyramide aufrichten lässt.

d) Der Mantel deiner Pyramide besteht aus vier Dreiecken.
  Wenn man solch ein Dreieck in der Mitte teilt, dann erhält man ein rechtwinkliges Dreieck mit der Hypotenuse s und den Katheten h_a und $\frac{a}{2}$.

  Nach dem Satz des Pythagoras gilt $s^2 = \left(\frac{a}{2}\right)^2 + h_a^{\,2}$

  Schreibe diese Formel neben dein Netz ins Heft.

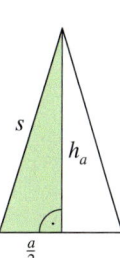

e) Nenne die Hypotenuse und die beiden Katheten im Stützdreieck.
  Was gilt dort nach dem Satz des Pythagoras? Schreibe auch diese Formel auf.

Verstehen

In einem botanischen Garten in Kanada stehen verschieden große Pyramiden aus Glas. Die größte Pyramide hat eine 25 m lange Grundkante a. Für die dreieckigen Seitenflächen gilt: die Seitenhöhe h_a beträgt 20 m.

Merke Wenn man eine Pyramide „aufklappt", entsteht das Netz der Pyramide. Die dreieckigen Seitenflächen einer Pyramide bilden zusammen die **Mantelfläche A_M** der Pyramide. Wenn man die Grundfläche A_G zur Mantelfläche A_M hinzunimmt, so ergibt sich die **Oberfläche A_O**.

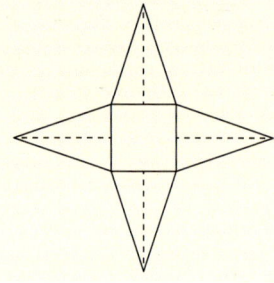

Merke

Für eine **quadratische Pyramide** gilt:
Inhalt der **Mantelfläche**
$$A_M = 4 \cdot \left(\tfrac{1}{2} \cdot a \cdot h_a\right)$$
$$A_M = 2 \cdot a \cdot h_a$$

Oberflächeninhalt
$$A_O = A_M + A_G$$
$$A_O = 2 \cdot a \cdot h_a + a^2$$

Beispiel 1

Aus wie viel m² Glas bestehen die vier dreieckigen Seitenflächen der größten Pyramide?
gegeben: $a = 25\,\text{m}$; $h_a = 20\,\text{m}$
gesucht: Inhalt der Mantelfläche A_M
Formel: $A_M = 2 \cdot a \cdot h_a$
einsetzen: $A_M = 2 \cdot 25\,\text{m} \cdot 20\,\text{m}$
lösen: $A_M = 100\,\text{m}^2$
Antwort: Sie bestehen aus $100\,\text{m}^2$ Glas.

Manchmal ist in einer Pyramide statt der Seitenhöhe h_a die Höhe h_k oder die Seitenkante s gegeben. Dann muss man zuerst die Seitenhöhe h_a mit dem Satz des Pythagoras berechnen.

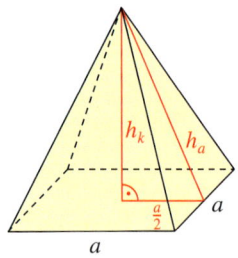 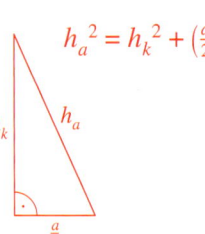

$$h_a{}^2 = h_k{}^2 + \left(\tfrac{a}{2}\right)^2$$

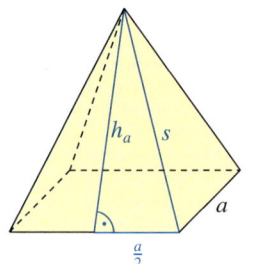 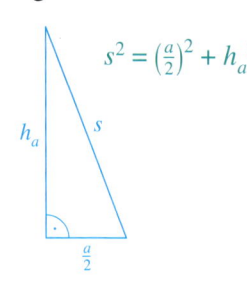

$$s^2 = \left(\tfrac{a}{2}\right)^2 + h_a{}^2$$

Beispiel 2

gegeben: quadratische Pyramide mit Grundkante $a = 35\,\text{m}$ und Höhe $h_k = 22\,\text{m}$
gesucht: Oberflächeninhalt A_O, dafür nötig: Seitenhöhe h_a

Berechnung der Seitenhöhe h_a Berechnung des Oberflächeninhalts
Formel: $h_a{}^2 = (h_k)^2 + \left(\tfrac{a}{2}\right)^2$ *Formel*: $A_O = 2 \cdot a \cdot h_a + a^2$
einsetzen: $h_a{}^2 = (22\,\text{m})^2 + \left(\tfrac{35\,\text{m}}{2}\right)^2$ *einsetzen*: $A_M \approx 2 \cdot 35\,\text{m} \cdot 28\,\text{m} + (35\,\text{m})^2$
lösen: $h_a{}^2 = 484\,\text{m}^2 + 306,25\,\text{m}^2$ *lösen*: $A_M \approx 1\,960\,\text{m}^2 + 1\,225\,\text{m}^2$
          $h_a{}^2 = 790,25\,\text{m}^2$; $h_a \approx 28\,\text{m}$ $A_M \approx 3\,185\,\text{m}^2$
Antwort: Der Oberflächeninhalt der Pyramide beträgt etwa $3\,185\,\text{m}^2$.

Üben und anwenden

1 Berechne den Oberflächeninhalt der quadratischen Pyramide. Gib zuerst die Längen von a und h_a an.

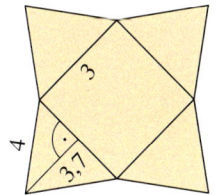

2 Berechne den Mantelflächeninhalt und den Oberflächeninhalt der Pyramide. Die Längen von a und h_a sind in cm angegeben.
Beachte: In Teilaufgabe b) ist der Inhalt der Grundfläche bereits angegeben. Wie viele dreieckige Seitenflächen gibt es dort?

a)

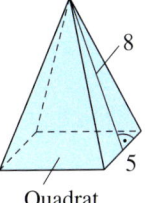

Quadrat

b) $A_G = 23{,}4 \text{ cm}^2$

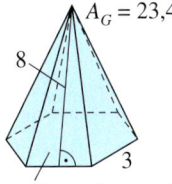

regelmäßiges Sechseck

3 Das ist das Netz einer Pyramide.
a) Welches Dreieck ist die Grundfläche? Notiere die Seitenlänge und die Höhe.
b) Berechne den Flächeninhalt der Grundfläche.
c) Wie viele Seitenflächen hat die Pyramide? Notiere die Grundkante a und die Seitenhöhe h_a.
d) Berechne den Mantelflächeninhalt A_M.
e) Berechne den Oberflächeninhalt A_O.

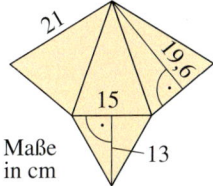

Maße in cm

4 Berechne den Oberflächeninhalt der quadratischen Pyramide.
a) $a = 3 \text{ cm}$; $h_a = 12 \text{ cm}$
b) $a = 9 \text{ cm}$; $h_a = 20 \text{ cm}$
c) $a = 4{,}5 \text{ cm}$; $h_a = 9{,}5 \text{ cm}$
d) $a = 30{,}5 \text{ cm}$; $h_a = 100 \text{ cm}$

5 Ein Turmdach hat die Form einer quadratischen Pyramide mit $a = 3{,}2 \text{ m}$ und $h_a = 4{,}1 \text{ m}$. Wie viel Quadratmeter Kupferblech braucht man für eine neue Dachabdeckung?

1 Zeichne das Netz einer quadratischen Pyramide mit der Grundkante $a = 5{,}9 \text{ cm}$ und der Seitenhöhe $h_a = 4{,}2 \text{ cm}$.
Berechne den Mantelflächeninhalt und den Oberflächeninhalt.

2 Berechne den Mantelflächeninhalt und den Oberflächeninhalt der Pyramide.
Die Längen sind in cm angegeben.
Beachte, dass die dreieckigen Seitenflächen in Teilaufgabe b) unterschiedlich sind.

a)

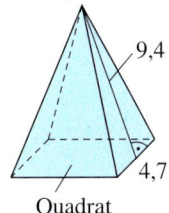

Quadrat

b)

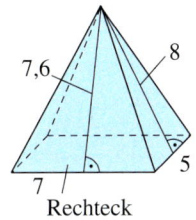

Rechteck

3 Berechne den Mantelflächeninhalt und den Oberflächeninhalt der Pyramide.
Überlege zuerst, welche Dreiecke zur Mantelfläche gehören und welches die Grundfläche ist.

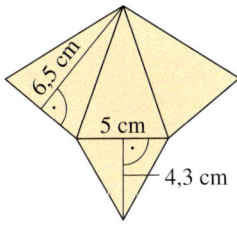

4 Ergänze für eine quadratische Pyramide.

	a	h_a	A_M	A_O
a)	4 cm	6 cm		
b)	3 cm		30 cm²	
c)	1,5 m		6 m²	
d)			60 cm²	76 cm²

5 Ein Turmdach ist pyramidenförmig mit quadratischer Grundfläche. Das Dach soll mit Kupferplatten neu gedeckt werden. Die Grundkanten des Dachs sind 4,8 m lang. Die Höhe jedes Seitendreiecks beträgt 3,6 m. Wie viel Quadratmeter Kupferblech sind erforderlich, wenn mit 4 % Verschnitt gerechnet wird?

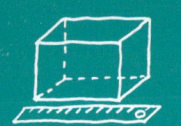

6 Wie lang ist die rot markierte Strecke? Berechne die Länge der blau markierten Strecke mit dem Satz des Pythagoras.

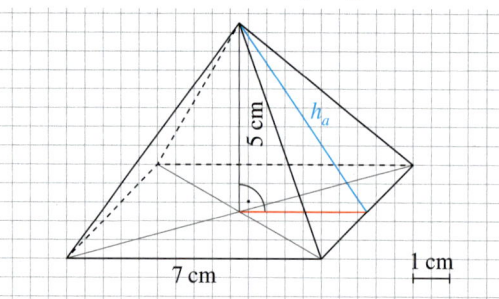

5 cm

h_a

7 cm

1 cm

7 Berechne die Länge der Seitenhöhe h_a.
Beispiel $a = 4\,\text{cm}$; $h_k = 6\,\text{cm}$

$h_a{}^2 = h_k{}^2 + \left(\frac{a}{2}\right)^2$; hier also $h_a{}^2 = 6^2 + \left(\frac{4}{2}\right)^2$

$h_a{}^2 = 36 + 4 = 40$; d.h. $h_a \approx 6{,}3\,\text{cm}$

a) $a = 6\,\text{cm}$; $h_k = 9\,\text{cm}$
b) $a = 20\,\text{m}$; $h_k = 7\,\text{m}$
c) $a = 25\,\text{mm}$; $h_k = 30\,\text{mm}$
d) $a = 1\,\text{m}$; $h_k = 1{,}5\,\text{m}$

8 Das Dach eines Kirchturms hat die Form einer quadratischen Pyramide. Die Seiten der Grundfläche sind 5 m lang. Das Dach ist 6 m hoch. Berechne den Inhalt der Dachfläche. Bestimme zuerst die Seitenhöhe h_a.

9 Berechne die Länge der Seitenhöhe h_a.
Beispiel $s = 8\,\text{cm}$; $a = 6\,\text{cm}$

$s^2 = \left(\frac{a}{2}\right)^2 + h_a{}^2$; also hier $8^2 = \left(\frac{6}{2}\right)^2 + h_a{}^2$

$64 = 9 + h_a{}^2 \quad | -9$

$h_a{}^2 = 55 \qquad h_a$ ist ca. 7,4 cm lang.

a) $s = 10\,\text{cm}$; $a = 12\,\text{cm}$
b) $s = 9\,\text{m}$; $a = 6\,\text{m}$
c) $s = 18\,\text{mm}$; $a = 24\,\text{mm}$
d) $s = 2{,}5\,\text{cm}$; $a = 1{,}2\,\text{cm}$

10 Skizziere das Netz der quadratischen Pyramide im Heft. Trage die Seitenhöhe h_a ein. Berechne die Seitenhöhe h_a. Berechne den Oberflächeninhalt der Pyramide.

$s = 12\,\text{cm}$

$a = 8\,\text{cm}$

6 Eine Pyramide ist 7 m hoch. Die quadratische Grundfläche hat eine Seitenlänge von 4 m.

a) Clara stellt folgende Gleichung auf:
$7^2 + 4^2 = h_a{}^2$
Welchen Fehler hat Clara gemacht?
b) Zeige mit dem Satz des Pythagoras, dass h_a etwa 7,3 m lang ist.
Betrachte dazu das Dreieck mit den Seiten h_k, $\frac{a}{2}$ und h_a.
c) Berechne den Mantelflächeninhalt und den Oberflächeninhalt der Pyramide.

7 Berechne zunächst die Seitenhöhe h_a der quadratischen Pyramide mit dem Satz des Pythagoras.
Berechne dann den Mantelflächeninhalt und den Oberflächeninhalt.

a) $a = 6\,\text{cm}$; $h_k = 4\,\text{cm}$
b) $a = 16\,\text{cm}$; $h_k = 6\,\text{cm}$
c) $a = 4\,\text{m}$; $h_k = 5\,\text{m}$
d) $a = 10\,\text{m}$; $h_k = 7\,\text{m}$

8 Der Louvre in Paris beherbergt das größte Museum der Welt. Der Eingang ist durch eine Glaspyramide überdacht. Diese quadratische Pyramide ist 22 m hoch, die Grundkante a ist 35 m lang. Wie viel Glas wurde verbaut?

9 Dies ist die Seitenfläche einer quadratischen Pyramide.

a) Was ist falsch an der Gleichung
$10^2 + 3^2 = h_a{}^2$?
b) Zeige, dass h_a etwa 9,5 cm lang ist.
c) Berechne den Oberflächeninhalt der Pyramide.

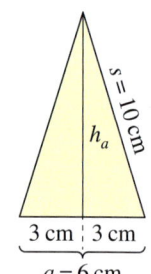

$s = 10\,\text{cm}$

h_a

3 cm ¦ 3 cm

$a = 6\,\text{cm}$

10 Skizziere das Netz der dreieckigen Pyramide im Heft. Trage die Seitenhöhe h_a ein. Berechne die Seitenhöhe h_a. Berechne den Oberflächeninhalt der Pyramide.

10 cm

8 cm

6,9 cm

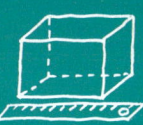

Volumen von Pyramiden

Entdecken

1 👥 Für diesen Versuch benötigt ihr eine
befüllbare Pyramide und einen befüllbaren
Quader mit gleicher Grundfläche und gleich
großer Höhe h_k.
Versuchsdurchführung:
Füllt die Pyramide mit Wasser. Schüttet es
dann aus der Pyramide in den Quader.

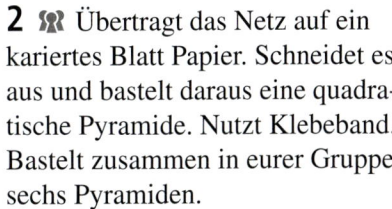

a) Wie oft muss der Vorgang wiederholt werden, bis der Quader vollständig gefüllt ist?

b) Was bedeutet das für das Volumen einer Pyramide? Vervollständigt die Formel im Heft:

   ■ $\cdot V_{\text{Pyramide}} = V_{\text{Quader}}$

   Setzt für das Volumen des Quaders die passende Formel mit Grundkante a und Höhe h_k ein
   und findet so eine Formel für das Volumen der Pyramide.

2 👥 Übertragt das Netz auf ein
kariertes Blatt Papier. Schneidet es
aus und bastelt daraus eine quadratische Pyramide. Nutzt Klebeband.
Bastelt zusammen in eurer Gruppe
sechs Pyramiden.
Setzt die sechs Pyramiden zu einem
Würfel zusammen.
Mithilfe dieses Modells sollt ihr
eine Formel für das Volumen V_P
einer Pyramide finden.

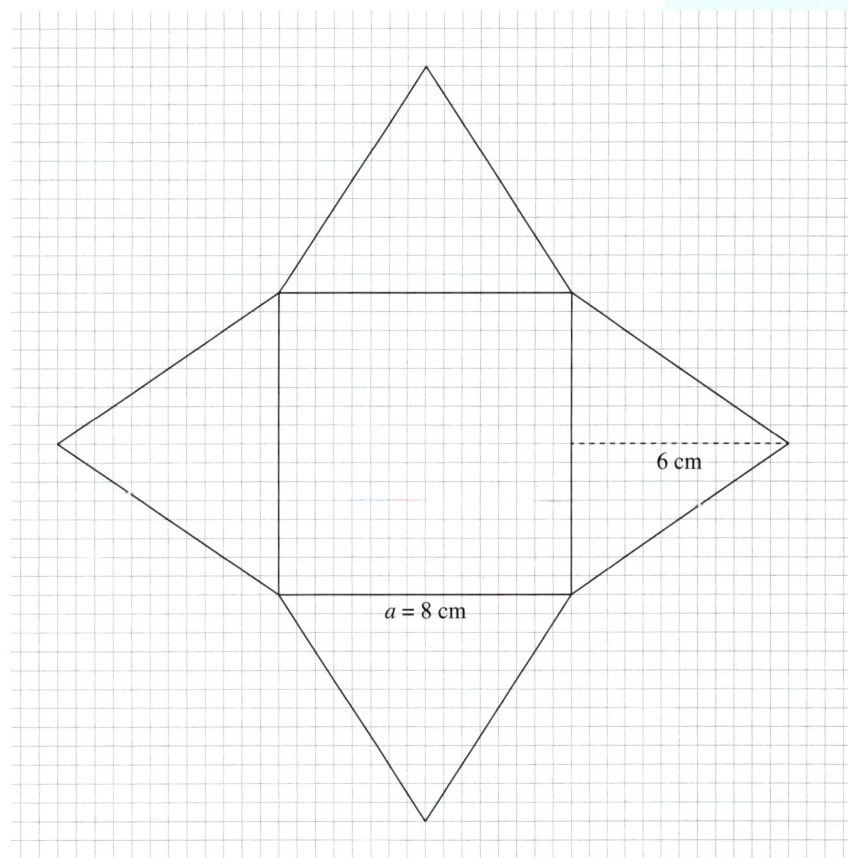

6 cm

$a = 8$ cm

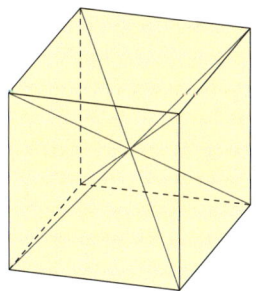

Übertragt die folgende Rechnung
in euer Heft. Ergänzt die Lücken.

■ $\cdot V_P = V_W$ denn der Würfel
besteht aus
■ Pyramiden

■ $\cdot V_P = a \cdot a \cdot a$ denn das Volumen V_W des Würfels berechnet man, indem man ▲-mal die
Kantenlänge a mit sich selbst multipliziert

$3 \cdot V_P = \underbrace{\frac{1}{2} a} \cdot \underbrace{a \cdot a}$ Hier wurden beide Seiten der Gleichung durch ● geteilt.

$3 \cdot V_P = \overline{h_k} \cdot \overline{A_G}$ denn $\frac{1}{2} a$ entspricht der ▼ der Pyramide. $a \cdot a$ ergibt die Grundfläche.

$V_P = \frac{1}{3} A_G \cdot h_k$ Hier wurden beide Seiten durch ■ geteilt. A_G und h_k wurden vertauscht.

Verstehen

Diese stark verwitterte Pyramide hatte früher eine quadratische Grundfläche mit einer Seitenlänge von 105 m und war 58 m hoch. Sie heißt Hawara-Pyramide und steht in der Totenstadt eines ägyptischen Königs.

Merke Das Volumen einer Pyramide wird berechnet als $\frac{1}{3}$ mal Grundfläche mal Höhe:
$$V = \frac{1}{3} \cdot A_G \cdot h_k$$

Für Pyramiden mit quadratischer Grundfläche gilt:
$$V = \frac{1}{3} \cdot a^2 \cdot h_k$$

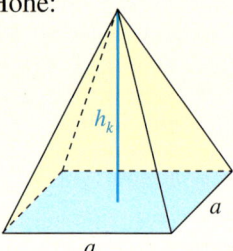

Beispiel

Welches Volumen hatte die Hawara-Pyramide beim Bau?

gegeben:	$a = 105\,\text{m}$; $h_k = 58\,\text{m}$
gesucht:	V
Formel:	$V = \frac{1}{3} \cdot a^2 \cdot h_k$
einsetzen:	$V = \frac{1}{3} \cdot (105\,\text{m})^2 \cdot 58\,\text{m}$
lösen:	$V = 213\,150\,\text{m}^3$
Antwort:	Beim Bau hatte die Pyramide ein Volumen von $213\,150\,\text{m}^3$.

Manchmal ist für eine Pyramide statt der Körperhöhe h_k nur die Seitenkante s gegeben. Dann muss man zuerst die Körperhöhe h_k bestimmen. Man muss zweimal den Satz des Pythagoras anwenden. Es gibt zwei Möglichkeiten, die Körperhöhe h_k zu berechnen.

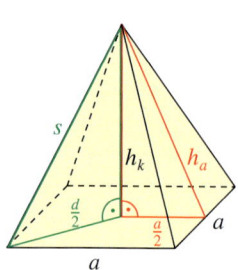

Beispiel

gegeben:	quadratische Pyramide mit Grundkante $a = 12\,\text{m}$ und Seitenkante $s = 15\,\text{m}$
gesucht:	Volumen V, dafür nötig: Körperhöhe h_k

Möglichkeit 1:

Berechnung der Körperhöhe h_k über h_a^2

Formel:	$s^2 = \left(\frac{a}{2}\right)^2 + h_a^2$
einsetzen:	$(15\,\text{m})^2 = (6\,\text{m})^2 + h_a^2$
lösen:	$225\,\text{m}^2 = 36\,\text{m}^2 + h_a^2$
	$h_a^2 = 189\,\text{m}^2$

Formel:	$h_a^2 = h_k^2 + \left(\frac{a}{2}\right)^2$
einsetzen:	$189\,\text{m}^2 = h_k^2 + 36\,\text{m}^2$
lösen:	$h_k^2 = 153\,\text{m}^2$
	$h_k^2 \approx 12{,}37\,\text{m}$

Möglichkeit 2:

Berechnung von h_k über die Diagonale d

Formel:	$\left(\frac{d}{2}\right)^2 = \left(\frac{a}{2}\right)^2 + \left(\frac{a}{2}\right)^2$
einsetzen:	$\left(\frac{d}{2}\right)^2 = (6\,\text{m})^2 + (6\,\text{m})^2$
lösen:	$\left(\frac{d}{2}\right)^2 = 36\,\text{m}^2 + 36\,\text{m}^2$
	$\left(\frac{d}{2}\right)^2 = 72\,\text{m}^2$

Formel:	$s^2 = h_k^2 + \left(\frac{d}{2}\right)^2$
einsetzen:	$(15\,\text{m})^2 = h_k^2 + 72\,\text{m}^2$
lösen:	$225\,\text{m}^2 = h_k^2 + 72\,\text{m}^2$
	$h_k^2 = 153\,\text{m}^2$
	$h_k^2 \approx 12{,}37\,\text{m}$

Berechnung des Volumens

Formel:	$V = \frac{1}{3} \cdot a^2 \cdot h_k$
einsetzen:	$V \approx \frac{1}{3} \cdot 144\,\text{m}^2 \cdot 12{,}37\,\text{m}$
lösen:	$V \approx 593{,}71\,\text{m}^3$

Antwort: Das Volumen der Pyramide beträgt etwa $593{,}71\,\text{m}^3$.

Üben und anwenden

1 Berechne das Volumen der Pyramide. Die Höhe der Pyramide ist $h_k = 6{,}5\,cm$.

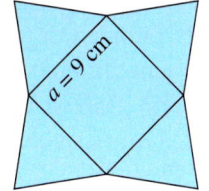

2 Berechne das Volumen der quadratischen Pyramide. Runde das Ergebnis auf zwei Nachkommastellen, wenn nötig.
a) $a = 2\,cm;\ h_k = 4\,cm$
b) $a = 5\,cm;\ h_k = 10\,cm$
c) $a = 8\,cm;\ h_k = 12\,cm$
d) $a = 2{,}5\,cm;\ h_k = 6\,cm$

3 Eine quadratische Pyramide soll gemauert werden. Die Grundkante a soll 2,4 m lang werden, die Körperhöhe soll $h_k = 1{,}5\,m$ sein.
a) Wie viel m³ Mauerwerk enthält der Bau?
b) Für 1 m³ Mauerwerk rechnet man mit 380 Steinen und 0,3 m³ Mörtel. Wie viel braucht man jeweils?

4 Die „Blätterpyramide" hat ein Volumen von $V = 4{,}25\,m^3$. Ihre Grundkante ist $a = 2{,}5\,m$. Wie hoch ist sie?

5 Wie hoch ist die Pyramide? Runde auf zwei Nachkommastellen.
a) quadratisch: $V = 100\,cm^3;\ a = 2\,cm$
b) quadratisch: $V = 36\,cm^3;\ a = 2{,}4\,cm$
c) rechteckig: $V = 24\,m^3;\ a = 2\,m;\ b = 4\,m$
d) rechteckig: $V = 660\,cm^3;\ a = 15\,cm;\ b = 6\,cm$

6 Eine quadratische Pyramide besitzt ein Volumen von 300 cm³. Finde mindestens drei passende Kombinationen von Seitenlänge a und Höhe h_k.
Beginne so: Gehe aus von der Formel $V = \frac{1}{3} \cdot a^2 \cdot h_k$.
Setze den Wert für das Volumen ein und lege selbst einen Wert für a oder h_k fest …

1 Berechne das Volumen der Pyramide. Sie ist 5,3 cm hoch.

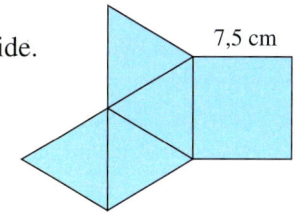

2 Bestimme das Volumen der Pyramide. Runde auf zwei Nachkommastellen.
a) quadratisch: $a = 11\,cm;\ h_k = 9{,}5\,cm$
b) quadratisch: $a = 6{,}3\,cm;\ h_k = 10{,}7\,cm$
c) rechteckig: $a = 7\,cm;\ b = 9\,cm;\ h_k = 12\,cm$
d) rechteckig: $a = 5{,}8\,cm;\ b = 9{,}3\,cm;\ h_k = 10\,cm$

3 Eine Sandsteinpyramide hat eine rechteckige Grundfläche mit 2,3 m Länge und 1,7 m Breite.
Die Pyramide ist 2,7 m hoch.
a) Berechne das Volumen.
b) Wie schwer ist die Pyramide, wenn 1 dm³ Sandstein 2,6 kg wiegt?

4 Berechne für eine quadratische Pyramide.

	Kante a	Höhe h_k	Volumen V
a)		9 mm	588 mm³
b)	9,5 m		72,2 m³
c)		4 cm	75 cm³
d)	4,2 cm		26,46 cm³

5 Berechne für eine rechteckige Pyramide.

	a	b	h_k	V
a)	8 m	12 m		456 m³
b)		10 cm	10 cm	500 cm³
c)		5 mm	0,5 cm	29,2 mm³
d)	7 cm		1,2 dm	252 cm³

6 Wie verändert sich das Volumen einer quadratischen Pyramide, wenn man …
a) die Höhe verdoppelt und die Länge der Grundkante beibehält?
b) die Länge der Grundkante verdoppelt und die Höhe beibehält?
c) die Länge der Grundkante halbiert und die Höhe der Pyramide verdoppelt?

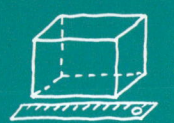

7 Ein Würfel hat eine Kantenlänge von $a = 10\,\text{cm}$. Aus dem Würfel soll eine quadratische Pyramide mit möglichst großem Volumen herausgearbeitet werden.
a) Zeichne ein Schrägbild des Würfels im Maßstab $1:2$ und darin das Schrägbild der Pyramide.
b) Welches Volumen hat die Pyramide?
c) Vergleiche das Volumen des Würfels mit dem Volumen der Pyramide.

8 Berechne die Körperhöhe h_k der quadratischen Pyramide mit dem Satz des Pythagoras. Bestimme dann das Volumen.

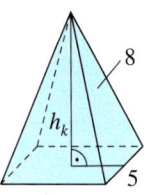

9 Berechne das Volumen der quadratischen Pyramide. Bestimme zuerst die Körperhöhe h_k mit dem Satz des Pythagoras. Skizziere als Hilfe ein Dreieck mit den Seiten $\frac{a}{2}$, h_k und h_a.
a) $a = 6\,\text{cm}$; $h_a = 5\,\text{cm}$
b) $a = 10\,\text{cm}$; $h_a = 13\,\text{cm}$
c) $a = 16\,\text{cm}$; $h_a = 17\,\text{cm}$

10 Übertrage die Tabelle in dein Heft. Berechne die fehlenden Werte für eine quadratische Pyramide und trage sie ein.

	a	s	h_a	h_k	V
a)	5 cm		8 cm		
b)			12 m	8 m	
c)	3 cm	6,3 cm			
d)		9 mm	8 mm		

11 Die Seitenflächen dieses Diamanten sind gleichseitige Dreiecke und haben eine Kantenlänge von 9 mm.
a) Aus welchen zwei Körpern besteht der Diamant? Gib ihre Kantenlängen an.
b) Berechne das Volumen des Diamanten.

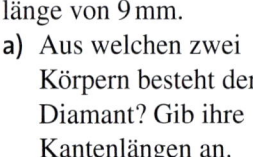

7 Ein Quader hat die Kantenlängen $a = 3\,\text{cm}$, $b = 4\,\text{cm}$ und $c = 5\,\text{cm}$. Aus dem Quader soll eine Pyramide mit rechteckiger Grundfläche so herausgearbeitet werden, dass das Volumen möglichst groß wird.
a) Als Grundfläche kommen drei Rechtecke in Frage. Welche Rolle spielt die Auswahl der Grundfläche bei der Bestimmung des Volumens? Begründe.
b) Zeichne ein Schrägbild des Quaders und darin das Schrägbild einer Pyramide.

8 Berechne das Volumen der quadratischen Pyramide. Bestimme zuerst die Körperhöhe h_k mit dem Satz des Pythagoras.
a) $a = 12\,\text{cm}$; $h_a = 10\,\text{cm}$
b) $a = 7\,\text{cm}$; $h_a = 15\,\text{mm}$
c) $a = 19\,\text{cm}$; $h_a = 11\,\text{cm}$
d) $a = 405\,\text{cm}$; $h_a = 310\,\text{cm}$

9 Berechne das Volumen der dreieckigen Pyramide.

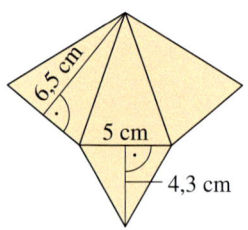

10 Übertrage ins Heft und ergänze die Tabelle um eine Spalte für das Volumen. Fülle aus für eine quadratische Pyramide.

	a	s	h_a	h_k
a)	5,6 cm		7 cm	
b)			17,9 m	8,7 m
c)	4,7 mm	7,9 mm		
d)		18 cm	16 cm	

11 Ein Trinkpäckchen hat die Form einer dreiseitigen Pyramide, die aus insgesamt vier gleichen gleichseitigen Dreiecken besteht. Alle Seitenkante sind je 13,7 cm lang. Die Körperhöhe h_k beträgt 11,2 cm. Berechne die Seitenhöhe h_a (Skizze!) und dann das Volumen.

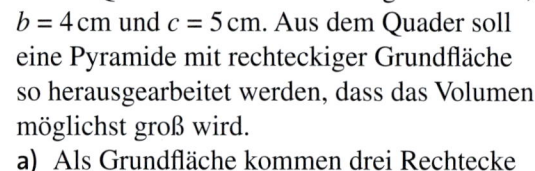

Oberfläche und Volumen von Kegeln

Entdecken

1 ♟♟ Ihr benötigt ein verpacktes Waffeleis.

a) Messt den Radius des Grundkreises, die Seitenlänge vom Kreisrand bis zur Spitze sowie die Eishöhe.

b) Wickelt die Eisverpackung vorsichtig ab, sodass sie nicht zerreißt. Aus welchen Teilen besteht die Verpackung?

c) Das abgewickelte Papier hat die Form eines Kreisausschnitts. Warum ist er größer als notwendig?
Schneidet die Teile ab, die nicht zum Kegelmantel gehören.

d) Die zugeschnittene Verpackung bildet zusammen mit dem Deckel die Oberfläche eines Kegels. Zeichnet sie in Originalgröße in euer Heft. Tragt auch die gemessenen Größen ein.

e) Versucht, den Oberflächeninhalt des Kegels zu berechnen. Wo trefft ihr auf Schwierigkeiten? Beschreibt die Schwierigkeiten möglichst genau.

2 Zeichne je einen Kreis mit dem Radius $r = 3\,cm$, $r = 4\,cm$ und $r = 5\,cm$ und schneide sie aus. Übertrage dann die folgenden Kreissektoren auf ein Blatt Papier, schneide sie aus und klebe sie mit Klebeband jeweils zum Mantel eines Kegels zusammen.

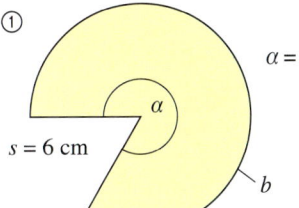

① $\alpha = 300°$, $s = 6\,cm$, b

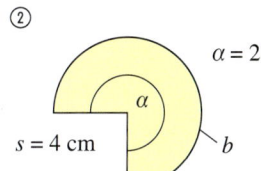

② $\alpha = 270°$, $s = 4\,cm$, b

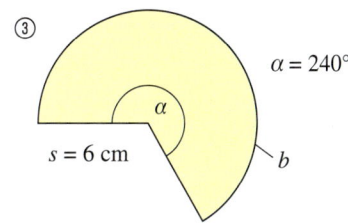

③ $\alpha = 240°$, $s = 6\,cm$, b

a) Ordne zu: Welches „Hütchen" bildet mit welchem Kreis einen Kegel?

b) Welche beiden Längen müssen gleich sein, damit „Hütchen" und Kreis zusammenpassen?

Kreisumfang $2\pi r$	Radius s des Kreisausschnitts	Radius r	Kreislinie b des Kreisausschnitts

3 ♟♟ Für diesen Versuch benötigt ihr einen befüllbaren Kegel und einen befüllbaren Zylinder mit gleicher Grundfläche und gleich großer Höhe h_k.

Versuchsdurchführung:
Füllt den Kegel mit Wasser. Schüttet das Wasser anschließend aus dem Kegel in den Zylinder.

a) Wie oft muss der Vorgang wiederholt werden, bis der Zylinder vollständig gefüllt ist?

b) Was bedeutet das für das Volumen einer Pyramide? Vervollständigt die Formel im Heft:

$$■ \cdot V_{Kegel} = V_{Zylinder}$$

Setzt für das Volumen des Zylinders die passende Formel mit π, Radius r und Höhe h_k ein. Findet so eine Formel für das Volumen des Kegels.

Verstehen

Zum Schulanfang möchte Lina ihrem kleinen Bruder eine Schultüte basteln.
Dazu hat sie eine Vorlage ausgeschnitten, die sie nun bekleben möchte.
Der Radius der Grundfläche beträgt 9 cm.
Die Mantellinie ist 71 cm lang.
Wie groß ist die Fläche zum Bekleben?

So kann man die Mantelfläche A_M bestimmen:
Man zerlegt den Kegelmantel in kleine Teile. Diese Teile legt man annähernd zu einem Rechteck zusammen. Je kleiner die Teile sind, desto genauer wird die Berechnung.
Es gilt:

$$A_M = \frac{u}{2} \cdot s$$
$$A_M = \frac{2\pi r}{2} \cdot s$$
$$A_M = \pi \cdot r \cdot s$$

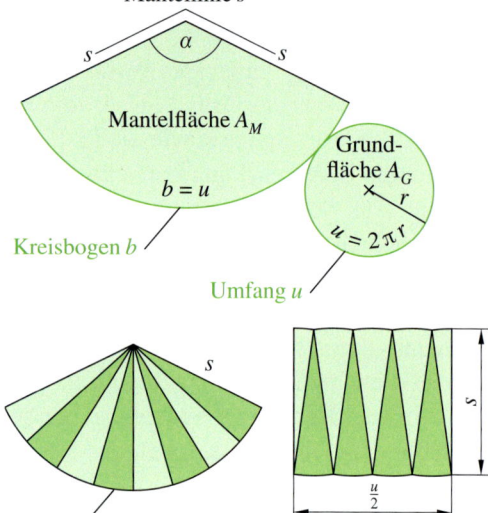

Merke

Für die **Mantelfläche A_M eines Kegels** gilt:
$$A_M = \pi \cdot r \cdot s$$

Die **Oberfläche A_O eines Kegels** besteht aus der Grundfläche A_G und der Mantelfläche A_M:
$$A_O = A_G + A_M$$
$$A_O = \pi \cdot r^2 + \pi \cdot r \cdot s \quad |\ \pi \cdot r \text{ ausklammern}$$
$$A_O = \pi \cdot r\,(r + s)$$

Beispiel 1

Wie groß ist die Mantelfläche der Schultüte?
gegeben: $r = 9$ cm; $s = 71$ cm
gesucht: A_M
Formel: $A_M = \pi \cdot r \cdot s$
einsetzen: $A_M = \pi \cdot 9\,\text{cm} \cdot 71\,\text{cm}$
lösen: $A_M \approx 2\,007{,}48\,\text{cm}^2$
Antwort: Der Mantelflächeninhalt ist etwa $2\,007{,}48\,\text{cm}^2$ groß.

Beispiel 2

gegeben: $r = 9$ cm; $s = 71$ cm
gesucht: Oberflächeninhalt A_O von Linas Schultüte
Formel: $A_O = \pi \cdot r \cdot (r + s)$
einsetzen: $A_O = \pi \cdot 9\,\text{cm} \cdot (9\,\text{cm} + 71\,\text{cm})$
lösen: $A_O \approx 2\,261{,}95\,\text{cm}^2$
Antwort: Der Oberflächeninhalt beträgt etwa $2\,261{,}95\,\text{cm}^2$.

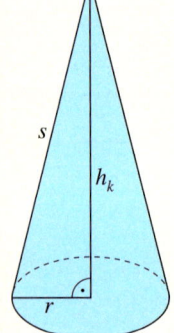

Merke   Das **Volumen V eines Kegels** wird

(wie bei einer Pyramide) berechnet als $\frac{1}{3}$ mal Grundfläche mal Höhe.
Weil die Grundfläche ein Kreis ist, gilt:
$$V = \frac{1}{3} \cdot \pi \cdot r^2 \cdot h_k$$

Nach dem Satz des Pythagoras gilt im Kegel:
$$s^2 = r^2 + h_k^{\ 2}$$

Beispiel 3

gegeben: $r = 9$ cm; $s = 71$ cm
gesucht: Volumen V, dafür nötig: Höhe h_k
Formel: $s^2 = r^2 + h_k^{\ 2}$
einsetzen: $(71\,\text{cm})^2 = (9\,\text{cm})^2 + h_k^{\ 2}$
lösen: $5\,041\,\text{cm}^2 = 81\,\text{cm}^2 + h_k^{\ 2}$
   $h_k = \sqrt{4\,960\,\text{cm}^2} \approx 70{,}4\,\text{cm}$
Formel: $V = \frac{1}{3} \cdot \pi \cdot r^2 \cdot h_k$
einsetzen: $V = \frac{1}{3} \cdot \pi \cdot (9\,\text{cm})^2 \cdot 70{,}4\,\text{cm}$
lösen: $V = 5\,971{,}54\,\text{m}^3$
Antwort: Das Volumen beträgt $5\,971{,}54\,\text{m}^3$.

Üben und anwenden

1 Berechne den Mantelflächeninhalt des Kegels.

a)
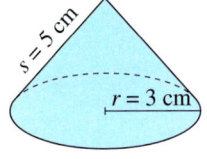

$s = 5\,cm$
$r = 3\,cm$

b)
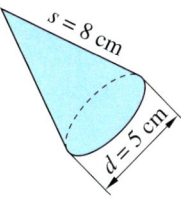

$s = 8\,cm$
$d = 5\,cm$

1 Berechne den Mantelflächeninhalt des Kegels.

a)
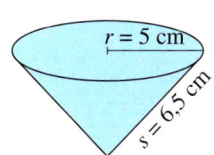

$r = 5\,cm$
$s = 6{,}5\,cm$

b)
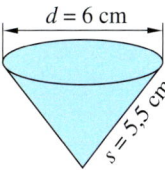

$d = 6\,cm$
$s = 5{,}5\,cm$

2 Berechne den Mantelflächeninhalt des Kegels.
a) $r = 4\,cm$; $s = 9\,cm$
b) $r = 15\,mm$; $s = 30\,mm$
c) $r = 80\,cm$; $s = 250\,cm$
d) $r = 4{,}5\,cm$; $s = 5\,cm$

2 Berechne den Mantelflächeninhalt des Kegels.
a) $r = 20\,cm$; $s = 35\,cm$
b) $r = 5{,}4\,cm$; $s = 7{,}2\,cm$
c) $r = 3{,}4\,m$; $s = 780\,cm$
d) $r = 39\,mm$; $s = 5{,}9\,cm$

3 Berechne den Oberflächeninhalt des Kegels.
a) $r = 5\,cm$; $s = 13\,cm$
b) $r = 34\,mm$; $s = 62\,mm$
c) $r = 7{,}1\,dm$; $s = 9{,}4\,dm$
d) $r = 0{,}5\,m$; $s = 1{,}2\,m$

3 Berechne den Oberflächeninhalt des Kegels.
a) $r = 2{,}5\,cm$; $s = 4\,cm$
b) $r = 2{,}3\,m$; $s = 47{,}5\,dm$
c) $d = 6\,m$; $s = 5{,}3\,m$
d) $d = 10{,}2\,cm$; $s = 125\,mm$

4 Aus einem Blatt Papier im DIN-A4-Format (297 mm × 210 mm) soll ein Kegel gebastelt werden. Dabei soll die Oberfläche möglichst groß werden, also möglichst wenig Verschnitt abfallen.
a) Zeichne auf das Blatt einen Kreis und eine passende Mantelfläche. Worauf musst du achten?
b) Vergleicht eure Kegel im Klassenverband. Wer hat die größte Kegeloberfläche?

5 Der Schaiblingsturm ist eines der Wahrzeichen von Passau.
Das Dach hat eine Mantellinie von $s = 12\,m$ und einen Radius von $r = 11\,m$. Welchen Mantelflächeninhalt hat das Dach des Turms?

5 Indianerzelte werden aus Stangen und Tierhäuten gebaut. Die Form entspricht in etwa einem Kegel.
Das Zelt ist 4,9 m hoch und der Bodendurchmesser beträgt 3,4 m. Berechne, wie viel m² Tierhäute benötigt werden.

6 Ein Kegel ist durch die Mantellinie $s = 4\,cm$ und den Radius $r = 3\,cm$ gegeben.
a) Berechne den Mantelflächeninhalt des Kegels.
b) Welche Mantellinie und welchen Radius könnte ein Kegel mit einer doppelt so großen Mantelfläche haben? Vergleicht eure Ergebnisse.

6 Ein Kegel ist gegeben durch die Mantellinie $s = 10\,cm$ und den Radius $r = 7\,cm$. Wie ändert sich der Mantelflächeninhalt bei diesen Änderungen?
a) r wird halbiert.
b) r wird verdoppelt.
c) r wird halbiert und s wird verdoppelt.
d) r und s werden verdoppelt.

7 Berechne die Mantellinie s und den Oberflächeninhalt des Kegels.

Beispiel $r = 4\,\text{cm}$; $h_k = 7\,\text{cm}$

$$s^2 = r^2 + h_k^2$$
$$s^2 = (4\,\text{cm})^2 + (7\,\text{cm})^2$$
$$s^2 = 16\,\text{cm}^2 + 49\,\text{cm}^2$$
$$s = \sqrt{65\,\text{cm}^2} \approx 8,1\,\text{cm}$$
$$A_O = \ldots$$

a) $r = 4\,\text{cm}$; $h_k = 5\,\text{cm}$

b) $r = 9\,\text{m}$; $h_k = 17\,\text{m}$

c) $r = 3,5\,\text{cm}$; $h_k = 8\,\text{cm}$

7 Ergänze die Tabelle für einen Kegel. Nutze den Satz des Pythagoras.

	r	s	h_k	A_O
a)	5 cm		9 cm	
b)	150 cm		4,2 m	
c)		18 cm	15 cm	
d)		0,96 m	33,4 cm	
e)	2,5 m		680 cm	
f)		4,4 cm	27 mm	

8 Ein Partyhut ist $h_k = 20\,\text{cm}$ hoch. Er hat einen Radius von $r = 6,5\,\text{cm}$. Aus wie viel Quadratzentimeter (cm^2) Pappe besteht er?

8 In einem Laden steht ein Wasserspender, an denen man sich selbst Wasser zapfen kann. Ein kegelförmiger Becher hat einen Radius von 35 mm und ist 80 mm hoch. Aus wie viel Papier besteht ein Becher?

9 Berechne das Volumen des Kegels.

a)
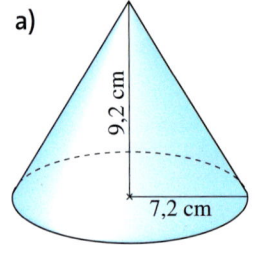
9,2 cm; 7,2 cm

b)
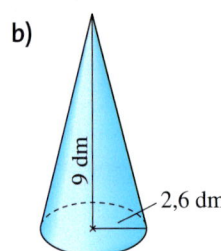
9 dm; 2,6 dm

9 Berechne das Volumen des Kegels.

a)
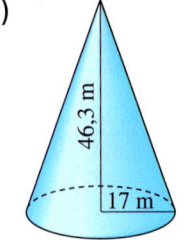
46,3 m; 17 m

b)
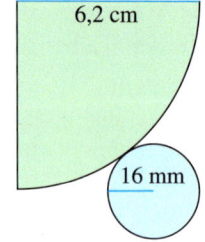
6,2 cm; 16 mm

10 Berechne das Volumen des Kegels.

a) $r = 14\,\text{cm}$; $h_k = 25\,\text{cm}$

b) $r = 5,4\,\text{dm}$; $h_k = 8\,\text{dm}$

c) $r = 5,2\,\text{cm}$; $h_k = 15\,\text{cm}$

d) $r = 3,8\,\text{cm}$; $h_k = 10\,\text{cm}$

e) $r = 2,45\,\text{m}$; $h_k = 7,8\,\text{m}$

10 Vervollständige im Heft.

	r	h_k	V
a)	5 cm	12 cm	
b)		9,5 dm	34,5 dm³
c)	4,5 cm		70,4 cm³
d)	1,5 dm		1 767 cm³

11 In einem Geschäft gibt es zwei Sorten von Schultüten. Die eine ist 73 cm hoch und hat einen Radius

von 8,5 cm. Die andere ist 53 cm hoch, hat aber einen Radius von 10 cm. Welche Schultüte hat das größere Volumen?

11 Wenn trockener Sand mit einem Förderband aufgeschüttet wird, so entsteht ein kegelförmiger Haufen. 400 m³ Sand werden zu einer Höhe von 8 m aufgeschüttet. Welche Bodenfläche bedeckt der Sand?

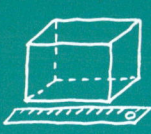

12 Der Vulkan Mayon auf den Philippinen hat ungefähr die Form eines Kegels. Er ist ca. 2400 m hoch. Seine Grundfläche hat einen Durchmesser von etwa 7 km. Berechne sein Volumen.

12 Ein kegelförmiges Kelchglas mit einem Durchmesser von 10,5 cm und einer Kelchhöhe von 5 cm wird bis zur halben Höhe gefüllt. Wie viel Kubikzentimeter (cm^3) sind im Glas?

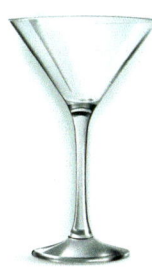

13 Ein Briefbeschwerer hat die Form eines Kegels. Er ist 6 cm hoch und hat einen Durchmesser von 9 cm.
a) Welches Volumen hat der Briefbeschwerer?
b) Der Briefbeschwerer wird in einem quaderförmigen Karton verpackt. Welche Länge, Breite und Höhe muss der Karton mindestens haben?

13 Wenn man das Dreieck um die Seite $\overline{MS}$ dreht, entsteht ein Kegel. Berechne das Volumen dieses Kegels.

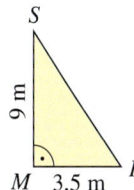

14 Die Buchstützen sind Halbkegel. Sie sind 29 cm hoch, ihr Radius beträgt 6 cm.

a) Berechne das Volumen einer Buchstütze.
b) Wie schwer ist eine Buchstütze aus Messing? 1 cm^3 Messing wiegt 8,5 g.

14 Aus einer quadratische Pyramide wird ein Kegel ausgefräst. Der Kegel ist 6 cm hoch.

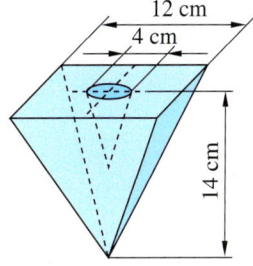

Wie schwer ist dieser Körper aus Aluminium? 1 cm^3 Aluminium wiegt 2,7 g.

15 Ein Kegel hat ein Volumen von 75,4 cm^3.
a) Bestimme seine Höhe, wenn $r = 3$ cm ist.
b) Bestimme den Radius, wenn $h_k = 3$ cm ist.

15 Ein kegelförmiger Sandhaufen hat einen Umfang von 13,8 m. Er ist 2,1 m hoch. Wie groß ist sein Volumen?

16 Berechne das Volumen des Kegels. Bestimme zuerst die Höhe h_k.
Beispiel $r = 10$ m; $s = 15$ m
$$s^2 = r^2 + h_k^2$$
$$(15\,m)^2 = (10\,m)^2 + h_k^2$$
$$225\,m^2 = 100\,m^2 + h_k^2$$
$$h_k = \sqrt{125\,m^2} \approx 11,2\,m$$
$$V = \ldots$$
a) $r = 5$ cm; $s = 10$ cm
b) $r = 14$ m; $s = 35$ m
c) $r = 7,5$ cm; $s = 12$ cm

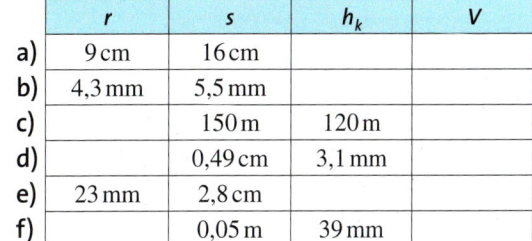

16 Ergänze die Tabelle für einen Kegel. Nutze den Satz des Pythagoras.

	r	s	h_k	V
a)	9 cm	16 cm		
b)	4,3 mm	5,5 mm		
c)		150 m	120 m	
d)		0,49 cm	3,1 mm	
e)	23 mm	2,8 cm		
f)		0,05 m	39 mm	

Thema: Satz des Cavalieri

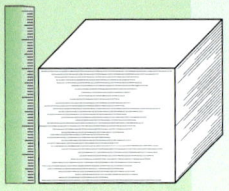
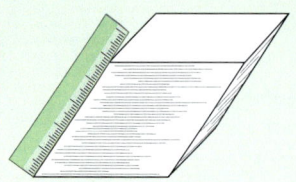

Stapelt man gleichförmige Papierbogen übereinander, so erhält man ein gerades Prisma. Wird dieser Stapel verschoben, ergibt sich ein schiefes Prisma.
Die Rechtecke in beliebiger Höhe haben die gleiche Form wie die Grundfläche. Daher haben das schiefe und das gerade Prisma das gleiche Volumen.

Satz des Cavalieri
Zwei Körper haben gleich große Höhen h_k und ihre Querschnittsflächen A_P und A_K haben in gleicher Höhe den gleichen Flächeninhalt. Dann haben die beiden Körper auch das gleiche Volumen.

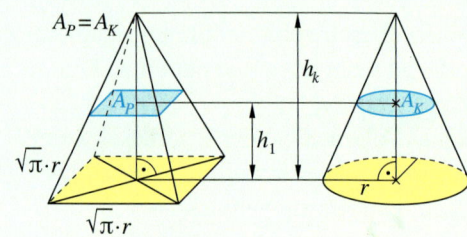

HINWEIS
Bonaventura Cavalieri lebte 1598 bis 1647. Er war italienischer Mönch, Mathematiker und Astronom. Hauptsächlich forschte er auf dem Gebiet der Geometrie.
Er war an mehreren Universitäten als Professor für Mathematik angestellt.

1 Berechne das Volumen der schiefen Körper.

a)
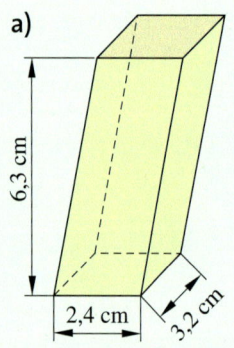
6,3 cm
2,4 cm
3,2 cm

b)
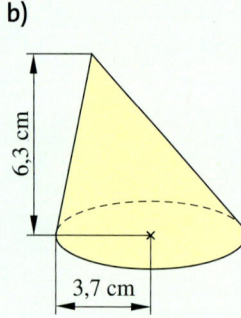
6,3 cm
3,7 cm

c)
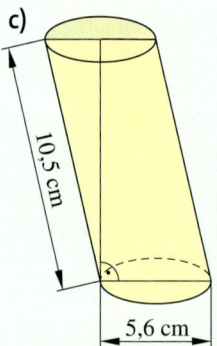
10,5 cm
5,6 cm

d)
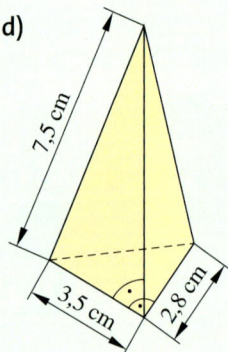
7,5 cm
3,5 cm
2,8 cm

2 Ein schiefes Prisma mit rechteckiger Grundfläche hat ein Volumen von 122,5 cm³.
Eine Seite der Grundfläche ist 3,5 cm lang. Das Prisma ist 7 cm hoch. Welchen Inhalt hat die Schnittfläche, die in 4 cm Höhe parallel zur Grundfläche liegt?

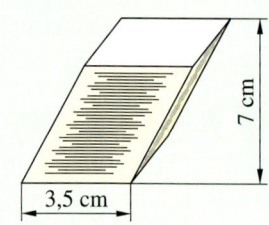
7 cm
3,5 cm

3 Aus einem Würfel mit der Kantenlänge $a = 6$ cm entsteht eine Pyramide. Welches Volumen hat die Pyramide?

a)
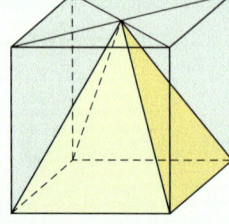

b)
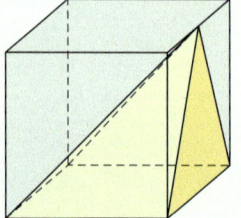

c)
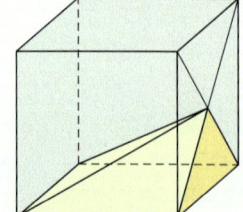

4 Berechne das Volumen des schiefen Kegels.
a) $r = 4,3$ cm; $h_k = 8$ cm   b) $r = 5,2$ cm; $h_k = 15$ cm   c) $d = 3$ cm; $h_k = 9$ cm

Volumen und Oberfläche von Kugeln

Entdecken

1 Betrachte die drei Körper.

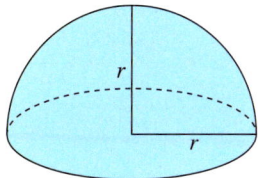 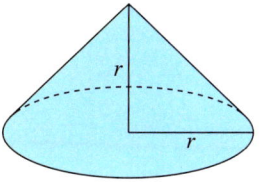 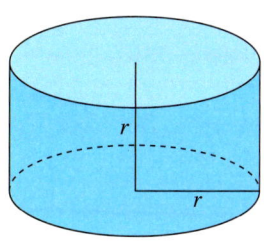

a) Um welche Körper handelt es sich?

b) Die Körper haben alle den gleichen Radius r. Sie sind auch alle gleich hoch, es ist $h_k = r$. Skizziere die drei Schrägbilder in deinem Heft. Beginne mit dem Körper, der das kleinste Volumen hat, dann kommt der zweitgrößte …

c) Schreibe die Formel für das Volumen unter die Körper. Setze $h_k = r$ ein. Für einen Körper kennst du die Formel noch nicht.

d) Versuche, eine Formel für das Volumen der Halbkugel und für eine Kugel aufzustellen.

2 🔲 Für den folgenden Versuch benötigt ihr:
– einen Messbecher mit Überlauf (z. B. aus der Chemie-Sammlung) oder ein großes Gefäß (Eimer, Wanne)
– verschieden große Kugeln (z. B. Murmeln, Bälle, die nicht schwimmen)
– ein Maßband und viel Wasser

Versuchsvorbereitung:
Messt mit dem Maßband den Umfang der Kugeln ($u = 2\pi r$) und berechnet ihren Radius r. Übertragt die Tabelle in euer Heft und ergänzt die Werte.

Kugel	Umfang u	Radius r	verdrängte Wassermenge
z. B. Golfball			

Versuchsdurchführung:
– Stellt euer Gefäß an einer Stelle auf, die nass werden darf. Füllt das Gefäß bis zum Rand.
– Legt eine Kugel vorsichtig ins Wasser und lasst sie versinken.
– Wie viel Wasser hat die Kugel verdrängt? Messt die übergelaufene Menge ab oder nehmt die Kugel heraus und füllt das übergelaufene Wasser mit einem Messbecher nach.
– Führt den Versuch mit allen Kugeln durch und tragt die Werte in die Tabelle ein.
– Überprüft mithilfe eurer Messwerte in der Tabelle die Formel aus Aufgabenteil 1 d).

3 Wenn man einen Globus baut, so wird er zum Schluss mit Flächen beklebt, die die Form von Stücken haben wie beim Schälen einer Apfelsine.
Nutzt das gezeichnete Netz, um die Oberfläche einer Kugel abzuschätzen.

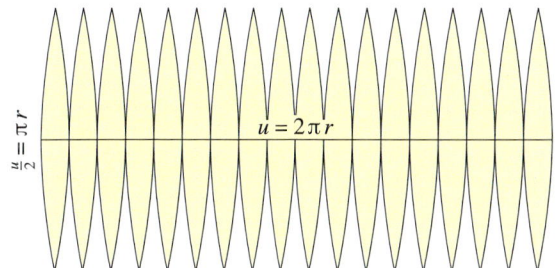

$u = 2\pi r$

$\frac{u}{2} = \pi r$

Berechnet dazu den Flächeninhalt eines Rechtecks. Wählt die Höhe wegen der „Lücken" bei den Spitzen etwas kleiner als angegeben.

Verstehen

Lena und Max sollen eine Formel für das Volumen einer Kugel finden.
Dazu haben sie zwei Körper bekommen, die man mit Wasser füllen kann.
Der Kegel und die Halbkugel haben die gleiche Grundfläche. Der Kegel ist doppelt so hoch wie die Halbkugel. Er hat also die Höhe $h_k = 2r$.

Lena und Max füllen den Kegel mit Wasser und gießen das Wasser in die Halbkugel um. Sie stellen fest: Das Wasser aus dem Kegel füllt die Halbkugel bis zum Rand. Also haben der Kegel und die Halbkugel das gleiche Volumen. Eine ganze Kugel (bestehend aus zwei Halbkugeln) hat dann das gleiche Volumen wie zwei Kegel.

$V_{Kugel} = 2 \cdot V_{Kegel}$	Setze die Formel für $V_{Kegel} = \frac{1}{3}\pi \cdot r^2 \cdot h_k$ ein, beachte $h_k = 2r$.
$V_{Kugel} = 2 \cdot \frac{1}{3}\pi \cdot r^2 \cdot 2r$	Sortiere die Faktoren.
$V_{Kugel} = 2 \cdot \frac{1}{3} \cdot 2\pi \cdot r^2 \cdot r$	Fasse die Faktoren zusammen: $2 \cdot \frac{1}{3} \cdot 2 = \frac{4}{3}$ und $r^2 \cdot r = r^3$
$V_{Kugel} = \frac{4}{3}\pi \cdot r^3$	

Merke

Für das Volumen einer Kugel gilt:
$V = \frac{4}{3}\pi \cdot r^3$

Beispiel 1

gegeben: Kugel mit Radius $r = 4\,\text{cm}$
gesucht: Volumen V
Formel: $V = \frac{4}{3}\pi \cdot r^3$
einsetzen: $V = \frac{4}{3}\pi \cdot (4\,\text{cm})^3$
lösen: $V \approx 268{,}08\,\text{cm}^3$

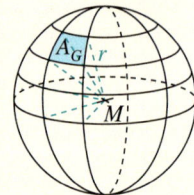

Um den Oberflächeninhalt einer Kugel zu berechnen, wendet man einen Trick an: Man zerlegt eine Kugel in lauter Pyramiden mit quadratischer Grundfläche A_G (Randspalte). Zuerst betrachtet man das bekannte Volumen. Das gesamte Volumen V der Kugel ergibt sich, wenn man die Volumina $V_1 + V_2 + \ldots + V_n$ der kleinen Pyramiden addiert.

$V = V_1 + V_2 + \ldots + V_n$	Setze für $V_1 = \frac{1}{3} \cdot A_G \cdot h_k$ ein usw., beachte $h_k = r$.
$V = \frac{1}{3} \cdot A_G \cdot r + \frac{1}{3} \cdot A_G \cdot r + \ldots + \frac{1}{3} \cdot A_G \cdot r$	Klammere $\frac{1}{3} \cdot r$ aus.
$V = \frac{1}{3} \cdot r \underbrace{(A_G + A_G + \ldots + A_G)}$	Alle Grundflächen A_G zusammen ergeben die Oberfläche A_O der Kugel.
$V = \frac{1}{3} \cdot r \cdot \qquad A_O$	Setze für das Volumen $V = \frac{4}{3}\pi \cdot r^3$ ein.
$\frac{4}{3}\pi \cdot r^3 = \frac{1}{3} \cdot r \cdot A_O \quad |\cdot 3 \quad |:r$	Löse die Gleichung nach A_O auf.
$A_O = \frac{4}{3} \cdot 3 \cdot \pi \cdot (r^3 : r)$	Kürze und fasse zusammen.
$A_O = 4\pi \cdot r^2$	

Merke

Für den **Oberflächeninhalt A_O einer Kugel** gilt:
$A_O = 4\pi \cdot r^2$

Beispiel 2

gegeben: Kugel mit Radius $r = 4\,\text{cm}$
gesucht: Oberflächeninhalt A_O
Formel: $A_O = 4\pi \cdot r^2$
einsetzen: $A_O = 4\pi \cdot (4\,\text{cm})^2$
lösen: $A_O \approx 201{,}06\,\text{cm}^2$

Üben und anwenden

1 Berechne das Volumen der Kugel.
Beachte, dass $d = 2\,r$ gilt.
Runde auf zwei Nachkommastellen.

a) $r = 8\,\text{cm}$ b) $r = 4\,\text{m}$
c) $r = 2,5\,\text{cm}$ d) $r = 15\,\text{mm}$
e) $d = 10\,\text{cm}$ f) $d = 48\,\text{mm}$
g) $d = 80\,\text{m}$ h) $d = 9\,\text{cm}$

2 Berechne das Volumen der Bälle.

a) Tennisball mit $r = 3,2\,\text{cm}$
b) Handball mit $r = 8,9\,\text{cm}$
c) Fußball mit $d = 23,5\,\text{cm}$

3 Eine Kugel hat den Radius $r = 5\,\text{cm}$.

a) Berechne das Volumen der Kugel.
b) Welches Volumen hat eine Kugel mit dem doppelten (dreifachen, vierfachen) Radius?

4 Ein Eisportionierer hat einen Durchmesser von 5 cm.
Wie viele Eiskugeln erhält man damit aus 15 l Eis?
Ein Liter hat ein Volumen von $1\,000\,\text{cm}^3$.

5 Berechne den Radius der Kugel.
Beachte den Hinweis in der Randspalte.
Beispiel *gegeben*: $V = 32\,\text{cm}^3$
Formel: $V = \frac{4}{3}\pi \cdot r^3$
einsetzen: $32\,\text{cm}^3 = \frac{4}{3}\pi \cdot r^3 \;\;|: \frac{4}{3}\pi$
lösen: $7,64\,\text{cm}^3 \approx r^3 \;\;|\sqrt[3]{}$
           $r \approx 1,97\,\text{cm}$

a) $V = 13\,\text{cm}^3$ b) $V = 450\,\text{cm}^3$
c) $V = 9\,\text{m}^3$ d) $V = 50,5\,\text{m}^3$

6 Die Weihnachtsbaumkugel hat ein Volumen von etwa $7\,238,2\,\text{cm}^3$.
Berechne ihren Radius. Gib den Radius in Zentimetern und in Millimetern an.

1 Berechne das Volumen der Kugel und gib es immer in Kubikzentimetern (cm^3) an.
Runde auf zwei Nachkommastellen.

a) $r = 12\,\text{cm}$ b) $r = 1,5\,\text{cm}$
c) $d = 16\,\text{cm}$ d) $d = 15\,\text{cm}$
e) $r = 4,4\,\text{m}$ f) $d = 10,5\,\text{mm}$
g) $d = 7,3\,\text{dm}$ h) $r = 9,1\,\text{cm}$

2 Berechne das Volumen der Kugeln.
Runde das Ergebnis auf zwei Nachkommastellen.

a) Stecknadelkopf
b) Billardkugel mit $d = 5,7\,\text{cm}$

3 mm

3 Annika meint, dass sich das Volumen einer Kugel verdoppelt, wenn der Radius der Kugel verdoppelt wird. Überprüfe Annikas Behauptung an einem Beispiel und korrigiere – falls notwendig – ihre Aussage.

4 In der Eisdiele von Luigi hat eine Eiskugel einen Durchmesser von 5 cm und wird für 0,90 € verkauft. Die Eiskugel in Paolos Eisdiele hat einen Radius von 3 cm. Paolo verkauft sie für 80 Cent.
Welche Eisdiele verkauft ihr Eis günstiger?

5 Berechne den Radius der Kugel.
Beachte den Hinweis in der Randspalte.
Runde auf zwei Nachkommastellen.

a) $V = 13,45\,\text{m}^3$
b) $V = 102,5\,\text{dm}^3$
c) $V = 345,046\,\text{cm}^3$
d) $V = 4\,200\,\text{mm}^3$
e) $V = 657,4\,\text{m}^3$
f) $V = 800,04\,\text{cm}^3$

6 Die drei Murmeln haben zusammen ein Volumen von etwa $100\,\text{cm}^3$.
Bestimme den Durchmesser einer Murmel in Zentimetern und in Millimetern.

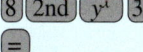

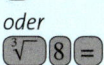

7 Der Golfball
besteht aus
einem Material,
bei dem 1 cm³
ein Gewicht
von 1,15 g hat.
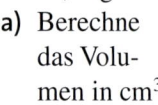
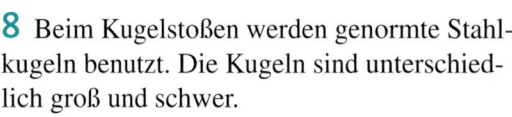
a) Berechne
das Volu-
men in cm³.
b) Wie schwer ist der Golfball?

8 Beim Kugelstoßen werden genormte Stahl-
kugeln benutzt. Die Kugeln sind unterschiedlich groß und schwer.
1 cm³ Stahl wiegt 7,86 g.

Altersklasse	Radius
Frauen	4,9 cm
männliche Jugend B	5,3 cm
männliche Jugend A	5,8 cm
Männer	6,0 cm

a) Berechne jeweils das Volumen.
b) Wie schwer ist jede der Kugeln?

9 Berechne den Oberflächeninhalt der Kugel.
Beachte, dass $d = 2r$ gilt.
Runde das Ergebnis auf zwei Nachkommastellen.
a) $r = 6$ cm   b) $r = 3$ m
c) $r = 1,5$ cm   d) $r = 35$ mm
e) $d = 50$ cm   f) $d = 92$ mm

10 Ein kugel-
förmiger Tank hat
9,44 m Durch-
messer. Der Tank
soll einen neuen
Anstrich erhalten.
Berechne die
Größe der Fläche,
die gestrichen
wird.

11 Eine Kugel hat den Radius $r = 5$ cm.
a) Berechne den Oberflächeninhalt.
b) Welchen Oberflächeninhalt hat eine Kugel
mit dem doppelten (dreifachen, vierfachen)
Radius?

7 Eine Granitkugel
dreht sich auf einem
Wasserfilm. Sie hat
einen Durchmesser
von 1,1 m.
Granit wiegt 2,8 g
pro 1 cm³.
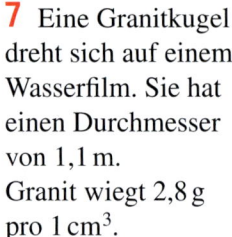

a) Welches Volumen
hat die Kugel?
b) Berechne das Gewicht in Tonnen.

8 Nach internationalem Regelwerk muss ein
Fußball einen Umfang von etwa 69 cm besitzen, ein Volleyball einen Umfang von etwa
66 cm und ein Basketball einen Umfang
zwischen von etwa 77,5 cm.
Bestimme das Volumen der drei Ballarten.

9 Berechne den Oberflächeninhalt der Kugel.
Gib das Ergebnis immer in Quadratzentime-
tern (cm²) und auf zwei Nachkommastellen
gerundet an.
a) $r = 15$ cm   b) $r = 7,5$ cm
c) $d = 18$ cm   d) $d = 65$ cm
e) $r = 8,3$ m   f) $d = 20,5$ mm

10 Ein Wasserball
hat einen Durch-
messer von 32,5 cm.
a) Bestimme den
Oberflächen-
inhalt des Balls.
b) 15 % der Ball-
oberfläche sind
orange.
Wie viel Quadratzentimeter sind das?

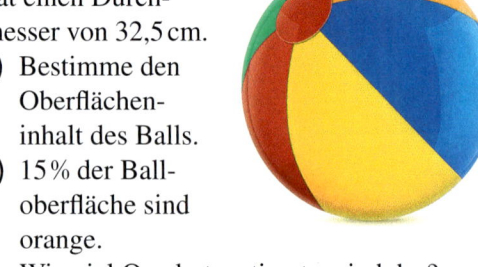

11 Elias meint, dass sich der Oberflächeninhalt einer Kugel verdoppelt, wenn der Radius
der Kugel verdoppelt wird. Überprüfe Elias'
Behauptung an einem Beispiel und korrigiere
– falls notwendig – seine Aussage.

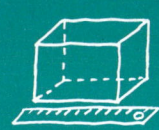

12 Berechne den Radius der Kugel.
Beispiel *gegeben:* $A_O = 32\,\text{cm}^2$
Formel: $A_O = 4\pi \cdot r^2$
einsetzen: $32\,\text{cm}^2 = 4\pi \cdot r^2 \mid :4 \mid :\pi$
lösen: $2{,}55\,\text{cm}^2 \approx r^2 \mid \sqrt{}$
           $r \approx 1{,}60\,\text{cm}$
a) $A_O = 25\,\text{cm}^2$ **b)** $A_O = 175\,\text{cm}^2$
c) $A_O = 12\,\text{m}^2$ **d)** $A_O = 2000\,\text{mm}^2$

12 Berechne den Radius der Kugel. Gib ihn auf zwei Nachkommastellen gerundet an.
a) $A_O = 14{,}32\,\text{m}^2$
b) $A_O = 105{,}6\,\text{dm}^2$
c) $A_O = 244{,}075\,\text{cm}^2$
d) $A_O = 3400\,\text{mm}^2$
e) $A_O = 552{,}1\,\text{m}^2$
f) $A_O = 700{,}08\,\text{cm}^2$

13 Eine Kugel beim Sportkegeln hat einen Oberflächeninhalt von etwa $1005\,\text{cm}^2$. Welchen Radius hat die Kugel?

13 Die „Haut" einer Seifenblase hat eine $78{,}5\,\text{cm}^2$ große Oberfläche. Kann die Seifenblase 6 cm Durchmesser haben?

14 Der „HI-Flyer" in Berlin ist der weltgrößte Fesselballon. Die Heliumfüllung wird mit $5700\,\text{m}^3$ angegeben, der Durchmesser mit 22,5 m.
a) Können diese Angaben stimmen?
b) Berechne den Flächeninhalt der Hülle.

14 Das Pantheon in Rom ist der größte Rundbau der antiken römischen Baukunst. Die Kuppel hat einen Durchmesser von 43,3 m. Bestimme Oberflächeninhalt und Volumen dieser Halbkugel.

15 Eine Weihnachtsbaumkugel mit dem Durchmesser $d = 8\,\text{cm}$ passt genau in eine würfelförmige Schachtel. Berechne den Oberflächeninhalt der Kugel und den Oberflächeninhalt der Schachtel.

15 Ein Marmorwürfel hat eine Seitenlänge von 15 cm. Aus ihm soll eine möglichst große Kugel herausgearbeitet werden.
a) Wie groß ist der Radius der Kugel?
b) Berechne den Oberflächeninhalt des Würfels und der Kugel.

16 Die Erde hat einen mittleren Radius von 6371 km.

a) Berechne den Oberflächeninhalt.
b) $\frac{2}{3}$ der Erdoberfläche sind mit Wasser bedeckt. Wie viele km^2 sind das?
Erinnere dich: $\frac{2}{3}$ von 1 m sind $\frac{2}{3} \cdot 1\,\text{m}$

16 Die Abbildung zeigt den Mond.

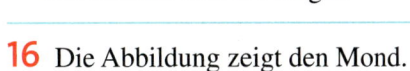

3 476 km

a) Berechne den Oberflächeninhalt.
b) Bei Vollmond kann man 59 % der gesamten Mondoberfläche sehen. Wie viel km^2 sind das?

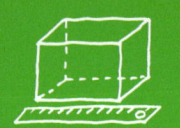

Methode: Zusammengesetzte Körper berechnen

Dies ist der Dom St. Peter und Paul in Worms.
Der Dom besteht aus verschiedenen Körpern,
z. B. Prisma, Zylinder, Pyramide und Kegel.

So berechnest du Volumen und Oberflächeninhalt von zusammengesetzten Körpern:
– Bestimme zuerst, aus welchen Teilkörpern der zusammengesetzte Körper besteht.
– Nutze dann die passenden Formeln für die einzelnen Teilkörper.

Beispiel 1

gegeben: zusammengesetzter Körper aus
– einem Quader mit $a = b = 10\,\text{cm}$; $c = 4\,\text{cm}$ und
– einer quadratischen Pyramide mit $a = 10\,\text{cm}$; $h_k = 15\,\text{cm} - 4\,\text{cm} = 11\,\text{cm}$

gesucht: **Volumen V** des zusammengesetzten Körpers

Formeln: $V_{\text{Quader}} = a \cdot b \cdot c$ $\qquad\qquad V_{\text{Pyramide}} = \frac{1}{3} \cdot a^2 \cdot h_k$

einsetzen: $V_{\text{Quader}} = 10\,\text{cm} \cdot 10\,\text{cm} \cdot 4\,\text{cm}$ $\qquad V_{\text{Pyramide}} = \frac{1}{3} \cdot (10\,\text{cm})^2 \cdot 11\,\text{cm}$

$\qquad\qquad V_{\text{Quader}} = 400\,\text{cm}^3$ $\qquad\qquad\quad V_{\text{Pyramide}} \approx 366{,}7\,\text{cm}^3$

$$V_{\text{gesamt}} = V_{\text{Quader}} + V_{\text{Pyramide}}$$
$$V_{\text{gesamt}} \approx 400\,\text{cm}^3 + 366{,}7\,\text{cm}^3$$
$$V_{\text{gesamt}} \approx 766{,}7\,\text{cm}^3$$

Antwort: Das Volumen des zusammengesetzten Körpers beträgt etwa $766{,}7\,\text{cm}^3$.

Maße in cm

Beispiel 2

gegeben: zusammengesetzter Körper aus
– einem Quader mit $a = b = 10\,\text{cm}$; $c = 4\,\text{cm}$ und
– einer quadratischen Pyramide mit $a = 10\,\text{cm}$; $h_a = 12{,}1\,\text{cm}$

gesucht: **Oberflächeninhalt A_O** des zusammengesetzten Körpers

Formeln: $A_{O\,\text{Quader}} = 2 \cdot (a \cdot b + a \cdot c + b \cdot c)$ $\quad A_{O\,\text{Pyramide}} = 2 \cdot a \cdot h_a + a^2$

einsetzen: $A_{O\,\text{Quader}} = 2 \cdot (10\,\text{cm} \cdot 10\,\text{cm} +$ $\quad A_{O\,\text{Pyramide}} = 2 \cdot 10\,\text{cm} \cdot 12{,}1\,\text{cm} + (10\,\text{cm})^2$

$\qquad\qquad\quad 10\,\text{cm} \cdot 4\,\text{cm} + 10\,\text{cm} \cdot 4\,\text{cm})$ $\qquad A_{O\,\text{Pyramide}} = 342\,\text{cm}^3$

$\qquad A_{O\,\text{Quader}} = 360\,\text{cm}^2$

Maße in cm

Vom Oberflächeninhalt der beiden Teilkörper muss man den Inhalt der beiden nicht sichtbaren
Flächen abziehen:

$$A_{O\,\text{gesamt}} = A_{O\,\text{Quader}} + A_{O\,\text{Pyramide}} - 2 \cdot a^2$$
$$A_{O\,\text{gesamt}} = 360\,\text{cm}^2 + 342\,\text{cm}^2 - 2 \cdot (10\,\text{cm})^2$$
$$A_{O\,\text{gesamt}} = 502\,\text{cm}^2$$

Antwort: Der Oberflächeninhalt des zusammengesetzten Körpers beträgt $502\,\text{cm}^2$.

Beispiel 3

Verschiedene Körper können durch handwerkliches Geschick aus anderen
Körpern erstellt werden.
Ein Zerspanungsmechaniker ist beispielsweise in der Lage, aus einem
Zylinder einen Kegel zu fräsen. Um den Materialabfall zu bestimmen,
subtrahiert man das Volumen der Körper voneinander.

$$V_{\text{Zylinder}} - V_{\text{Kegel}} = V_{\text{Rest}}$$

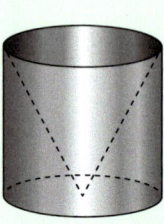

1 Betrachte die zusammengesetzten Körper. Alle Längen sind in cm angegeben.
a) Beschreibe, aus welchen Teilkörpern der Körper zusammengesetzt ist.
b) Berechne das Volumen.
c) Berechne den Oberflächeninhalt.

①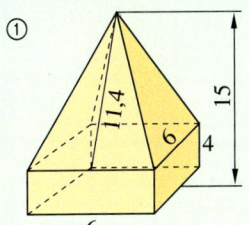

②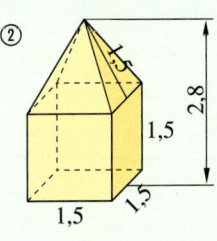

③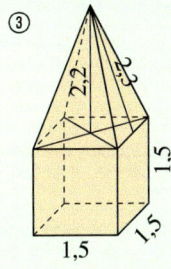

④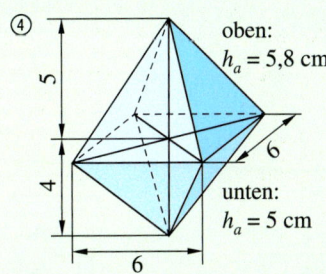
oben: $h_a = 5{,}8$ cm
unten: $h_a = 5$ cm

⑤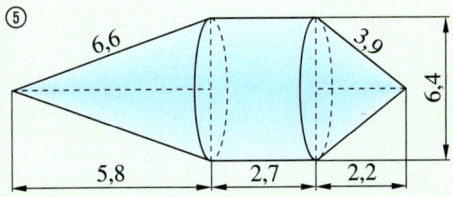

⑥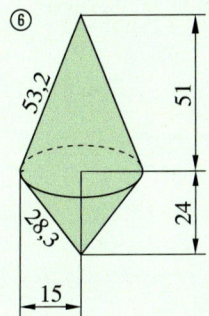

⑦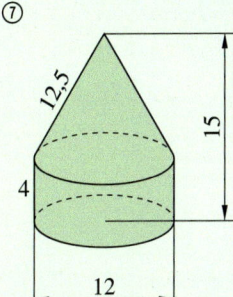

⑧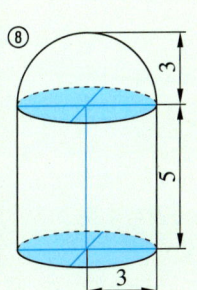

⑨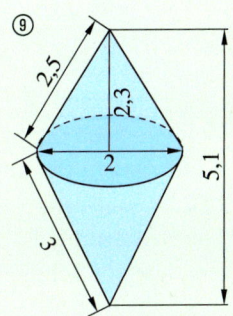

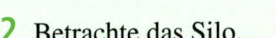

2 Betrachte das Silo.
a) Aus welchen Körpern besteht das Silo?
b) Berechne den Oberflächeninhalt.
c) Das Silo soll gestrichen werden. Berechne die benötigte Farbmenge.
   Mit einem Liter Farbe können $5\,\text{m}^2$ gestrichen werden.
d) 750 ml Farbe kosten 21,95 €. Wie viel kostet die Farbe insgesamt?

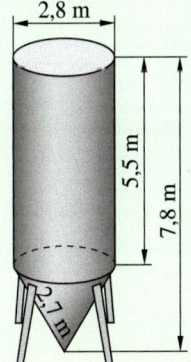

3 Aus einem Holzwürfel soll ein möglichst großer Kegel gedreht werden.
Der Holzwürfel hat die Kantenlänge $a = 15$ cm.
a) Welche Maße hat der Kegel?
b) Welches Volumen hat der Kegel?
c) Wie schwer ist der Kegel, wenn $1\,\text{dm}^3$ Holz 0,65 kg wiegt?

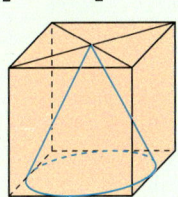

Klar so weit?

→ Seite 88,
90,
92

Pyramiden und Kegel erkennen

1 Betrachte die Körper.

 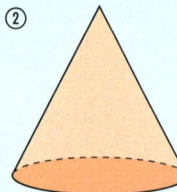 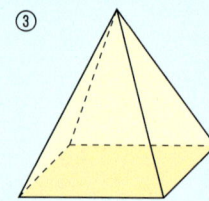 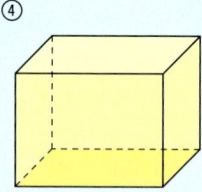 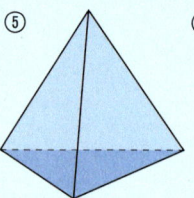 

a) Benenne die Körper und zähle ihre Eigenschaften auf.
b) Fasse die Körper in Gruppen mit gleichen Eigenschaften zusammen.
c) Nenne Objekte aus deiner Umwelt, die die Form dieser Körper besitzen.

2 Beim Netz einer quadratischen Pyramide sind die Grundkanten und die Seitenkanten gleich lang.

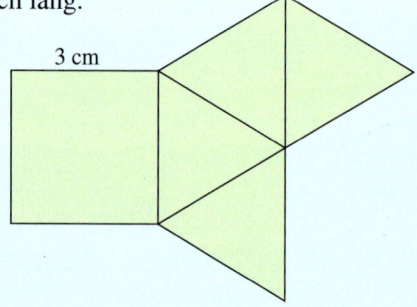

a) Zeichne dieses Netz. Markiere mit verschiedenen Farben die Grundkanten a und die Seitenkanten s der Pyramide. Zeichne auch die Seitenhöhen h_a ein.
b) Zeichne ein Schrägbild der Pyramide.

2 Dies ist das Netz einer Pyramide mit rechteckiger Grundfläche.

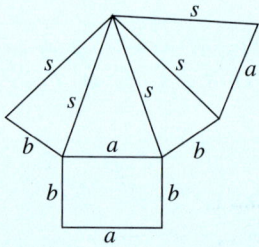

a) Zeichne nach der Skizze das Netz einer rechteckigen Pyramide. Ihre Grundfläche hat die Maße $a = 2{,}4\,\text{cm}$ und $b = 1{,}6\,\text{cm}$. Die Seitenkante ist $s = 3{,}5\,\text{cm}$.
b) Zeichne ein Schrägbild der Pyramide.

→ Seite 96

Oberfläche von Pyramiden

3 Berechne den Mantelflächeninhalt und den Oberflächeninhalt einer quadratischen Pyramide mit $a = 7\,\text{cm}$ und $h_a = 12\,\text{cm}$.

3 Berechne den Mantel- und den Oberflächeninhalt der quadratischen Pyramide.

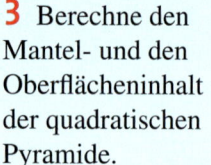 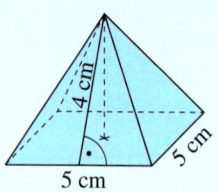

4 Berechne zunächst die Seitenhöhe h_a der quadratischen Pyramide mit dem Satz des Pythagoras.
Berechne dann den Mantelflächeninhalt.
a) $a = 12\,\text{cm}$ und $h_k = 8\,\text{cm}$
b) $a = 2{,}6\,\text{m}$ und $h_k = 3{,}8\,\text{m}$

4 Berechne zunächst die Seitenhöhe h_a der quadratischen Pyramide.
Berechne dann den Oberflächeninhalt.
a) $a = 8\,\text{cm}; h_k = 9\,\text{cm}$
b) $a = 76\,\text{mm}; h_k = 15\,\text{cm}$
c) $a = 0{,}65\,\text{m}; s = 0{,}8\,\text{m}$

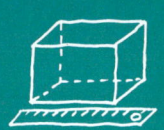

→ *Seite 100*

Volumen von Pyramiden

5 Berechne das Volumen der quadratischen Pyramide mit $a = 6\,cm$ und $h_k = 7,5\,cm$.

6 Berechne zuerst die Körperhöhe h_k mit dem Satz des Pythagoras und dann das Volumen.

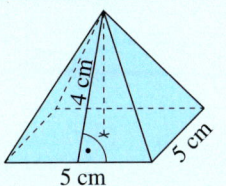

5 cm

7 Eine quadratische Pyramide hat ein Volumen von $12,3\,cm^3$. Ihre Grundkante a misst 3 cm. Wie hoch ist sie?

5 Berechne das Volumen der rechteckigen Pyramide mit $a = 2,5\,cm$, $b = 4,2\,cm$ und $h_k = 6,5\,cm$.

6 Berechne das Volumen der quadratischen Pyramide mit $a = 9,2\,cm$ und $h_a = 11,8\,cm$. Bestimme dazu zuerst die Höhe h_k mit dem Satz des Pythagoras.

7 Die Grundfläche einer quadratischen Pyramide hat einen Umfang von $13,8\,m$. Es ist $h_k = 2,1\,m$. Berechne das Volumen.

Oberfläche und Volumen von Kegeln

→ *Seite 104*

8 Der Durchmesser des Kegels ist $d = 6,8\,m$, also ist $r = 3,4\,m$. Lies die Länge von s ab. Berechne den Oberflächeninhalt.

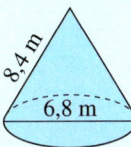

9 Berechne das Volumen des Kegels. Bestimme zuerst den Radius r.

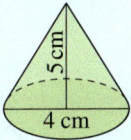

10 Ein Kegel hat eine Mantellinie $s = 10\,m$ und den Radius $r = 6\,m$. Berechne zuerst die Körperhöhe h_k mit dem Satz des Pythagoras und dann das Volumen.

8 Berechne den Oberflächeninhalt des Kegels.
a) $r = 0,7\,m$; $s = 1,3\,m$
b) $d = 105\,mm$; $s = 125\,mm$

9 Berechne das Volumen des Kegels.
a) $r = 12,7\,cm$; $h_k = 23,1\,cm$
b) $d = 63\,m$; $h_k = 99\,m$

10 Der Partyhut hat einen Radius von 4,2 cm und ist 12 cm hoch. Aus wie viel cm^2 Pappe besteht er?

Volumen und Oberfläche von Kugeln

→ *Seite 110*

11 Berechne die Größen für die Kugel.

	r	d	A_O
a)	1,8 m		
b)		3,1 cm	
c)			232,5 cm²

11 Die Schüssel hat einen Durchmesser von 30 cm.
a) Berechne das Fassungsvermögen.
b) Berechne den Oberflächeninhalt.

12 Gib die fehlenden Größen der Kugel an.
a) $r = 69\,cm$; $V = ?$ b) $d = 36\,cm$; $V = ?$
c) $r = ?$; $A = ?$; $V = 966\,cm^3$

12 Berechne den Radius der Kugel.
a) $A_O = 452,4\,cm^2$ b) $A_O = 1\,963,5\,mm^2$
c) $V = 33,5\,m^3$ d) $V = 3,05\,cm^3$

Vermischte Übungen

1 Welcher Körper entsteht aus dem Netz?

a) 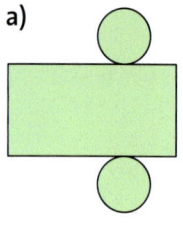 b) 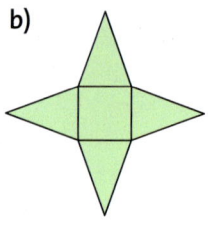 c) 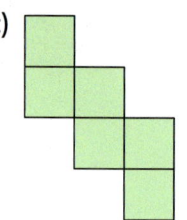 d)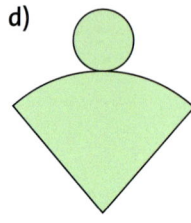

2 Skizziere das Schrägbild.
Trage alle Maße ein.
Berechne das Volumen.
a) quadratische Pyramide mit $a = 4\,\text{cm}$;
   $h_k = 7\,\text{cm}$ und $h_a = 7,3\,\text{cm}$
b) Kegel mit $r = 2\,\text{cm}$, $h_k = 9\,\text{cm}$ und
   $s = 9,2\,\text{cm}$
c) Kugel mit $r = 3,5\,\text{cm}$

3 Berechne den Oberflächeninhalt der
quadratischen Pyramide.
a) $a = 6,5\,\text{cm}$; $h_a = 10,5\,\text{cm}$
b) $a = 17,9\,\text{cm}$; $h_a = 33,2\,\text{cm}$
c) $a = 1,6\,\text{cm}$; $h_a = 99\,\text{mm}$
d) $a = 0,5\,\text{m}$; $h_a = 77\,\text{cm}$

4 Berechne den Oberflächeninhalt einer
quadratischen Pyramide. Die Grundfläche hat
eine Seitenlänge von $a = 4,6\,\text{cm}$, die Seitenkante s ist 10 cm lang.
Tipp: Berechne zuerst die Seitenhöhe h_a mit
dem Satz des Pythagoras.

5 Dies ist das Netz einer
quadratischen Pyramide
mit $a = 3\,\text{cm}$ und $s = 5\,\text{cm}$.
a) Berechne die Länge der
   Seitenhöhe h_a mit dem
   Satz des Pythagoras.
   Bestimme dann den Oberflächeninhalt A_O.
b) Nutze h_a und berechne die Körperhöhe h_k.
   Bestimme danach das Volumen V.

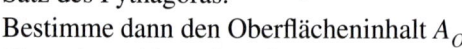

6 Berechne für eine quadratische Pyramide.
a) $a = 7\,\text{cm}$; $h_a = 10\,\text{cm}$; $h_k = ?$
b) $a = 12\,\text{cm}$; $h_a = 18,5\,\text{cm}$; $h_k = ?$
c) $h_a = 21\,\text{cm}$; $h_k = 14\,\text{cm}$; $a = ?$
d) $h_a = 6,1\,\text{cm}$; $h_k = 3,4\,\text{cm}$; $a = ?$

2 Welche Maße passen zu welchem Körper?
Zeichne jeweils ein Schrägbild.
Berechne das Volumen.

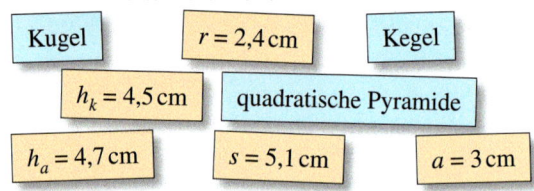

Kugel $r = 2,4\,\text{cm}$ Kegel
$h_k = 4,5\,\text{cm}$ quadratische Pyramide
$h_a = 4,7\,\text{cm}$ $s = 5,1\,\text{cm}$ $a = 3\,\text{cm}$

3 Berechne für eine quadratische Pyramide.

	a	h_a	A_M	A_O
a)	4,1 cm	6,3 cm		
b)	2,3 m		29,44 m²	
c)		0,5 cm	0,3 cm²	

4 Berechne den Oberflächeninhalt einer
Pyramide, deren Seitenkante 15 cm lang ist.
Die Grundfläche ist ein …
a) Quadrat mit $a = 6,4\,\text{cm}$.
b) Rechteck: 5,3 cm lang und 2,9 cm breit.
c) gleichseitiges Dreieck mit $a = 2,5\,\text{cm}$.

5 Berechne den
Oberflächeninhalt
und das Volumen
der quadratischen
Pyramide. Nutze
den Satz des
Pythagoras, um
benötigte Längen
zu bestimmen.

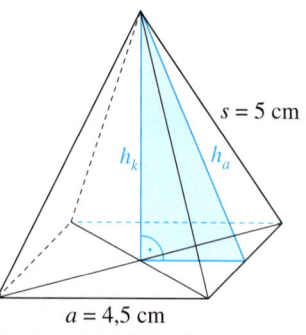

$s = 5\,\text{cm}$
h_k h_a
$a = 4,5\,\text{cm}$

6 Berechne für eine quadratische Pyramide.
a) $a = 9,6\,\text{cm}$; $h_a = 14,5\,\text{cm}$; $h_k = ?$; $s = ?$
b) $h_a = 12,3\,\text{cm}$; $h_k = 9,8\,\text{cm}$; $a = ?$; $s = ?$
c) $s = 16,0\,\text{cm}$; $h_a = 11,5\,\text{cm}$; $a = ?$; $h_k = ?$
d) $a = 7,5\,\text{cm}$; $s = 12,8\,\text{cm}$; $h_a = ?$; $h_k = ?$

7 Aus wie viel Quadratmetern Stoff besteht dieses Moskitonetz ungefähr?

Schätze die benötigten Größen. Nutze dann die Formel für den Oberflächeninhalt einer quadratischen Pyramide.

7 Die Pyramide aus Sandstein steht auf dem Marktplatz der Stadt Karlsruhe.

a) Welches Volumen und welche Mantelfläche hat die Pyramide ungefähr?
b) Wie schwer ist die Pyramide etwa? $1\,m^3$ Sandstein wiegt 2,6 t.

8 Berechne das Volumen und den Oberflächeninhalt des Kegels.

a) $r = 2\,cm$; $h_k = 3\,cm$; $s = 3,6\,cm$
b) $r = 1,5\,m$; $h_k = 6\,m$; $s = 6,2\,m$
c) $r = 0,6\,cm$; $h_k = 0,8\,cm$; $s = 1\,cm$
d) $r = 19\,mm$; $h_k = 53\,mm$; $s = 56\,mm$

8 Berechne das Volumen und den Oberflächeninhalt des Kegels.

a) $r = 1,2\,cm$; $h_k = 4,7\,cm$; $s = 4,9\,cm$
b) $r = 3,5\,cm$; $h_k = 0,08\,m$; $s = 87\,mm$
c) $r = 0,5\,cm$; $h_k = 0,75\,cm$ (Pythagoras!)
d) $r = 22\,cm$; $s = 41\,cm$ (Pythagoras!)

9 Die linke Kerze ist 10 cm hoch und hat einen Durchmesser von 7 cm. Die rechte Kerze ist 14 cm hoch und hat einen Durchmesser von 6 cm. Welche Kerze besteht aus mehr Wachs?

9 Die Boje ist insgesamt 1,6 m lang, es ist $d = 0,7\,m$. Sie braucht einen neuen Schutzanstrich. Berechne den Inhalt der Fläche, die gestrichen wird.

10 Berechne das Volumen und den Oberflächeninhalt der Kugel.

a) $r = 12\,cm$ b) $r = 1,4\,m$
c) $r = 5,2\,mm$ d) $r = 0,8\,cm$

10 Berechne das Volumen und den Oberflächeninhalt der Kugel.

a) $r = 11,5\,cm$ b) $r = 0,03\,m$
c) $d = 77\,mm$ d) $d = 5,04\,cm$

11 In den zwei kugelförmigen Behältern wird Gas gespeichert. Dieses Gas wird bei plötzlich steigendem Bedarf an Verbraucher abgegeben.

Der Innendurchmesser jedes Behälters beträgt 27 m. Wie groß ist das Volumen der beiden Gasbehälter zusammen?

11 Die Inuit können aus Eisblöcken Iglus bauen, die die Form einer Halbkugel haben. Berechne das Volumen im Inneren des Iglus.

Außendurchmesser am Boden: 4,30 m

Wandstärke: 50 cm

GOLDSCHMIED/IN
Die Ausbildung dauert $3\frac{1}{2}$ Jahre. Suche nach weiteren Informationen über den Beruf z.B. im Internet oder im BIZ.

Beruf Goldschmied/in

Goldschmiede entwerfen Schmuckstücke und andere Gegenstände aus Edelmetall und gestalten diese. Je nach Fachrichtung werden in die Verarbeitung und Gestaltung auch Juwelen einbezogen. Sie arbeiten nach Kundenwunsch, Vorlagen oder eigenen Entwürfen.
In größeren Betrieben überwachen sie die maschinelle Fertigung der Schmuckstücke. Goldschmiede arbeiten meist in Schmiedewerkstätten, bei Juwelieren oder in der Schmuckindustrie.

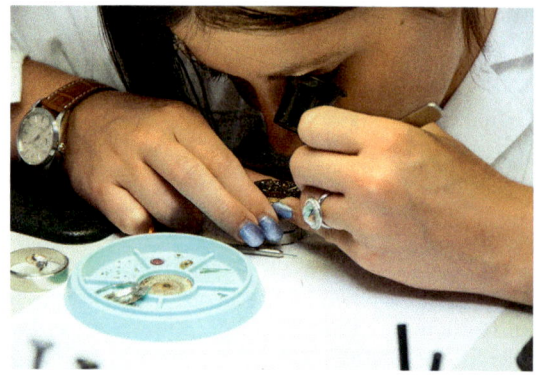

12 Aufgabe aus dem 1. Lehrjahr
Ein Auszubildender hat den Auftrag erhalten, nach einer vorgegebenen Zeichnung eine Brosche anzufertigen. Die Brosche hat in der Zeichnung eine Länge von 7,90 cm.
Wie lang wird die Brosche in Wirklichkeit? Die Zeichnung hat einen Maßstab von 5 : 1.
Das heißt, dass die Zeichnung fünfmal so groß ist wie die Brosche selbst.

13 Färbung eines Ringaufsatzes
Der Aufsatz eines Rings (Kugel: $d = 12$ mm, Würfel: $a = 8$ mm) soll mit einer Goldglasur gefärbt werden. Wie viel Quadratmillimeter werden gefärbt? Berechne den Oberflächeninhalt der beiden Aufsätze zusammen.

14 Gewicht eines Kettenanhängers

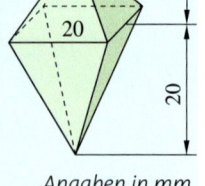

Angaben in mm

Entnimm die benötigten Werte dem Tabellenausschnitt.
a) Berechne das Volumen des Anhängers aus der Randspalte.
b) Der Anhänger besteht aus 333er Gold. Wie schwer ist dieser Anhänger?
c) Wie hoch sind die Materialkosten?

Bezeichnung	1 cm³ wiegt	1 g kostet
Gold 333	11 g	9,65 €
Gold 585	13,7 g	16,95 €
Gold 750	15,4 g	21,73 €
Platin 950	21,5 g	25,50 €

15 Preisvergleich
Ein 585er Goldring wiegt 16 g. Den gleichen Ring gibt es auch in Platin, er wiegt 25,1 g. Vergleiche die Kosten für die beiden Ringe.

16 Gold einschmelzen
Ein Kunde lässt 462 g 585er Altgold zu einem kugelförmigen Anhänger einschmelzen.
a) Berechne das Volumen des Altgolds. Nutze den Dreisatz: 13,7 g entsprechen 1 cm³ …
b) Hat der Anhänger einen Radius von 1 cm, 2 cm oder 3 cm?

17 Deine Kreativität ist gefragt.
Entwirf selbst ein Schmuckstück.
a) Aus welchen geometrischen Körpern besteht dein Schmuckstück?
b) Fertige einen Entwurf an, z.B. eine Skizze oder ein Netz. Berechne das benötigte Material.
c) Erstelle aus Pappe ein Modell deines Schmuckstücks und färbe es.

Zusammenfassung

Pyramiden und Kegel erkennen

→ Seite 88

Eine **Pyramide** ist ein Körper mit einem Vieleck (Dreieck, Viereck, …) als Grundfläche. Die Seitenflächen sind Dreiecke. Die Dreiecke bilden oben zusammmen die Spitze.

Ein **Kegel** ist ein Körper mit einem Kreis als Grundfläche. Die Spitze muss außerhalb der Ebene des Kreises liegen.

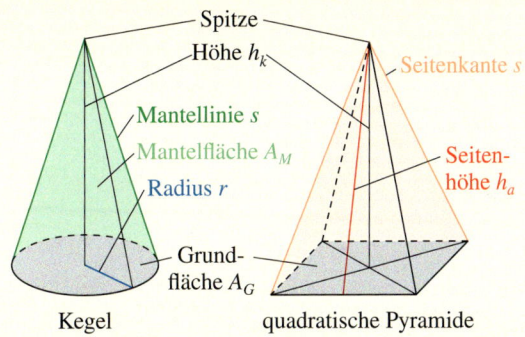

Berechnungen an Pyramiden, Kegeln und Kugeln

→ Seiten 96, 100

Mit dem **Satz des Pythagoras** kann man Längen in Pyramiden und Kegeln berechnen.

In Pyramiden gilt:
$h_a{}^2 = h_k{}^2 + \left(\frac{a}{2}\right)^2$ und $s^2 = \left(\frac{a}{2}\right)^2 + h_a{}^2$

In Kegeln gilt:
$s^2 = r^2 + h_k{}^2$

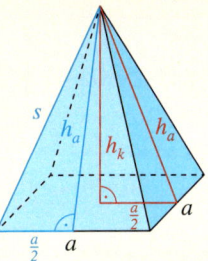

Die dreieckigen Seitenflächen einer Pyramide bilden die **Mantelfläche** A_M. Zusammen mit der **Grundfläche** A_G ergibt sich die **Oberfläche** A_O.
Das **Volumen** V einer Pyramide bestimmt man, indem man den Grundflächeninhalt A_G mit der Höhe h und $\frac{1}{3}$ multipliziert.
Für **Pyramiden mit quadratischer Grundfläche** gilt:

$A_M = 4 \cdot \left(\frac{1}{2} \cdot a \cdot h_a\right)$

$A_O = 2 \cdot a \cdot h_a + a^2$

$V = \frac{1}{3} \cdot a^2 \cdot h$

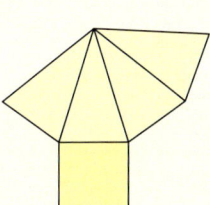

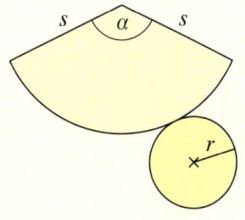

→ Seiten 96, 100

Gegeben: quadratische Pyramide mit
  $a = 4\,\text{cm}$, $h_a = 5{,}4\,\text{cm}$ und $h = 5\,\text{cm}$
Gesucht: A_M, A_O und V
$A_M = 4 \cdot \frac{1}{2} \cdot a \cdot h_a = 2 \cdot 4\,\text{cm} \cdot 5{,}4\,\text{cm} = 43{,}2\,\text{cm}^2$
$A_O = 2 \cdot 4\,\text{cm} \cdot 5{,}4\,\text{cm} + 16\,\text{cm}^2 = 59{,}2\,\text{cm}^2$
$V = \frac{1}{3} \cdot 16\,\text{cm}^2 \cdot 5\,\text{cm} \approx 26{,}67\,\text{cm}^3$

Für einen Kegel mit Radius r, Mantellinie s und Höhe h gilt:

$A_M = \pi \cdot r \cdot s$

$A_O = \pi \cdot r \cdot (r + s)$

$V = \frac{1}{3} \cdot \pi \cdot r^2 \cdot h$

→ Seite 104

Gegeben: Kegel mit $r = 4\,\text{cm}$, $s = 5\,\text{cm}$
  und $h = 3\,\text{cm}$
Gesucht: A_M, A_O und V
$A_M = \pi \cdot 4\,\text{cm} \cdot 5\,\text{cm} \approx 62{,}83\,\text{cm}^2$
$A_O = \pi \cdot 4\,\text{cm} \cdot 9\,\text{cm} \approx 113{,}10\,\text{cm}^2$
$V = \frac{1}{3}\pi \cdot 16\,\text{cm}^2 \cdot 3\,\text{cm} \approx 50{,}27\,\text{cm}^3$

Für eine Kugel mit dem Radius r gilt:

$A_O = 4\,\pi \cdot r^2$

$V = \frac{4}{3} \cdot \pi \cdot r^3$

→ Seite 110

Gegeben: Kugel mit $r = 4\,\text{cm}$
Gesucht: A_O und V
$A_O = 4\,\pi \cdot 16\,\text{cm}^2 \approx 201{,}06\,\text{cm}^2$
$V = \frac{4}{3}\pi \cdot 64\,\text{cm}^3 \approx 268{,}08\,\text{cm}^3$

Teste dich!

4 Punkte | 5 Punkte

1 Berechne den Oberflächeninhalt der quadratischen Pyramide.
a) $a = 6\,cm$; $h_a = 6\,cm$
b) $a = 2{,}0\,m$; $h_a = 3{,}5\,m$
c) $a = 18\,cm$; $h_k = 12\,cm$ (Pythagoras!)

1 Berechne den Oberflächeninhalt der quadratischen Pyramide.
a) $a = 6{,}4\,cm$; $h_a = 19{,}5\,cm$
b) $a = 2{,}6\,m$; $s = 200\,cm$
c) $a = 10\,cm$; $h_k = 9\,cm$

3 Punkte | 3 Punkte

2 Berechne das Volumen der quadratischen Pyramide.
a) $a = 6\,cm$; $h_k = 10\,cm$
b) $a = 18\,cm$; $h_a = 15\,cm$ (Pythagoras!)

2 Berechne das Volumen der quadratischen Pyramide.
a) $a = 8{,}0\,cm$; $h_k = 11{,}5\,cm$
b) $h_a = 20\,cm$; $h_k = 12{,}5\,cm$

3 Punkte | 3 Punkte

3 Das Dach des Messeturms in Frankfurt hat die Form einer quadratischen Pyramide. Die Grundkanten

sind 26 m lang. Die Höhe beträgt 37 m.
a) Berechne das Volumen im Inneren.
b) Berechne den Mantelflächeninhalt A_M.

3 Die Grundkante dieser Pyramide im australischen Perth misst 18,25 m, die

Seitenkanten sind ebenfalls 18,25 m lang.
a) Wie viel Quadratmeter müssen die Fensterputzer reinigen?
b) Wie groß ist der Raum im Inneren?

4 Punkte | 7 Punkte

4 Ergänze die Tabelle für einen Kegel.

	r	h_k	s	V
a)	2 cm	2 cm	✕	
b)	7,5 cm	5 cm	✕	
c)	1,5 cm		2,5 cm	

4 Berechne die Größen für einen Kegel.
a) $r = 36{,}5\,m$; $h_k = 78{,}2\,m$; $V = \blacksquare$
b) $r = 0{,}4\,km$; $h_k = \blacksquare$; $s = 0{,}81\,km$; $V = \blacksquare$
c) $r = \blacksquare$; $h_k = 10{,}6\,mm$; $s = 23\,mm$; $V = \blacksquare$
d) $r = 2{,}1\,cm$; $h_k = \blacksquare$; $s = \blacksquare$; $V = 21{,}3\,cm^3$

3 Punkte | 4 Punkte

5 Passen 0,2 l Wasser in das kegelförmige Glas? 0,1 l sind $100\,cm^3$. Bestimme zuerst den Radius r und die Höhe h_k (Pythagoras).

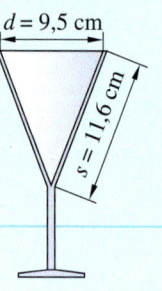

$d = 9{,}5\,cm$
$s = 11{,}6\,cm$

5 Bestimme für den Kegel das Volumen, den Inhalt der Grundfläche, den Mantelflächeninhalt und den Oberflächeninhalt. (Maße in cm)

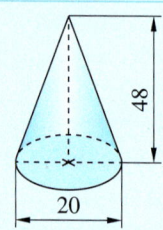

48
20

4 Punkte | 6 Punkte

6 Bestimme Volumen und Oberflächeninhalt der Kugel.
a) $r = 1\,cm$
b) $r = 7{,}5\,m$

6 Ergänze die Tabelle für eine Kugel.

	r	d	V	A_O
a)		4 cm		
b)	12 cm			
c)				12,57 cm²

2 Punkte | 5 Punkte

7 Kannst du eine Stahlkugel mit einem Radius von $r = 15\,cm$ hochheben? $1\,cm^3$ Stahl wiegt 7,85 g.

7 Aus welchen Formen besteht der Körper?
a) Berechne das Volumen.
b) Berechne den Oberflächeninhalt.

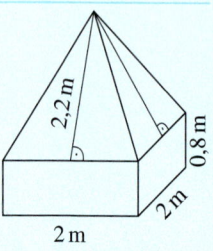

2,2 m
0,8 m
2 m
2 m

Daten und Zufall

Die gelben Kaugummis schmecken am besten.
Aber es gibt auch blaue, grüne, braune, weiße, orange und
rote Kaugummis. Wie kann man die Wahrscheinlichkeit
dafür berechnen, bei zweimaligem Ziehen
zwei gelbe Kaugummis zu erhalten?

Noch fit?

Einstieg

1 Häufigkeiten

In einer Klassenarbeit wurden die folgenden Noten erteilt:

Note	1	2	3	4	5	6
Anzahl	1	8	6	5	3	2

a) Wie viele Schüler haben mitgeschrieben?
b) Gib die relative Häufigkeit für jede Note an.
c) Welche Note gibt den Median an?

2 Wahrscheinlichkeiten bestimmen

Bestimme die Wahrscheinlichkeit für die Ereignisse beim Glücksrad:

a) Es wird die 3 gedreht.
b) Es wird eine ungerade Zahl gedreht.
c) Der Pfeil bleibt auf einem gelben Feld stehen.
d) Es wird eine gerade Zahl in einem grünen Feld gedreht.
e) Der Pfeil bleibt auf einem grünen Feld oder einer geraden Zahl stehen.

3 Mit Brüchen rechnen

Berechne.

a) $\frac{2}{3} \cdot \frac{5}{8}$ b) $\frac{5}{12} + \frac{1}{12}$

c) $\frac{2}{5} + \frac{3}{7}$ d) $\frac{4}{5} \cdot \frac{1}{4} + \frac{3}{5} \cdot \frac{1}{4}$

Aufstieg

1 Häufigkeiten

Bei einer Klassenarbeit wurden folgende Noten vergeben: 3; 5; 1; 4; 2; 2; 5; 3; 2; 3; 3; 1; 2; 2; 4; 3; 4; 2; 3; 4; 2; 5; 4; 4

a) Berechne die relative Häufigkeit jeder Note und das arithmetische Mittel. Gib den Median an.
b) Ergibt die Summe der relativen Häufigkeiten 1? Begründe.

2 Wahrscheinlichkeiten bestimmen

Das links abgebildete Glücksrad wird gedreht. Es interessiert die gedrehte Zahl.

a) Warum handelt es sich um ein Laplace-Experiment?
b) Bestimme die Wahrscheinlichkeit für das Ereignis „Eine 7 wird gedreht".
c) Bestimme die Wahrscheinlichkeit für „Eine ungerade Zahl wird gedreht".
d) Wie lautet das Gegenteil zu „Eine Zahl größer als 5 wird gedreht"?
e) Gib ein sicheres und ein unmögliches Ereignis an.

3 Mit Brüchen rechnen

Berechne.

a) $\frac{13}{14} \cdot \frac{7}{26}$ b) $\frac{7}{24} + \frac{1}{3}$

c) $\frac{3}{4} + \frac{2}{9}$ d) $\frac{4}{5} + \frac{1}{2} \cdot \frac{1}{5}$

4 Brüche in verschiedener Schreibweise darstellen

Übertrage die Tabelle in dein Heft und fülle sie aus.

Bruch	$\frac{37}{100}$			$\frac{7}{25}$			$\frac{43}{125}$	$\frac{1}{3}$
Dezimalzahl		0,07			0,625			
Prozent			25 %			5 %		

ZU AUFGABE 5

5 Wahrscheinlichkeiten bestimmen

Aus einem Skatspiel (32 Karten) wird eine Karte gezogen. Berechne die Wahrscheinlichkeit, dass Folgendes gezogen wird:

a) der Herz-Bube
b) eine rote Dame
c) eine „7" oder eine „8"
d) eine Herz-Karte
e) ein König

ZU AUFGABE 5

5 Wahrscheinlichkeiten bestimmen

Betrachte den „Würfel" in der Randspalte.

a) Handelt es sich beim Werfen des Würfels um ein Laplace-Experiment?
b) Ist es beim Wurf mit diesem Würfel wahrscheinlicher, eine „5" oder eine „1" zu werfen? Begründe deine Meinung.
c) Wie lässt sich die Wahrscheinlichkeit, eine „5" zu werfen, näherungsweise bestimmen?

Lösungen ab Seite 190

Daten untersuchen

Entdecken

1 Manche Firmen machen mit Statistiken Werbung für ihre Produkte.

① 97 % der Personen, die bei einer Erkältung unsere Tabletten genommen haben, waren nach einer Woche wieder gesund!

② Bei 90 % der Schuhe, die mit unserem Mittel eingesprüht wurden, ist kein Wasser bei Regen eingelaufen.

a) Untersuche beide Aussagen. Beschreibe, welche Informationen du erhältst.

b) Erkläre, ob die Informationen ausreichen, um das Produkt zu bewerten. Was musst du eventuell noch wissen?

2 👥 Für Fahranfänger gilt ein absolutes Alkoholverbot, also 0,0-Promille.
Es wurde ein neues Gerät entwickelt, das man an das Smartphone anschließen kann.
Pustet man hinein, erscheint ein Symbol.
Bei einem Test des Geräts wurde Folgendes herausgefunden:

kein Alkohol im Körper   Alkohol im Körper

Es wurden 20 Personen mit Alkohol im Körper getestet. 14-mal wurde das Symbol rot.
Es wurden 80 Personen ohne Alkohol im Körper getestet. 55-mal wurde das Symbol grün.

a) Schaut euch die Tabelle an. Beschreibt, wo die Zahlen aus den Tests stehen. Erklärt dann, wie die weiteren Zahlen errechnet wurden.

	grün	rot	gesamt
kein Alkohol im Körper	55	25	80
Alkohol im Körper	6	14	20
gesamt	61	39	100

b) Matilda meint:
„Wenn das Symbol grün ist, dann hat man in $\frac{55}{61} \approx 90\,\%$ der Fälle keinen Alkohol im Körper. Wenn das Symbol rot ist, dann hat man zu $\frac{14}{20} = 70\,\%$ Alkohol im Körper."
Begründet, ob Matilda Recht hat.

c) Schreibt eine kurze Bewertung des Geräts.

3 Betrachte die Informationen in ①, ② und ③.

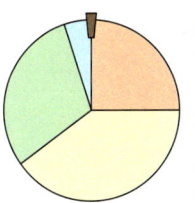

① *Gutscheine zu gewinnen!*
5 € bei Gelb
10 € bei Grün
25 € bei Blau

② Die Handwerkskammer informiert:
Von den Schulabgängern in unserer Stadt entscheiden sich 60 % für eine Ausbildung.

③ *Quizfrage:*
Welche Städte liegen in Rheinland-Pfalz?
A Koblenz   B Offenbach
C Trier   D Mannheim

Begründe, ob die Aussagen stimmen:
a) Nur wenn man beim Glücksrad Rot dreht, gewinnt man keinen Gutschein.
b) In der Stadt entscheiden sich 40 % der Schulabgänger dafür, ein Studium zu beginnen.
c) Wenn bei der Quizfrage 80 % der Rater beide richtigen Städte gewusst haben, dann haben 20 % keine richtige Stadt gewusst.

Verstehen

Das Internet berichtet: „In einer Studie von 1 000 Erwachsenen waren 400 übergewichtig. 700 machten nicht regelmäßig Sport. Insgesamt gab es 200 Leute, die regelmäßig Sport trieben und nicht übergewichtig waren."

Um die Zusammenhänge zwischen den beiden Aussagen zu verstehen, muss man sie ordnen.

Merke Daten können auf verschiedene Eigenschaften untersucht werden. Man sagt, eine Eigenschaft gilt oder eine Eigenschaft gilt nicht. Wenn eine Eigenschaft nicht gilt, dann spricht man auch vom **Gegenereignis** zu dieser Eigenschaft.
Bei einem Zufallsexperiment besteht das **Gegenereignis** aus alle Ergebnissen, die nicht zum Ereignis gehören.

Beispiel 1

Das Gegenereignis zu „übergewichtig" ist „nicht übergewichtig". Das bedeutet, jemand ist normalgewichtig oder sogar untergewichtig.

Bei einem Würfelspiel ist das Gegenereignis zu „eine größere Zahl als 2 werfen" das Ereignis „eine 1 oder eine 2 werfen".

Man kann die Zusammenhänge von zwei Eigenschaften geordnet darstellen:

Merke Eine **Vierfeldertafel** verwendet man, um eine Datenmenge gleichzeitig auf zwei Eigenschaften zu untersuchen. Man trägt die Häufigkeiten für die vier verschiedenen Fälle ein. Wenn man die Häufigkeiten in den Zeilen oder in den Spalten addiert, dann erhält man die Häufigkeiten der Eigenschaften insgesamt.

	Eigenschaft B gilt	B gilt nicht (Gegenereignis zu B)	Häufigkeit
Eigenschaft A gilt	Häufigkeit von: A gilt und B gilt	Häufigkeit von: A gilt und B gilt nicht	Häufigkeit von: A gilt
A gilt nicht (Gegenereignis zu A)	Häufigkeit von: A gilt nicht und B gilt	Häufigkeit von: A gilt nicht und B gilt nicht	Häufigkeit von: A gilt nicht
Häufigkeit	Häufigkeit von: B gilt	Häufigkeit von: B gilt nicht	Häufigkeit gesamt

Beispiel 2

Die Zahlen oben aus dem Internet kann man übersichtlich in eine Vierfeldertafel einordnen.

absolute Häufigkeit

	regelmäßig Sport	nicht regelmäßig Sport	gesamt
übergewichtig	**100**	Summe **300**	400
nicht übergewichtig	200	**400**	**600**
gesamt	**300**	700	1 000

relative Häufigkeit (in %)

	regelmäßig Sport	nicht regelmäßig Sport	gesamt
übergewichtig	**10 %**	Summe **30 %**	40 %
nicht übergewichtig	20 %	**40 %**	**60 %**
gesamt	**30 %**	70 %	100 %

Üben und anwenden

1 Beschreibe jeweils das Gegenereignis:
a) Münzwurf: „eine Zahl werfen"
b) blaue Augen haben
c) älter als 20 Jahre alt sein
d) Spielwürfel: „eine 1 oder 6 werfen"

1 Beschreibe jeweils das Gegenereignis:
a) volljährig sein
b) gefärbte Haare haben
c) Kartenspiel: „Herzkarte oder Bube ziehen"
d) vier Spielwürfel: „alle zeigen eine 3"

2 Betrachte die Figuren.

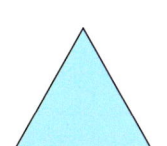
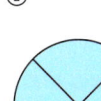
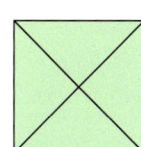

Gib jeweils eine Eigenschaft an, die …
a) für ① und ② gilt, aber für ③ nicht gilt.
b) für ② und ③ gilt, aber für ① nicht gilt.
c) für ① und ③ gilt, aber für ② nicht gilt.

2 Betrachte die Körper.

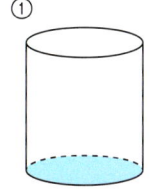
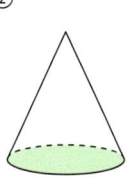
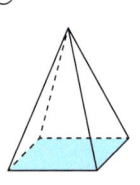
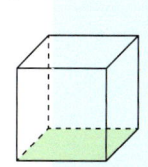

Gib jeweils eine Eigenschaft an, die für zwei Körper gilt, aber für die anderen beiden Körper nicht gilt.
Hinweis: Sechs Eigenschaften sind nötig.

3 In der Mensa gab es zwei Hauptgerichte und zwei Nachspeisen zur Auswahl.

	Apfel	Banane	Gesamtzahl
Nudeln	70	50	120
Pizza	140	100	240
Gesamtzahl	210	150	360

Lies die Zahlen in der Vierfeldertafel ab:
Gib die Anzahl der Personen an, die …
a) Pizza und Banane genommen haben.
b) Nudeln genommen haben.
c) etwas gegessen haben.

3 In der Mensa gab es zwei Vorspeisen und zwei Hauptgerichte zur Auswahl.

	Gyros	Auflauf	Gesamtzahl
Suppe	89	45	134
Salat	114	164	278
Gesamtzahl	203	209	412

a) Bestimme die beliebteste Kombination, also das beliebteste Paar.
b) War Gyros oder Auflauf beliebter?
c) Wie viele Personen haben weder Salat noch Auflauf genommen?

4 Die Kunden einer Saftbar wurden gefragt, welchen der beiden neuen Drinks sie besser finden. Übertrage die begonnene Vierfeldertafel ins Heft. Ergänze die fehlenden Werte.

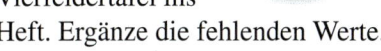

	roter Drink	grüner Drink	Gesamtzahl
Männer	25	83	
Frauen		111	132
Gesamtzahl	46		240

4 Ein Familienbetrieb stellt Marmelade her. Die Kunden wurden befragt, welche von zwei neuen Sorten besser schmeckt. Übertrage die begonnene Vierfeldertafel ins Heft und ergänze die fehlenden Werte.

	dunkel	hell	Gesamtzahl
Männer		123	
Frauen	46		
Gesamtzahl	172		478

5 Übertrage die Vierfeldertafel ins Heft.

	blond	nicht blond	Gesamtzahl
Männer			
Frauen			
Gesamtzahl			

Trage die Angaben aus dem Text ein.
Bestimme die fehlenden Werte.
Bei einem Friseur wurden gestern die Kunden gezählt. Von den 23 Männern waren 4 blond. Bei den Frauen waren 14 blond und 11 nicht blond.

5 Übertrage die Vierfeldertafel ins Heft.

	älter als 50 Jahre	50 Jahre und jünger	Gesamt-zahl
Männer			
Frauen			
Gesamtzahl			

Trage die Angaben aus dem Text ein.
Bestimme die fehlenden Werte.
Gestern kamen 304 Gäste ins Freilichtkino. Von den 142 Männern waren 78 älter als 50 Jahre. Es gab 45 Frauen, die 50 Jahre oder jünger waren.

6 👥 Erstellt einen Fragebogen mit zwei Fragen. Führt die Umfrage in der Klasse durch. Haltet die Anzahl der Antworten in einer Vierfeldertafel fest. Präsentiert euer Ergebnis.

① Bist du größer als 1,70 m?
☐ ja   ☐ nein
② Ist deine Schuhgröße größer als 41?
☐ ja   ☐ nein

① Hast du Geschwister?
☐ ja   ☐ nein
② Hat deine Mutter Geschwister?
☐ ja   ☐ nein

① Bist du im Winter geboren?
☐ ja   ☐ nein
② Läufst du Schlittschuh?
☐ ja   ☐ nein

7 Mit einer Vierfeldertafel kann man auch relative Häufigkeiten darstellen. Dazu teilt man jede Anzahl durch die Gesamtzahl (steht unten rechts).
Beispiel relative Häufigkeit von Männern mit blauen Augen: $\frac{24}{240} = 10\%$

	blaue Augen	andere Farbe	Gesamtzahl
Männer	24	72	96
Frauen	36	108	144
Gesamtzahl	60	180	240

Übertrage die Vierfeldertafel ohne die Zahlen in dein Heft. Berechne dann die relativen Häufigkeiten und trage sie ein.

7 Mit einer Vierfeldertafel kann man auch relative Häufigkeiten darstellen. Dazu teilt man jede Anzahl durch die Gesamtzahl (steht unten rechts).

	nach 3 Tagen gesund	weiter krank	Gesamtzahl
mit Tablette	213	87	300
ohne Tablette	706	274	980
Gesamtzahl	919	361	1 280

a) Übertrage die Vierfeldertafel ohne Zahlen in dein Heft. Trage dann die relativen Häufigkeiten ein.
b) Wirkt die Tablette? Begründe.

8 👥 Untersucht den Text:
Sind Doggen aggressiver?
Es wurden Halter von insgesamt 500 Hunden befragt. Dabei gaben 74 Halter von Doggen und 385 Halter von anderen Hunden an, dass ihr Hund noch nie gebissen hat. 6 Halter von Doggen gaben zu, dass ihr Hund schon einmal gebissen hat.
a) Erstellt eine passende Vierfeldertafel. Bestimmt alle Einträge.
b) Berechnet alle relative Häufigkeiten. Tragt sie in eine zweite Vierfeldertafel ein.
c) Beantwortet die Frage des Textes.

Zweistufige Zufallsexperimente beschreiben

Entdecken

1 👥 Auf einem Pferdehof gibt es drei Pferde: ein schwarzes (S), ein braunes (B) und ein braunes mit weißer Stirn (W).
Alle laufen ungefähr gleich schnell.
Die Pferde sollen heute zwei Rennen gegeneinander laufen.
a) Findet das Baumdiagramm, das alle Möglichkeiten der zwei Sieger zeigt. Wie viele unterschiedlichen Ausgänge gibt es?
b) Jeder Ausgang des Rennens ist gleich wahrscheinlich.
Berechnet die Wahrscheinlichkeit, dass das schwarze Pferd beide Rennen gewinnt.

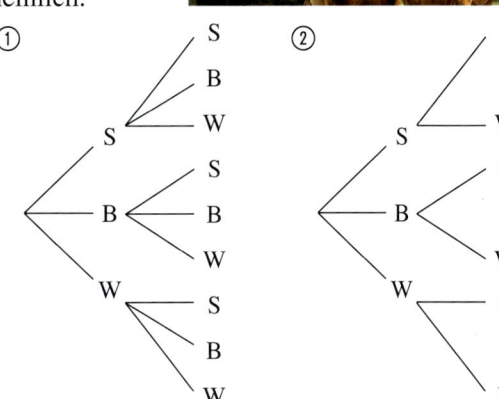

In der nächsten Woche sollen die Pferde nur einmal gegeneinander laufen.
c) Findet das Baumdiagramm, das alle möglichen Reihenfolgen der ersten beiden Plätze zeigt.
d) Jeder Ausgang des Rennens ist gleich wahrscheinlich. Berechnet die Wahrscheinlichkeit, dass das schwarze Pferd vor dem braunen gewinnt.
e) Erklärt, warum sich die Ergebnisse in b) und d) unterscheiden. Beschreibt dabei, was sich im Baumdiagramm geändert hat.

2 👥 Eine 9. Klasse hat sich auf vier mögliche Aktivitäten für die nächsten beiden Wandertage geeinigt. Nun wird gelost, was zuerst und was danach unternommen wird.

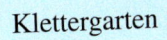 Klettergarten   Kino   Radtour   Bowling

Kay möchte erst ins Kino und dann zum Bowling. Untersucht dieses Ereignis.
a) Zieht 20 Mal jeweils zwei Lose. Haltet fest, wie oft zuerst „Kino" und dann „Bowling" kam.
b) Tragt nun in der Klasse alle Ergebnisse zusammen. Berechnet dann die relative Häufigkeit, dass erst „Kino" und dann „Bowling" gezogen wurde.
c) Bestimmt die Anzahl aller möglichen Ausgänge des Losens. Mit welcher relativen Häufigkeit müsste erst „Kino" und dann „Bowling" gezogen werden? Vergleicht mit eurem Ergebnis aus b).

3 👥 Ein Tresor verfügt über zwei Drehknöpfe, jeweils mit den Zahlen von 1 bis 8. Nur bei der richtigen Zahlenkombination öffnet sich der Tresor.
a) Mona meint: „Die Wahrscheinlichkeit, dass man den Tresor beim ersten Versuch aufbekommt, liegt bei $\frac{1}{64}$, denn es gibt 64 Möglichkeiten."
Begründet, ob sie Recht hat.
b) Bei einem Tresor soll die Wahrscheinlichkeit für einen Treffer beim ersten Versuch kleiner als $\frac{1}{500}$ sein.
Findet passende Drehknöpfe.

Verstehen

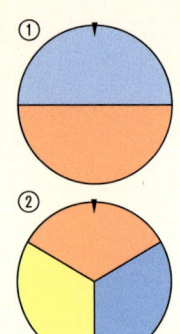

①

②

Beim Schulfest kann man hintereinander zwei Glücksräder drehen.
Wenn man zweimal „Rot" dreht, dann erhält man einen Kinogutschein.
Einen Trostpreis gibt es für einmal „Rot" *und* einmal „Blau", egal in welcher Reihenfolge.

Das Drehen der beiden Glücksräder ist ein **zweistufiges Zufallsexperiment**. Es besteht aus den Teilexperimenten „Drehen von Glücksrad ①" und „Drehen von Glücksrad ②".
Alle Möglichkeiten von Ergebnissen lassen sich übersichtlich
in einem **Baumdiagramm** darstellen.
Der zweistufige Zufallsversuch hat 2 · 3 = 6 verschiedene
Versuchsausgänge: (Rot|Rot); (Rot|Blau); (Rot|Gelb);
(Blau|Rot); (Blau|Blau); (Blau|Gelb).

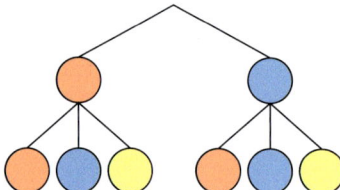

Beide Teilexperimente sind Laplace-Experimente.
Die Wahrscheinlichkeit den Trostpreis mit (Rot|Blau) oder (Blau|Rot) zu gewinnen ist:

$$P(E) = \frac{\text{Anzahl der günstigen Ergebnisse}}{\text{Anzahl der möglichen Ergebnisse}} = \frac{2}{6} = \frac{1}{3}$$

Die Wahrscheinlichkeit für einen Kinogutschein ist $P(\text{Rot}|\text{Rot}) = \frac{1}{6}$.

> **Merke** Die Ergebnisse zweistufiger Zufallsexperimente sind **geordnete Paare**.
> Um die Anzahl der möglichen Ergebnisse zu bestimmen, können die beiden Anzahlen der Ergebnisse der Teilexperimente multipliziert werden.

Man kann die Wahrscheinlichkeit für ein bestimmtes Ergebnis (geordnetes Paar) bestimmen.

> **Merke** Handelt es sich bei beiden Teilen eines zweistufigen Zufallsversuchs um Laplace-Experimente, gilt die bisher bekannte Formel $P(E) = \dfrac{\textbf{Anzahl der günstigen Ergebnisse}}{\textbf{Anzahl der möglichen Ergebnisse}}$.

Üben und anwenden

1 Eine Münze wird zweimal hintereinander geworfen.
a) Zeichne ein zugehöriges Baumdiagramm.
b) Mit welcher Wahrscheinlichkeit wird zweimal Zahl geworfen?
c) Mit welcher Wahrscheinlichkeit wird mindestens einmal Zahl geworfen?

1 In einem Gefäß befinden sich eine rote und zwei grüne Kugeln. Es wird zweimal blind mit Zurücklegen gezogen.
a) Zeichne ein Baumdiagramm.
b) Berechne die Wahrscheinlichkeiten von (Rot|Grün) und (Grün|Rot). Vergleiche.
c) Vergleiche $P(\text{Rot}|\text{Rot})$ und $P(\text{Grün}|\text{Grün})$.

ZU AUFGABE 2

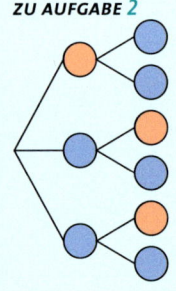

2 Jans Sockenkiste ist fast leer. Es liegen nur noch ein roter und zwei blaue Strümpfe darin. Noch verschlafen nimmt er sich ohne hinzusehen zwei Strümpfe heraus.
a) Erkläre das Baumdiagramm.
b) Wie groß ist die Wahrscheinlichkeit, dass Jan zufällig zwei blaue Strümpfe erwischt? Begründe.

2 Auf Karten stehen die Zahlen 2, 4 und 5. Es werden nacheinander zwei Karten gezogen. Die erste Karte wird als Zehner verwendet, die zweite als Einer.
Berechne die Wahrscheinlichkeit, dass die gebildete Zahl gerade ist, wenn …
a) jede Ziffer doppelt vorkommen kann.
b) jede Ziffer nur einmal vorkommen darf.

Pfadregeln

Entdecken

1 Die beiden Glücksräder werden nacheinander gedreht.

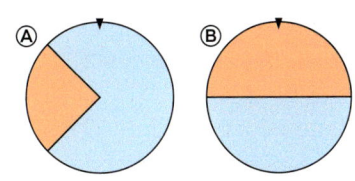

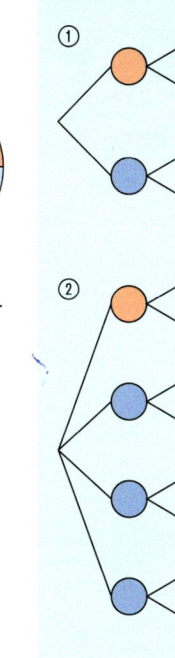

a) Wie groß ist die Wahrscheinlichkeit, mit dem ersten Glücksrad „Rot" zu drehen?
Gib die Wahrscheinlichkeit für „Rot" auch beim zweiten Glücksrad an.

b) Um die möglichen Versuchsausgänge des zweistufigen Zufallsexperiments zu veranschaulichen, hat Caterina das Baumdiagramm ① gezeichnet. Sie meint: „Es gibt vier unterschiedliche Versuchsausgänge. Also liegt die Wahrscheinlichkeit, mit beiden Glücksrädern „Rot" zu drehen, bei $\frac{1}{4}$."
Nimm Stellung zu ihrer Aussage.

c) Mark und Eileen schlagen vor, die rechts abgebildeten Baumdiagramme ② und ③ zur Veranschaulichung des zweistufigen Zufallsexperiments zu verwenden. Begründe warum sie diese Wahl getroffen haben.
Nenne Vorteile und Nachteile der beiden Baumdiagramme.

d) Bestimme die Wahrscheinlichkeit, beide Male „Rot" zu drehen. Nutze Diagramm ②.
Beschreibe, wie du vorgehst.

e) Wie lässt sich die Wahrscheinlichkeit für das Ereignis mithilfe von Baumdiagramm ③ berechnen?

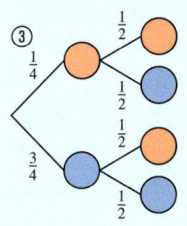

2

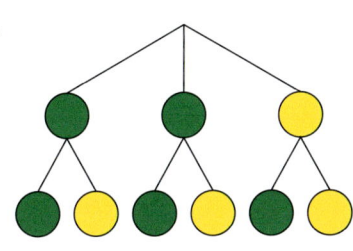

Dieses Baumdiagramm gehört zu einem Zufallsexperiment mit zwei Glücksrädern.

a) Zeichne die beiden Glücksräder als Kreise und färbe sie zum Baumdiagramm passend ein.
Erläutere dein Ergebnis.

b) Ist das Ergebnis (Grün|Grün) genauso wahrscheinlich wie das Ergebnis (Gelb|Gelb)?

c) Gib die Wahrscheinlichkeit für (Gelb|Gelb) als Bruch an.

d) Schreibe wie im Baumdiagramm ③ (Randspalte) die entsprechenden Brüche an die einzelnen Verbindungen.

e) Jaqueline meint: „ Wahrscheinlich bleibt in 5 von 9 Fällen eines der beiden Glücksräder auf grün stehen." Bist du auch der Meinung? Begründe.

3 An einer Schule wurden zufällig Beleuchtung und Bremsen von 150 Fahrrädern geprüft.
Die Tabelle zeigt das Ergebnis der Kontrolle.

	In Ordnung	Nicht in Ordnung
Beleuchtung		60
Bremsen	135	

a) Fülle die Tabelle vollständig in deinem Heft aus.

b) Erkläre, wie du ein Baumdiagramm zu diesem Zufallsversuch zeichnen kannst.

c) Ein beliebiges Fahrrad wird ausgewählt.
① Wie groß ist die Wahrscheinlichkeit, dass nur eine der beiden Prüfungen erfolgreich verläuft?
② Mit welcher Wahrscheinlichkeit werden beide Prüfungen bestanden?
③ Wie viele Fahrräder haben beide Prüfungen bestanden?

Verstehen

In einer Klasse wird ein Zufallsexperiment durchgeführt.
Mit verbundenen Augen wird:
① eine der drei Urnen ausgewählt.
② aus dieser Urne eine Kugel gezogen.

 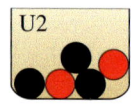 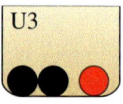

Beispiel 1

Die Schüler wollen wissen, wie groß die Wahrscheinlichkeit ist, bei diesem Experiment überhaupt eine rote Kugel zu ziehen.

Wahrscheinlichkeit für:			
Wahl der Urne	**Wahl der Kugel**	**Kugelfarbe in der Urne**	**rote Kugel**
U1 $\frac{1}{3}$	$\frac{1}{4}$ (rot), $\frac{3}{4}$ (schwarz)	$\frac{1}{3} \cdot \frac{1}{4} = \frac{1}{12}$ $\frac{1}{3} \cdot \frac{3}{4} = \frac{1}{4}$	$\frac{1}{12}$ $+$
U2 $\frac{1}{3}$	$\frac{2}{5}$ (rot), $\frac{3}{5}$ (schwarz)	$\frac{1}{3} \cdot \frac{2}{5} = \frac{2}{15}$ $\frac{1}{3} \cdot \frac{3}{5} = \frac{1}{5}$	$\frac{2}{15}$ $+$
U3 $\frac{1}{3}$	$\frac{1}{3}$ (rot), $\frac{2}{3}$ (schwarz)	$\frac{1}{3} \cdot \frac{1}{3} = \frac{1}{9}$ $\frac{1}{3} \cdot \frac{2}{3} = \frac{2}{9}$	$\frac{1}{9}$ $= \frac{59}{180}$

Produktregel — Summenregel

HINWEIS
*Die Wahrscheinlichkeit für eine zufällige Wahl ist jeweils an den **Pfad** des Baumdiagramms (**Ast**) geschrieben.*

$P(\text{Rot}) = \frac{1}{12} + \frac{2}{15} + \frac{1}{9} = \frac{59}{180} \approx 32{,}8\,\%$

Die Wahrscheinlichkeit, eine rote Kugel zu ziehen, beträgt insgesamt ≈ 32,8 %.

HINWEIS
*Die Produkt- und Summenregel werden auch **Pfadregeln** genannt.*

Merke Produktregel

Bei zweistufigen Zufallsexperimenten ergibt sich die Wahrscheinlichkeit eines Ergebnisses aus dem Produkt der Wahrscheinlichkeiten der einzelnen Teilergebnisse.

Summenregel

Die Wahrscheinlichkeit eines Ereignisses ergibt sich durch Addition der Wahrscheinlichkeiten von allen Ergebnissen, die zu diesem Ereignis gehören.

Wahrscheinlichkeiten berechnen mit der Produkt- und Summenregel

1. Zerlege die Situation in Teilversuche und zeichne ein Baumdiagramm.
2. Notiere die Wahrscheinlichkeiten der Versuchsausgänge an den Ästen.
3. Markiere die Pfade, die zu den gewünschten Ergebnissen führen. Berechne die Wahrscheinlichkeiten mit der Produktregel.
4. Berechne die Wahrscheinlichkeit des Ereignisses mit der Summenregel.

Es gibt Zufallsexperimente, bei denen der Ausgang des ersten Teilversuchs die Wahrscheinlichkeit des zweiten Teilversuchs beeinflusst.

HINWEIS
*Bei diesem Zufallsexperiment handelt es sich um ein Zufallsexperiment **ohne Zurücklegen**.*

Beispiel 2

Aus einer Urne mit drei orangen und zwei blauen Kugeln wird eine Kugel gezogen. Sie wird nicht zurückgelegt, dann wird noch einmal gezogen.
Wie groß sind die Wahrscheinlichkeiten?

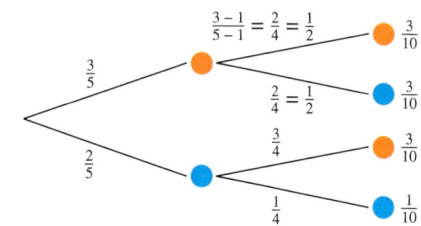

Üben und anwenden

1 An einer Losbude sind stets $\frac{1}{10}$ aller Lose Gewinne (G) und $\frac{9}{10}$ aller Lose Nieten (N).

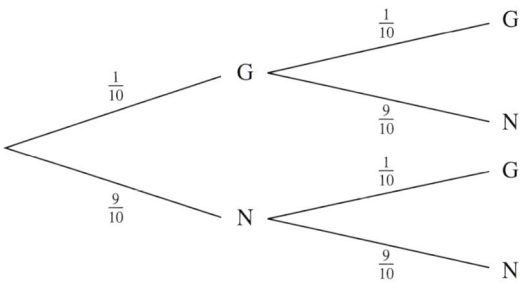

Wie groß ist die Wahrscheinlichkeit, beim Ziehen von zwei Losen …
a) zwei Nieten zu erhalten?
b) mindestens einen Gewinn zu erhalten?
c) mindestens eine Niete zu erhalten?
d) keine Nieten zu erhalten?

2 In einer Urne liegen zwei rote, zwei blaue und zwei gelbe Kugeln.
Erst zieht Arne eine Kugel und legt sie wieder zurück, dann zieht Britta eine Kugel.
a) Zeichne ein Baumdiagramm zu dem Experiment.
b) Wie groß ist die Wahrscheinlichkeit, zwei verschiedenfarbige Kugeln aus der Urne zu ziehen?
c) Was meinst du: werden häufiger verschiedenfarbige oder gleichfarbige Kugeln gezogen?
Begründe deine Antwort.

3 Erfahrungsgemäß haben im Mathekurs der 9 d mit 90%iger Wahrscheinlichkeit alle das Buch mitgebracht, ein Geodreieck aber nur mit 70%iger Wahrscheinlichkeit.
Wie groß ist die Wahrscheinlichkeit, dass im Mathekurs weder das Buch noch das Geodreieck fehlt?

4 Die beiden Glücksräder werden gleichzeitig gedreht.
a) Zeichne ein Baumdiagramm.
b) Bestimme die Wahrscheinlichkeit dafür, dass beide Glücksräder auf „Rot" stehen bleiben.
c) Mit welcher Wahrscheinlichkeit erhält man (Rot | Weiß)?

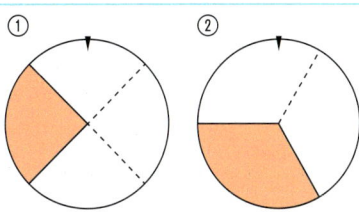

1 Aus den Urnen 1 und 2 wird je eine Kugel gezogen.

a) Zeichne ein zugehöriges Baumdiagramm.
b) Wie groß ist die Wahrscheinlichkeit, dass beide Kugeln die Farbe „Weiß" haben?
c) Mit welcher Wahrscheinlichkeit sind beide Kugeln schwarz?
d) Yasin meint, dass die Wahrscheinlichkeit, zwei weiße Kugeln zu ziehen, ein Viertel beträgt.
Bist du gleicher Meinung?
Welchen Fehler könnte Yasin gemacht haben?

2 In einer Urne liegen sechs blaue und vier rote Kugeln. Nacheinander werden zwei Kugeln gezogen und nach jedem Zug wieder in die Urne zurückgelegt.
a) Zeichne ein passendes Baumdiagramm.
b) Wie groß ist die Wahrscheinlichkeit, dass...
① zwei blaue Kugeln gezogen werden?
② mindestens eine blaue Kugel gezogen wird?
③ eine rote und eine blaue Kugel gezogen wird?
④ mind. eine rote Kugel gezogen wird?
c) Bei welchem Aufgabenteil von b) musstest du die Summenregel anwenden, bei welchem nicht? Begründe.

3 Beim Freiwurf im Basketball trifft Mike mit einer Wahrscheinlichkeit von 60%.
Jan hat 38 der letzten 50 Freiwürfe getroffen.
Jeder wirft einmal auf den Korb.
Mit welcher Wahrscheinlichkeit erzielen die beiden Jungs zusammen keinen einzigen Treffer, wenn sie nacheinander werfen?

5 Dies ist das Baumdiagramm zu einem Zufallsversuch mit Kugeln.

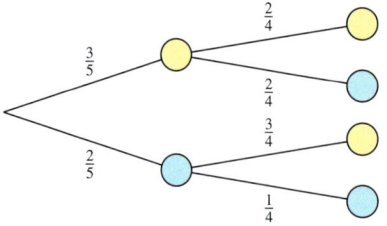

a) Wie viele Kugeln liegen beim Start insgesamt im Gefäß?

b) Wie viele sind beim Start gelb, wie viele sind blau?

c) Gib die Wahrscheinlichkeit für das Ergebnis (Gelb|Gelb) und (Blau|Blau) an.

d) Wie viele Kugeln liegen nach der ersten Ziehung im Gefäß?

e) Wie ist das Experiment abgelaufen?

6 Ein Mathematiklehrer führt einen kurzen Multiple-Choice-Test durch.

> 1) Welches Gesetz wurde hier verwendet?
> $3(4a - 5) = 12a - 15$
> ❏ Assoziativgesetz
> ❏ Kommutativgesetz
> ❏ Distributivgesetz
> 2) Welchen Wert hat der Term $3(4a - 5)$ für $a = 0$?
> ❏ -3
> ❏ -15

a) Löse die Aufgaben des Tests.

b) Ein Schüler muss die Lösungen raten. Mit welcher Wahrscheinlichkeit rät er beide (genau eine, keine) Aufgaben richtig? Zeichne ein Baumdiagramm.

c) Mit welcher Wahrscheinlichkeit rät man beide Aufgaben richtig, wenn bei beiden Fragen eine Antwortmöglichkeit mehr angegeben wird?

5 Beim Spiel „Mensch ärgere dich nicht" muss man zum Start in höchstens drei Würfen eine 6 werfen.

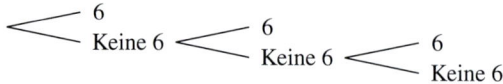

Das Baumdiagramm wurde entsprechend so gezeichnet, dass in den Ergebnissen nur „6 werfen" (6) und „nicht 6 werfen" (Keine 6) betrachtet wird.

a) Übertrage das Baumdiagramm in dein Heft. Vervollständige anschließend die Einzelwahrscheinlichkeiten entlang der Pfade.

b) Wie groß ist jeweils die Wahrscheinlichkeit, mit dem ersten, dem zweiten bzw. dem dritten Wurf eine 6 zu würfeln?

6 Bei einem Berufseignungstest einer Firma gibt es fünf Fragen.
Nur eine Antwort zu jeder Frage ist richtig.

> 1. Welches Gesetz wurde angewandt?
> $3(4 + 5) = 12 + 15$
> ❏ Assoziativgesetz
> ❏ Kommutativgesetz
> ❏ Distributivgesetz
> 2. Welchen Wert hat der Term?
> $3(a + 7b)$ mit $a = 9$ und $b = 11$
> ❏ 258
> ❏ 104
> 3. Welches Gebäude ist das höchste?
> ❏ Stuttgarter Fernsehturm
> ❏ Deutsche Bank in Frankfurt
> ❏ Kölner Dom
> ❏ Ulmer Münster
> 4. Wer wurde älter?
> ❏ Albert Einstein
> ❏ Christian Huygens
> 5. Welche Stadt hat die meisten Einwohner?
> ❏ Bern
> ❏ Düsseldorf
> ❏ Lyon

Jens meint, er könne die Aufgaben nur durch zufälliges Tippen erfolgreich lösen.

a) Überprüfe diese Meinung mithilfe eines Baumdiagramms, in dem du die Wahrscheinlichkeiten für richtige und für falsche Antworten untersuchen kannst.

b) Welchen allgemeinen Rat kannst du Jens für Multiple-Choice-Tests geben?

---

7 Zwei Fußballprofis schießen abwechselnd auf eine Torwand. Der erste Profi trifft mit einer Wahrscheinlichkeit von 25%, der zweite mit einer Wahrscheinlichkeit von 30%.

a) Wie groß ist die Wahrscheinlichkeit, dass beide Profis treffen?

b) Wie groß ist die Wahrscheinlichkeit, dass mindestens ein Profi trifft?

c) Wie groß ist die Wahrscheinlichkeit, dass keiner der beiden Profis trifft?

Thema: **Das Ziegenproblem**

Bei einer Spielshow gibt es drei verschlossene Türen mit „Gewinnen" dahinter.
Hinter zwei Türen ist jeweils eine Ziege. Hinter einer Tür ist ein tolles Auto.
Die Moderatorin weiß, wo das Auto ist. Der Kandidat weiß es natürlich nicht.
Das Spiel läuft so: Der Kandidat entscheidet sich für eine Tür. Nun öffnet die Moderatorin als „Hilfe" eine der beiden anderen Türen, dahinter ist eine Ziege.
Damit sind nur noch zwei Türen übrig. Eine mit einer Ziege und eine mit dem Auto.
Der Kandidat darf sich nun umentscheiden und die andere verschlossene Tür wählen.
Die Frage ist: Soll er sich umentscheiden oder bei seiner ersten Wahl bleiben?
Spielt das überhaupt eine Rolle?

1 🔖 Spielt die Show nach. Bei 20 Spielen soll der Kandidat seine erste Entscheidung ändern. Bei 20 Spielen soll er bei seiner Entscheidung bleiben. Haltet jeweils fest, wie oft der Kandidat das Auto gewonnen hat.

2 Betrachte das Baumdiagramm.
Es wurde erstellt für den Fall, wenn das Auto hinter **Tür 1** ist.
a) Erkläre für jeden Pfad, warum der Kandidat die Ziege beziehungsweise das Auto erhält.
b) Wie oft gewinnt er das Auto (sieht er die Ziege), wenn er wechselt?
c) Zeichne die entsprechenden Baumdiagramme für die beiden Fälle, dass das Auto hinter **Tür 2** bzw. hinter **Tür 3** ist. Ändert sich der Anteil für den Gewinn des Autos, wenn er wechselt?
d) Schreibe einen Rat an einen Kandidaten der Spielshow, ob er seine Tür wechseln sollte oder nicht.

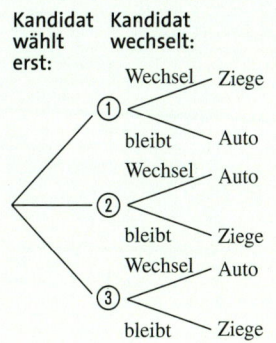

3 Beschreibe, was sich ändert, wenn es 100 Türen mit 99 Ziegen und 1 Auto gibt.
Die Moderatorin lässt nach der ersten Runde 98 Türen mit Ziegen öffnen.
Ist der Anreiz zu wechseln dann größer?

Methode: Das Monte-Carlo-Verfahren

Mit dem Monte-Carlo-Verfahren kann man mathematische Probleme simulieren (nachspielen). Dabei werden zufällig Zahlen erzeugt, die man dann für die Lösung verwendet.

In Tabellenkalkulationen kann man diese zufälligen Zahlen so erzeugen:

Der Befehl „= **ZUFALLSZAHL()**" erzeugt zufällig einen Dezimalbruch zwischen 0 und 1.

Der Befehl „= **ZUFALLSZAHL()*(b−a)+a**" erzeugt zufällig eine Zahl zwischen a und b.

Beispiel Mit „= **ZUFALLSZAHL()*4+1**" erhält man eine Zahl zwischen 1 und 5, denn $0 \cdot 4 + 1 = 1$ und $1 \cdot 4 + 1 = 5$.

Der Befehl „=**KÜRZEN(ZUFALLSZAHL()*(b−a)+a)**" erzeugt eine ganze Zahl zwischen a und b.

Mit „=**KÜRZEN(ZUFALLSZAHL()*2+1)**" erhält man die Zahl 1; 2 oder 3.

1 Auf ein Raster mit 100 mal 100 Punkten wird ein Kreis gezeichnet. Nun werden je zwei Zufallszahlen zwischen 1 und 100 erzeugt: eine für die x-Koordinate und eine für die y-Koordinate. Aus den Zufallszahlen 41 und 63 entsteht z.B. der Punkt (41|61).

Auf diese Weise erhält man zufällig 100 Punkte. Grüne Punkte liegen im Kreis, rote Punkte außerhalb.

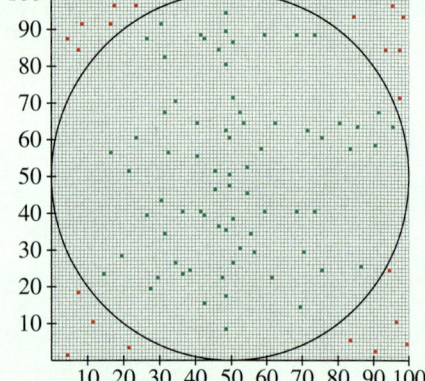

a) Die Einheit der Achsen soll cm sein. Berechne den Flächeninhalt des gesamten Quadrats.

b) Bestimme den Anteil der grünen Punkte an allen 100 Punkten.

c) Der Kreis soll nun denselben Anteil am gesamten Quadrat haben wie die grünen Punkte. Berechne damit den Flächeninhalt A des Kreises.

d) Lies den Radius r des Kreises an der Zeichnung ab. Verwende den Flächeninhalt A aus Teilaufgabe c). Löse dann die Formel $A = p\,r^2$ nach p auf. Dieses p ist eine Annäherung für π. Je mehr Punkte man untersucht, desto besser ist die Annäherung.

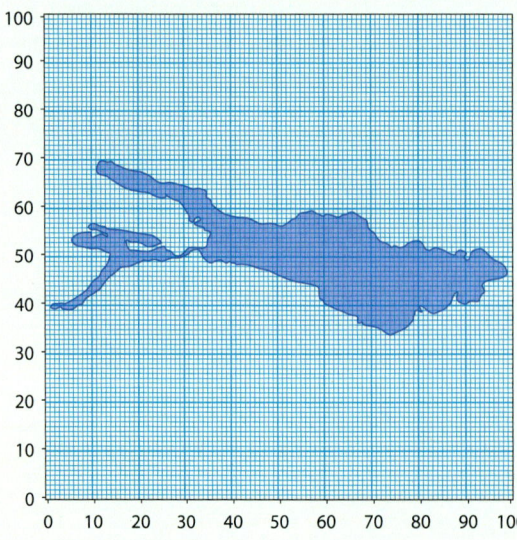

2 👥 Mit dem Monte-Carlo-Verfahren kann man auch Flächen von Seen bestimmen.

a) Erzeugt jeweils zwei Zufallszahlen zwischen 0 und 100, die ihr für die Koordinaten von Punkten verwendet. Verwendet „=**KÜRZEN(ZUFALLSZAHL()*99+1)**". Prüft dann, ob der Punkt „auf dem Bodensee" liegt.

b) Bestimmt mit dem Anteil der „Punkte auf dem Bodensee" den Flächeninhalt des Bodensees.
Maßstab: 1 Rasterlänge = 6,66 km

3 👥 Zeichnet Flächen auf Rasterpapier. Bestimmt die Flächeninhalte mit dem Monte-Carlo-Verfahren.

Thema: Das Geburtstagsproblem

Eine Gruppe von Menschen trifft sich. Wie groß ist die Wahrscheinlichkeit, dass dabei zwei Menschen oder mehr am selben Tag Geburtstag haben? Das hängt sicherlich davon ab, wie viele Menschen es insgesamt sind.
(Als Vereinfachung soll keiner am 29. Februar geboren sein.)

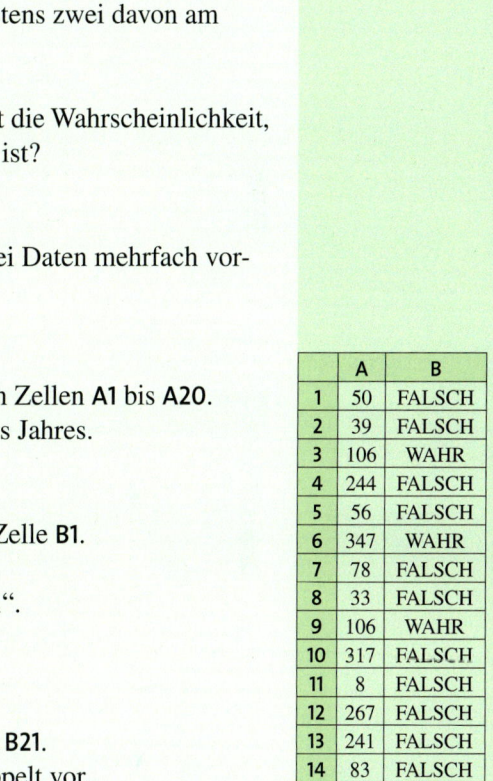

1 Begründe, dass die Aussagen stimmen:

a) Wenn sich zwei Menschen treffen, dann haben sie in $\frac{1}{365}$ der Fälle am selben Tag Geburtstag.

b) Mit jedem zusätzlichen Menschen, der in die Gruppe kommt, steigt die Wahrscheinlichkeit, dass mindestens zwei Menschen am selben Tag Geburtstag haben.

c) Wenn sich 367 Menschen treffen, dann haben mit Sicherheit mindestens zwei davon am selben Tag Geburtstag.

2 👥 Diskutiert: Wie viele Menschen müssen in der Gruppe sein, damit die Wahrscheinlichkeit, dass mindestens zwei am selben Tag Geburtstag haben, größer als 50 % ist?

Simulation mit einer Tabellenkalkulation
Man erzeugt zufällig Geburtsdaten von 20 Menschen und prüft, ob dabei Daten mehrfach vorkommen.

1. Schritt: Zufallszahlen erzeugen
Benutze den Befehl „**= KÜRZEN(ZUFALLSZAHL()*364 +1)**" in den Zellen **A1** bis **A20**.
Das erzeugt zufällige Zahlen zwischen 1 und 365, also für jeden Tag des Jahres.

2. Schritt: Vergleichen, ob eine Zahl doppelt vorkommt
Benutze den Befehl „**=ZÄHLENWENN($A$1:$A$20;A1)>1**" in der Zelle **B1**.
Ziehe dann den Befehl bis zur Zelle **B20**.
In Zelle **B13** steht dann z. B. „**=ZÄHLENWENN($A$1:$A$20;A13)>1**".
Es erscheint ein „WAHR", wenn die Zahl mehrfach vorkommt.

3. Schritt: Zählen, wie oft „WAHR" mehrfach vorkommt
Benutze den Befehl „**=ZÄHLENWENN(B1:B20;„WAHR")**" in Zelle **B21**.
Wenn die Zahl in **B21** nicht 0 ist, dann kommt mindestens eine Zahl doppelt vor.

4. Schritt: Programm immer wieder durchlaufen lassen, Ergebnis festhalten
Drücke die Taste F9 und es werden wieder neue Zahlen erzeugt.
Halte fest, wie oft die Zahl in Zelle **B21** nicht 0 war.

	A	B
1	50	FALSCH
2	39	FALSCH
3	106	WAHR
4	244	FALSCH
5	56	FALSCH
6	347	WAHR
7	78	FALSCH
8	33	FALSCH
9	106	WAHR
10	317	FALSCH
11	8	FALSCH
12	267	FALSCH
13	241	FALSCH
14	83	FALSCH
15	310	FALSCH
16	52	FALSCH
17	145	FALSCH
18	347	WAHR
19	258	FALSCH
20	183	FALSCH
21		4

3 Simuliere das Geburtstagsproblem mit einer Tabellenkalkulation.

a) Lasse das Programm 30-mal durchlaufen. Wie oft gab es doppelte Zahlen?

b) Ändere das Programm so, dass 30 Menschen simuliert werden. Ändert sich nun der Anteil der Durchgänge, in denen es doppelte Geburtstage gab?

Klar so weit?

→ Seite 126

Daten untersuchen

1 Übertrage die Vierfeldertafel ins Heft.

	Schwimmer	Nicht-schwimmer	Gesamtzahl
Männer	432		480
Frauen		68	520
Gesamtzahl	884		

a) Beschreibe, was untersucht wurde.
b) Ergänze die fehlenden Werte.
c) Berechne alle relativen Häufigkeiten und stelle sie ebenfalls in einer Vierfeldertafel dar.

2 Übertrage die Zahlen aus dem Text in eine Vierfeldertafel und ergänze sie.
Heute wurden insgesamt 114 Kinder geboren. Vormittags wurden 22 Jungen und 20 Mädchen geboren, nachmittags 35 Mädchen.

1 Übertrage die Vierfeldertafel ins Heft.

	kann jonglieren	kann nicht jonglieren	Gesamtzahl
Männer			810
Frauen	9		
Gesamtzahl		1 472	1 500

a) Ergänze die fehlenden Werte.
b) Stelle die relativen Häufigkeiten ebenfalls in einer Vierfeldertafel dar.
c) Wie viel Prozent der befragten Frauen konnten jonglieren?

2 Übertrage die Zahlen aus dem Text in eine Vierfeldertafel und ergänze sie.
Heute Vormittag wurden 48 Kinder geboren, davon 28 Jungen. Nachmittags wurden 42 Jungen geboren und insgesamt heute 82 Mädchen.

→ Seite 130

Zweistufige Zufallsexperimente beschreiben

3 Aus dem Würfelnetz wird ein Würfel gebaut. Er wird zweimal geworfen.

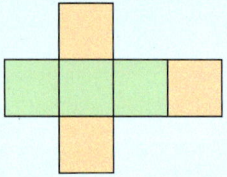

a) Zeichne ein passendes Baumdiagramm und gib die Ergebnisse als geordnete Paare an.
b) Gib alle Ergebnisse an, die zum Ereignis „zwei gleiche Farben" gehören und markiere die passenden Pfade im Baumdiagramm.

3 Aus den Würfelnetzen werden zwei Würfel gebaut und nacheinander geworfen.

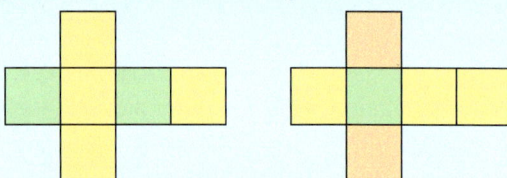

a) Zeichne ein passendes Baumdiagramm und gib die Ergebnisse als geordnete Paare an.
b) Gib die folgenden Ereignisse an und markiere sie im Baumdiagramm:
A: „zwei gleiche Farben"
B: „zwei verschiedene Farben"

4 Wie viele zweistellige Zahlen kann man aus den Ziffern bilden, wenn jede Ziffer …
a) nur einmal?
b) mehrfach vorkommen darf?

5   7

1   6

4 Wie viele zweistellige Zahlen kann man aus den Ziffern 1, 3, 7, 8, 9 bilden, wenn …
a) jede Ziffer nur einmal vorkommen darf?
b) jede Ziffer mehrfach vorkommen darf?
c) Wie viele dreistellige Zahlen gibt es, wenn jede Ziffer mehrfach vorkommen darf?

5 Das Glückrad wird zweimal gedreht. Für einen Hauptgewinn braucht man (Rot|Rot), bei zwei anderen gleichen Farben erhält man einen Trostpreis.

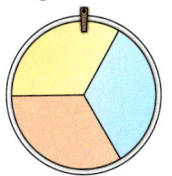

a) Zeichne ein passendes Baumdiagramm.
b) Bestimme die Wahrscheinlichkeiten für einen Hauptgewinn (einen Trostpreis).

5 Das Glücksrad wird zweimal gedreht. Man erhält eine zweistellige Zahl, z. B. (1|3) → 13 Wie groß ist die Wahrscheinlichkeit für…

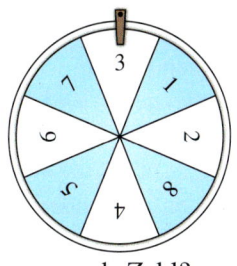

a) eine 11?　　**b)** eine ungerade Zahl?
c) eine Zahl mit zwei gleichen Ziffern?

Pfadregeln

→ Seite 132

6 In einer neunten Klasse sind 14 Jungen und 12 Mädchen. Die Klassenlehrerin wählt zufällig eine Person und dann noch eine Person für den Tafeldienst aus. Erkläre das Baumdiagramm.

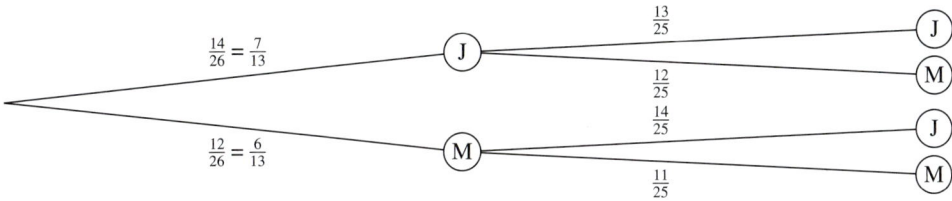

a) Warum verändern sich die Wahrscheinlichkeiten nach der Auswahl der ersten Person?
b) Wie groß ist die Wahrscheinlichkeit dafür, dass zwei Mädchen ausgewählt werden?
c) Bestimme die Wahrscheinlichkeit dafür, dass ein Junge und ein Mädchen zusammen Tafeldienst machen.

7 Aus dieser Urne sollen nacheinander zwei Kugeln mit Zurücklegen gezogen werden.
Bestimme die Wahrscheinlichkeit für …

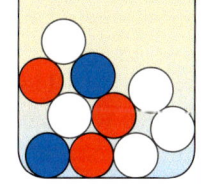

a) genau zwei weiße Kugeln
b) genau eine rote Kugel
c) mindestens eine blaue Kugel
d) keine blaue Kugel
e) eine rote und eine blaue Kugel in beliebiger Reihenfolge

7 In einer Urne befinden sich vier blaue und sechs rote Kugeln.
a) Zeichne ein Baumdiagramm für zweimaliges Ziehen mit Zurücklegen.
b) Bestimme die Wahrscheinlichkeiten für das Ziehen von …
　① genau zwei roten Kugeln.
　② mindestens einer roten Kugel.
　③ einer blauen und einer roten Kugel.
　④ mindestens einer blauen Kugel.
c) Wie verändern sich die Wahrscheinlichkeiten, wenn man ohne Zurücklegen zieht?

8 Zuerst wird eine Münze geworfen, dann ein gewöhnlicher Spielwürfel.
a) Wie groß ist die Wahrscheinlichkeit für das Ergebnis (Z|5)?
b) Bestimme die Wahrscheinlichkeit für das Ereignis (W|gerade Zahl).

8 Eine Firma stellt Vorderlichter und Rücklichter für Fahrräder her und verkauft sie zusammen. Leider ist jedes vierte Licht fehlerhaft. Mit welcher Wahrscheinlichkeit sind in einer Packung kein Licht, beide Lichter, ein Licht defekt?

Vermischte Übungen

1 Aus einer Urne mit drei gelben und zwei blauen Kugeln wird eine Kugel gezogen, zurückgelegt und dann eine weitere Kugel gezogen.
Wie groß ist die Wahrscheinlichkeit, dass die beiden gezogenen Kugeln verschiedene Farben haben?

2 „Schere, Stein, Papier" spielt man zu zweit. Auf Drei zeigt jeder eine der Figuren.

   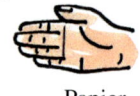

Schere   Stein   Papier

Hier steht, wer gewinnt:
Papier umwickelt Stein; *Stein* stumpft Schere; *Schere* schneidet Papier. Bei zwei gleichen Figuren ist es unentschieden.
a) Spielt fünf Runden. Notiert die Figuren. Schätzt die Gewinnwahrscheinlichkeit.
b) Im Baumdiagramm sind alle Pfade eingezeichnet. Wie wahrscheinlich ist „Unentschieden"?

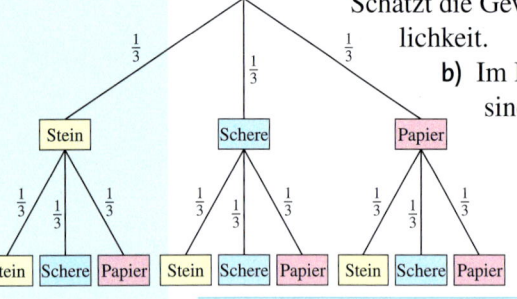

3 Aus einer Urne mit 3 roten und 7 weißen Kugeln wird mit Zurücklegen gezogen. Die Wahrscheinlichkeiten werden in eine Vierfeldertafel eingetragen.

	2. Zug: Rot	2. Zug: Weiß	gesamt
1. Zug: Rot	$\frac{3}{10} \cdot \frac{3}{10} = \frac{9}{100}$	$\frac{3}{10} \cdot \frac{7}{10} = \frac{21}{100}$	$\frac{30}{100}$
1. Zug: Weiß	$\frac{7}{10} \cdot \frac{3}{10} = \frac{21}{100}$	$\frac{7}{10} \cdot \frac{7}{10} = \frac{49}{100}$	$\frac{70}{100}$
gesamt	$\frac{30}{100}$	$\frac{70}{100}$	$\frac{100}{100}$

a) Erkläre die Rechnungen in den Feldern.
b) Wo kann man ablesen, wie groß die Wahrscheinlichkeit ist …
   ① erst Rot, dann Weiß zu ziehen?
   ② im zweiten Zug Weiß zu ziehen?
c) Zeichne das passende Baumdiagramm.

1 Ein Glücksrad mit sechs gleich großen Feldern wird gedreht. Zwei Felder sind blau, drei sind weiß, eines ist rot.
a) Zeichne das Glücksrad in dein Heft.
b) Wie groß ist die Wahrscheinlichkeit, bei zweimaligem Drehen auf unterschiedlich gefärbten Feldern zu landen?

2 Von den 30 Schülerinnen und Schülern der Klasse 9a waren sechs in den Ferien in Spanien, fünf in Griechenland, elf in Deutschland und drei in der Türkei.
Die restlichen Schüler besuchten andere Länder. Zwei Schüler der Klasse werden zufällig ausgewählt.

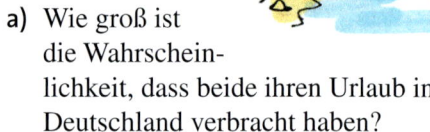

a) Wie groß ist die Wahrscheinlichkeit, dass beide ihren Urlaub in Deutschland verbracht haben?
b) Mit welcher Wahrscheinlichkeit haben beide ihren Urlaub im gleichen Land verbracht?

3 Aus einer Urne mit roten und weißen Kugeln wird mit Zurücklegen gezogen. Die Wahrscheinlichkeiten werden in eine Vierfeldertafel eingetragen.

	2. Zug: Rot	2. Zug: Weiß	gesamt
1. Zug: Rot	$\frac{5}{12} \cdot \frac{5}{12} = \frac{25}{144}$	$\frac{5}{12} \cdot \frac{7}{12} = \frac{35}{144}$	$\frac{60}{144}$
1. Zug: Weiß	$\frac{35}{144}$	$\frac{49}{144}$	$\frac{84}{144}$
gesamt	$\frac{60}{144}$	$\frac{84}{144}$	$\frac{144}{144}$

a) Wie viele rote beziehungsweise weiße Kugeln sind in der Urne?
b) Erkläre, wie die Werte in den Feldern berechnet wurden.
c) Wo steht die Wahrscheinlichkeit, im 1. Zug Weiß zu ziehen? Beschreibe.
d) Zeichne das passende Baumdiagramm.

4 Beschreibe ein passendes Experiment zum Baumdiagramm.
Erstelle dann eine Vierfeldertafel.
Berechne die fehlenden Einträge.

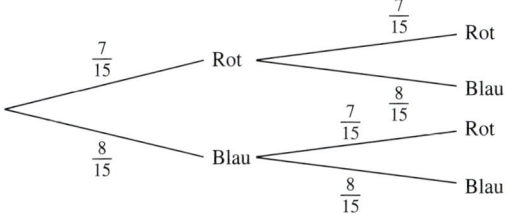

4 Beschreibe ein passendes Experiment zum Baumdiagramm.
Erstelle dann eine Vierfeldertafel.
Berechne die fehlenden Einträge.

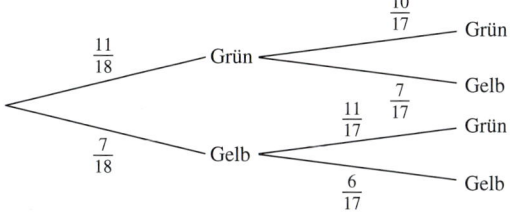

5 Eine Gruppe besteht aus 3 Frauen und 7 Männern. Es werden zufällig zwei Personen ausgewählt. Bestimme die Wahrscheinlichkeit, dass es …
a) zwei Frauen sind.
b) zwei Männer sind.
c) ein Mann und eine Frau sind.

5 Eine Gruppe besteht aus 8 Frauen, 5 Männern und 2 Kindern. Es werden zufällig zwei Personen ausgewählt. Bestimme die Wahrscheinlichkeit, dass …
a) es zwei Frauen sind.
b) es keine zwei Männer sind.
c) mindestens ein Kind dabei ist.

6 Das Glücksrad wird zweimal gedreht. Alle Felder sind gleich groß.
a) Berechne die Wahrscheinlichkeit, dass zweimal die 2 kommt.
b) Berechne die Wahrscheinlichkeit, dass zweimal eine 1 kommt.
c) Wenn im ersten Durchgang oder im zweiten Durchgang eine 0 kommt, dann hat man verloren. Bestimme die Wahrscheinlichkeit.

6 Das Glücksrad wird zweimal gedreht.
a) Dreht man Rot, dann hat man verloren. Ansonsten bekommt man verschiedene Preise. Bestimme die Wahrscheinlichkeit, etwas zu gewinnen.
b) Bei zweimal Gelb gewinnt man ein Fahrrad, bei (Grün|Blau) gewinnt man einen Gutschein. Berechne jeweils die Wahrscheinlichkeiten.

7 👥 Ein neuartiger Bluttest wurde entwickelt, um eine Krankheit festzustellen. Ungefähr 0,1 % der Menschen hat diese Krankheit. Wenn man krank ist, dann zeigt der Bluttest zu 98 % „krank". Leider zeigt der Test auch in 5 % der Fälle, wenn man gesund ist, „krank" an.
a) Erstellt ein Baumdiagramm zu der Situation. Tragt alle Wahrscheinlichkeiten ein.
b) Erstellt eine passende Vierfeldertafel. Insgesamt sollen 100 000 Menschen getestet werden.
c) Bestimmt die Wahrscheinlichkeit, dass der Test „krank" anzeigt, wenn eine beliebige Person getestet wird.
d) Der Test zeigt „krank" an. Bestimmt die Wahrscheinlichkeit, dass die Person krank ist.

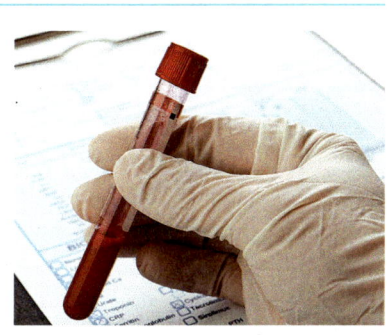

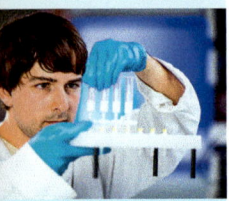

Beruf Pharmakant/in

Pharmakanten und Pharmakantinnen stellen Arzneimittel an automatisierten Maschinen und Anlagen her. Das können Salben, Tabletten oder flüssige Produkte sein. Sie mischen die Wirkstoffe, führen im Labor Kontrolluntersuchungen durch und kümmern sich um die Abfüllung und die fachgerechte, hygienische Verpackung. Darüber hinaus verwalten und kontrollieren sie die Rohstoffe.

Arbeit finden Pharmakanten und Pharmakantinnen in der pharmazeutischen Industrie bei Herstellern von Arzneimittelwirkstoffen und Arzneiwaren.

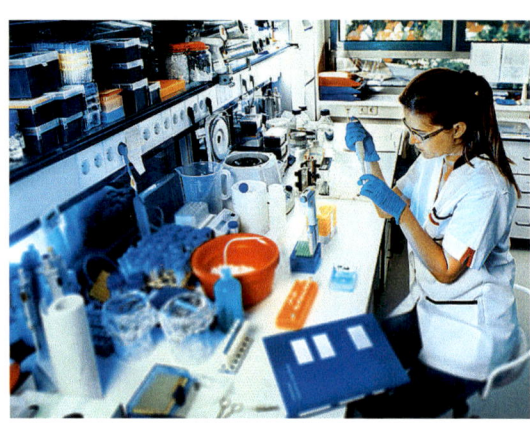

8 Erfassen von Testdurchläufen

Eine automatisch gesteuerte Anlage soll je 1 ml eines flüssigen Arzneimittels abfüllen. Vor der Produktion wird in Testdurchläufen überprüft, ob die Abfüllanlage die erwartete Menge tatsächlich abgibt.

Das Ergebnis der Testdurchläufe ist in dem Koordinatensystem veranschaulicht. USL und LSL begrenzen den **Toleranzbereich**. Hier liegen die Befüllungen, die man als Abweichungen vom Erwartungswert erlaubt.

a) Wie viele Messungen wurden insgesamt durchgeführt?

b) Nicht alle Messwerte erreichen genau 1 ml. Sie streuen um diesen Wert. Bei wie vielen Messungen wurden genau 1 ml erreicht?

c) Gib Maximum und Minimum der gemessenen Füllungen an. Wie groß ist die Spannweite?

d) Wie viele Messergebnisse liegen außerhalb des Toleranzbereiches? Wie viele Messergebnisse liegen im Toleranzbereich (inklusive Rand)?

e) Wenn mehr als 5 % der Ergebnisse nicht im Toleranzbereich liegen, muss die Anlage besser eingestellt werden. Ist das nach dem Protokoll nötig? Begründe.

9 Auswertung der Testdurchläufe

Zur Einstellung des Füllautomaten werden die Werte des Protokolls, die im Toleranzbereich liegen, als Schätzwert für die Wahrscheinlichkeit angenommen.

a) Wie viele von 30 000 Abfüllungen würden dann im erlaubten Bereich liegen?

b) Wie viele von 100 000 Abfüllungen würden nicht im Toleranzbereich liegen?

10 Neueinstellung des Füllautomaten

Nach der Neueinstellung des Füllautomaten liegen nur noch 4 % der Ampullen außerhalb des Toleranzbereiches. Die anderen sind korrekt abgefüllt.

a) Wie viele von 1 500 000 Füllungen haben wahrscheinlich zugelassene Werte? Wie viele nicht?

b) Nach dem korrekten Abfüllen werden die Glasampullen in Kartons verpackt. Dabei gehen 0,6 % kaputt. Mit welcher Wahrscheinlichkeit werden die Ampullen in dieser Anlage korrekt abgefüllt und verpackt? Wie viele von 1 500 000 Ampullen sind das?

Zusammenfassung

Daten untersuchen

→ Seite 126

In einer Vierfeldertafel werden Datenmengen gleichzeitig auf zwei Eigenschaften untersucht. Man trägt die Häufigkeiten für vier verschiedene Fälle ein. Wenn man die Zeilen oder Spalten addiert, dann erhält man die Häufigkeiten der Eigenschaften insgesamt.

Es wurden 1000 Leute befragt, ob sie Diabetes haben.

	Diabetes	keine Diabetes	gesamt
Männer	28	372	400
Frauen	46	554	600
gesamt	74	926	1 000

Zweistufige Zufallsexperimente beschreiben

→ Seite 130

Ein **zweistufiges Zufallsexperiment** setzt sich aus zwei Teilexperimenten zusammen. Die Ergebnisse zweistufiger Zufallsexperimente sind **geordnete Paare**.

Die Anzahl aller möglichen Ergebnisse ist das Produkt der Anzahlen für die Teilexperimente.

Baumdiagramme verwendet man zur Veranschaulichung von zweistufigen Zufallsexperimenten.

Angeboten wird Kaffee, Tee oder Wasser und ein Sandwich mit Käse oder Schinken. Es gibt $3 \cdot 2 = 6$ mögliche Kombinationen:

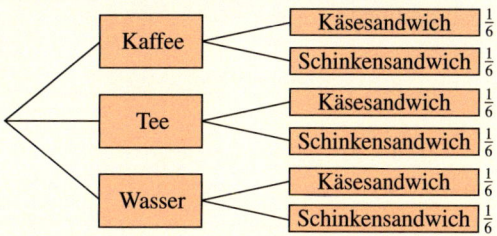

Pfadregeln

→ Seite 132

Viele zufällige Erscheinungen lassen sich mithilfe der Pfadregeln (Produktregeln und Summenregel) lösen.
Beim Notieren der Wahrscheinlichkeiten musst du überlegen, ob das Ergebnis des ersten Teilversuchs die Wahrscheinlichkeiten beim zweiten Teilversuch beeinflusst, d. h. ob es sich um ein Experiment **mit oder ohne Zurücklegen** handelt.

Produktregel
Bei zweistufigen Zufallsexperimenten ergibt sich die Wahrscheinlichkeit eines Ergebnisses aus dem Produkt der Wahrscheinlichkeiten der einzelnen Teilergebnisse.

Summenregel
Die Wahrscheinlichkeit eines Ereignisses ergibt sich durch Addition der Wahrscheinlichkeiten von allen Ergebnissen, die zu diesem Ereignis gehören.

Aus einer Urne mit drei gelben und zwei blauen Kugeln wird **zweimal** eine Kugel gezogen. Wie groß ist die Wahrscheinlichkeit, eine gelbe Kugel zu ziehen?

mit Zurücklegen

$\frac{3}{5}$ $\frac{3}{5}$ gelb $\frac{9}{25}$

$\frac{2}{5}$ blau $\frac{6}{25}$

$\frac{2}{5}$ $\frac{3}{5}$ gelb $\frac{6}{25}$

$\frac{2}{5}$ blau $\frac{4}{25}$

$P(\text{Gelb}) = \frac{9}{25} + \frac{6}{25} + \frac{6}{25} = \frac{21}{25}$

ohne Zurücklegen

$\frac{3}{5}$ $\frac{3-1}{5-1} = \frac{2}{4} = \frac{1}{2}$ gelb $\frac{3}{10}$

$\frac{2}{4} = \frac{1}{2}$ blau $\frac{3}{10}$

$\frac{2}{5}$ $\frac{3}{4}$ gelb $\frac{3}{10}$

$\frac{1}{4}$ blau $\frac{1}{10}$

$P(\text{Gelb}) = \frac{3}{10} + \frac{3}{10} + \frac{3}{10} = \frac{9}{10}$

Teste dich!

9 Punkte | 9 Punkte

1 Erstelle eine passende Vierfeldertafel und trage die Werte ein.
Berechne die fehlenden Werte.
Es wurden 500 Handys getestet. Von den 200 Handys mit Hülle gingen 30 kaputt. Ohne Hülle gingen 80 Handys kaputt. Insgesamt blieben 390 Handys ganz.

1 Erstelle eine passende Vierfeldertafel und trage die Werte ein.
Bereche die fehlenden Werte.
Von den 450 getesteten Handys mit Hülle gingen 80 kaputt. Ohne Hülle gingen 110 Handys kaputt. Insgesamt blieben 510 Handys ganz.

1 Punkt | 2 Punkte

2 Bei Hunden sind 50 % der Welpen weiblich und 50 % männlich.
Eine Hündin erwartet zwei Welpen.
Berechne die Wahrscheinlichkeit, dass beide Welpen weiblich sind.

2 Bei einer Hühnerart sind 55 % der Küken weiblich und 45 % männlich.
Ein Huhn hat zwei Eier gelegt.
Berechne die Wahrscheinlichkeit, dass zwei Männchen schlüpfen.

3 Punkte | 4 Punkte

3 Ein Bube, eine Dame und ein König liegen verdeckt auf einem Tisch. Ein Spieler zieht eine Karte und legt die Karte zurück. Es wird gemischt und noch einmal gezogen.

a) Wie viele Ergebnisse gibt es?
b) Wie groß ist die Wahrscheinlichkeit, zweimal die Dame zu ziehen?
c) Mit welcher Wahrscheinlichkeit wird die Dame weder beim ersten noch beim zweiten Zug gezogen?

3 Ein Bube, eine Dame und ein König liegen verdeckt auf einem Tisch. Ein Spieler zieht eine Karte und legt die Karte zurück. Es wird gemischt und noch einmal gezogen.
a) Berechne die Wahrscheinlichkeit, zweimal einen Buben zu ziehen.
b) Berechne $P(\text{Dame}|\text{König})$.
c) Nun wird die gezogene Karte nicht zurückgelegt. Wie ändern sich die Wahrscheinlichkeiten in a) und b)?

2 Punkte | 4 Punkte

4 Alle Felder des Glücksrads sind gleich groß. Bestimme die Wahrscheinlichkeit beim zweimaligen Drehen … .

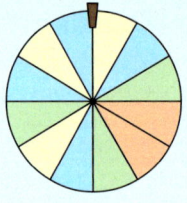

a) erst Blau, dann Grün zu drehen.
b) zweimal Rot zu drehen.

4 Alle Felder des Glücksrads sind gleich groß. Bestimme die Wahrscheinlichkeit beim zweimaligen Drehen … .

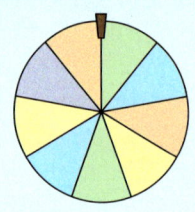

a) keinmal Grün zu drehen.
b) mindestens einmal Gelb zu drehen.

1 Punkt | 2 Punkte

5 Erst wird eine Münze geworfen und dann gewürfelt. Gib ein Ereignis an, das mit der Wahrscheinlichkeit $\frac{1}{6}$ eintritt.

5 Ein Würfel wird zweimal geworfen. Gib zwei Ereignisse an, die jeweils mit der Wahrscheinlichkeit $\frac{1}{18}$ eintreten.

4 Punkte

6 Aus der Urne rechts werden zwei Kugeln gezogen. Die gezogene Kugel wird jeweils wieder in die Urne zurückgelegt.

a) Zeichne ein Baumdiagramm.
b) Bestimme die Wahrscheinlichkeit, zwei grüne Kugeln zu ziehen.
c) Mit welcher Wahrscheinlichkeit wird genau eine weiße Kugel gezogen?
d) Wie groß ist die Wahrscheinlichkeit dafür, dass mindestens eine weiße Kugel aus der Urne gezogen wird?

Gold: 24–25 Punkte, Silber: 21–23 Punkte, Bronze: 17–20 Punkte
Lösungen ab Seite 190

Ähnlichkeit

Fische einer Art haben alle die gleiche Form und die gleiche Färbung.
Es gibt aber Unterschiede in der Größe.
Vergrößerungen und Verkleinerungen treten auf.
Die Fische sind ähnlich.
Sind sie auch ähnlich im Sinne der Geometrie?

Noch fit?

Einstieg

1 Maßangaben umwandeln
Wandle die Maßangaben um.

a) $300\,\text{cm} = \blacksquare\,\text{m}$ b) $8\,000\,\text{m} = \blacksquare\,\text{km}$

c) $40\,\text{mm} = \blacksquare\,\text{cm}$ d) $90\,\text{dm} = \blacksquare\,\text{m}$

e) $7\,\text{m} = \blacksquare\,\text{cm}$ f) $5\,\text{km} = \blacksquare\,\text{m}$

g) $37\,\text{dm} = \blacksquare\,\text{mm}$ h) $0,5\,\text{m} = \blacksquare\,\text{cm}$

Aufstieg

1 Maßangaben umwandeln
Wandle in die angegebene Einheit um.

a) $700\,\text{cm} = \blacksquare\,\text{m}$ b) $1\,700\,\text{m} = \blacksquare\,\text{km}$

c) $62\,\text{mm} = \blacksquare\,\text{cm}$ d) $15\,\text{dm} = \blacksquare\,\text{m}$

e) $9,3\,\text{m} = \blacksquare\,\text{cm}$ f) $60\,\text{km} = \blacksquare\,\text{m}$

g) $84\,\text{cm} = \blacksquare\,\text{mm}$ h) $1\,\text{km} = \blacksquare\,\text{cm}$

2 Eigenschaften von Flächen und Körpern
Benenne die Flächen und Körper. Finde zu jeder geometrischen Form mindestens eine Eigenschaft, die sich auf die Seitenlängen bzw. auf die Kantenlängen bezieht.

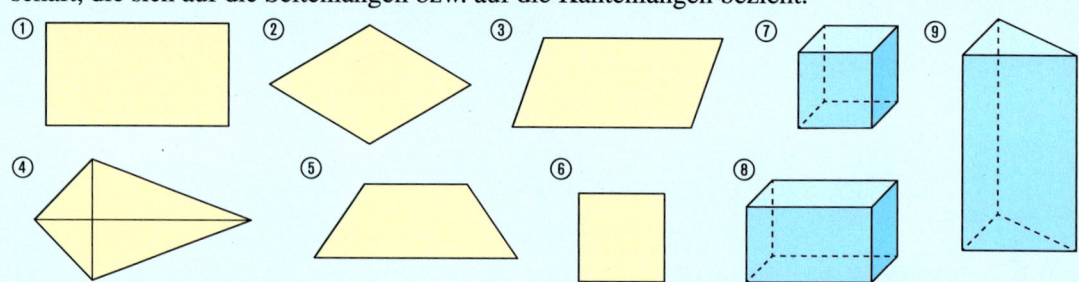

3 Viereck im Koordinatensystem zeichnen
Zeichne das Viereck $ABCD$ mit den Eckpunkten $A(-3|-5)$; $B(6|-2)$; $C(8|4)$ und $D(-1|1)$ in ein Koordinatensystem.
Um welche Vierecksform handelt es sich?

3 Viereck im Koordinatensystem zeichnen
Zeichne das Viereck $ABCD$ mit den Eckpunkten $A(-7|-11)$; $B(8|-2)$; $C(2|4)$ und $D(-3|1)$ in ein Koordinatensystem.
Um welche Vierecksform handelt es sich?

4 Brüche erweitern und kürzen
Erweitere bzw. kürze die Brüche.

a) Erweitere mit 4: $\frac{1}{2}$; $\frac{3}{7}$; $\frac{4}{5}$; $\frac{2}{9}$

b) Kürze vollständig: $\frac{4}{6}$; $\frac{2}{8}$; $\frac{7}{14}$; $\frac{5}{15}$

4 Brüche erweitern und kürzen
Erweitere bzw. kürze die Brüche.

a) Erweitere mit 8: $\frac{1}{3}$; $\frac{5}{9}$; $\frac{7}{12}$; $\frac{2}{15}$

b) Kürze vollständig: $\frac{8}{10}$; $\frac{12}{16}$; $\frac{42}{49}$; $\frac{24}{36}$

5 Bruchgleichungen lösen
Bestimme x durch Probieren.
Beispiel $\frac{1}{2} = \frac{x}{4}$; $x = 2$, weil $\frac{1}{2} = \frac{2}{4}$ ist.

a) $\frac{2}{3} = \frac{x}{9}$ b) $\frac{3}{7} = \frac{x}{14}$

5 Bruchgleichungen lösen
Finde für x die richtige Lösung.

a) $\frac{1}{4} = \frac{x}{12}$ b) $\frac{x}{6} = \frac{10}{12}$

c) $\frac{5}{7} = \frac{25}{x}$ d) $\frac{9}{x} = \frac{27}{36}$

6 Quadratflächen vergleichen
Zeichne ein Quadrat mit $a = 5\,\text{cm}$ ins Heft und berechne den Flächeninhalt. Zeichne dann ein Quadrat mit $a = 10\,\text{cm}$ ins Heft.
Welche Aussage ist richtig?
Der Flächeninhalt des großen Quadrats …
① ist doppelt so groß.
② ist vierfach so groß.

6 Verhältnisgleichungen lösen
Finde für x die richtige Lösung. Schreibe die Verhältnisse zunächst als Bruch.
Beispiel $2:3 = \frac{2}{3}$

a) $3:4 = 6:x$ b) $12:21 = 4:x$

c) $5:6 = x:12$ d) $9:12 = x:4$

e) $6:x = 18:15$ f) $x:24 = 3:8$

Lösungen ab Seite 190

Maßstab und Ähnlichkeit

Entdecken

1 Das links abgebildete Originalfoto hat das Format 4 cm × 6 cm. Alle anderen Fotos sind ihm in gewisser Weise ähnlich.
Aber nur eines davon stellt eine maßstabsgetreue Vergrößerung oder Verkleinerung dar.

Welches Foto ist eine maßstabsgetreue Vergrößerung oder Verkleinerung?
Begründe.

2 Konstruiere die angegebenen fünf Dreiecke auf einem extra Blatt Papier so, dass sie sich nicht überschneiden.
Nummeriere sie und schneide sie aus.

① $a = 3$ cm	② $a = 5$ cm	③ $a = 1,5$ cm	④ $a = 6$ cm	⑤ $a = 3$ cm
$c = 5$ cm	$b = 3$ cm	$c = 2$ cm	$c = 10$ cm	$b = 5$ cm
$\beta = 70°$	$c = 4$ cm	$\beta = 90°$	$\beta = 70°$	$c = 4$ cm

a) Welche Dreiecke sind ähnlich?
Vergleiche dein Ergebnis in der Klasse.

b) Worin besteht ihre Ähnlichkeit? Was ist gleich, was ist verschieden?
Beschreibe die einzelnen Merkmale.

c) Zeichne Dreiecke, die zu den ausgeschnittenen Dreiecken ähnlich sind.
Wie bist du vorgegangen?

d) Du möchtest ein Dreieck maßstäblich vergrößern. Welche Werte musst du verändern und welche Angaben bleiben gleich?

ERINNERE DICH
*Die Standard-
beschriftung
beim Dreieck
sieht so aus:*

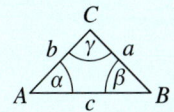

3 Versuche, die Bilder von den Eiswaffeln größer zu zeichnen. Achte darauf, dass kein verzerrtes Bild entsteht.
Wie gehst du dabei vor?

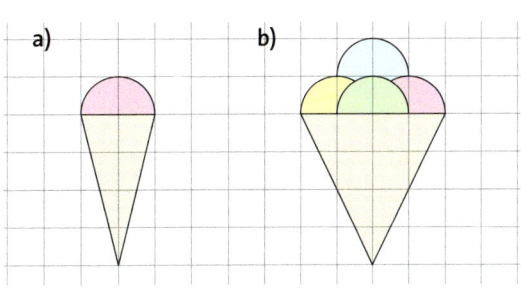

Verstehen

Lisa hat folgende Hausaufgabe bekommen:
Finde zuhause Figuren, die geometrisch zueinander ähnlich sind. Zeichne sie ab.

Zuerst findet sie nur Dinge, die im allgemeinen Sprachgebrauch zueinander ähnlich sind wie z. B. Schlüssel oder Schuhe.

Schließlich entdeckt sie ein Holzpuzzle: Einzelne Teile sind auch im geometrischen Sinn zueinander ähnlich.

Das Puzzle ist 30 cm lang und 26 cm hoch. Lisa zeichnet es verkleinert in ihr Heft.

HINWEIS

Bei einer Verkleinerung werden alle Längen des Originals durch x geteilt.
Bei einer Vergrößerung werden alle Längen des Originals mit dem Faktor x malgenommen.

> **Merke** In einer **Maßstabszeichnung** wird jede Strecke der Originalfigur im gleichen Maß vergrößert oder verkleinert, also mit demselben Faktor multipliziert.
>
> Ein **Maßstab** gibt das Verhältnis der Streckenlänge im Bild zur entsprechenden Streckenlänge im Original an:
>   Bildlänge : Originallänge
>
> So gibt man den Maßstab an:
> $1 : x$ bei einer Verkleinerung oder
> $x : 1$ bei einer Vergrößerung

Beispiel 1

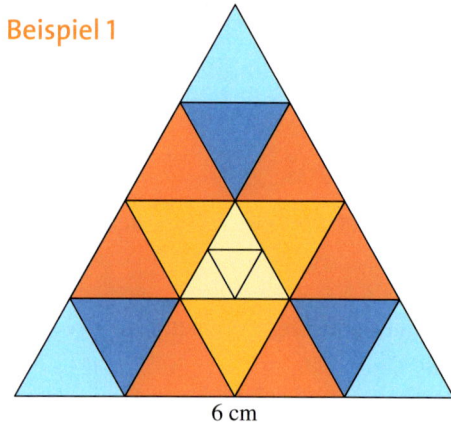

6 cm

Lisa zeichnet das Puzzle im Maßstab $1 : 5$.

Beim maßstäblichen Vergrößern oder Verkleinern bleibt die Form des Originals erhalten. Die Größe, die Lage und die Farbe können im Bild verschieden sein.

> **Merke** Zwei Figuren heißen **zueinander ähnlich**, wenn sie durch maßstäbliches Vergrößern oder Verkleinern auseinander hervorgehen.
>
> Für zwei ähnliche Figuren gelten folgende **Eigenschaften**:
> – Alle sich entsprechenden Winkel sind gleich groß.
> – Alle sich entsprechenden Strecken sind im gleichen Maßstab vergrößert oder verkleinert.
>
> Werden bei einer Figur die Streckenlängen verdoppelt, so bedeutet das *keine* Verdopplung des Flächeninhalts.

Beispiel 2
Die Trapeze sind ähnlich zueinander.
Der Maßstab beträgt $1 : 2$.

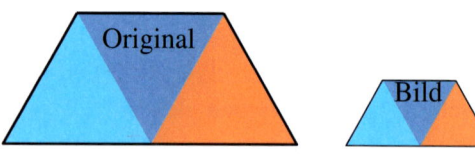

Im Puzzle finden sich unterschiedlich große Dreiecke. Alle sind ähnlich zueinander.

 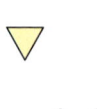

$\alpha = \beta = 60°$

Hinweis: Für die Ähnlichkeit haben Farbe und Lage der Figuren keine Bedeutung.

Üben und anwenden

1 Die langen Seiten der Figur sind 2 cm lang, die kurzen sind 1 cm lang.

a) Zeichne die Figur in wahrer Größe in dein Heft.

b) Wie groß sind die wahren Seitenlängen?

Maßstab 1 : 5

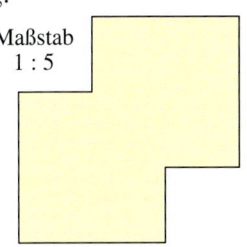

1 Miss die Seitenlängen der Figur und zeichne sie in wahrer Größe. Trage die wahren Seitenlängen in deine Zeichnung ein.

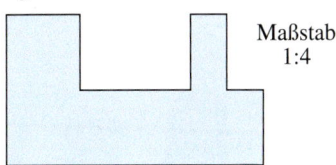

Maßstab 1:4

2 Zeichne den Würfel im Maßstab 4 : 1 in dein Heft.

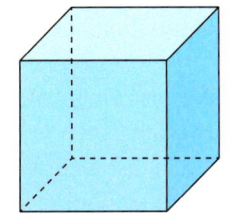

2 Zeichne den Quader im Maßstab 2 : 1 in dein Heft.

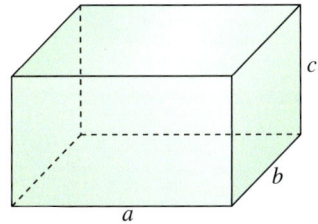

3 Was bedeutet der Maßstab 3 : 1? Erkläre. Erfinde eine Aufgabe zu diesem Maßstab.

3 Was bedeutet der Maßstab 2 : 5? Erkläre. Erfinde eine Aufgabe zu diesem Maßstab.

4 Die Wohnung von Familie Schwertz ist im Grundriss mit dem Maßstab 1 : 250 abgebildet. Miss die erforderlichen Längen und berechne die Originalmaße, das heißt Länge und Breite …

a) vom Schlafzimmer,

b) von der Küche,

c) vom Badezimmer und

d) von der gesamten Wohnung.

5 Zeichne den Grundriss für ein Jugendzimmer im Maßstab 1 : 50 in dein Heft. Das rechteckige Zimmer hat in Wirklichkeit eine Länge von 5 m und eine Breite von 3,50 m. Gestalte das Zimmer sinnvoll mit Bett, Schreibtisch und Schrank. Denke auch an Fenster und eine Tür.

5 Ein rechteckiges Zimmer hat eine Länge von 5,6 m und eine Breite von 4,8 m. In einer Grundrisszeichnung soll es 2,8 cm lang gezeichnet werden.

a) Bestimme den Maßstab der Zeichnung.

b) Wie breit muss das Zimmer im Grundriss gezeichnet werden?

c) Zeichne es in diesem und einem zweiten sinnvollen Maßstab.

6 Berechne den Maßstab. Beschreibe, wie du dabei vorgehst. Achte auf unterschiedliche Einheiten.

a) Bildlänge 4 cm; Originallänge 80 cm

b) Bildlänge 1 m; Originallänge 500 m

c) Bildlänge 12 cm; Originallänge 3 cm

d) Bildlänge 5 cm; Originallänge 10 m

6 Ergänze die Tabelle im Heft.

	Maßstab	Modell	Wirklichkeit
a)	■	4 cm	60 m
b)	■	25 cm	1 km
c)	■	7,5 cm	6 km
d)	■	38 cm	19 mm
e)	■	24 cm	0,04 m

7 Wie groß sind die Tiere in Wirklichkeit? Schätze zuerst und berechne dann.

a) 1 : 120

b) 1 : 22

8 ♟♟ Matrjoschka sind bunt bemalte Puppen aus Holz, die ineinander geschachtelt werden können.
Erklärt, worin ihre Ähnlichkeit besteht.
Was ist für die Ähnlichkeit von Figuren nicht wichtig? Findet weitere Beispiele.

9 Finde zueinander ähnliche Einsen.

① ② ③ ④

⑤ ⑥ ⑦ ⑧

9 Vergleiche in einem gedruckten Text die Großbuchstaben in Druckschrift mit ihren Kleinbuchstaben. Welche Buchstaben sind zueinander ähnlich? Begründe.

10 Zeichne auf Karopapier ein Quadrat mit beliebiger Seitenlänge. Vergrößere und verkleinere es dann. Was fällt dir hinsichtlich der Ähnlichkeit auf?

10 Zeichne ein gleichseitiges Dreieck mit beliebiger Seitenlänge. Vergrößere und verkleinere es dann. Was fällt dir hinsichtlich der Ähnlichkeit auf?

11 Welche Figuren sind immer zueinander ähnlich?
Begründe z. B. mithilfe einer Skizze.
a) Rechtecke **b)** Parallelogramme
c) Kreise **d)** Dreiecke

11 Wahr oder falsch? Begründe.
Dreiecke mit dieser Eigenschaft sind immer zueinander ähnlich:
a) stumpfwinklig **b)** gleichschenklig
c) rechtwinklig **d)** gleichseitig

12 Finde zueinander ähnliche Figuren und übertrage sie nebeneinander in dein Heft.

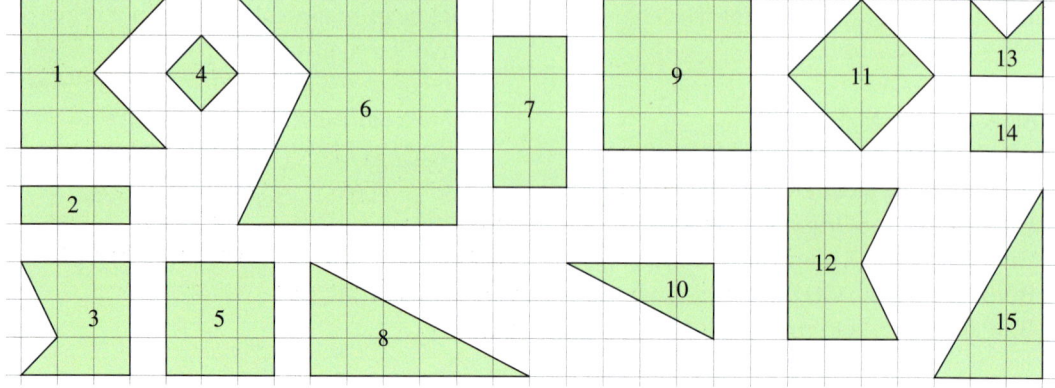

13 Zeichne die Buchstaben ab und vergrößere sie mithilfe der Kästchen auf doppelte Größe.

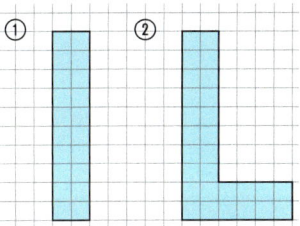

13 Zeichne die Buchstaben H, E, F und T auf Kästchenpapier und vergrößere sie. Orientiere dich dabei an der Zeichnung von Aufgabe 13.

14 Das Deutsche Institut für Normung legt die Standardgrößen für Papierformate fest. Die Formate DIN A1 bis DIN A7 sind hier dargestellt.

a) Welche Formate kennst du? Woher kennst du sie?

b) Erkläre, wie die Maße des nächstkleineren Formats jeweils entstehen.

c) Gib die Maße für ein Blatt DIN A0 an.

d) Gib jeweils die Maße für ein Blatt DIN A1, A2, A3 bis A7 an.

e) Gib die Maße für ein Blatt DIN A8 an.

f) Begründe, warum die Formate jeweils zueinander ähnlich sind.

g) Untersuche, wie sich jeweils der Flächeninhalt verändert.

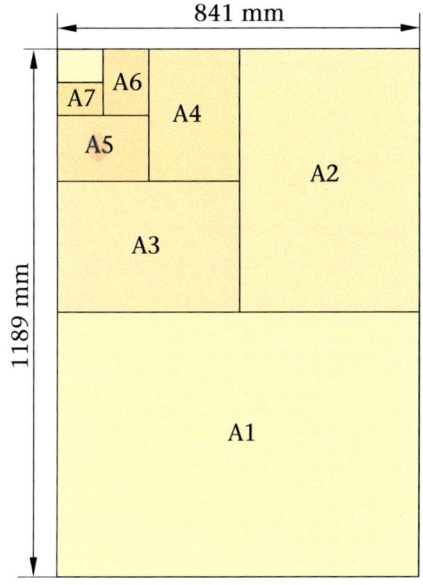

15 Von zwei Dreiecken ist jeweils die Größe von zwei Innenwinkeln bekannt. Sind die beiden Dreiecke zueinander ähnlich?

a) Dreieck ①: 50°; 70°; Dreieck ②: 60°; 50°

b) Dreieck ①: 35°; 80°; Dreieck ②: 80°; 75°

c) Dreieck ①: 27°; 55°; Dreieck ②: 98°; 55°

15 Von sechs Dreiecken ist jeweils die Größe von zwei Innenwinkeln bekannt. Welche der sechs Dreiecke sind zueinander ähnlich?

① 36°; 61°	② 50°; 36°
③ 72°; 58°	④ 72°; 50°
⑤ 50°; 94°	⑥ 94°; 36°

ERINNERE DICH
Die Summe der Innenwinkel im Dreieck ergibt 180°.

16 Das „Haus vom Nikolaus" soll vergrößert werden. Im neuen Haus soll jede Seite 3-mal so groß sein. Zeichne das neue Haus vom Nikolaus.

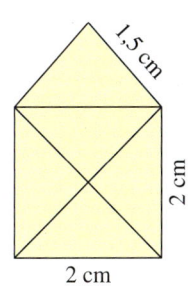

1,5 cm
2 cm
2 cm

16 Zeichne das Legespiel „Tangram" so ab, dass das Gesamtquadrat eine Seitenlänge von 8 cm hat.

17 Nimm Stellung zu folgenden Aussagen:

a) Wenn man bei einem Dreieck die Seitenlängen verdoppelt, dann werden auch die Winkel doppelt so groß.

b) Wenn man bei einem Rechteck die Seitenlängen verdoppelt, dann wird auch die Fläche doppelt so groß.

17 Zeichne ein Dreieck ABC mit den Seitenlängen $a = 2\,cm$; $b = 3\,cm$ und $c = 4\,cm$. Verlängere jede Seite um 2 cm und zeichne mit den neuen Längen ein zweites Dreieck. Sind die Dreiecke einander ähnlich? Begründe.

Methode: Hilfsmittel zum Vergrößern und Verkleinern

Der Storchschnabel (Pantograph)

Mit einem Storchschnabel kann man Zeichnungen im gleichen, im größeren oder im kleineren Maßstab präzise übertragen. Er wurde 1603 erfunden.

Der Storchschnabel besteht aus vier Leisten, die über Gelenke miteinander verbunden sind. Er wird an einem Fixpunkt an der Unterlage befestigt und kann um diesen Punkt gedreht werden.
An einer Stelle wird ein Stift eingesetzt. Wenn man die Linien im Original nachfährt, kopiert der Stift diese Linien. Die Einstellung am Storchschnabel bestimmt die Größe der Kopie. Im Bild wurde die fertige Zeichnung (rechts) links verkleinert kopiert.

1 👥 Erkundigt euch z. B. im Internet, wozu ein Storchschnabel früher gebraucht wurde.

2 👥 Bastelt selbst einen Storchschnabel. Im Internet findet ihr verschiedene Bauanleitungen dazu. Baut den Storchschnabel im Werkunterricht oder zu Hause nach.

Der Proportionalzirkel

Mit einem Proportionalzirkel kann man Strecken in einem bestimmten Verhältnis teilen, sie vergrößern oder verkleinern.
Er besteht aus zwei Schenkeln, die durch eine bewegliche Schraube miteinander verbunden sind. An jedem Ende hat er zwei Spitzen: Das eine Paar dient zum Abmessen der Originalgröße, das zweite zum Konstruieren der Bildgröße.

3 👥 Wodurch erreicht man beim Proportionalzirkel verschiedene Maßstäbe?

Der Kopierer

Fotokopierer und viele Drucker mit einer Scan- und Kopierfunktion können Vorlagen bequem vergrößern und verkleinern. Dazu gibt man einen Zoom-Faktor *k* ein. Häufig sind bereits Standardfaktoren zum Vergrößern und Verkleinern in DIN-Formate vorgegeben.

4 👥 Welche Standardfaktoren kannst du am Display ablesen?

5 👥 Zum Verkleinern von DIN A3 auf DIN A4 verwendet man den Zoom-Faktor 70,7 %.
Wie kann man diesen Faktor berechnen?

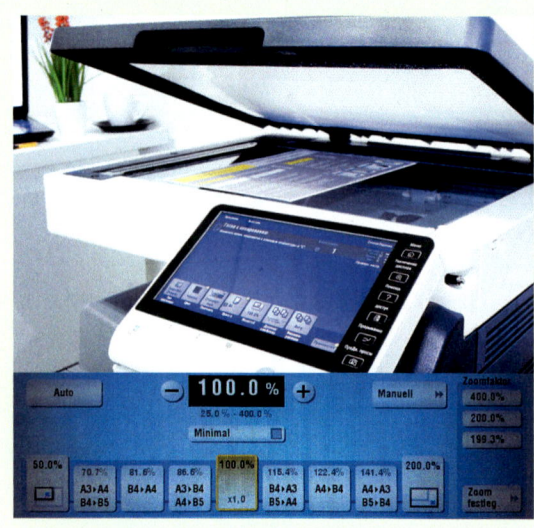

Zentrische Streckung

Entdecken

1 👥 Beschreibt mit Worten den gezeigten Versuch und diskutiert die folgenden Fragen. Wie verändert sich der Schatten, …

a) wenn das Haus näher auf die Lichtquelle zu bewegt wird?

b) wenn das Haus weiter von der Lichtquelle weg wandert?

c) wenn du die Lichtquelle auf die Wand zu- bzw. sie von ihr wegbewegst?

2 Fertige eine Skizze zu Aufgabe 1 an. Zeichne die Lichtstrahlen von der Lampe zu den Ecken von der Schablone und zu den Ecken vom Schattenbild ein.

a) Wie verlaufen die Strahlen?

b) Betrachte Lenas Zeichnung. Sie hat die Strahlen verlängert, die von der Lichtquelle Z zu den Eckpunkten des Fünfecks führen und mit dem Zirkel noch einmal die gleiche Streckenlänge abgemessen.
Die neuen Punkte A', B', C', D', E' auf den Strahlen verbindet sie zu einem größeren Fünfeck.

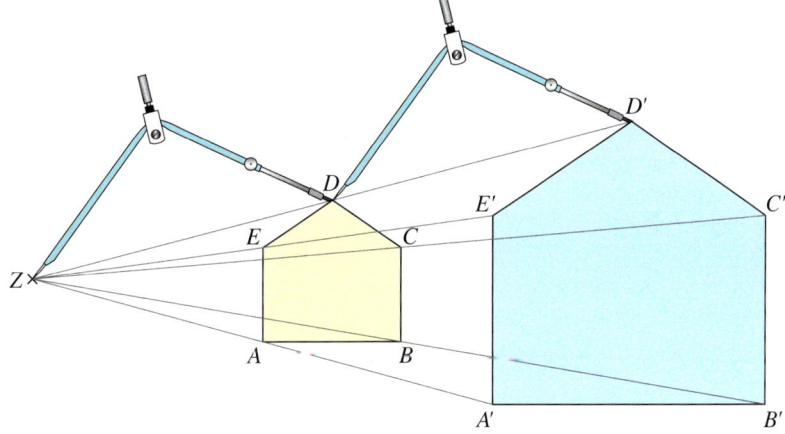

Zeichne eine solche Konstruktion mit einem Dreieck.

c) Miss die Seitenlängen des Originaldreiecks und des neuen Dreiecks und vergleiche. Was fällt dir auf? Vergleiche mit deinen Nachbarn.

d) Prüfe die Winkelgrößen von Original- und neuem Dreieck, ebenso die Parallelität der einander entsprechenden Seiten. Fällt dir auch hier etwas auf?

3 Zeichne einen Punkt Z in dein Heft. Zeichne von Z ausgehend fünf Strahlen in unterschiedliche Richtungen. Markiere auf jedem Strahl hintereinander mehrere Punkte im Abstand von 0,5 cm. Verbinde jeweils die fünf Punkte, die den gleichen Abstand zu Z haben.

a) Beschreibe, was entsteht.

b) Was kannst du über die entstandenen Fünfecke sagen?

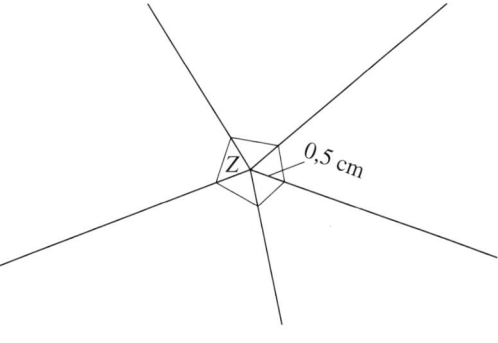

153

Verstehen

Marie möchte mit ihrer kleinen Schwester verschiedene
Drachen basteln.
Sie hat eine Drachenschablone aus Papier, deren Form sie
als Vorlage nimmt.
Sie möchte die Schablone vergrößern und verkleinern und
so verschieden große Drachen herstellen.

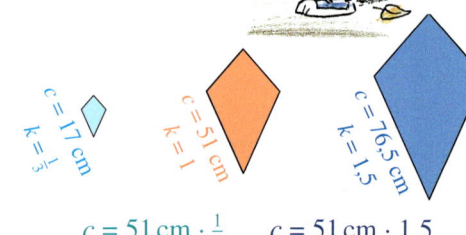

Beispiel 1
Marie **vergrößert** ihre Schablone maßstäblich,
indem sie alle Seitenlängen mit dem Faktor
$k = 1{,}5$ multipliziert.

Marie **verkleinert** ihre Schablone
maßstäblich, indem sie alle Seitenlängen
mit dem Faktor $k = \frac{1}{3}$ multipliziert.

$c = 51\,\text{cm} \cdot \frac{1}{3}$ $c = 51\,\text{cm} \cdot 1{,}5$
$c = 17\,\text{cm}$ $c = 76{,}5\,\text{cm}$

> **Merke** Figuren können auch mithilfe einer **zentrischen Streckung** maßstäblich vergrößert
> oder verkleinert werden.
>
> Der **Streckfaktor** wird hierbei mit **k** bezeichnet, das **Streckzentrum** mit **Z**.
>
> Ist $k > 1$, spricht man von einer maßstäblichen Vergrößerung.
> Ist $k = 1$, sind Original und Bild identisch.
> Ist $0 < k < 1$, handelt es sich um eine maßstäbliche Verkleinerung.
>
> Aus den Längen von Bild- und Originalstrecke lässt sich der Streckfaktor k berechnen:
> $$k = \frac{\text{Bildlänge}}{\text{Originallänge}}$$

BEACHTE
*Im Bild wird der
Originalpunkt A
mit A', A'' usw.
bezeichnet.*

Beispiel 2
Das Streckzentrum Z liegt außerhalb der Figur.

Beispiel 3
Z liegt innerhalb der Figur.

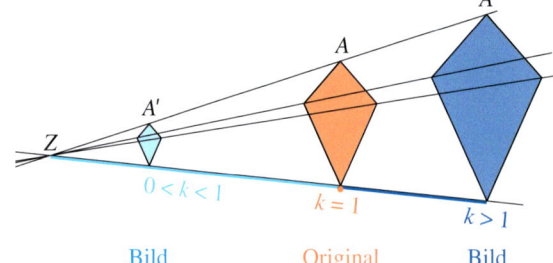

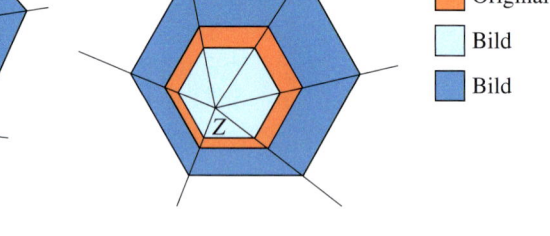

Für alle zentrischen Streckungen gilt:
Feststehende Größen (Fixelemente):
– Streckzentrum Z
– alle Geraden durch Z

Unveränderliche Größen (Invarianten):
– Alle Winkelgrößen bleiben gleich.
– Zueinander parallele Seiten sind weiterhin
  parallel.
– Der Umlaufsinn bleibt erhalten.

Aber: Wenn die Streckenlänge z. B. verdoppelt wird, so verdoppelt sich der Flächeninhalt **nicht**.

Üben und anwenden

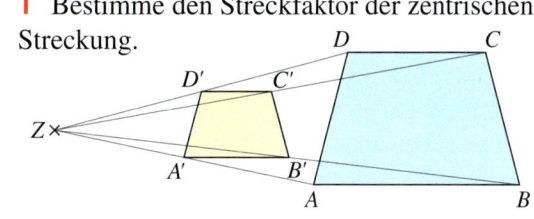

1 Miss bei der zentrischen Streckung der Raute aus, wie groß der Streckfaktor ist.

1 Bestimme den Streckfaktor der zentrischen Streckung.

2 Übertrage die Figur ins Heft und führe anschließend die zentrische Streckung aus.

2 Vergrößere die Figur mithilfe einer zentrischen Streckung mit $k = 2$.

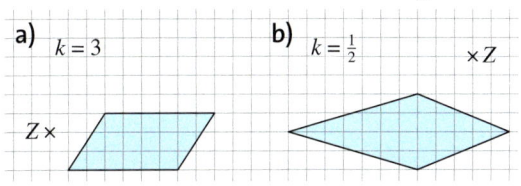

a) $k = 3$ b) $k = \frac{1}{2}$ $\times Z$

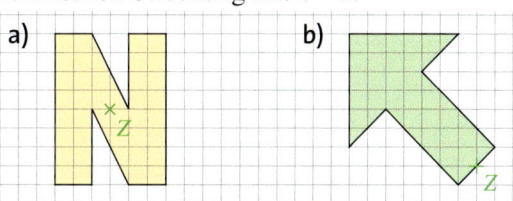

a)   b)

3 Zeichne in ein Quadrat mit der Seitenlänge $a = 3\,\text{cm}$ die Diagonalen ein. Wähle den Schnittpunkt der Diagonalen als Streckzentrum Z. Führe eine zentrische Streckung aus. Gib die neue Seitenlänge an.

a) $k = 2$ b) $k = 3$ c) $k = \frac{1}{2}$

3 Zeichne in ein Rechteck mit $a = 4\,\text{cm}$ und $b = 2,5\,\text{cm}$ die Diagonalen ein. Führe drei zentrische Streckungen aus. Wähle den Schnittpunkt der Diagonalen als Streckzentrum Z.

a) $k = 1,5$ b) $k = 2$ c) $k = \frac{1}{2}$

4 Das Rechteck wird maßstäblich vergrößert und verkleinert. Ergänze die Tabelle im Heft.

4 Das Parallelogramm wird maßstäblich vergrößert und verkleinert. Ergänze die Tabelle im Heft.

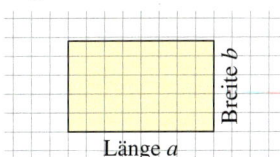

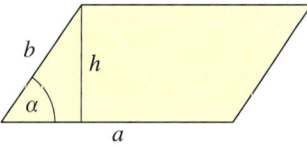

	Länge a	Breite b
Originalfigur	15 cm	9 cm
$k = 2,5$		
$k = 0,6$		

	a	b	h
Original	12 cm	5 cm	4 cm
$k = 6$			
$k = 0,7$			

5 Übertrage die Figur in dein Heft. Vergrößere sie so, wie es die orange Strecke vorgibt. Gib den Streckfaktor an.

5 Bestimme in jeder Teilaufgabe zweimal den Streckfaktor k. Wähle einmal die blaue Figur als Bild und einmal die rote.

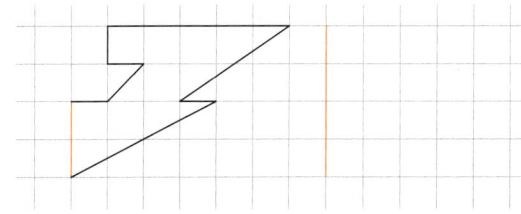

a)

b)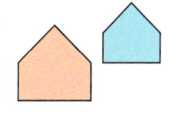

6 Bei negativem Streckfaktor wird die Bildfigur über Z hinaus gezeichnet. Hier ist $k = -2$.

a) Prüfe, ob die Invarianten der zentrischen Streckung (Winkelgrößen, Parallelität, Umlaufsinn) gelten.

b) Miss nach, ob sich die Länge einander entsprechender Seiten verdoppelt hat (z. B. $\overline{AB}$ und $\overline{AB'}$).

c) Berechne die beiden Flächeninhalte. Gilt hier eine Verdopplung?

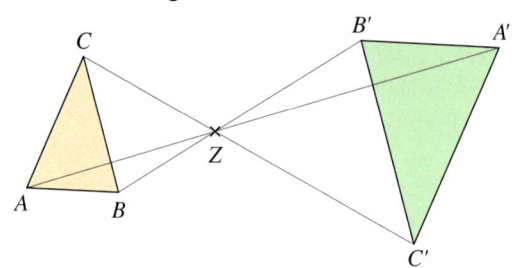

7 Überprüfe mithilfe der Invarianten, ob das eine zentrische Streckung ist.

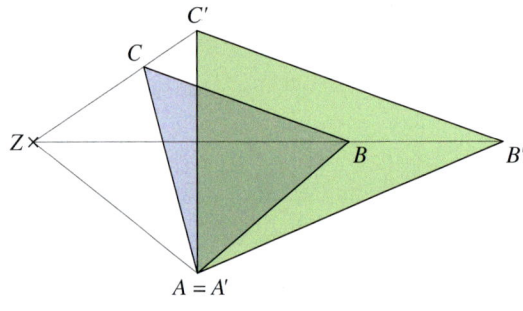

7 Überprüfe mithilfe der Invarianten, ob es sich um eine zentrische Streckung handelt. Begründe.

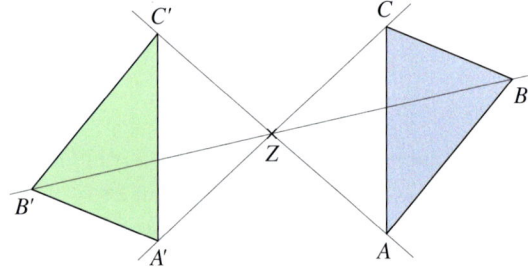

8 Die blaue Figur ist das Ergebnis einer zentrischen Streckung der lilafarbenen Figur. Übertrage ins Heft und bestimme das Streckzentrum Z und den Streckfaktor k.

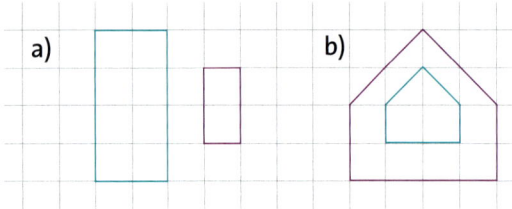

8 Übertrage das Figurenpaar in dein Heft. Achte auf die Lage zueinander. Wähle die grüne Figur als Original. Finde das Streckzentrum Z und bestimme den Streckfaktor k.

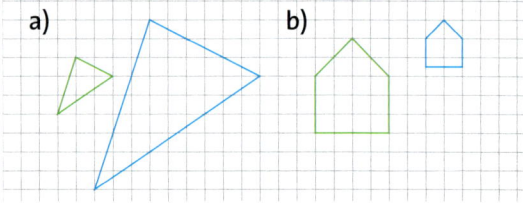

9 Hier wurde eine zentrische Streckung mit einer anderen Abbildung verkettet. Mit welcher? Prüfe, ob das Original ABC und das Bild $A''B''C''$ noch zueinander ähnlich sind.

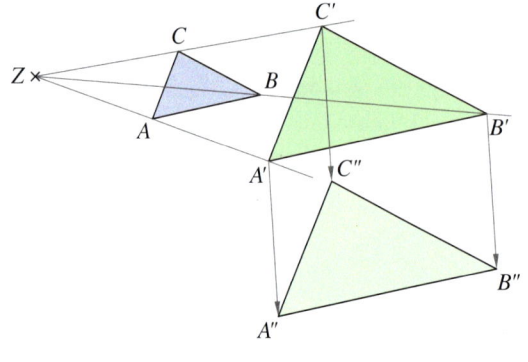

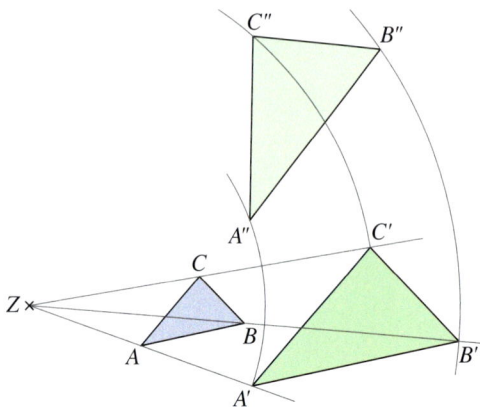

Methode: Zentrische Streckung mit einer DGS

Mithilfe eines Computerprogramms kann man ebenso wie auf Papier geometrische Konstruktionen ausführen. Das dazu benötigte Programm ist eine dynamische Geometrie-Software, entsprechend der Anfangsbuchstaben abgekürzt DGS.

Die Arbeit mit einer dynamischen Geometrie-Software bietet viele Vorteile:
Figuren können schnell und genau konstruiert, aber auch bewegt und dynamisch verändert werden. Die Software kann Berechnungen ausführen, um z. B. Längen, Flächen und Winkel anzugeben. Die fertigen Zeichnungen können gespeichert und ausgedruckt werden.

1 Figuren zentrisch strecken und dynamisch verändern

Öffne das Programm und führe mithilfe der nun folgenden Anleitung an einem Dreieck eine zentrische Streckung aus.

1. Erstelle auf der Zeichenfläche ein Dreieck.
2. Setze einen Punkt als Streckzentrum auf die Zeichenfläche.
   Nenne den Punkt Z.
3. Aktiviere das Werkzeug zum zentrischen Strecken des Objekts von einem Punkt aus. Klicke dann zuerst auf dein Dreieck und danach auf das Streckzentrum.
   Es öffnet sich ein Fenster, trage dort den Streckfaktor ein.
4. Ergänze in Z drei Strahlen, die jeweils durch einen Eckpunkt des Dreiecks verlaufen.

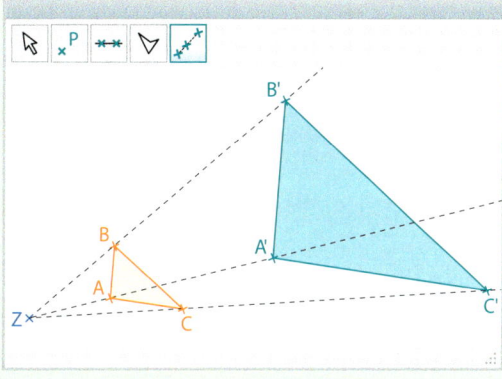

ERINNERE DICH
Verwende bei Dezimalzahlen statt des Kommas eventuell einen Punkt.

a) Verändere deine Konstruktion dynamisch. Wähle dazu das Werkzeug zum Bewegen. Klicke auf einen Punkt und ziehe ihn bei gedrückter Maustaste über die Zeichenfläche.
   – Welche Punkte kannst du bewegen?
   – Wie verändert sich die Konstruktion? Beschreibe.
b) Führe an verschiedenen anderen Figuren, wie z. B. Fünfecken oder Halbkreisen, eine zentrische Streckung aus.
   Wähle auch unterschiedliche Werte für den Streckfaktor.

2 Die Lage des Streckzentrums untersuchen

Verwende die Konstruktion von Aufgabe 1 oder erstelle eine neue Figur und führe eine zentrische Streckung aus.

a) Bewege das Streckzentrum Z über die Zeichenfläche und beobachte, wie sich die Bildfigur und Bildlage verändert.
   Bewege Z so, dass ...
   – Z außerhalb der Figur liegt.
   – Z innerhalb der Figur liegt.
   – Z auf einer der Seiten der Figur liegt.
   – Z auf einem Eckpunkt der Figur liegt.
b) Formuliere eine allgemeine Regel zu deinen Beobachtungen aus Teilaufgabe a). Vergleicht eure Ergebnisse untereinander.

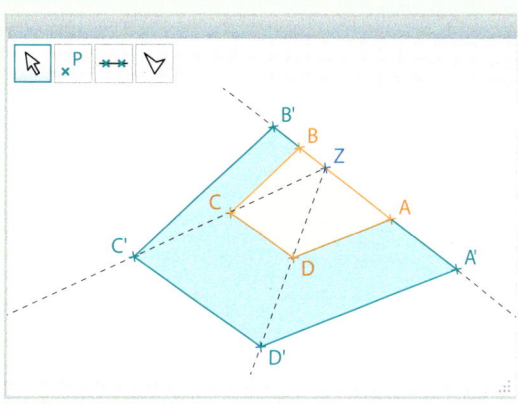

3 Mit einem Schieberegler arbeiten

Mit einem Schieberegler kann man z. B. den Streckfaktor dynamisch verändern.
Erstelle nach der folgenden Anleitung einen Schieberegler und führe eine zentrische Streckung aus.

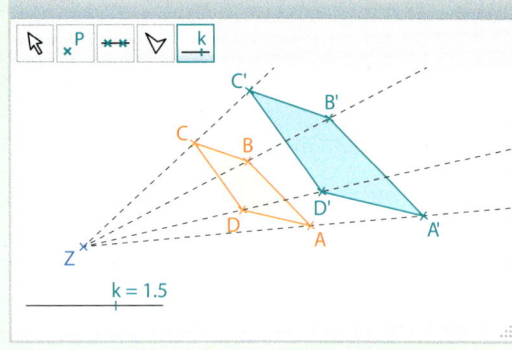

1. Erstelle eine Figur auf der Zeichenfläche und ergänze das Streckzentrum.
2. Wähle das Werkzeug Schieberegler. Klicke auf eine Stelle am Rand der Zeichenfläche.
3. Es öffnet sich ein Fenster. Nimm die rechts angegebenen Eintragungen vor.
   Bei diesen Einstellungen verändert der Schieberegler eine Zahl k, die Werte zwischen −10 und 10 in 0,1-großen Schritten annehmen kann.

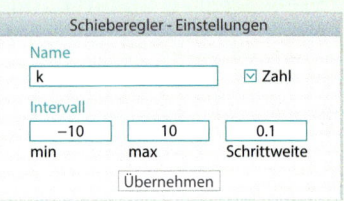

4. Aktiviere das Werkzeug zum zentrischen Strecken des Objekts von einem Punkt aus. Trage statt einer Zahl den Kleinbuchstaben k als Wert für den Streckfaktor ein.
5. Aktiviere das Werkzeug zum Bewegen und betätige den Schieberegler bei gedrückter Maustaste.

a) Beschreibe die Bildfigur und Bildlage, wenn für den Streckfaktor Folgendes gilt:
   ① k ist größer als 1   ② k ist gleich 1   ③ k liegt zwischen 0 und 1
   ④ $k = 0$ ⑤ $k < 0$ ⑥ k liegt zwischen 0 und −1

b) In der Abbildung beträgt der Streckfaktor $k = 1{,}5$.
   Wie kannst du zeigen, dass der angegebene Wert richtig ist? Beschreibe.

4 Flächeninhalt ähnlicher Figuren

Das Rechteck $ABCD$ wurde mit $k = 1{,}8$ zentrisch gestreckt. Mithilfe des Werkzeugs Flächeninhalt wurde die Größe der Fläche $ABCD$ angezeigt.

a) Schätze den Flächeninhalt der Bildfigur $A'B'C'D'$.
   Beschreibe, wie du dabei vorgehst.

b) Überprüfe deine Schätzung mithilfe einer Konstruktion. Formuliere eine allgemeine Regel für das Verhältnis der Flächeninhalte zwischen einer Originalfigur und der zugehörigen Bildfigur.

c) Gilt die Regel aus b) nur für Rechtecke oder auch für andere Figuren? Begründe.

HINWEIS ZU 5
„Pantograph" (griech.) bedeutet wörtlich übersetzt „Alles-schreiber". Ein Pantograph wird häufig auch „Storchschnabel" genannt.

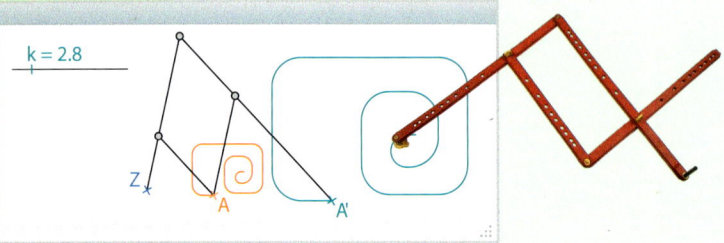

5 Zum Knobeln: Der Pantograph

Mit einem Pantographen kann man Zeichnungen im gleichen, größeren oder kleineren Maßstab übertragen. Informiere dich über die Funktionsweise eines Pantographen und erstelle einen Pantographen mithilfe einer DGS.

Die Strahlensätze

Entdecken

1 Diese zwei Dreiecke sind ähnlich zueinander.

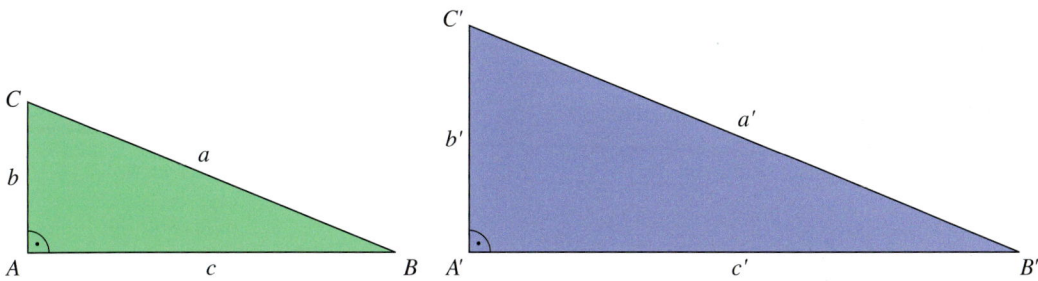

a) Ermittle den Streckfaktor k. Entnimm die Maße der Zeichnung.
Notiere alle Möglichkeiten, k zu ermitteln.
Wie bist du dabei vorgegangen?

b) Teile a durch b und anschließend a' durch b'. Bilde weitere Streckenverhältnisse aus
Original- und Bildstrecken.
Was fällt dir auf?

2 Schaut euch die Zeichnung genau an.
Überlegt gemeinsam.
Wie wird die Höhe des Baums bestimmt?
Worauf muss geachtet werden?

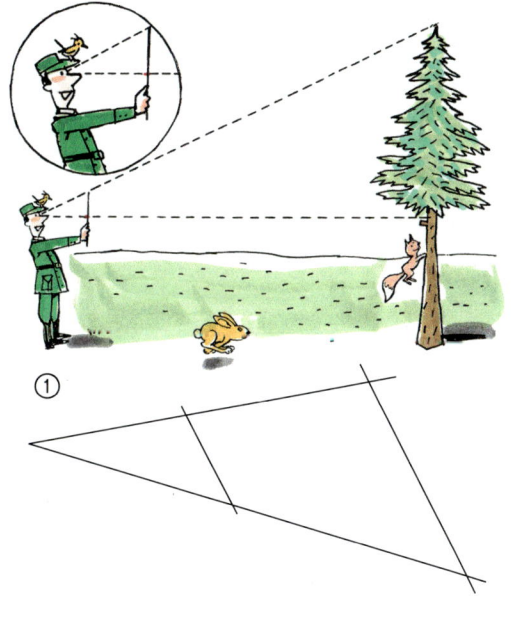

3 Zeichne zwei zueinander ähnliche Dreiecke
ABC und $A'B'C'$ auf Papier und schneide sie aus.
Lege sie so aufeinander, dass A auf A', b auf b'
und c auf c' liegt.

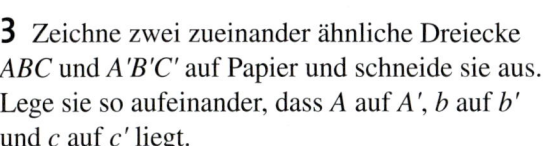

a) Vergleiche sie mit Zeichnung ①.
Was findest du wieder?
Welche Seiten entsprechen sich jeweils?

b) Drehe nun dein kleines Dreieck um 180°
um A, sodass A' wieder auf A liegt und
die Seiten vom kleinen und vom großen
Dreieck eine gerade Linie bilden.
Vergleiche mit Zeichnung ②.
Welche Seiten entsprechen sich nun?

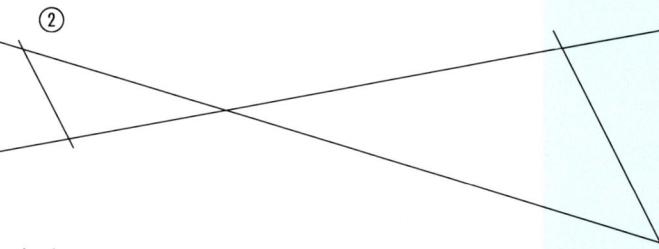

c) Notiere jeweils alle Kombinationen, die
du in Aufgabe 1 gefunden hast (z. B. $\frac{a}{b} = \frac{a'}{b'}$),
sodass sie für diese beiden Zeichnungen gültig sind.

Verstehen

Im Gelände lassen sich Strecken oft nicht direkt messen, z. B. machen ein Gewässer oder ein Sumpf das Gelände unzugänglich.

Beispiel 1 Die Breite x des Sees kann ermittelt werden, indem man Vergleichsstrecken misst, eine Bruchgleichung aufstellt und daraus die gesuchte Größe berechnet.
Dabei müssen die von Z ausgehenden Strahlen von zwei zueinander parallelen Strecken geschnitten werden.

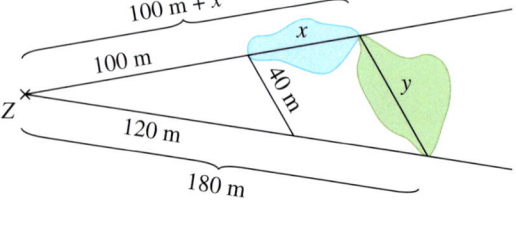

$\frac{180}{120} = \frac{100+x}{100}$ $| \cdot 100$

$\frac{\cancel{180}^{3} \cdot 100}{\cancel{120}_{2}} = 100 + x$

$150 = 100 + x$ $| - 100$

$x = 50$ Der See ist also 50 m breit.

HINWEIS

Da die Dreiecke ZAB und ZA'B' ähnlich zueinander sind, unterscheiden sich die entsprechenden Seiten um den Streckfaktor k und es gilt:
$\overline{ZA'} = k \cdot \overline{ZA}$
$\overline{ZB'} = k \cdot \overline{ZB}$
$\overline{A'B'} = k \cdot \overline{AB}$

Merke In der **Strahlensatzfigur** schneiden sich die rote und blaue Gerade im Punkt Z. Beide Geraden werden von zwei parallelen grünen Geraden geschnitten.

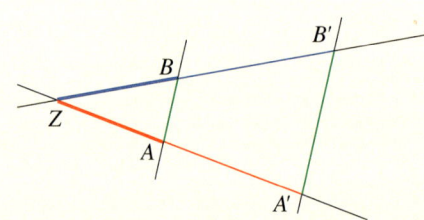

Dabei entstehen zwei zueinander ähnliche Dreiecke ZAB und $ZA'B'$.

In den beiden Dreiecken stehen alle sich entsprechenden Seitenlängen im gleichen Verhältnis zueinander. Also haben sich entsprechende Strecken den gleichen Streckfaktor k.

Es gilt: $\frac{\overline{ZA'}}{\overline{ZA}} = \frac{\overline{ZB'}}{\overline{ZB}} = \frac{\overline{A'B'}}{\overline{AB}} = k$. Daraus ergeben sich zwei Strahlensätze:

1. Strahlensatz

$\frac{\overline{ZA'}}{\overline{ZA}} = \frac{\overline{ZB'}}{\overline{ZB}}$ und $\frac{\overline{ZA'}}{\overline{AA'}} = \frac{\overline{ZB'}}{\overline{BB'}}$

2. Strahlensatz

$\frac{\overline{ZA'}}{\overline{ZA}} = \frac{\overline{A'B'}}{\overline{AB}}$ und $\frac{\overline{ZB'}}{\overline{ZB}} = \frac{\overline{A'B'}}{\overline{AB}}$

Beispiel 2 Mithilfe des 2. Strahlensatzes kann die Länge y des Sumpfes berechnet werden.

$\frac{180}{120} = \frac{y}{40}$ $| \cdot 40$

$\frac{\cancel{180}^{3} \cdot 40}{\cancel{120}_{2}} = y$

$y = 60$ Der Sumpf ist also 60 m breit.

Beispiel 3 Den Streckfaktor k kann man auf drei verschiedene Arten berechnen:

$\frac{180}{120} = \frac{150}{100} = \frac{60}{40} = 1{,}5$

Das große Dreieck hat im Verhältnis zum kleinen Dreieck einen Streckfaktor von $k = 1{,}5$.

Die Strahlensätze gelten auch, wenn die Strahlen über Z hinausgehen und Z zwischen den beiden Parallelen liegt.

Beispiel 4 Die Verhältnisgleichung lautet:

$\frac{5}{4} = \frac{x}{2}$ $| \cdot 2$

$\frac{5 \cdot 2}{4} = x$

$x = 2{,}5$

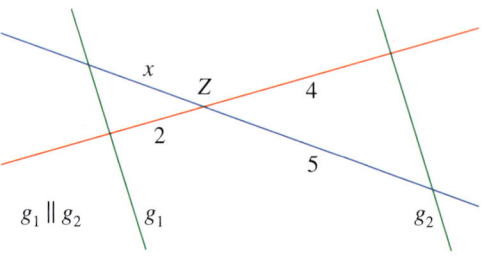

Aus den Strahlensätzen erhält man **Verhältnisgleichungen**. Diese Gleichungen kann man durch äquivalentes Umformen lösen.

Beispiel 5

$\frac{x}{4} = \frac{5}{8} \qquad | \cdot 4$

$x = 5 \cdot \frac{4}{8}$

$x = 2,5$

$\frac{16}{6} = 3 + \frac{x}{3} \qquad | \cdot 6 \quad | \cdot 3$

$16 \cdot 3 = (3 + x) \cdot 6$

$48 = 18 + 6x \quad | - 18$

$30 = 6x \qquad | : 6$

$x = 5$

$\frac{x+5}{5} = \frac{8}{3} \qquad | \cdot 5 \quad | \cdot 3$

$3 \cdot (x + 5) = 8 \cdot 5$

$3x + 15 = 40 \quad | - 15$

$3x = 25 \qquad | : 3$

$x \approx 8,33$

Merke Bei einer **Bruchgleichung** steht die gesuchte Größe (Variable) im Nenner. Man muss alle Werte ausschließen, für die der Nenner gleich null wird, weil eine Division durch null nicht erlaubt ist. Dazu stellt man vorher eine **Definitionsmenge D** auf.

Beispiel 6

$\frac{3}{8} = \frac{6}{x} \qquad | \cdot 8 \quad | \cdot x \qquad \mathbf{D} = \mathbb{Q}\backslash\{0\}$

$3 \cdot x = 6 \cdot 8 \quad | : 3$

$x = \frac{6 \cdot 8}{3}$

$x = 16$

$\frac{2}{9} = \frac{5}{x+5} \qquad | \cdot 9 \quad | \cdot (x + 5) \qquad \mathbf{D} = \mathbb{Q}\backslash\{-5\}$

$2 \cdot (x + 5) = 5 \cdot 9$

$2x + 10 = 45 \quad | - 10$

$2x = 35 \qquad | : 2$

$x \approx 17,5$

HINWEIS
$\mathbb{Q}\backslash\{0\}$ wird gelesen „Q ohne Null" und bedeutet: alle rationalen Zahlen außer 0.

Üben und anwenden

1 Löse die Gleichung. Stelle bei den Bruchgleichungen erst die Definitionsmenge auf.

a) $\frac{9}{16} = \frac{x}{8}$ b) $\frac{24}{8} = \frac{9}{x}$ c) $\frac{3+x}{3} = \frac{6}{4}$ d) $\frac{9}{x-1} = \frac{3}{4}$

1 Löse die Gleichung. Stelle vorher die Definitionsmenge auf, wenn nötig.

a) $\frac{12}{4} = \frac{x}{6}$ b) $\frac{5}{4} = \frac{13}{x+4}$ c) $\frac{3}{10} = \frac{5}{x}$ d) $\frac{x}{x-3} = \frac{6}{4}$

2 Berechne die fehlende Streckenlänge.

a)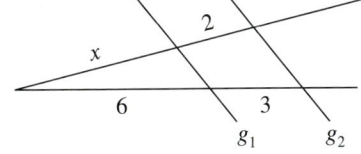

b)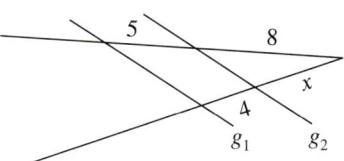

c)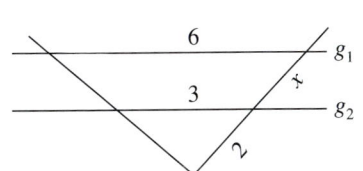

$g_1 \parallel g_2$

Maße in cm

2 Berechne die fehlende Streckenlänge.

a)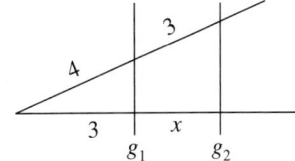

b)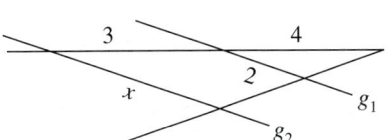

c)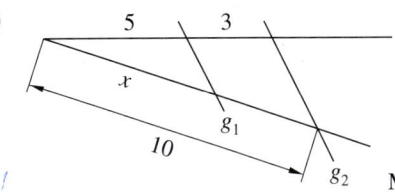

$g_1 \parallel g_2$

Maße in cm

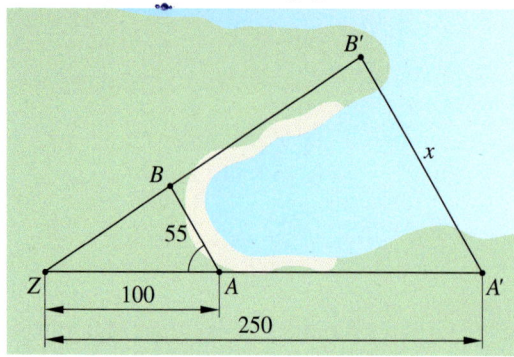

3 Berechne die Breite x der Bucht. Alle Längen sind in m angegeben.

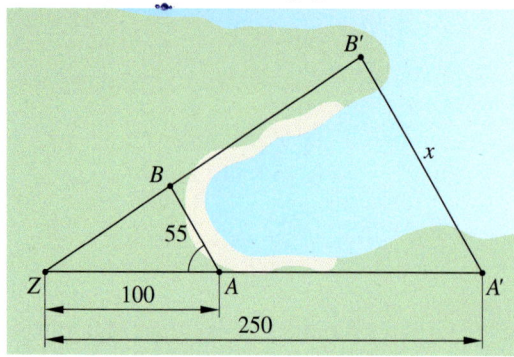

3 Die Baumhöhe lässt sich mithilfe der Schattenlängen bestimmen.
a) Welche Streckenlängen wurden dazu gemessen?
b) Stelle eine Verhältnisgleichung auf und berechne die Höhe des Baumes.

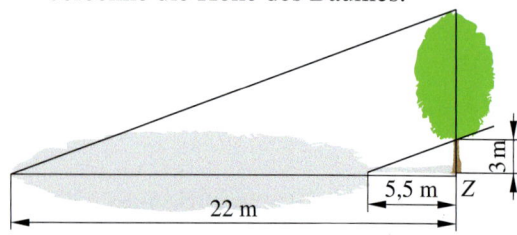

4 Berechne die Länge der Strecke x. (Maße in cm)

a)
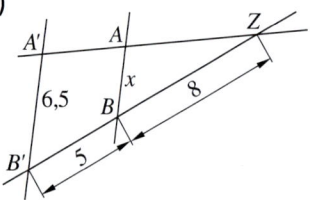

4 Berechne die Länge der Strecke x. (Maße in cm)

a)
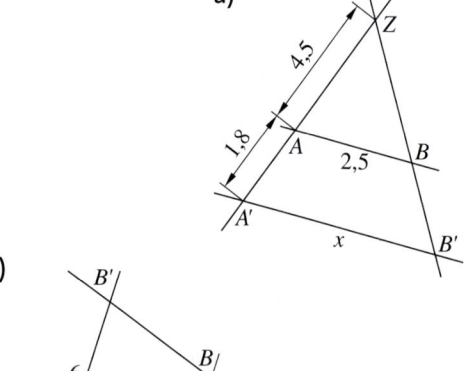

b)
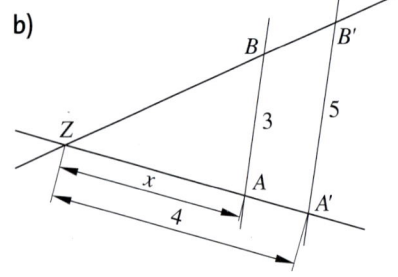

b)

5 Bestimme die Länge der Strecke $\overline{QT}$ kurz vor der Mündung des Flusses. Die Maße sind in Meter gegeben.

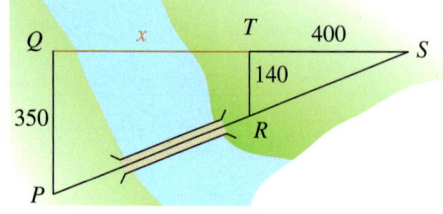

5 Man kann die Flussbreite auch bestimmen, wenn die drei Strecken a, b und c bekannt sind. c ist parallel zum Ufer.

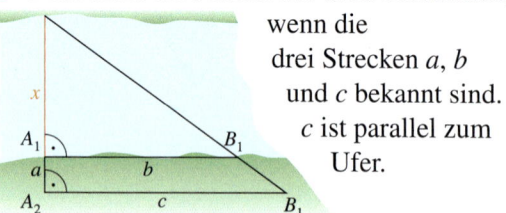

Berechne die Flussbreite x für $a = 17\,\text{m}$; $b = 75\,\text{m}$ und $c = 100\,\text{m}$.

6 Ein Schornstein wirft einen 40 m langen Schatten. Zur gleichen Zeit ist der Schatten eines 1,80 m großen Menschen 2 m lang. Zeichne eine Skizze (Strahlensatzfigur mit der Sonne als Schnittpunkt Z).

6 Ein 120 m hohes Windrad wirft einen 80 m langen Schatten. Zur gleichen Zeit ist der Schatten eines Menschen 1,10 m lang. Wie groß ist der Mensch?

7 Der 1. Strahlensatz gilt nur, wenn zwei Strahlen von parallelen Geraden geschnitten werden. Es gilt aber auch die Umkehrung: Wenn zum Beispiel das Verhältnis $\frac{\overline{ZA'}}{\overline{ZA}} = \frac{\overline{ZB'}}{\overline{ZB}}$ gilt, dann sind die beiden Geraden g_1 (durch A und B) und g_2 (durch A' und B') zueinander parallel.

Beispiel Es gilt das Verhältnis $\frac{2}{3} = \frac{4}{6}$. Zwei Strahlen s_1 und s_2 gehen von einem Punkt Z aus.

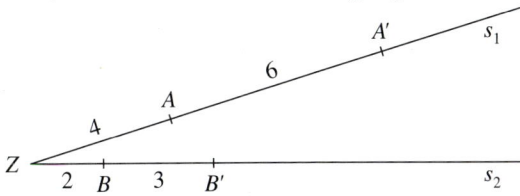
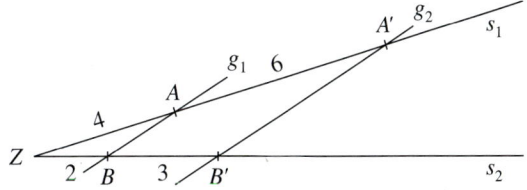

Auf den beiden Strahlen zeichnet man Abschnitte im Verhältnis $\frac{2}{3}$ und $\frac{4}{6}$. Dann markiert man die Punkte A, A', B und B'.

Man verbindet die Punkte A und B sowie A' und B'. Die Geraden g_1 und g_2 sind zueinander parallel.

Bei welchen Verhältnissen sind die Geraden g_1, g_2 zueinander parallel? Prüfe durch Zeichnen.
a) $\frac{3}{4}$ und $\frac{4}{5}$ b) $\frac{9}{3}$ und $\frac{6}{2}$ c) $\frac{3}{6}$ und $\frac{4}{8}$ d) $\frac{4}{7}$ und $\frac{2}{4}$

8 Wie breit ist der Fluss an der Stelle x? Diese Längen wurden gemessen:
$a = 800\,\text{m}$; $b = 480\,\text{m}$; $c = 150\,\text{m}$

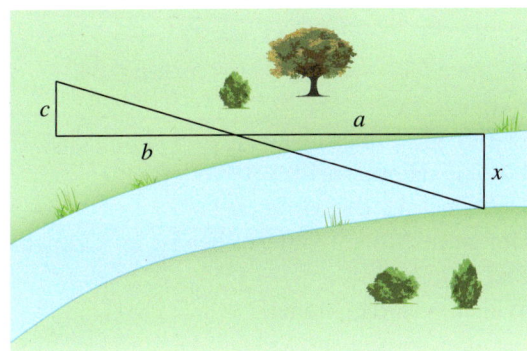

8 In einer Lochkamera erscheinen die Bilder verkehrt herum.

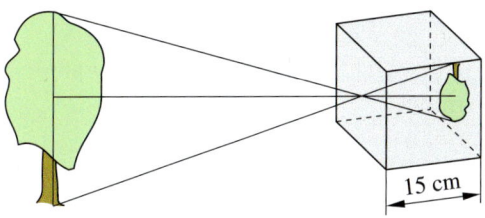

Bei einer Lochkamera ist die hintere Fläche 15 cm vom Loch entfernt. Auf der hinteren Fläche sieht man das 10 cm große Bild eines Baums, der 25 m von der Lochblende entfernt ist. Wie hoch ist der Baum?

9 Das Wahrzeichen eines Vergnügungsparks in Virginia (USA) ist das Modell des Eiffelturms in Paris. Das Modell ist im Maßstab 1:3 gebaut.

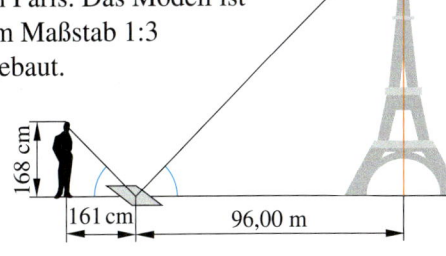

Man kann die Höhe des Modells mithilfe eines Spiegels bestimmen. Dazu legt man den Spiegel auf den Boden und stellt sich so, dass man die Spitze des Turms sehen kann.
a) Wie hoch ist das Modell?
b) Wie hoch ist der Eiffelturm in Wirklichkeit?

9 Untersuche, ob man auch den 2. Strahlensatz umkehren kann.

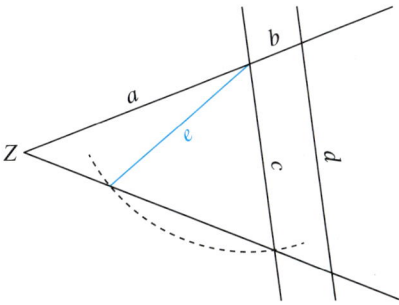

a) Betrachte die Skizze und stelle die Gleichung nach den 2. Strahlensatz auf.
b) Was gilt für die Längen von c und e?
c) Ersetze c durch e in der Gleichung aus a). Gilt die Parallelität der Strahlen weiterhin? Gilt die Umkehrung des 2. Strahlensatzes?

Klar so weit?

→ Seite 148

Maßstab und Ähnlichkeit

1 Welche Drachen sind zueinander ähnlich?

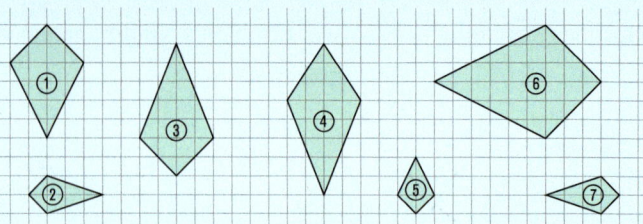

2 Zeichne ein Quadrat mit 6 cm Seitenlänge. Halbiere alle Seiten und verbinde die Halbierungspunkte.
Ist die innere Figur zur äußeren Figur ähnlich? Begründe.

2 Zeichne ein Rechteck mit den Seitenlängen $a = 4\,\text{cm}$ und $b = 9\,\text{cm}$ in dein Heft.
a) Zeichne drei dazu ähnliche Rechtecke.
b) Gib jeweils den Maßstab, also das Verhältnis von Bildstrecke zu Originalstrecke an.

3 Ein Dreieck hat einen rechten Winkel und einen Winkel von 35°.
Ein anderes Dreieck hat einen rechten Winkel und einen Winkel von 55°.
Sind die beiden Dreiecke zueinander ähnlich? Begründe.

3 Sind die beiden Dreiecke zueinander ähnlich?
Begründe deine Antworten.
a) $\alpha = 86°; \beta = 30°$ und $\alpha = 86°; \gamma = 64°$
b) $\alpha = 55°; \gamma = 78°$ und $\beta = 47°; \gamma = 55°$
c) $\beta = 32°; \gamma = 54°$ und $\alpha = 54°; \beta = 84°$

4 Modellautos werden oft im Maßstab 1 : 18 angefertigt. Wie lang ist dieser Oldtimer in Wirklichkeit, wenn die Länge des Modells 24 cm beträgt?

4 Bei Modelleisenbahnen wird häufig das Format „H null" (H0) verwendet.
Dabei beträgt der Maßstab 1 : 87.
Der gelbe Modell-Güterwagen ist in Wirklichkeit 14 m lang.
Wie lang ist das Modell?

5 Maßstäbe auf verschiedenen Karten
a) Die Entfernung von Trier nach Mainz beträgt Luftlinie 120 km. Auf einer Karte ist sie 8 cm lang.
In welchem Maßstab ist die Karte gezeichnet?
b) In verschiedenen Karten gibt es häufig verwendete Maßstäbe.
Fülle die fehlenden Größen in deinem Heft aus.

Karte	Kartenstrecke	Originalstrecke	Maßstab
Gebäudeplan	1 cm	10 m	1 : 1 000
Wanderkarte	1 cm		1 : 25 000
Autokarte	1 cm	1 km	
Weltkarte	1 cm		1 : 80 000 000

Zentrische Streckung

→ Seite 154

6 Zeichne und verändere das Rechteck.
a) $a = 4\,cm$; $b = 3\,cm$; $k = 2$
b) $a = 12\,cm$; $b = 9\,cm$; $k = \frac{1}{3}$

6 Zeichne und verändere das Rechteck.
a) $a = 3,5\,cm$; $b = 2\,cm$; $k = 3$
b) $a = 8,6\,cm$; $b = 5,2\,cm$; $k = \frac{1}{2}$

7 Übertrage ins Heft. Gib den Streckfaktor k an.
a) Vergrößere die Strecken auf das Dreifache.
b) Verkleinere die Strecken auf die Hälfte.

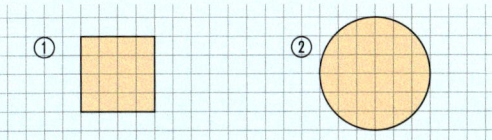

7 Übertrage ins Heft. Gib den Streckfaktor k an.
a) Vergrößere die Strecken auf das Vierfache.
b) Verkleinere die Strecken auf die Hälfte.

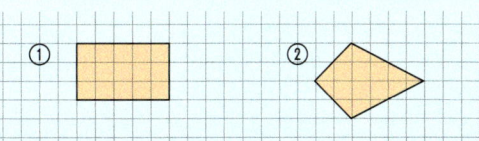

8 Zeichne zweimal ein Rechteck $ABCD$ mit den Seitenlängen $a = 5\,cm$ und $b = 4\,cm$. Vergrößere das Rechteck soll mit dem Streckfaktor $k = 2$. Für das Streckzentrum Z gilt:
a) Z liegt außerhalb des Rechtecks.
b) Z liegt auf dem Schnittpunkt der beiden Diagonalen.

8 Zeichne ein beliebiges Dreieck ABC. Verändere es mithilfe einer zentrischen Streckung. Bestimme selbst einen Streckfaktor k. Für das Streckzentrum Z soll gelten:
a) Z liegt innerhalb des Dreiecks.
b) Z liegt außerhalb des Dreiecks.
c) Z liegt auf dem Eckpunkt A des Dreiecks.

Die Strahlensätze

→ Seite 160

9 Die Dreiecke ZAB und $ZA'B'$ sind zueinander ähnlich. Wie lang ist die Strecke $\overline{A'B'}$?

Maße in cm

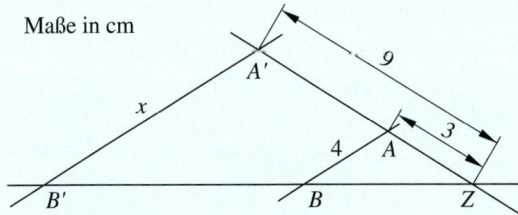

9 Die Dreiecke ZAB und $ZA'B'$ sind zueinander ähnlich. Wie lang sind $\overline{A'B'}$ und $\overline{A'C'}$?

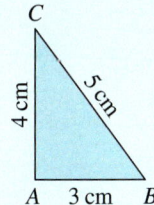
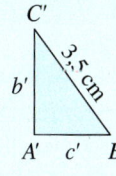

10 Der Boden einer Vitrine ist mit einer Glasscheibe ausgelegt und im Abstand von je 33 cm sind vier weitere Einlegeböden aus Glas angebracht.
a) Berechne die Länge von jedem der vier Einlegeböden an der Unterkante.
b) Wie viel m^2 Glas wurden mindestens für die Einlegescheiben insgesamt verwendet?
c) Wie viel m^2 Glas wurden für die beiden Glastüren der Vitrine verwendet?

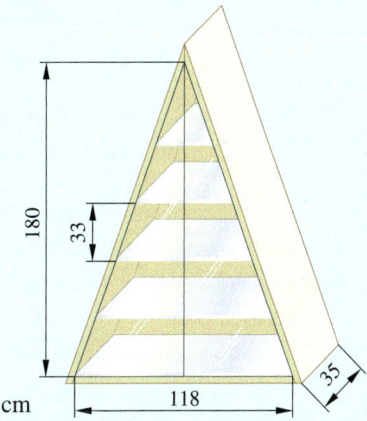

Maße in cm

Vermischte Übungen

1 👥 Erklärt euch gegenseitig anhand der Bilder, was man unter Ähnlichkeit im allgemeinen Sprachgebrauch und unter Ähnlichkeit im mathematischen Sinn versteht. Findet weitere Beispiele.

2 Prüfe die Figuren auf Ähnlichkeit.

a)

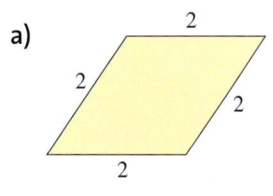

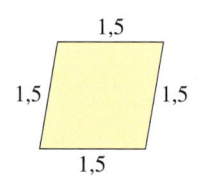

b)

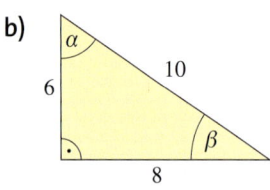

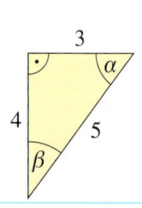

3 Zeichne ein Rechteck mit den Eckpunkten $A(-4|-2)$, $B(2|-2)$, $C(2|1)$ und $D(-4|2)$ in ein Koordinatensystem.
Lege das Streckzentrum $Z(-6|-1)$ fest.
Vergrößere nun das Rechteck mit $k = 2$.

4 Aus Paris hat sich Isabell ein 15 cm hohes Modell vom Eiffelturm mitgebracht.
In welchem Maßstab ist das Modell gefertigt, wenn das Originalbauwerk grob gerundet 300 m hoch ist?

5 Zeichne eine Raute mit den Diagonalen $e = 6$ cm und $f = 4,5$ cm.
Hinweis: Bei einer Raute stehen die Diagonalen senkrecht aufeinander und halbieren sich.
Verändere die Länge der Diagonalen auf …
a) das Doppelte.   b) ein Drittel.
Gib jeweils an, ob die Originalfigur und die Bildfigur zueinander ähnlich sind.

2 Welche Dreiecke sind zueinander ähnlich? Begründe.

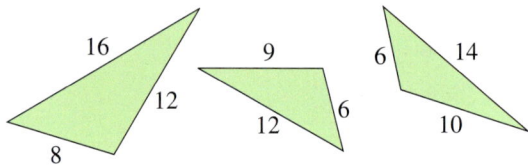

3 Das Dreieck mit den Eckpunkten $A(9|2)$, $B(9|10)$ und $C(5|6)$ wird auf ein ähnliches Dreieck $A'B'C'$ abgebildet.
Es hat folgende Eckpunkte:
$A'(1|4)$, $B'(-1|6)$ und $C'(1|4)$
a) Zeichne beide Dreiecke in ein Koordinatensystem.
b) Bestimme zeichnerisch das Streckzentrum und berechne den Streckfaktor.

4 Die Porta Nigra in Trier wurde als Modell im Maßstab 1 : 120 nachgebildet. Das Modell hat die Maße 30 cm × 24 cm × 21 cm.
Wie groß ist das Gebäude in Wirklichkeit?

5 Ein Dreieck ABC wurde vergrößert oder verkleinert. Ergänze die Tabelle im Heft. Alle Längen sind in cm angegeben.

	Maßstab	a	a'	b	b'	c	c'
a)	5 : 1	4		3		5	
b)	1 : 7	21		28		42	
c)	1 : 4		9	8			4
d)		4,8		10	15		9

6 Übertrage das blaue Dreieck und alle dazu ähnlichen Dreiecke in dein Heft.
Gib für diese Dreiecke das Streckenverhältnis der Katheten an.

HINWEIS
Den Begriff „Kathete" kannst du im Anhang nachschlagen.

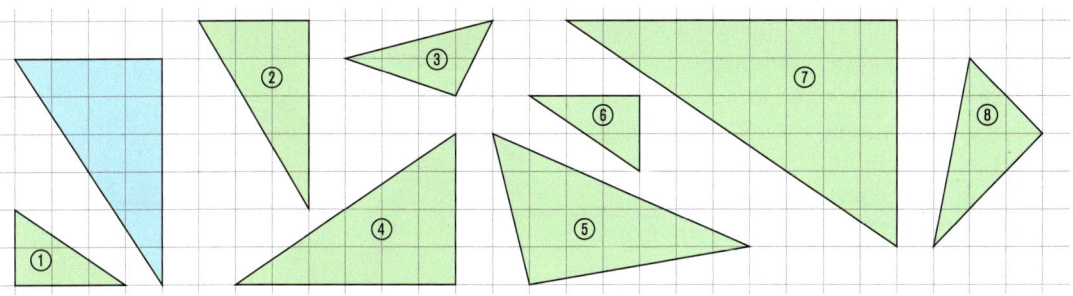

7 Ergänze die passenden Seitenlängen.

	Originaldreieck *ABC*	Bilddreieck *A'B'C'*
a)	$a = 4\,cm$ $b = 7\,cm$ $c = 6\,cm$	$a' = 24\,cm$ $b' = \blacksquare$ $c' = \blacksquare$
b)	$a = 5\,cm$ $b = 18\,cm$ $c = 8\,cm$	$a' = \blacksquare$ $b' = 9\,cm$ $c' = \blacksquare$

7 Beantworte die Fragen.
a) Woran erkennst du zwei zueinander ähnliche Dreiecke?
b) Woran erkennst du zwei zueinander ähnliche Rechtecke?
c) Wann sind zwei Quadrate zueinander ähnlich?

8 Ben bestimmt die Höhe eines Strommasts. Er steckt neben dem Strommast einen Stab in die Erde und misst die Länge der Schatten. Berechne die Höhe des Strommasts.

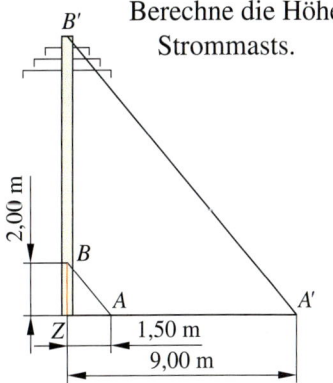

8 Anna bestimmt mit zwei Stäben die Höhe des Kirchturms. Sie stellt einen Stab $\overline{AP}$ so auf, dass sie die Spitze des Stabs in Augenhöhe hat. Den zweiten Stab $\overline{BD}$ richtet sie so aus, dass sie über ihn die Kirchturmspitze anpeilen kann.

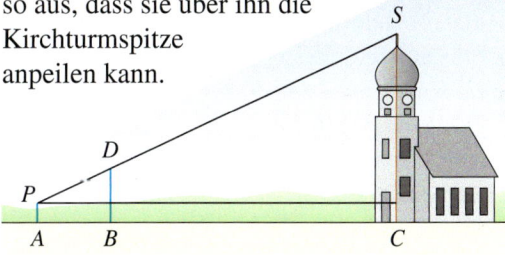

Es ist $\overline{AC} = 245,00\,m$; $\overline{AP} = 1,60\,m$; $\overline{BD} = 2,10\,m$; $\overline{AB} = 1,75\,m$.
Berechne die Höhe des Turms.

9 Um die Breite des Flusses zu bestimmen, stellt ein Landvermesser eine Messlatte auf. Aus 1 m Entfernung peilt er einen Punkt am anderen Ufer an und markiert den Punkt *A*. Punkt *B* befindet sich auf der Höhe seiner Augen. Er misst $\overline{AB} = 25\,cm$, $\overline{AD} = 1,40\,m$.

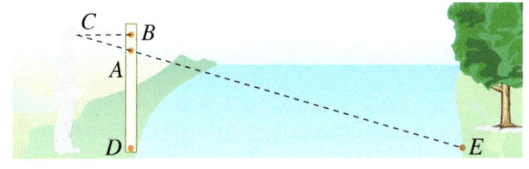

9 Sammellinsen erzeugen Bilder *B* von Gegenständen *G*. Hier ist $G = 5\,cm$; $g = 20\,cm$ und $b = 15\,cm$. Suche zwei zueinander ähnliche Dreiecke. Wie groß ist das Bild *B*?

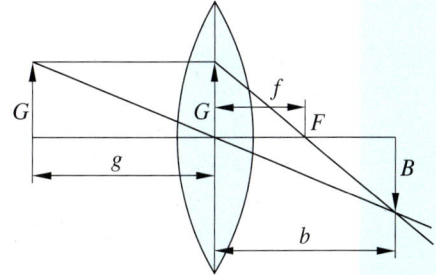

**RAUMAUSSTAT-
TER/IN**
*Die Ausbildung
dauert 3 Jahre
Suche nach wei-
teren Informati-
onen über den
Beruf z. B. im
Internet oder im
BIZ.*

Beruf **Raumausstatter/in**

Raumausstatter und Raumausstatterinnen gestalten Räume und Polstermöbel nach Kundenwünschen und -anforderungen.
Sie bekleiden Wände und Decken, gestalten, fertigen und montieren Raumdekorationen sowie Licht-, Sicht- und Sonnenschutz.
Außerdem verlegen sie textile und elastische Bodenbeläge und beziehen Polstermöbel.
Arbeit finden sie hauptsächlich in Fachbetrieben des Raumausstatterhandwerks, in Polsterwerkstätten oder Ateliers.
Darüber hinaus kommen auch Dekorationsabteilungen von Einrichtungshäusern, Schauspielhäusern oder Fernsehanstalten als weitere Arbeitgeber infrage.

10 **Einlegearbeiten aus Holz entwerfen**

Raumausstatter arbeiten oft kreativ: Sie entwerfen auf Kundenwunsch Einlegearbeiten aus Holz, sogenannte Intarsien.

a) Entwirf eine Intarsie nach deinem Geschmack.
Verwende dafür Verkleinerungen und Vergrößerungen beliebiger Figuren. Die Intarsie soll eine Bodenfläche von 3,5 m Länge und 4 m Breite verschönern.
Wähle dazu einen geeigneten Maßstab und zeichne den Entwurf in dein Heft oder auf Folie.

b) Präsentiere dein Ergebnis vor der Klasse.

11   **Materialverbrauch bestimmen**

ZU AUFGABE 11
*Damit sich
Fenster problem-
los öffnen lassen,
werden Gardinen
15 cm oberhalb
des Fensterrah-
mens ange-
bracht.*

Für die Gestaltung eines Zimmers müssen Tapeten und Gardinenstoff bestellt werden.

a) Berechne den Materialverbrauch für die Tapezierarbeiten: Wie viele Tapetenrollen benötigt man?
Eine Rolle ist 10,05 m lang und 0,53 m breit.

b) Wie viel Gardinenstoff muss man kaufen?
Überlege dir verschiedene Möglichkeiten, eine Gardine aufzuhängen (z. B. in Falten oder bodenlang) und berücksichtige das bei deiner Berechnung.

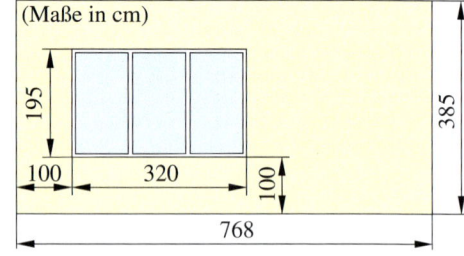

(Maße in cm)

12 **Ein Bühnenbild entwerfen**

Für das Bühnenbild des Theaterstückes „Hänsel und Gretel" soll die Front des Knusperhäuschens gebaut werden. Die Theaterbühne ist 2,50 m breit und 3,50 m hoch.
Arbeitet in der Gruppe.

a) Entwerft ein Modell in einem geeigneten Maßstab. Denkt an die Details und baut das Modell nach.

b) Überlegt, welche Materialien verwendet werden sollen und recherchiert mögliche Preise.

Zusammenfassung

Maßstab und Ähnlichkeit

→ Seite 148

Ein **Maßstab** gibt das Verhältnis der Streckenlänge im Bild zur entsprechenden Streckenlänge im Original an:

Bildlänge : Originallänge

$1 : x$ bei einer Verkleinerung oder

$x : 1$ bei einer Vergrößerung

Zwei Figuren sind zueinander **ähnlich**, wenn diese beiden Bedingungen erfüllt sind:

– Entsprechende Winkel sind gleich groß.

– Entsprechende Strecken sind im gleichen Maßstab vergrößert oder verkleinert.

Zueinander ähnliche Figuren haben die gleiche Form.

Maßstab 3 : 1

Die Trapeze sind ähnlich zueinander.
Der Maßstab beträgt 1 : 2.

Zentrische Streckung

→ Seite 154

Um geometrische Figuren maßstäblich zu vergrößern oder zu verkleinern, multipliziert man die Seitenlängen mit dem **Streckfaktor k** und zeichnet das **Bild** mit den neuen Werten. Es entstehen ähnliche Figuren. Die ursprüngliche Figur wird **Original** genannt.

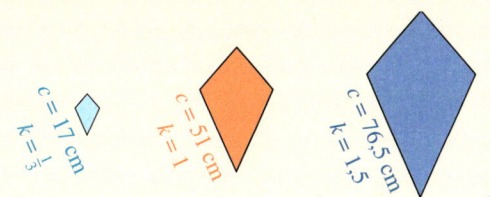

Bei einer Vergrößerung oder Verkleinerung mithilfe einer **zentrischen Streckung** mit dem **Streckzentrum Z** gilt:

$k > 1$: maßstäbliche Vergrößerung

$k = 1$: Original und Bild sind identisch.

$k < 1$: maßstäbliche Verkleinerung

Originalstrecke und Bildstrecke verlaufen immer parallel zueinander.

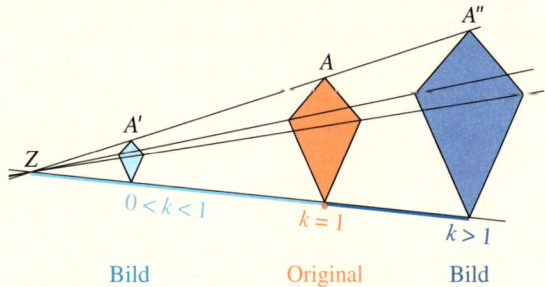

Bild   Original   Bild

Die Strahlensätze

→ Seite 160

In der **Strahlensatzfigur** werden zwei Strahlen mit Anfangspunkt Z von zwei Parallelen geschnitten. Dabei entstehen zwei zueinander ähnliche Dreiecke ZAB und $ZA'B'$.

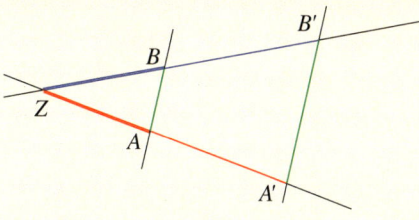

1. Strahlensatz $\frac{\overline{ZA'}}{\overline{ZA}} = \frac{\overline{ZB'}}{\overline{ZB}}$ und $\frac{\overline{ZA'}}{\overline{AA'}} = \frac{\overline{ZB'}}{\overline{BB'}}$

2. Strahlensatz $\frac{\overline{ZA'}}{\overline{ZA}} = \frac{\overline{A'B'}}{\overline{AB}}$ und $\frac{\overline{ZB'}}{\overline{ZB}} = \frac{\overline{A'B'}}{\overline{AB}}$

Teste dich!

5 Punkte | 7 Punkte

1 Zeichne die Figur im Maßstab 2:1 in dein Heft. Ein Kästchen ist 0,5 cm lang.

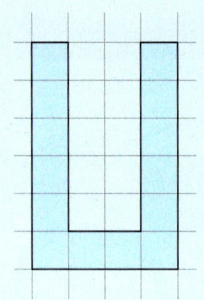

1 Miss die Seitenlängen der Figur und gib ihre wahren Längen an.

Maßstab 1:5

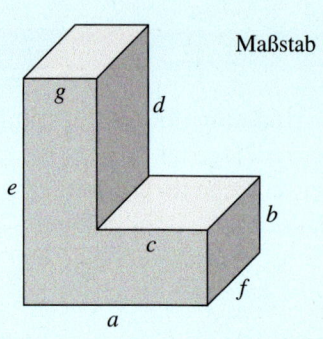

3 Punkte | 3 Punkte

2 Ergänze die Tabelle in deinem Heft.

	Maßstab	Modell	Wirklichkeit
a)	1:5	12 cm	
b)	20:1		3 cm
c)		4 cm	8 cm

2 Rechne die fehlenden Größen aus.

	Maßstab	Karte	Wirklichkeit
a)	1:20000		500 m
b)		2 cm	1 km
c)	1:1 Mio.	7 cm	

4 Punkte

3 Gib alle zueinander ähnlichen Figuren an.

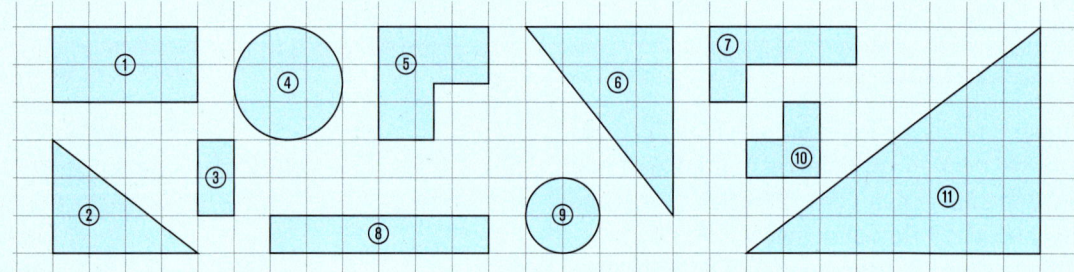

2 Punkte | 4 Punkte

4 Zeichne die Figur mit den beiden Streckfaktoren. Wie verändern sich dabei die Innenwinkel des Drachens?
a) $k = 2$ **b)** $k = \frac{1}{2}$

Maße in cm

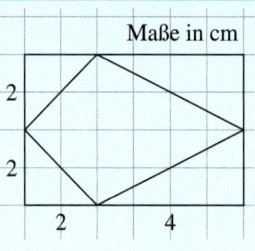

4 Zeichne die Figur in wahrer Größe auf ein weißes Blatt Papier.
a) Vergrößere mit dem Streckfaktor $k = 1,5$.
b) Verkleinere das Original mit $k = 0,5$.

Maße in cm

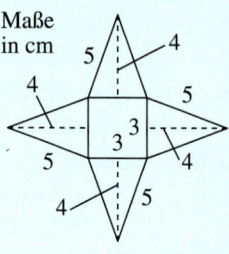

2 Punkte | 2 Punkte

5 Ein Gegenstand ist $d = 5$ m vom Auge entfernt. Er erscheint auf der Netzhaut $r = 0,5$ mm groß. Wie groß ist der Gegenstand?

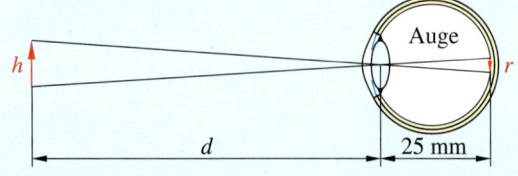

5 Bei einer Sonnenfinsternis galten diese Entfernungen: Mond – Erde: 375 000 km; Sonne – Erde: 150 000 000 km. Berechne den Durchmesser der Sonne.

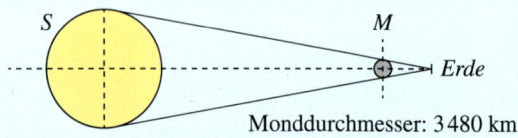

Monddurchmesser: 3 480 km

3 Punkte | 3 Punkte

6 Der Schatten eines Baums ist 9,60 m lang. Eine 3 m hohe Straßenlaterne hat einen 2 m langen Schatten. Wie hoch ist der Baum?

6 Ein 60 m hoher Turm wirft einen 80 m langen Schatten. Wie groß ist ein Mann mit einem 2,48 m langen Schatten?

Gold: 22–23 Punkte, Silber: 18–21 Punkte, Bronze: 13–17 Punkte   Lösungen ab Seite 190

Kannst du das?

Auf den folgenden Seiten findest du Wiederholungs-
aufgaben zu vielen Bereichen in der Mathematik.

Wenn du bei einigen Aufgaben nicht weiter weißt,
helfen dir die Tipps an den Aufgaben.

Außerdem kannst du die Formelsammlung
und das Mathelexikon im Anhang nutzen.

Jahrgangsstufentest

Mit dem Jahrgangsstufentest kannst du Aufgaben aus vielen Bereichen der Mathematik wiederholen. Zu jedem Bereich gibt es im Anschluss weitere Übungsaufgaben.
Versuche zuerst, die Aufgaben ohne Hilfestellung zu lösen. Falls du nicht weiterkommst, kannst du im Anhang in der Formelsammlung oder im Mathelexikon nachlesen.

→ Seite 175

Grundrechenarten und Rechengesetze

1 Berechne im Kopf.

a) $235 + 55 + 110$ **b)** $500 - 180 - 210$

c) $12 \cdot 23$ **d)** $1440 : 120$

e) $2 \cdot 2 \cdot 2 \cdot 2 \cdot 2$ **f)** $4 \cdot 15 : 3$

2 Berechne. Beachte die Rechenregeln.

a) $3 \cdot (8 + 9)$ **b)** $17 - 6 \cdot 3$

c) $4 + (99 : 11)$ **d)** $17 - 4^2$

e) $2 \cdot 3 - 7$ **f)** $36 : (63 : 7)$

→ Seite 175

Maßeinheiten

3 Wandle in die Einheit in Klammern um.

a) $31\,\text{m}$ (cm)   **b)** $50\,\text{g}$ (kg)

c) $1\,\text{m}^2$ (cm²)   **d)** $1\,000\,\text{mm}^3$ (cm³)

e) $54\,200\,\text{l}$ (m³)   **f)** $7\,200\,\text{s}$ (min)

4 Ordne nach der Größe.

a) $5,4\,\text{kg}$; $550\,\text{g}$; $5\,600\,\text{mg}$

b) $63\,\text{m}$; $0,07\,\text{km}$; $852\,\text{dm}$; $7\,392\,\text{cm}$

c) $5\,\text{min}$; $270\,\text{s}$; $\frac{1}{20}\,\text{h}$

→ Seite 176

Brüche und Dezimalzahlen

5 Berechne und kürze, wenn möglich.

a) $\frac{1}{2} + \frac{1}{3}$ **b)** $\frac{4}{5} - \frac{3}{4}$

c) $\frac{9}{10} \cdot \frac{15}{6}$ **d)** $\frac{8}{15} : \frac{4}{5}$

e) $2\frac{1}{2} \cdot 5$ **f)** $3\frac{3}{8} : 6$

6 Berechne.

a) $1,23 + 4,567$ **b)** $8,79 - 2,98$

c) $9,87 \cdot 3$ **d)** $2,5 \cdot 3,4$

e) $6,21 : 9$ **f)** $3,33 : 0,9$

→ Seite 177

Rationale Zahlen

7 Wie hoch ist der Kontostand jetzt?

> Alter Kontostand: $-450\,€$
> Gehalt: $+1980\,€$ Miete: $-620\,€$
> Kindergeld: $+194\,€$ Strom: $-75\,€$

8 Berechne.

a) $7 + (-20) - (-35)$

b) $-3,4 + 5,7 + (-2,9)$

c) $-2,8 : 4 + 3 \cdot (-11)$

d) $12,4 + 3 \cdot (-0,5) - 2,6$

→ Seite 177

Terme und Gleichungen

9 Fasse zusammen.

a) $4 \cdot 3a - 15 + 32b + 7a - 19b$

b) $8(5r - 6s) + 11(10r + 4s) - 11s$

c) $-3(0,25p - 2,5q) + (3q - 2,5p) \cdot 2,5$

10 Löse die Gleichung bzw. das Gleichungssystem.

a) $10a - 6 = 54$ **b)** $54 = 37b - 20$

c) $13c + 9 = 5c - 7$ **d)** $3 + 3,5d = 9,5d$

e) I $3x + 2y = 2$;   II $4,5x - 2y = 0,5$

→ Seite 178

Potenzen und einfache Wurzeln

11 Schreibe als Potenz.

a) $7 \cdot 7 \cdot 7 \cdot 7 \cdot 7 \cdot 7$

b) $x \cdot x \cdot y \cdot y \cdot z \cdot y$

c) $3c \cdot 3c \cdot 3c \cdot 3c$

d) $\frac{1}{2} \cdot \frac{1}{2} \cdot \frac{1}{2}$

12 Berechne.

a) x^2 für $x = 1$; 4; $\frac{1}{3}$; $0,5$

b) x^3 für $x = 1$; 3; $\frac{1}{2}$; $0,1$

c) $\sqrt{x}$ für $x = 36$; 484; $\frac{1}{4}$; $0,49$

d) $\sqrt[3]{x}$ für $x = 1$; 27; $\frac{1}{8}$; $1\,000$

Zeichnen mit Geodreieck und Zirkel

→ Seite 179

13 Zeichne die Punkte in ein Koordinaten-system. Welche Figur entsteht jeweils?
a) $A(-6|5)$; $B(-9|5)$; $C(-6|2)$; $D(-3|2)$
b) $E(2|-5)$; $F(5|-5)$; $G(5|-1)$; $H(2|-3)$
c) $I(-7|0)$; $J(-7|-3)$; $K(-2|-3)$

14 Zeichne folgende Figuren in dein Heft.

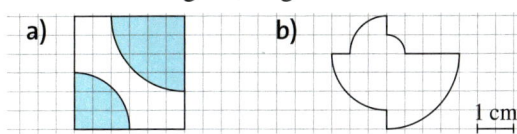

a)   b)

1 cm

Ebene Geometrie

→ Seite 179

15 Welche Figuren können es sein?
a) Es gibt vier rechte Winkel.
b) Alle vier Seiten sind gleich lang.
c) Zwei von drei Seiten sind gleich lang.
d) Die Diagonalen verlaufen senkrecht zueinander.

16 Gib die Größe der markierten Winkel an.

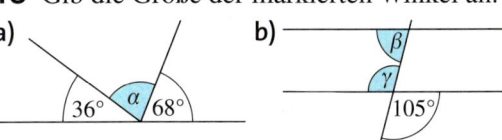

a)   b)

36° α 68° β γ 105°

Umfang und Flächeninhalt

→ Seite 180

17 Bestimme den Umfang und den Flächeninhalt der Figur.
Alle Maße sind in Zentimetern (cm) angegeben.

a)
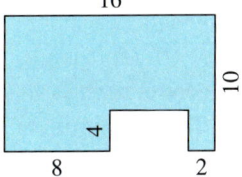
16
10
4
8   2

b)
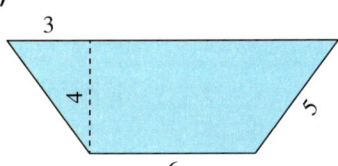
3
4
6

c)
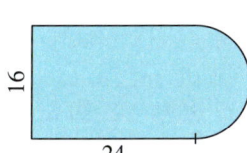
16
24

Der Satz des Pythagoras

→ Seite 181

18 Berechne die Länge der fehlenden Seite des rechtwinkligen Dreiecks ($\gamma = 90°$).
a) $a = 7\,\text{cm}$; $b = 12\,\text{cm}$; $c = ?$
b) $a = 91\,\text{m}$; $c = 156\,\text{m}$; $b = ?$

19 Sind folgende Dreiecke rechtwinklig?
Wo liegt der rechte Winkel?
a) $a = 24\,\text{m}$; $b = 26\,\text{m}$; $c = 10\,\text{m}$
b) $a = 324\,\text{mm}$; $b = 212\,\text{mm}$; $c = 248\,\text{mm}$

Berechnungen an Körpern

→ Seite 182

20 Ein quaderförmiges Aquarium ist 80 cm lang und 30 cm breit.
Das Wasser steht 45 cm hoch.
Wie viele Liter sind das?

21 Berechne das Volumen des Kegels.

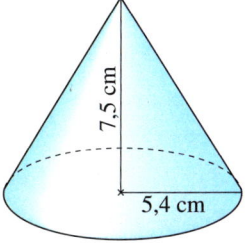
7,5 cm
5,4 cm

22 Berechne das Volumen der Körper.

a)
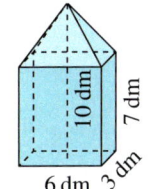
10 dm
7 dm
6 dm 3 dm

b)
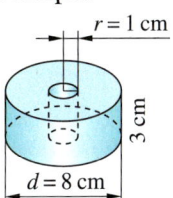
r = 1 cm
3 cm
d = 8 cm

23 Berechne das Volumen und den Ober-flächeninhalt einer Kugel mit einem Radius von 4,5 cm.

→ Seite 183

Maßstab und Strahlensätze

24 Berechne die Breite der Bucht.

$\overline{ZA} = 2\,\text{m}$
$\overline{AB} = 3\,\text{m}$
$\overline{ZA'} = 15\,\text{m}$

25 Ein 1,60 m langer Stab wirft einen Schatten von 2,15 m Länge. Wie lang ist dann ist der Schatten eines 35,80 m hohen Windrads?

→ Seite 184

Proportionale und antiproportionale Zuordnungen

26 Vervollständige die Tabellen im Heft.

a)
Anzahl Brote	2	5	11
Preis (in €)		11,50	

b)
Anzahl Tiere	2	6	12
Vorrat (in d)			5

27 Berechne.

a) Ein Ausflug mit festem Gesamtpreis kostet bei 28 Schülern pro Person 15 €. Wie viel zahlt jeder, wenn 3 Schüler fehlen?

b) Welches Angebot ist günstiger? 175 g Chips für 2,24 € oder 250 g für 3,25 €?

→ Seite 185

Prozent- und Zinsrechnung

28 Stelle jeweils eine geeignete Frage und beantworte sie.

a) Bei einer Kontrolle war bei 36 von 250 Fahrrädern das Licht defekt.

b) Ein Preis von 89 € wird um 20 % gesenkt.

c) 6 Schüler fehlen. Das sind 24 %.

29 Herr Fuchs legt bei seiner Bank 3 000 € zu 2,5 % jährlich an.

a) Wie viel Geld hat er am Jahresende?

b) Er muss das Geld bereits nach 7 Monaten abheben. Wie viel Geld bekommt er dann?

c) Wie viel Zinsen erhält er pro Tag?

→ Seite 186

Funktionen darstellen

30 Gib jeweils die Geradengleichung an.

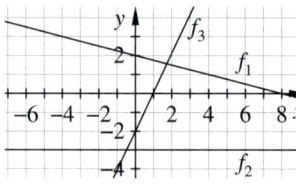

31 Zeichne die Graphen in dein Heft.

a) $y = x - 4$
b) $y = \frac{1}{3}x - 1$
c) Ein Liter Benzin kostet 1,40 Euro.
d) $f(x) = 0{,}5\,x^2$ und die Umkehrfunktion $f^{-1}(x) = ?$

→ Seite 187

Daten

32 420 Schüler wurden gefragt, welche Sportart sie gerne ausprobieren würden. Rafting wählten 135 Schüler, Klettern 180. Der Rest entschied sich für Hockey. Bestimme für jede Sportart die relative Häufigkeit.

33 Das Diagramm zeigt die Auswahl von Kinofilmen bei 1 800 Kinobesuchern. Berechne, wie viele Personen welche Filme sahen.

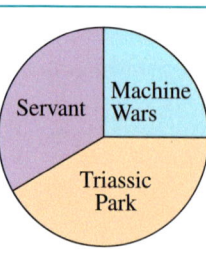

→ Seite 188

Zufall und Wahrscheinlichkeit

34 Ein Glücksrad hat 4 rote Felder, 3 blaue und ein gelbes. Wie hoch ist die Wahrscheinlichkeit, kein blaues Feld zu treffen?

35 Bei der Produktion von Handys sind erfahrungsgemäß 6 % defekt. Wie viele defekte Handys kann man bei 4000 Stück erwarten?

Lösungen ab Seite 190

Grundrechenarten und Rechengesetze

1 Wahr oder falsch? Korrigiere im Heft.
a) In einer Summe darf man die Reihenfolge der Summanden beliebig vertauschen.
b) Punktrechnung geht vor Potenzrechnung und Potenzrechnung geht vor Strichrechnung.

2 Überschlage.
a) $317 + 206 + 173$
b) $1000 - 291 - 312 - 181$
c) $19 \cdot 206$
d) $1200 : 59$

3 Berechne im Kopf.
a) $33 + 188$
b) $203 - 151$
c) $99 : 11$
d) $12 \cdot 8$
e) 3^3
f) $25 + 67 + 75$

4 Berechne.
a) $23789 + 5999 - 16008$
b) $163 \cdot 18$
c) $1240 : 31$

5 Runde auf Hunderter.
a) 306
b) 451
c) 88
d) 1278
e) 23456
f) 303070

6 Berechne. Beachte die Rechenregeln.

TIPP Beachte die Vorrangregeln: Klammern zuerst, Punktrechnung vor Strichrechnung

a) $9 \cdot (7 + 11)$
b) $22 - (15 : 5)$
c) $35 - 5^2$
d) $(39 : 13) - 5$
e) $9 - (7 - 6)$
f) $48 : (12 : 4)$

7 Löse die Klammer auf und berechne.

TIPP So löst man eine Klammer auf, vor der ein Minus steht: das Minus fällt weg und alle Vorzeichen in der Klammer kehren sich um.

a) $23 - (5 + 8 - 2)$
b) $102 + (3 - 55 - 70)$
c) $144 - (4 + 4 + 16) : 3$

Maßeinheiten

1 Wahr oder falsch? Korrigiere im Heft.
a) Nicht alle Maßeinheiten haben 100 als Umwandlungszahl.
b) Den Inhalt von Flächen gibt man mit Kubikzahlen an.
c) Der Maßstab gibt das Verhältnis von Bildgröße zu Originalgröße an.

2 Wie viel Rückgeld gibt es bei 50 €?
a) $22,80 €$
b) $13,75 €$
c) $9,95 €$
d) $28,32 €$

3 Gib in der Einheit in Klammern an.

TIPP Wenn die Einheit kleiner wird, wird die Maßzahl größer.

a) $22 \, m \, (cm)$
b) $4,3 \, dm \, (m)$
c) $2 \, cm \, (mm)$
d) $200 \, m \, (km)$
e) $4 \, mm \, (dm)$
f) $1,5 \, m \, (km)$

4 Berechne in der kleinsten Einheit.
a) $3 \, km + 250 \, m + 17 \, dm + 20 \, cm$
b) $21,5 \, km + 12,5 \, dm + 3,2 \, cm$

5 Gib in der Einheit in Klammern an.
a) $5,5 \, kg \, (g)$
b) $2,7 \, t \, (kg)$
c) $45 \, g \, (mg)$
d) $23 \, g \, (kg)$

6 Berechne in der größten Einheit.
a) $30 \, mg + 250 \, g + 12 \, kg$
b) $1,75 \, kg + 420,7 \, g + 9 \, mg$

7 Gib in der Einheit in Klammern an.
a) $7 \, h \, (min)$
b) $9,5 \, h \, (min)$
c) $3 \, a \, (d)$
d) $45 \, min \, (h)$
e) $777 \, s \, (min)$
f) $1 \, d \, (s)$

8 Nach 4 h 13 min Fahrzeit erreicht der Bus um 0:23 Uhr das Ziel. Wann fuhr der Bus los?

9 Gib in der Einheit in Klammern an.
a) $4 \, dm^2 \, (cm^2)$
b) $1,2 \, km^2 \, (m^2)$
c) $7 \, m^2 \, (dm^2)$
d) $5 \, mm^2 \, (cm^2)$

10 Gib in der Einheit in Klammern an.
a) $31 \, m^3 \, (dm^3)$
b) $12 \, dm^3 \, (cm^3)$
c) $10 \, l \, (dm^3)$
d) $1500 \, m^3 \, (l)$
e) $1,75 \, m^3 \, (cm^3)$
f) $10 \, ml \, (l)$

11 Ein Grundstück ist 25 m lang und doppelt so breit. Wie hoch sind die Kosten für einen Zaun rundum, der 11,50 € pro Meter kostet?

12 Ina machte einen Obstsalat aus 800 g Äpfeln, 400 g Birnen, 600 g Erdbeeren, $\frac{1}{4}$ kg Himbeeren, 2 Kiwis à 70 g und 3 Bananen à 110 g. Mit Zucker wiegt der Salat 2,6 kg. Wie viel Zucker ist in dem Obstsalat?

13 Holger hat eine Schrittlänge von ungefähr 80 cm. Für die Länge eines Fußballfeldes benötigt er 130, für die Breite 85 Schritte. Beim Volleyballfeld misst er eine Länge von 24 Schritten und eine Breite von 12 Schritten.
a) Bestimme jeweils den Flächeninhalt.
b) Wie viele Volleyballfelder passen ungefähr in ein Fußballfeld?

Brüche und Dezimalzahlen

1 Wahr oder falsch? Korrigiere im Heft.
a) In einem Bruch steht der Nenner oben.
b) Man darf nur Brüche mit gleichem Nenner addieren und subtrahieren.

2 Lies die Zahlen am Zahlenstrahl ab. Gib sie als Bruch- und als Dezimalzahl an.

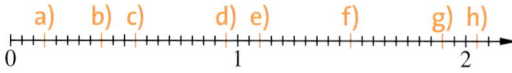

3 Ordne der Größe nach.

> **TIPP** *Vergleiche Brüche, indem du sie auf den gleichen Nenner bringst (Hauptnenner). Vergleiche Dezimalzahlen stellenweise.*

a) $\frac{3}{7}$; $\frac{1}{2}$; $\frac{15}{14}$; $1\frac{5}{14}$ b) $\frac{8}{9}$; $\frac{2}{3}$; $1\frac{1}{9}$; $1\frac{1}{3}$
c) 0,5; 0,55; 0,05; 5,5; 0,055
d) $\frac{1}{4}$; $\frac{1}{3}$; 0,3; $\frac{2}{3}$; 0,6

4 Berechne die Anteile.

> **TIPP** *Berechne $\frac{2}{3}$ von 12 € so:*
> $$12 € \xrightarrow{\ :3\ } 4 € \xrightarrow{\ \cdot 2\ } 8 €$$

a) $\frac{3}{7}$ von 28 Autos   b) $\frac{4}{5}$ von 35 €
c) $\frac{11}{12}$ von 108 km   d) $\frac{2}{9}$ von 630 l

5 Wer zahlt mehr? Überschlage und rechne.

Angelina:	*Jennifer:*
8,95 €	3,99 €
0,99 €	2,75 €
1,29 €	14,95 €
9,75 €	1,49 €
3,49 €	0,99 €
4,99 €	0,79 €
+ 1,59 €	+ 4,95 €

6 Wie viel muss gezahlt werden? Runde.

Masse	Preis (pro kg)	Betrag
2,365 kg	1,85 €	
11,720 kg	0,73 €	
0,678 kg	4,35 €	

7 Welche Paare gehören jeweils zusammen? Ergänze das fehlende Kärtchen im Heft.

$\frac{7}{3}$ $\frac{21}{4}$ $\frac{10}{3}$ $\frac{19}{5}$ $\frac{37}{5}$

$7\frac{2}{5}$ $3\frac{4}{5}$ $2\frac{1}{3}$ $5\frac{1}{4}$?

8 Berechne und kürze, wenn möglich.
a) $\frac{1}{3} + \frac{1}{5}$ b) $\frac{3}{4} - \frac{5}{9}$ c) $4\frac{1}{7} + 2\frac{1}{7}$
d) $3 - \frac{2}{11}$ e) $\frac{7}{12} \cdot \frac{3}{14}$ f) $\frac{5}{7} : \frac{15}{3}$
g) $2\frac{3}{4} \cdot \frac{8}{9}$ h) $\frac{4}{5} \cdot \frac{5}{6} \cdot \frac{6}{7}$ i) $\frac{1}{3} \cdot \left(\frac{4}{5} + \frac{7}{10}\right)$

9 Schreibe das Ergebnis als Dezimalzahl.

> **TIPP** *Beachte die Vorrangregeln: Klammern zuerst, Punktrechnung vor Strichrechnung*

a) $1,75 + \frac{3}{4} - \frac{1}{8}$ b) $5,7 \cdot 3 - 8,6 : 2$
c) $9,66 : 1,44$ d) $1,008 : 0,04$
e) $\frac{4}{9} \cdot \frac{27}{10} - \frac{2}{5} \cdot \frac{13}{50}$ f) $\left(2\frac{1}{4} - \frac{3}{4}\right) \cdot \frac{3}{2}$
g) $0,34 \cdot \left(13,5 + \frac{3}{2}\right)$ h) $5,13 + 9,87 : 0,3$

10 Eine Bowle besteht aus $\frac{1}{2}$ l Orangensaft, $\frac{1}{4}$ l Kirschsaft und 0,7 l Mineralwasser.
a) Reicht eine Karaffe von 1,5 l aus?
b) Wie viele Gläser à 0,2 l können damit gefüllt werden?
c) Wie viel benötigt man jeweils für die doppelte Menge?

Rationale Zahlen

1 Wahr oder falsch? Korrigiere im Heft.
a) Am Zahlenstrahl ist die links stehende Zahl größer als die rechts stehende.
b) Jede Zahl hat eine Gegenzahl.
c) Multipliziert man zwei Zahlen mit gleichen Vorzeichen, ist das Ergebnis positiv.
d) Multipliziert man zwei Zahlen mit gleichen Vorzeichen, ist das Ergebnis positiv.

2 Finde Beispiele für die folgenden Aussagen.
a) In den „roten Zahlen" stehen.
b) Etwas befindet sich unter NN.
c) Eine Temperatur unter dem Gefrierpunkt.

3 Lies die Zahlen am Zahlenstrahl ab. Gib auch die Gegenzahl an.

> **TIPP** (-5) und $(+5)$ sind Gegenzahlen.

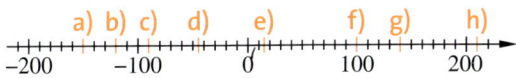

4 Setze das passende Zeichen ein ($<$, $>$).

> **TIPP** Stelle dir die Lage der Zahlen auf der Zahlengeraden vor.

a) $3 \quad 4$
b) $-3 \quad -4$
c) $-31 \quad -32$
d) $0,3 \quad 0,4$
e) $-2,18 \quad -2,19$
f) $-0,1 \quad -0,01$

5 Ordne die Zahlen der Größe nach.
a) $-4; \ 1,2; \ -3; \ -7; \ 1; \ 4$
b) $0,7; \ -0,7; \ 0,35; \ -0,35; \ 0$
c) $2,26; \ 2,22; \ -2,26; \ -2,2; \ -2$
d) $-0,01; \ -0,001; \ 0,1; \ 1; \ -0,11$

6 Nenne drei Zahlen zwischen …
a) 0 und -2.
b) $-0,7$ und $-0,8$.

7 Berechne.
a) $-4 + 12$
b) $-6 - 7$
c) $-8 + (-3,4)$
d) $3,2 + (-0,8)$
e) $-17 + 9,5$
f) $1,5 - 2$

8 Berechne.
a) $13 \cdot (-4)$
b) $(-36) : 3$
c) $-17 \cdot (-11)$
d) $-88 : 11$
e) $-2,5 \cdot (-10)$
f) $12 \cdot (-0,5) \cdot (-6)$
g) $-5,5 : 5 \cdot (-10)$
h) $-4 + 5 \cdot 6 - 7$

9 Wähle aus dem Zahlenfeld jeweils zwei geeignete Zahlen aus, so dass …
a) ihre Summe,
b) ihre Differenz,
c) ihr Produkt,
d) ihr Quotient
negativ ist.
Gib deine Rechnung und das Ergebnis an.

$-0,2$	$-0,9$	-6
40	$0,1$	4	$-0,3$
$0,3$	$0,8$	$-1,8$
$3,6$	-8	$0,1$	12
-12	$-1,8$	16	9
$-1,2$	12	-4

10 Eine U-Boot-Übung startet an der Meeresoberfläche. Das U-Boot sinkt 15 m ab, danach gewinnt es wieder 7 m Höhe. Dann sinkt es um 12,5 m und noch einmal um weitere 11 m. Abschließend steigt es um 6,5 m.
a) Wie groß ist der Höhenunterschied, den das U-Boot insgesamt gefahren ist?
b) Wie tief ist das Meer mindestens im Übungsgebiet des U-Boots?

Terme und Gleichungen

1 Wahr oder falsch? Korrigiere im Heft.
a) Variablen sind Platzhalter.
b) Jede Gleichung hat eine Lösung.
c) Gleichungen sind äquivalent, wenn man auf beiden Seiten dieselbe Zahl addiert.
d) Äquivalente Gleichungen können verschiedene Lösungen haben.

2 Benenne gleich lange Strecken mit gleichen Buchstaben. Erstelle einen Term zur Umfangsberechnung.
a)
b)

3 Fasse zusammen und ordne.

> *TIPP Gleiche Variablen mit gleichen Exponenten können addiert bzw. subtrahiert werden.*

a) $4x + 5 - 3x - 2 + 2x$
b) $2x^2 + 4x^3 + 1{,}5x - 2{,}5x^3 - 0{,}5x^2$
c) $\frac{2}{5}a - \frac{2}{3}b + \frac{3}{10}a + \frac{5}{6}b$

4 Fasse so weit wie möglich zusammen.

> *TIPP Löse zuerst die Klammern auf.*

a) $4a + (2a - 4) - 3 - a$
b) $12b - (5b + 4) - (3 - 144b)$
c) $5c - [3 + (3c + 2) - (4 + 5c)]$

5 Löse die Gleichung und mache die Probe.

> *TIPP Bringe die Variable auf die eine Seite und die Zahlen auf die andere.*

a) $16 + a = 61$
b) $4b + 21 = b$
c) $2c - 5 = 4c + 3$
d) $1{,}4d - 5{,}4 = 5 + d$

6 Forme die Gleichungen um und löse sie.
a) $9x - 7 = 14x + 8$
b) $21y + 15 = 33y - 9$
c) $-5{,}8x + 27 = 10{,}2x - 15$
d) $2{,}4z - 3{,}8 = 7{,}9z + 2{,}8$

7 Stelle nach der gesuchten Variable um.
a) nach a: $u = 4a$
b) nach r: $A = \pi \cdot r^2$
c) nach h: $A = \frac{g \cdot h}{2}$
d) nach I: $R = \frac{U}{I}$

8 Stelle eine Gleichung auf und löse sie.

a)
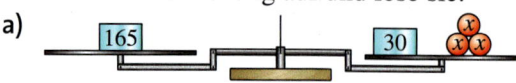

b) $* + * + * + * - 15 = * + * + 47$

9 Vanessa macht eine Radtour. Am zweiten Tag fährt sie so weit wie am ersten Tag. Am dritten Tag fährt sie 10 km weniger als am ersten Tag. Insgesamt legt sie 65 km zurück.
Wie weit ist sie jeweils am Tag gefahren?

> *TIPP Löse im Sechs-Schritte-Verfahren:*
> *1. Variable festlegen*
> *2. Terme bilden*
> *3. Gleichung aufstellen*
> *4. Gleichung lösen*
> *5. Lösung prüfen*
> *6. Antwortsatz*

10 Wenn man die Summe aus einer Zahl und 6 mit 7 multipliziert, so ist das Ergebnis 91. Wie lautet die gesuchte Zahl?

11 Löse das Gleichungssystem durch eine Zeichnung oder durch eine Rechnung. Rechne die Probe.
a) I $y = x$; II $y = 2x + 2$
b) I $y = 2x - 4$; II $y = x + 1$
c) I $4x - 2y = -10$; II $10x + 2y = -4$
d) I $2x + y = -2$; II $y + \frac{3}{2} = -4$
e) I $2y = 5x + 6$; II $2y - 5x = -4$

Potenzen und einfache Wurzeln

1 Wahr oder falsch? Korrigiere im Heft.
a) Potenzen sind eine Abkürzung für die Multiplikation von gleichen Faktoren.
b) In 6^2 ist 6 der Exponent und 2 die Basis.

2 Schreibe als Potenz bzw. als Produkt.

> *TIPP $5 \cdot 5 \cdot 5 = 5^3$*

a) $2 \cdot 2 \cdot 2$
b) $(-4) \cdot (-4) \cdot (-4)$
c) $e \cdot e \cdot e \cdot e \cdot e$
d) $(-7)^5$

3 Berechne im Kopf.
a) 9^2
b) $0{,}2^2$
c) $\sqrt{36}$
d) $\sqrt{1{,}44}$

4 Berechne die gesuchten Größen.

① 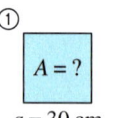 $A = ?$ $a = 30$ cm
② 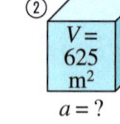 $V = 625$ m² $a = ?$
③ 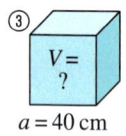 $V = ?$ $a = 40$ cm

5 Eine quadratische Rasenfläche ist 961 m² groß. In der Mitte wird ein quadratisches Beet mit der Seitenlänge 7 m angelegt.
a) Fertige eine Skizze an.
b) Wie breit sind die Streifen um das Beet?
c) Wie viel Rasenfläche bleibt?

Zeichnen mit Geodreieck und Zirkel

1 Wahr oder falsch? Korrigiere im Heft.
a) Winkelgrößen werden in Grad angegeben.
b) Ein stumpfer Winkel ist kleiner als ein spitzer Winkel.
c) Zueinander senkrechte Geraden schneiden sich im 45°-Winkel.
d) Parallele Geraden schneiden sich nie.

2 Gib zuerst an, um welche Winkelart es sich jeweils handelt. Miss dann die Winkelgröße.

> **TIPP** Es gibt spitze, stumpfe, rechte, gestreckte, überstumpfe und volle Winkel.

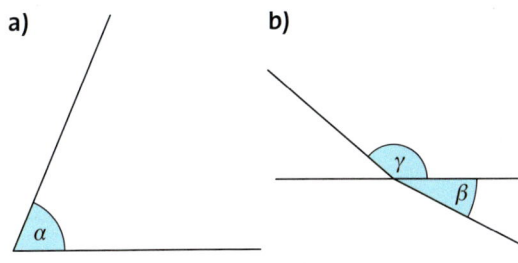

a)   b)

3 Zeichne folgende Winkel in dein Heft.
a) 42°   b) 124°   c) 241°   d) 341°

4 Welche Geraden verlaufen zueinander parallel (senkrecht)?

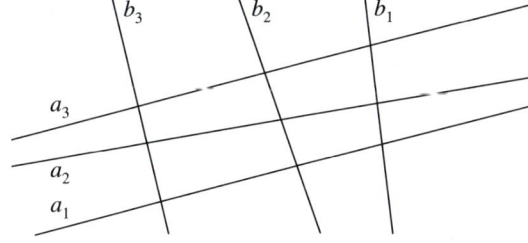

5 Folge den Anweisungen und zeichne in ein Koordinatensystem.
① Zeichne $A(2|3)$, $B(11|5)$, $C(8|10)$ und verbinde zu einem Dreieck.
② Miss alle Winkel innerhalb des Dreiecks.
③ Zeichne durch $D(4|9)$ eine senkrechte Gerade zur Strecke $\overline{AC}$ und nenne sie d.
④ Zeichne durch C eine Parallele zu d.

6 Folge den Anweisungen und zeichne in ein Koordinatensystem.
① Zeichne $A(4|7)$, $B(9|5)$ und verbinde zu einer Strecke.
② Schlage um A einen Kreis mit $r = 3\,\text{cm}$.
③ Schlage um B einen Kreis mit $r = 4\,\text{cm}$.
④ Verbinde A und B mit dem Schnittpunkt C oberhalb der Strecke.
⑤ Gib die Koordinaten von C an und miss alle Winkel innerhalb des Dreiecks.

7 Konstruiere Dreiecke aus den gegebenen Stücken.

> **TIPP** Fertige eine Planskizze an und markiere die gegebenen Stücke farbig.

a) $c = 5\,\text{cm}$; $b = 3\,\text{cm}$; $\alpha = 60°$
b) $a = 4{,}5\,\text{cm}$; $b = 3\,\text{cm}$; $c = 5{,}2\,\text{cm}$
c) $c = 8\,\text{cm}$; $\alpha = 80°$; $\beta = 24°$.
d) $a = 32\,\text{mm}$; $b = 4{,}8\,\text{cm}$; $\gamma = 115°$
e) $b = 0{,}7\,\text{dm}$; $\alpha = 55°$; $\gamma = 98°$

8 Überlege, aus welchen Stücken ein Dreieck entstehen kann, und begründe.
a) $c = 8\,\text{cm}$; $b = 3\,\text{cm}$; $a = 4\,\text{cm}$
b) $a = 7{,}5\,\text{cm}$; $b = 7{,}5\,\text{cm}$; $c = 7{,}5\,\text{cm}$
c) $b = 6{,}4\,\text{cm}$; $c = 14\,\text{cm}$; $a = 7{,}6\,\text{cm}$

Ebene Geometrie

1 Wahr oder falsch? Korrigiere im Heft.
a) Jedes Rechteck ist ein Quadrat.
b) Jedes Quadrat ist eine Raute.
c) In jedem gleichschenkligen Dreieck sind alle Seiten gleich lang.
d) Nebenwinkel ergänzen sich zu 180°.

2 Die Winkelsumme im Dreieck beträgt 180°. Finde eine Begründung, warum sie im Viereck 360° beträgt.

3 Kann ein Dreieck mehr als einen rechten Winkel haben? Begründe deine Meinung.

4 Benenne die Figuren.

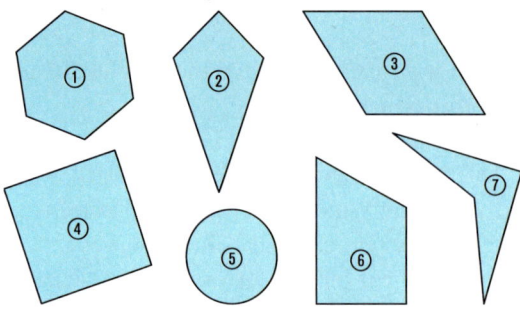

a) Wovon hängt der Name für ① ab?
b) Welche Figuren kann man als Viereck (Trapez; Parallelogramm) bezeichnen?

5 Benenne und beschreibe alle Dreiecke.

> **TIPP** Dreiecke können nach Winkeln und nach Seiten benannt werden.

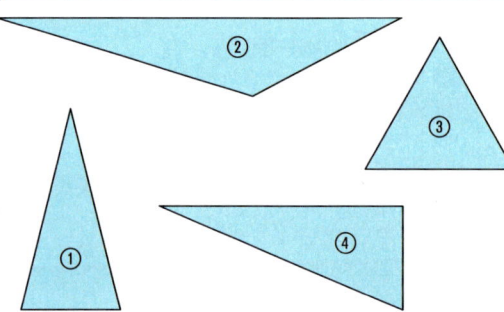

6 Gib die Größe der markierten Winkel an, ohne zu messen. Begründe jeweils. Nutze die Begriffe Nebenwinkel, Scheitelwinkel, Stufenwinkel, Wechselwinkel.

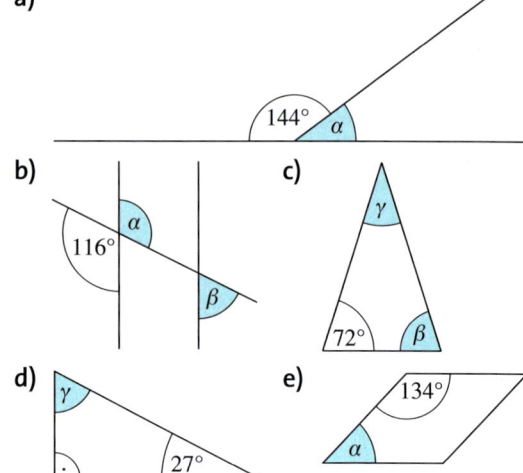

7 Zeichne ein gleichseitiges Dreieck. Zeichne dann an eine Seite ein weiteres gleichseitiges Dreieck.
Wie viele Dreiecke brauchst du mindestens, damit du wieder beim ersten Dreieck ankommst? Welche Figur ist entsteht?

Umfang und Flächeninhalt

1 Wahr oder falsch? Korrigiere im Heft.
a) Der Umfang eines Quadrates ist $u = 4a$.
b) Jede Höhe steht senkrecht auf einer Seite.
c) Den Flächeninhalt eines Kreises berechnet man mit der Formel $A = 2\pi r$.

2 Ein Volleyballfeld besteht aus zwei nebeneinanderliegenden Quadraten und ist $162\,\text{m}^2$ groß. Wie groß ist der Umfang?

3 Die Seite a eines Rechtecks ist viermal so lang wie die Seite b. Das Rechteck hat einen Umfang von $21,5\,\text{cm}$.
Berechne den Flächeninhalt.

4 Berechne die Dreiecke im Heft.

	Grundseite g	Höhe h	Flächeninhalt A
a)	8 cm	14,5 cm	
b)	3,8 cm		4,75 cm²
c)		7,4 cm	36,26 cm²

5 Berechne die fehlenden Größen der Trapeze im Heft.

	a	c	h	A
a)	4,5 cm	2,9 cm	3,4 cm	
b)	3,6 m	12,8 m		45,1 m²
c)	72 cm		13,6 dm	82,96 dm²
d)		0,38 m	104 dm	67,86 m²

6 Berechne die Kreise im Heft.

	Radius r	Umfang u	Flächeninhalt A
a)	77 mm		
b)		56,55 km	
c)			28,27 cm²
d)		16,34 dm	

7 Herr Rose möchte ein kreisrundes Beet im Garten bepflanzen. Das Beet hat einen Radius von $r = 60$ cm. Auf jedem Quadratmeter (m²) sollen 20 Pflanzen eingesetzt werden. Wie viele Pflanzen muss er kaufen?

8 Berechne die Flächeninhalte der Figuren.

> **TIPP** $A_{Kreisring} = \pi \cdot r_a^2 - \pi \cdot r_i^2$
> $A_{Kreisauschnitt} = \pi \cdot r^2 \cdot \frac{a}{360°}$

a)
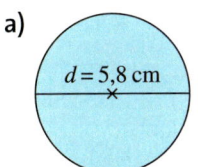
$d = 5,8$ cm

b)
$r_a = 4,2$ m
$r_i = 3,5$ m

c)
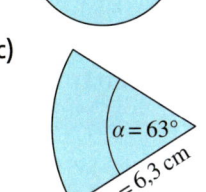
$\alpha = 63°$
$r = 6,3$ cm

9 Berechne den Flächeninhalt der blauen Fläche. Das Quadrat ist außen 8 cm lang.

> **TIPP** Berechne zuerst die Flächeninhalte der Kreisteile und des Quadrats.

a)
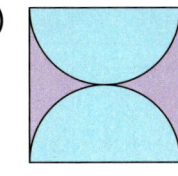

b)
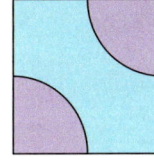

10 Berechne den Flächeninhalt. (Maße in cm)

> **TIPP** Zerlege oder ergänze die Figuren.

a)
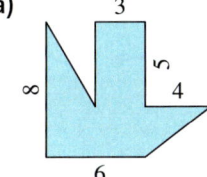
3
8
5
4
6

b)
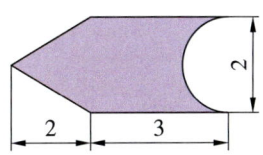
2
2
3

11 Berechne den Flächeninhalt der gefärbten Fläche. Es gilt $a = 6,2$ cm.

a)
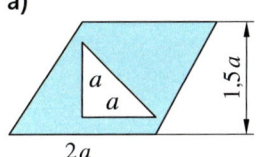
a
a
$1,5a$
$2a$

b)
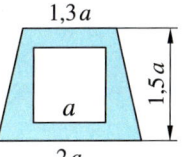
$1,3a$
a
$1,5a$
$2a$

Der Satz des Pythagoras

1 Wahr oder falsch? Korrigiere im Heft.
a) Der Satz des Pythagoras gilt in jedem Dreieck.
b) In jedem rechtwinkligen Dreieck gibt es zwei Hypotenusen und eine Kathete.
c) Die Hypotenuse ist die längste Seite im rechtwinkligen Dreieck.
d) Die Kathete liegt dem rechten Winkel gegenüber.
e) Der Satz des Pythagoras lautet: Die Summe der Katheten ist gleich der Hypotenuse.

2 Stelle jeweils eine Gleichung nach dem Satz des Pythagoras auf.

> **TIPP** Kathete² + Kathete² = Hypotenuse²

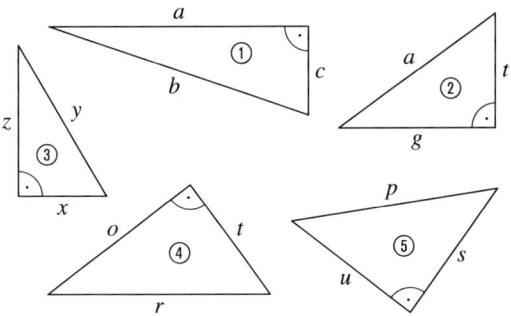

3 Berechne die fehlende Seitenlänge des Dreiecks.

> **TIPP** *Fertige eine Skizze an. Markiere den rechten Winkel und die gegebenen Seiten farbig.*

	Winkel	Seite a	Seite b	Seite c
a)	$\gamma = 90°$	3,5 cm	5 cm	
b)	$\gamma = 90°$	1,5 cm		9 cm
c)	$\alpha = 90°$	8,5 cm		6 cm

4 Ein Gehege im Zoo wird neu eingezäunt. Wie lang muss der Zaun um das Gehege herum insgesamt sein?

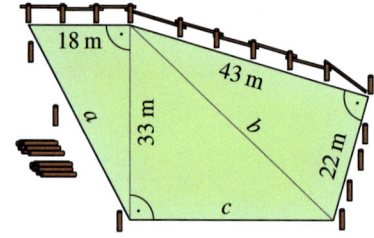

5 Welches Dreieck ist rechtwinklig? Begründe jeweils.
a) $a = 12\,cm$; $b = 13\,cm$; $c = 3\,cm$
b) $a = 5\,m$; $b = 10\,m$; $c = 12\,m$
c) $a = 15\,mm$; $b = 12\,mm$; $c = 9\,mm$

6 Beim Fußballtraining müssen die Spieler den eingezeichneten Weg auf dem Feld fünfmal durchlaufen. Wie lang ist die gesamte Strecke?

7 Berechne die markierten Strecken.

a)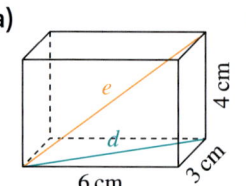

b)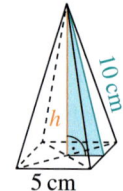

8 Ein Baum ist bei einem Sturm in 1,70 m Höhe eingeknickt. Die Spitze stößt 23,50 m weit vom Stamm entfernt auf den Boden. Wie hoch war der Baum ursprünglich?

9 Berechne den Flächeninhalt des großen Quadrats mit der Seitenlänge a. Die Seite b hat eine Länge von 240 mm.

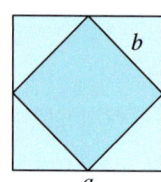

Berechnungen an Körpern

1 Wahr oder falsch? Korrigiere im Heft.
a) Ein Körper, dessen Kanten alle gleich lang sind, heißt Quader.
b) Pyramiden und Kegel haben keine Deckfläche.
c) Jeder Quader ist auch ein Prisma.
d) In einem Schrägbild wird die Tiefe mit halber Länge und im 45°-Winkel dargestellt.

2 Welche Körper können das sein? Mehrere Antworten sind möglich.
a) Alle Flächen sind gleich.
b) Der Körper hat nur zwei Flächen.
c) Der Körper hat eine Spitze.
d) Die Grundfläche ist ein Dreieck.

3 Berechne jeweils den Oberflächeninhalt A_O, das Volumen V und die Seitenlänge a.

a)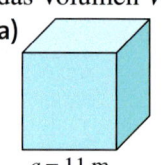
$a = 11\,m$

b)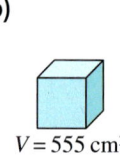
$V = 555\,cm^3$

c)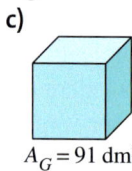
$A_G = 91\,dm^2$

4 Eine Milchpackung ist 9,5 cm breit und 6,5 cm tief. Ihre Höhe beträgt 16,5 cm. Wie viel Pappe braucht man für die Verpackung, wenn 10 % für Klebekanten eingerechnet werden?

5 Zeichne jeweils Schrägbild und Netz.

a) Quader mit $a = 7\,\text{cm}$; $b = 6\,\text{cm}$; $c = 2\,\text{cm}$

b) Pyramide mit quadratischer Grundfläche und mit $a = 5\,\text{cm}$, $h_k = 8\,\text{cm}$

6 Berechne Oberflächeninhalt und Volumen der Prismen.

> **TIPP** h_K steht für die Körperhöhe.
> In c) hilft dir der Satz des Pythagoras.

	Grundfläche A_G	h_k
a)	Quadrat mit $a = 2,5\,\text{cm}$	$10\,\text{cm}$
b)	Dreieck mit $a = 2,6\,\text{m}$; $b = 3\,\text{m}$; $c = 5,1\,\text{m}$; $h_c = 1,2\,\text{m}$	$3,8\,\text{m}$
c)	gleichseitiges Dreieck mit $a = 9\,\text{cm}$	$12\,\text{cm}$

7 Berechne das Volumen des Prismas.

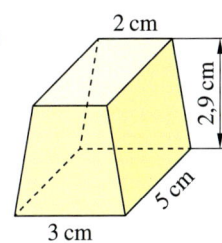

8 Für Zylinder ① ist $r = 6\,\text{cm}$ und $h_k = 4\,\text{cm}$. Zylinder ② ist doppelt so hoch, aber der Radius ist nur halb so groß. Vergleiche das Volumen.

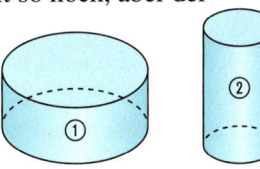
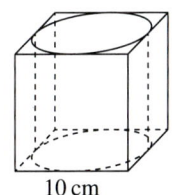

9 Jens meint, das Volumen des Zylinders nimmt drei Viertel des Volumens des Würfels ein. Hat er recht?

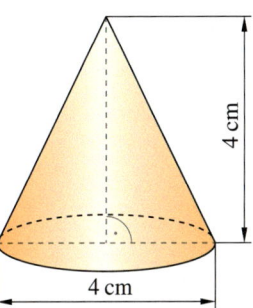

10 Berechne das Volumen des Kegels. Berechne dann die Länge der Seitenkante s (Pythagoras) und den Oberflächeninhalt.

11 Eine Kugel hat einen Radius von $r = 5,6\,\text{cm}$. Berechne das Volumen und den Oberflächeninhalt.

Maßstab und Strahlensätze

1 Bestimme die fehlenden Angaben.

> **TIPP** $1 : 100$ bedeutet: $1\,\text{cm}$ im Bild entsprechen $100\,\text{cm}$ im Original.

	Bild	Original	Maßstab
a)	$5\,\text{cm}$		$1 : 100$
b)		$56\,\text{m}$	$1 : 1000$
c)	$4\,\text{dm}$	$16\,\text{m}$	

2 Wie lang ist der See?

a) Zeichne maßstäblich verkleinert und miss.

b) Prüfe dein Ergebnis rechnerisch (Strahlensatz).

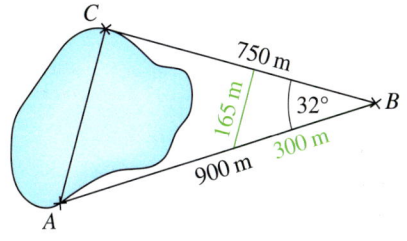

3 Berechne die Höhe h.

a)

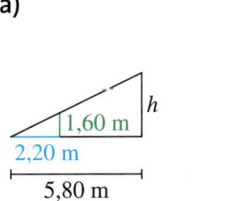

b)

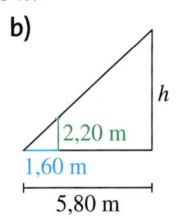

c)

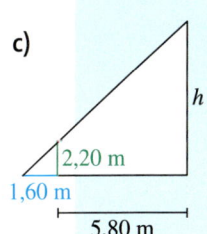

4 Berechne die Höhe des Hauses.

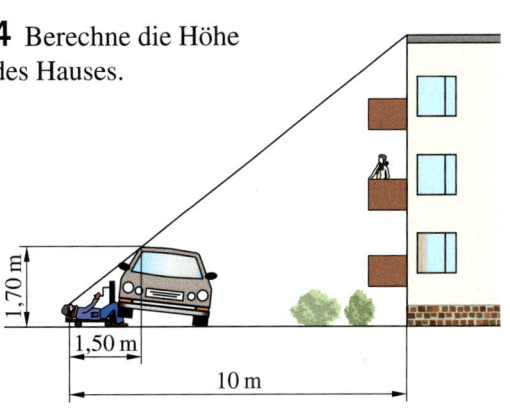

Proportionale und antiproportionale Zuordnungen

1 Wahr oder falsch? Korrigiere im Heft.
a) Bei proportionalen Zuordnungen gilt: je weniger, desto mehr.
b) Antiproportionale Zuordnungen sind quotientengleich.
c) Der Graph einer proportionalen Zuordnung geht immer durch den Punkt (0|0).
d) Der Graph einer antiproportionalen Zuordnung ist eine Gerade.

2 Ist die Zuordnung proportional, antiproportional oder keins von beiden? Begründe.

> **TIPP** *Proportional: Zum Doppelten einer Größe gehört das Doppelte der anderen Größe. Antiproportional: Verdoppelt sich eine Größe, dann halbiert sich die andere Größe.*

a) *Arbeitszeit → Arbeitslohn*
b) *Alter eines Menschen → Körpergröße*
c) *Anzahl Arbeiter → Arbeitszeit*
d) *Fahrzeit → Fahrstrecke*

3 Formuliere eine Aussage, die die Werte in der Tabelle beschreibt. Ergänze dann zu einer proportionalen Zuordnung.

a)
Anzahl	1	3	7	13
Preis (€)				

b)
Material (g)	100	400	750	900
Preis (€)		0,96		

4 Folgende Zuordnung ist proportional.

Menge (g)	100	300	500	750	900
Preis (€)			12,00		

a) Berechne die fehlenden Werte.
b) Zeichne einen geeigneten Graphen.

5 Formuliere eine Aussage, die die Werte in der Tabelle beschreibt. Ergänze dann zu einer antiproportionalen Zuordnung.

a)
Pumpen	8	4	3	2
Zeit (h)	6			

b)
Anzahl	100	75	50	15
Zeit (d)		4		

6 Gegeben ist die antiproportionale Zuordnung *Taschengeld → Anzahl Tage*.

Menge (€)	50	40	30	25	20
Zeit (d)			1,75		

a) Berechne die fehlenden Werte.
b) Zeichne einen geeigneten Graphen.

7 Welcher Graph gehört zu einer proportionalen Zuordnung, welcher zu einer antiproportionalen? Beschreibe jeweils, woran man das erkennen kann.

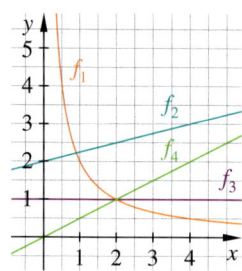

8 Alina renoviert ihr Zimmer und kauft 3 Rollen Tapete für 17,55 €. Wie viel zahlt ihre Freundin Milena für 4 gleiche Rollen Tapete?

> **TIPP** *Nutze den Dreisatz zur Berechnung.*

9 Hannah hat für ihren Urlaub Taschengeld bekommen. Sie überlegt: „Bei drei Wochen kann ich pro Tag 4 Euro ausgeben. Wie viel könnte ich mit derselben Menge Geld täglich in vier Wochen ausgeben?"

> **TIPP** *Überlege zuerst, ob eine proportionale oder antiproportionale Zuordnung vorliegt.*

10 Der Graph zeigt die Zuordnung *Benzinmenge im Tank → gefahrene Kilometer*.

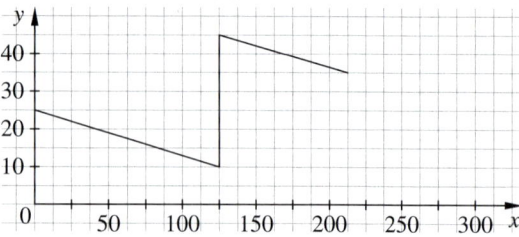

a) Wie viel Benzin war beim Start im Tank?
b) Wie weit ist das Auto gefahren?
c) Wie viel Benzin war maximal im Tank?
d) Nach welcher Strecke wurde getankt?
e) Reicht das Benzin auch für die Rückfahrt?
f) Ist die Zuordnung proportional?

Prozent- und Zinsrechnung

1 Wahr oder falsch? Korrigiere im Heft.

a) Ein Prozent ist ein Tausendstel einer Zahl.

b) Man kann Anteile in Prozenten, Brüchen und Dezimalzahlen angeben.

c) In der Zinsrechnung entsprechen die Zinsen dem Prozentwert in der Prozentrechnung.

2 Gib in den fehlenden Schreibweisen an.

Prozent	1%		500%	
Bruch		$\frac{7}{100}$		$\frac{3}{4}$
Dezimalzahl			0,2	

3 Zeichne auf kariertes Papier ein Quadrat mit einer Seitenlänge von 10 Kästchen.

a) Färbe 3% der Gesamtfläche rot, 11% blau und 42% grün.

b) Wie viel Prozent sind ungefärbt?

c) Gib das Ergebnis als Bruch und als Dezimalzahl an.

4 Berechne den Prozentsatz p.

> **TIPP** Nutze die Formeln oder den Dreisatz.

a) 12€ von 240€   **b)** 7km von 20km

c) 9kg von 36kg   **d)** 213m² von 355m²

e) 34Cent von 4€   **f)** 3min von 3h

5 Berechne den Prozentwert W.

a) 10% von 660m   **b)** 32% von 475 l

c) 200% von 17€   **d)** 0,5% von 456cm

6 Berechne den Grundwert G.

a) 15% sind 300kg   **b)** 84% sind 210€

c) 120% sind 60m   **d)** 0,5% sind 9 l

7 Berechne.

> **TIPP** Überlege zuerst: Was ist gegeben? Was ist gesucht? (p%, W oder G)

a) Ein Waveboard kostete 149€. Im Juli gibt es auf alle Preise 7% Rabatt

b) Anna verdient im zweiten Lehrjahr 12,5% mehr als im ersten. Das sind 62,00€ mehr.

c) Paolo prüft Fahrräder. Von 312 Fahrrädern haben 17% Mängel.

8 Der Preis einer Jeans ist zunächst um 10% erhöht worden und nun im Angebot wieder um 10% reduziert. Lina denkt: „Der Preisnachlass lohnt sich nicht!" Was sagst du?

9 Übertrage die Tabelle zur Zinsrechnung ins Heft und ergänze sie.

> **TIPP** Nutze die Zinsformel (Kip-Formel):
> $Z = \frac{K \cdot i \cdot p}{100 \cdot 360}$ (für Tageszinsen).

	K	Z	$p\%$	i
a)	478,34€		3,1%	218 Tage
b)		279,55€	7,9%	45 Tage
c)	2 120,56€	35,96€	2,8%	
d)	777,00€	13,45€		124 Tage

10 Malte benötigt einen Kredit in Höhe von 12 000€. Er bekommt zwei Angebote. Für welches Angebot sollte er sich entscheiden? Begründe.

Bank A	**Bank B**
Grundgebühr: 0,00%	Grundgebühr: 2,4%
Jahreszinssatz: 4,8%	Jahreszinssatz: 2,4%
Laufzeit: 10 Monate	Laufzeit: 10 Monate

11 Frau Marx lässt ihr Arbeitszimmer renovieren. Sie kauft Material für 357,97€. Die Rechnung der Handwerker beträgt ohne Mehrwertsteuer 428,00€. Wie viel muss sie insgesamt bezahlen?

> **TIPP** Die Mehrwertsteuer beträgt 19%.

12 Herr Groß erhält eine Rechnung über 580,00€ mit Mehrwertsteuer. Der Nettobetrag ist mit 469,80€ angegeben. Er sagt: „Da hat jemand falsch gerechnet!" Was meint er?

13 Nach dem Abschluss der 10. Klasse, wollen 16 Personen weiter zur Schule gehen, 9 eine Ausbildung beginnen und 2 sind noch unentschlossen. Zeichne ein Kreisdiagramm.

> **TIPP** Ein Kreis hat insgesamt 360°.
> 1% entspricht also 3,6°, da 360° : 100 = 3,6°.

Funktionen darstellen

1 Wahr oder falsch? Korrigiere im Heft.
a) Die Zuordnung *Datum → Wochentag* ist eine Funktion.
b) Der Graph einer linearen Funktion ist eine Gerade.
c) Lineare Funktionen kann man als Geradengleichung darstellen mit $y = m \cdot x + b$. Dabei ist b die Steigung der Funktion.

2 Welcher Graph gehört zu einer Funktion? Begründe deine Entscheidung.

> **TIPP** *Bei einer Funktion ist jedem x-Wert genau ein y-Wert zugeordnet.*

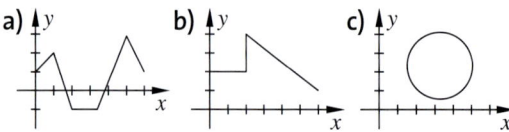

3 Liegt eine Funktion vor oder nicht? Begründe anhand der Wertepaare.

a)

x	1	2	3	4	5	6
y	2	7	5	4	3	2

b)

x	23	44	56	71	87	98
y	10	25	14	30	50	19

4 Zeichne den Funktionsgraphen. Handelt es sich um eine lineare Funktion? Begründe.

x	−3	−2	−1	0	1	2
y	−6	−3	0	3	6	9

5 Ergänze die Wertetabelle im Heft und zeichne dann den Funktionsgraphen.

x	−2	−1	0	1	2
y = 2x − 1					

6 Ein Taxiunternehmen berechnet 2,50 € Grundgebühr und pro Kilometer 0,85 €.
Stelle eine Wertetabelle für 0 bis 8 gefahrene Kilometer auf.

7 Ordne jeweils die richtige Steigung zu.

> **TIPP** *Steigung* $= \dfrac{\text{Höhenunterschied (y-Achse)}}{\text{Horizontalunterschied (x-Achse)}}$

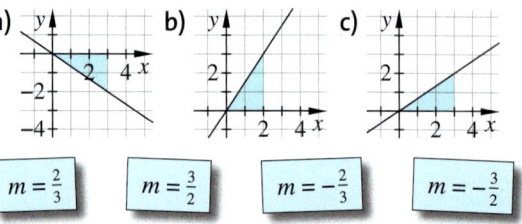

$m = \dfrac{2}{3}$ $m = \dfrac{3}{2}$ $m = -\dfrac{2}{3}$ $m = -\dfrac{3}{2}$

8 Gib Steigung und y-Achsenabschnitt an. Bestimme dann die Funktionsgleichung.

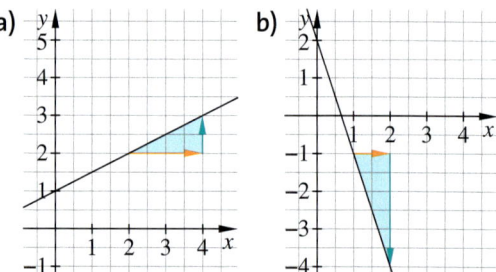

9 Beschreibe den Verlauf der Geraden und zeichne sie in ein Koordinatensystem.
a) $y = 2x - 3$ **b)** $y = -x + 1$ **c)** $y = \frac{1}{3}x$
d) Bestimme zu jeder der drei Funktionsgleichungen die Umkehrfunktion f^{-1}. Zeichne die Graphen mit einer anderen Farbe ins Koordinatensystem.

10 In einer Fahrschule beträgt die Grundgebühr 80 €. Jede Fahrstunde kostet 27 €.
a) Stelle eine passende Gleichung auf.
b) Wie teuer sind 18 Fahrstunden?
c) Wie viele Stunden kann man für maximal 700 € nehmen?

11 Gib eine passende Funktionsgleichung an.
a) Jeder Zahl wird ihr Dreifaches zugeordnet.
b) Von jeder Zahl wird 7 subtrahiert.
c) Zum Doppelten jeder Zahl wird 5 addiert.
d) Eine Zahl wird mit sich selbst multipliziert.

12 Bestimme die Umkehrfunktion f^{-1}. Überprüfe deine Lösung zeichnerisch.
a) $f(x) = 4x^2$ **b)** $f(x) = 2,5x^2$

Daten

1 Wahr oder falsch? Korrigiere im Heft.
a) Der Durchschnitt heißt auch Zentralwert.
b) Um den Median zu bestimmen, müssen die Daten der Größe nach sortiert werden.
c) Die Darstellung in einem Kreisdiagramm basiert auf Prozentangaben.

2 Zwei Mannschaften spielen gegeneinander in einem Quiz. Die Punkte der Mitspieler werden einzeln gezählt.
Punkte A: 3; 7; 9; 0; 10
Punkte B: 5; 4; 8; 2; 9; 6
Gewonnen hat die Mannschaft mit dem besseren Durchschnitt. Wer hat gewonnen?

3 Die Niederschlagsmenge in einer Juniwoche in Mainz wurde in mm gemessen.

MO	DI	MI	DO	FR	SA	SO
2	0	0	3	40	2	1

a) Zeichne ein Säulendiagramm. Wähle auf der y-Achse 2 mm für 1 mm Niederschlagsmenge.
b) Berechne den Durchschnittswert.
c) Bestimme den Median.
d) Welcher Wert ist in diesem Fall besser geeignet, um die Situation zu beschreiben?

4 Das Diagramm zeigt die Verteilung des Baumbestands in Deutschland.
a) Lies die ungefähren Werte für die vier Baumarten ab.
b) Wie hoch müsste die Säule für „Sonstige" (2,6 Mio. ha) sein?

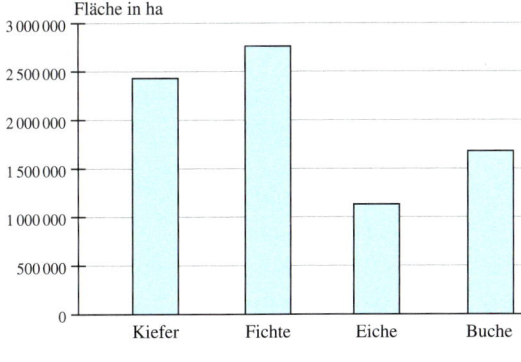

5 Die Klasse 10A möchte für ihre Klassenfahrt gemeinsam T-Shirts bestellen.
So waren die Wünsche für die Farbe verteilt:

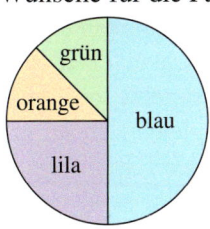

Wie viele der insgesamt 24 Schüler haben jeweils für welche Farbe gestimmt?

> **TIPP** Der gesamte Kreis entspricht 100 %, also 24 Personen.

6 Für ihre Klassenfahrt haben sich Julian und Maike Angebote von Busunternehmen eingeholt.
Maike sagt: „Günstig unterwegs" ist nur halb so teuer wie „Überall Reisen".
Julian meint, dass das nicht stimmt.

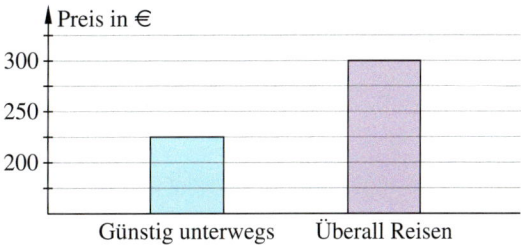

a) Wie ist Maikes Eindruck entstanden?
b) Wie groß ist der Preisunterschied tatsächlich?
c) Erstelle ein eigenes Diagramm, das die Preise realistisch darstellt.

7 Gib drei verschiedene Beispiele für vier unterschiedliche Zahlen an, die 7 sowohl als Durchschnittswert als auch als Median haben.

8 Drei unterschiedliche Zahlen haben den Durchschnittswert 6.
a) Zwei von den Zahlen sind 2 und 5. Welche ist die dritte Zahl?
b) Eine der Zahlen ist 3. Welche Zahlen könnten die anderen sein? Gib mehrere Beispiele an.

187

Zufall und Wahrscheinlichkeit

1 Wahr oder falsch? Korrigiere im Heft.
a) Die relative Häufigkeit lässt sich als Bruch oder Dezimalzahl darstellen.
b) Die relative Häufigkeit entspricht der Wahrscheinlichkeit eines Ergebnisses.
c) Zufallsexperimente, bei denen nicht alle Ergebnisse gleich wahrscheinlich sind, heißen Laplace-Experimente.
d) Mehrere Ergebnisse können zu einem Ereignis zusammengefasst werden.

2 Am Flughafen wurden 250 Reisende nach ihren Reisezielen befragt.
Ergänze die Tabelle im Heft.

> **TIPP** Relative Häufigkeit = $\frac{\text{absolute Häufigkeit}}{\text{Gesamtzahl}}$

Reiseziel	Deutsch-land	Europa	außerhalb Europas
absolute Häufigkeit	58	137	
relative Häufigkeit			

3 Bestimme die Wahrscheinlichkeiten. Warum kannst du sie nicht immer angeben?

> **TIPP** Überlege bei Laplace-Experimenten, wie viele Ergebnisse möglich sind und wie viele günstig.

a) Mit einer Münze „Zahl" werfen.
b) Aus den Zahlen von 1 bis 10 zufällig eine durch drei teilbare Zahl ziehen.
c) Morgen regnet es.
d) Aus 7 gleichen Koffern den richtigen finden, ohne vorher hinein zu sehen.
e) Der Bus kommt pünktlich.

4 Blau gewinnt. Welches Zufallsexperiment würdest du wählen, um zu gewinnen?

①    ②

5 Jens hält im Fußballtraining 6 von 15 Bällen, Jörg hält 9 von 25.
Für wen sollte sich der Trainer im nächsten Spiel entscheiden?
Begründe deine Meinung.

6 Alex würfelt dreimal mit einem gewöhnlichen Würfel. Jedes Mal fällt eine 6.
Wie hoch ist die Wahrscheinlichkeit, beim vierten Versuch wieder eine 6 zu würfeln?

7 In einer Urne liegen 7 blaue, 3 rote, 3 gelbe, 5 grüne und eine schwarze Kugel.
Bestimme jeweils die Wahrscheinlichkeit.
a) Eine blaue Kugel wird gezogen.
b) Eine rote oder gelbe Kugel wird gezogen.
c) Keine grüne Kugel wird gezogen.
d) Eine weiße Kugel wird gezogen.

8 Jana zieht zufällig eine Socke aus einem Beutel mit vier unterschiedlich farbigen Socken und legt sie zurück.

Anzahl der Versuche	10	25	50	100	300	500
rote Socke	6	10	18	23	72	121

a) Bestimme die relativen Häufigkeiten.
b) Vergleiche die einzelnen Werte mit der Wahrscheinlichkeit, die rote Socke zu ziehen. Was stellst du fest?

9 In Deutschland sind etwa 12% der Bevölkerung Linkshänder.
a) Eine Schule hat 625 Schüler. Wie viele der Schüler sind vermutlich Rechtshänder?
b) Wie ist es in deiner Klasse?
c) In einer Zeichentrickserie ist jeder Dritte Linkshänder. Wie viele Linkshänder wären das bei 30 720 Personen?

10 Jan hat einen Beutel, in dem 12 schwarze und mehrere weiße Kugeln sind.
Lukas zieht 100-mal eine Kugel und legt sie danach jeweils wieder zurück.
Er zieht 40-mal eine weiße Kugel.
Wie viele weiße Kugeln sind wahrscheinlich in dem Beutel?

Anhang

Lineare Gleichungssysteme

Noch fit?

1 a) 14 **b)** −7,5 **c)** 54

1 a) 26 **b)** −1,5 **c)** −7

2 a) $x = -12$ **b)** $x = -2$ **c)** $x = -3$

2 a) $y = -24$ **b)** $x = -6$ **c)** keine Lösung

3

x	−3	−2	−1	0	1	2	3
$y = 4x - 2$	−14	−10	−6	−2	2	6	10

3

x	−2	−1	0	1	2	3
$y = 0,5x + 1$	0	0,5	1	1,5	2	2,5

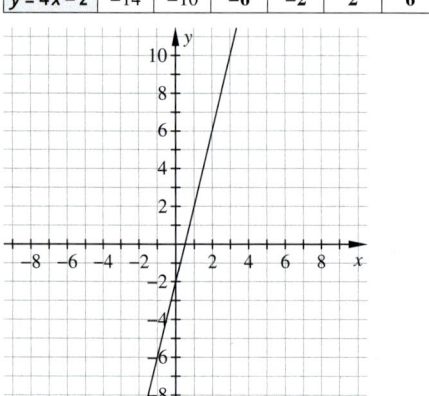

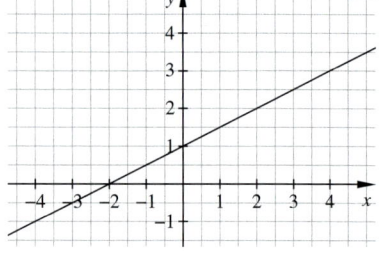

4 a) P(**6**|−1) **b)** P(−**2**|0) **c)** P$\left(\frac{2}{3}\big|3\right)$
d) P$\left(-\mathbf{6}\frac{2}{3}\big|-7\right)$ **e)** P(**28**|5)

4 a) $S(0|5)$; $m = 2$ **b)** $S(0|1)$; $m = -3$
c) $S(0|-4)$; $m = -0,6$ **d)** $S(0|-0,25)$; $m = 0,25$
e) $S(0|-1,5)$; $m = 0,8$

5 a) Ja, denn alle Punkte liegen auf einer Geraden.
b) Nein, denn die Funktion $y = mx + n$ verläuft nur für $n = 0$ durch den Ursprung.
c) ja, im Punkt $(0|n)$ **d)** Das gilt nur für $m \neq 0$, der Schnittpunkt liegt dann bei $S\left(-\frac{n}{m}\big|0\right)$.
e) Nein, die y-Werte steigen um den Wert m.

6 a) $y = 0,4x + 35$
b) Für 500 km zahlt man 235 €.
c) Frau Meyer ist 305 km gefahren.

6 a) Im Tarif Relax zahlt man 23,7 €.
Im Tarif Flatrate zahlt man 25 €.
b) Sarah hat 175 Minuten (2 h 55 min) telefoniert.
c) Bei fünf Gesprächsstunden ist die Flatrate 3,50 € günstiger als der Tarif Relax.

Klar so weit?

1 c) und **d)** sind keine linearen Gleichungen, denn es gilt nicht $y = mx + n$.

1 individuell, z. B. $y = 2x - 8$. Beim Kauf von zwei Artikeln erhalten Sie heute einen Rabatt von 8 €.

2

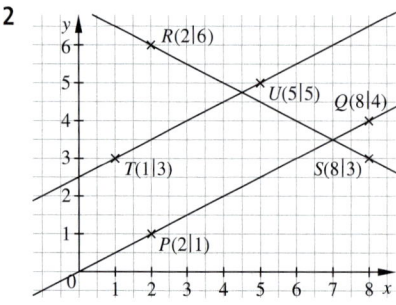

a) $y = \frac{1}{2}x$ **b)** $y = -\frac{1}{2}x + 7$ **c)** $y = \frac{1}{2}x + \frac{5}{2}$

3

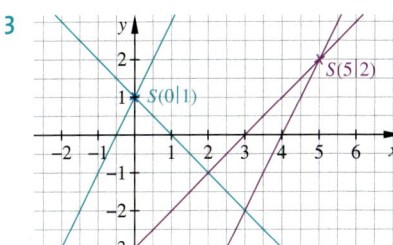

a) $S(0|1)$

x	-4	-3	-2	-1	0	1	2	3	4
$y = 1 - x$	5	4	3	2	1	0	-1	-2	-3
$y = 2x + 1$	-7	-5	-3	-1	1	3	5	7	9

b) $S(5|2)$

x	-4	-3	-2	-1	0	1	2	3	4
$y = x - 3$	-7	-6	-5	-4	-3	-2	-1	0	1
$y = 2x - 8$	-16	-14	-12	-10	-8	-6	-4	-2	0

4 a) Der Schnittpunkt kennzeichnet den Zeitpunkt und Ort, an dem der Fuchs den Hasen einholt.
b) Schnittpunkt: $S(6|30)$
Probe: I $\ 30 = 5 \cdot 6$ (wahr)
II $30 = 2,5 \cdot 6 + 15$ (wahr)

5 a) ① $y = 0,24x + 12$
② $y = 0,26x + 7$
b) Bei 250 kWh unterscheiden sich die Tarife nicht. Man zahlt jeweils 72 €.

6 a) $x = 4;\ y = 8$ **b)** $x = 5;\ y = 10$

7 a) $x = -4;\ y = 8$ **b)** $x = 12;\ y = 3$
c) $x = 2;\ y = 2$ **d)** $x = 2;\ y = 3$

8 Ein Eimer Farbe kostet 29,45 €. Eine Malerrolle kostet 2,95 €.

9 Lea ist 12 und Antonia ist 14 Jahre alt.

10 a) $x = -2;\ y = 2$ **b)** $a = 5;\ b = 9$ **c)** $x = 6;\ y = 11$

11 a) $x = -3;\ y = 6$ **b)** $x = 3;\ y = 7$ **c)** $x = 2;\ y = 1$

12 a) Die Zahlen lauten 17 und 23.
b) Die Zahlen lauten 13 und 15.

3 a) $S(2,5|4)$ **b)** $S(-2|0)$ **c)** $S(-0,2|-1,9)$

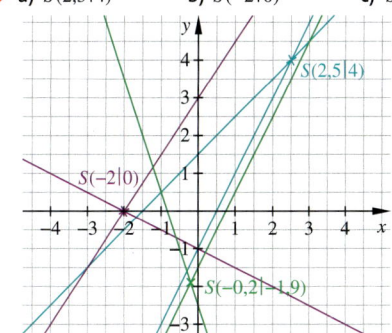

4 a) Das Motorrad holt den Rollerfahrer um 15:30 Uhr ein.
b) Der Rollerfahrer fährt $40\,\frac{km}{h}$, der Motorradfahrer fährt $60\,\frac{km}{h}$.
c) Um 14:30 Uhr sind die beiden Fahrer noch 20 km voneinander entfernt.

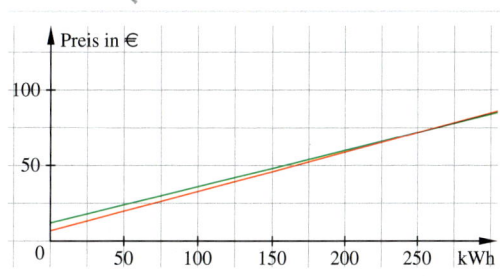

6 a) $x = 3;\ y = 10$ **b)** $x = 12;\ y = 32$

7 a) $x = 4;\ y = 4$ **b)** $x = 2;\ y = 6$
c) $x = -1;\ y = 2$ **d)** $x = 9;\ y = 3$

8 Der Test hat 24 Fragen, für die es drei Punkte gibt, und sechs Fragen, für die es vier Punkte gibt.

9 Ein Brötchen kostet 0,25 €, ein Croissant kostet 0,90 €.

10 a) $c = 7;\ d = 4$ **b)** $k = 3;\ y = 2$ **c)** $x = 6;\ y = -2$

11 a) $x = 11;\ y = 5$ **b)** $x = 0;\ y = -2$ **c)** $x = -3,5;\ y = 2$

Teste dich!

1 a) Thomas ist 25 Jahre alt, seine Mutter ist 50 Jahre alt.
b) Monika ist 49 Jahre alt und Jürgen ist 51 Jahre alt.

2 Die Jugendherberge hat 45 Vierbettzimmer und 35 Sechsbettzimmer.

1 a) Sabine ist 25 Jahre alt und Tim ist 15 Jahre alt.
b) Der Opa ist jetzt 82 Jahre alt und die Enkelin ist 32 alt.

2 Man bekommt acht 10-€-Scheine und sechs 20-€-Scheine.

3

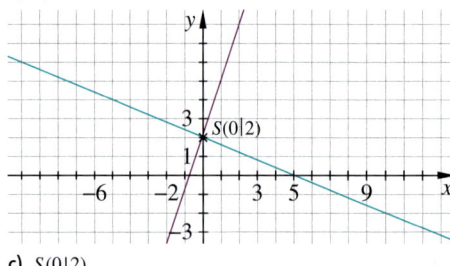

a) $S(-2|-1)$ **b)** keine Lösung

4 a) $x = 1$; $y = -0,5$ **b)** $x = 3$; $y = 1,5$

5 a), b)

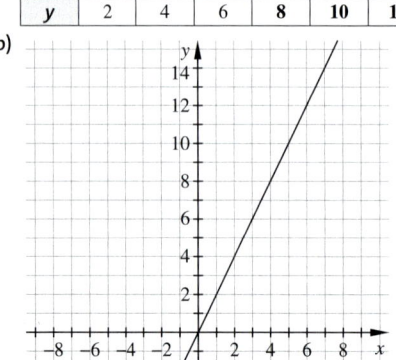

c) $S(0|2)$

3

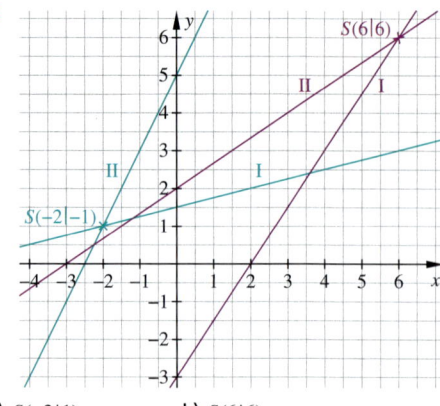

a) $S(-2|1)$ **b)** $S(6|6)$

4 a) $x = 2$; $y = 1,5$ **b)** $x = -5$; $y = 1$

5 a) Ab 10 Stück ist der Versand frei.
  b) ① $y = 2,85x + 4,9$
     ② $y = 2,99x + 5,9$; für $x < 10$
     ③ $y = 2,99x$; für $x \geq 10$
  c) Bei einer Stückzahl von 35 sind die Angebote gleich.
  d) Für alle Stückzahlen von 1 bis 9 ist Angebot A günstiger, für Stückzahlen von 10 bis 35 ist Angebot B günstiger, für Stückzahlen größer als 35 ist wieder Angebot A günstiger.

Funktion und Umkehrfunktion – Rechnen mit Wurzeln

Noch fit?

1 Bei den Darstellungen ①, ② und ③ handelt es sich um Funktionen, da jedem x-Wert genau ein y-Wert zugeordnet wird. Das erkennt man daran, dass Parallelen zur y-Achse höchstens einmal vom Graphen geschnitten werden.

2 a) linear; $m = 2$; $b = 5$
  b) linear; $m = -2$; $b = 5$
  c) nicht linear
  d) nicht linear

2 a) linear; $m = 0,5$; $b = 2$
  b) nicht linear
  c) nicht linear
  d) linear; $m = -\frac{4}{5}$; $b = -4$

3 a)

x	1	2	3	4	5	6	7
y	2	4	6	**8**	**10**	**12**	**14**

b)

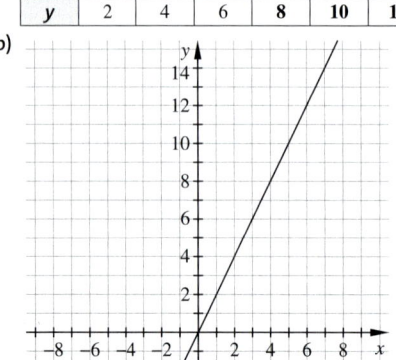

c) Jeder x-Wert wird verdoppelt.
d) $y = 2x$

3 a)

x	1	2	3	4	5	6	7
y	0,5	1	1,5	**2**	**2,5**	**3**	**3,5**

b)

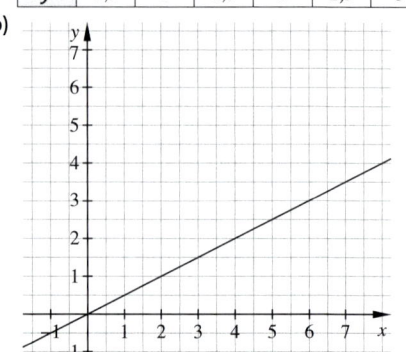

c) Jeder x-Wert wird halbiert.
d) $y = \frac{1}{2}x$

4 ① $f(x) = -x$ ② $f(x) = 2x$ ③ $f(x) = \frac{1}{3}x + 1$

4 ① $f(x) = -0,5x + 1$ ② $f(x) = \frac{1}{4}x$ ③ $f(x) = \frac{1}{3}x - 1$

Seite 38

5 a) $x^2 + y^2$ b) $2(a + b)$ c) $4,1\,\text{m}$
  d) $6x^2 y$ e) $6x^3 + x^2$ f) $a^3 + 2a^2 + ab$

5 a) $x^2 y^2 + 2x$ b) $x^2 + 9x + 9$ c) $y^2 + 6y$
  d) $4a^2 - 8ab + b^2$ e) $3x^2 - 2xy + y^2$ f) $-a^2 + 2ab - b^2$

Klar so weit?

Seite 56/57

1 a) $y = 1,6414x$

GBP	1	5	10	15	120	150
US$	1,6414	8,21	16,41	24,62	196,97	246,21

b) $y = 0,6092x$

GBP	1	5	10	15	120	150
US$	0,6092	3,05	6,09	9,14	73,1	91,38

1 a) $y = 45,121x$

EUR	1	2,70	12,50	150	270	0,50
RUB	45,121	121,83	564,01	6768,15	12182,67	22,56

b) $y = 0,0222x$

RUB	1	2,70	12,50	150	270	0,50
EUR	0,0222	0,06	0,28	3,33	5,99	0,01

2 a)

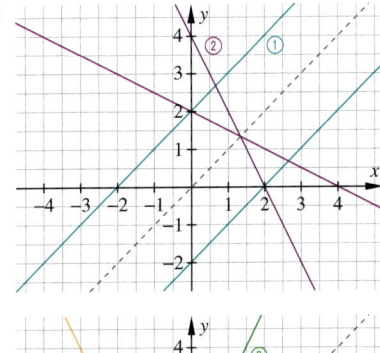

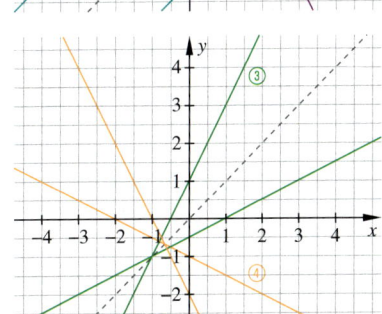

b) ① $f(x)^{-1} = x - 2$
  ② $f(x)^{-1} = -\frac{1}{2}x + 2$
  ③ $f(x)^{-1} = \frac{1}{2}x - \frac{1}{2}$
  ④ $f(x)^{-1} = -2x - 2$

2 a)

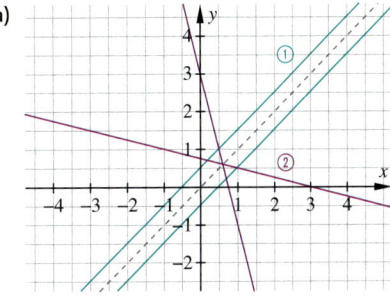

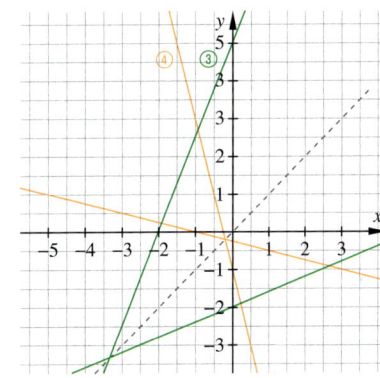

b) ① $f(x)^{-1} = x - 0,5$
  ② $f(x)^{-1} = -4x + 3$
  ③ $f(x)^{-1} = \frac{2}{5}x - 2$
  ④ $f(x)^{-1} = -\frac{1}{4}x - \frac{1}{4}$

3 a) $y = 2,4x; f(x)^{-1} = \frac{5}{12}x$

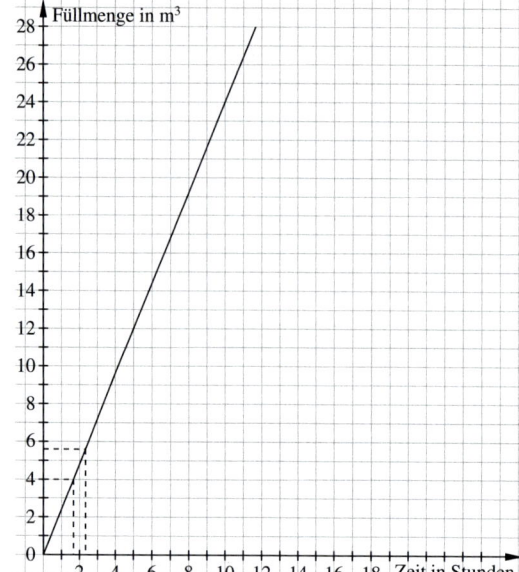

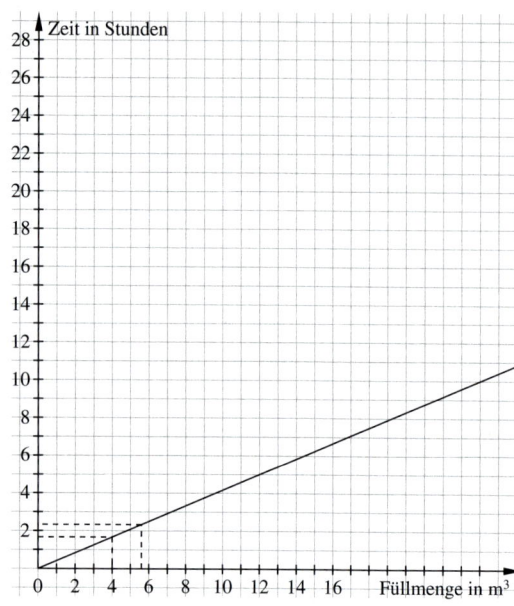

b) Um 10:20 Uhr ist das Becken zu 20% gefüllt.

c) Bis 9:40 Uhr sind 4000 Liter im Becken.

4 a) 64   b) 100   c) 16
   d) 4   e) 6   f) 10

4 a) 225   b) 0,36   c) 49
   d) 50   e) 1,2   f) 0,9

5 a) 8464   b) 23,04   c) 2,25
   d) ≈ 8,72   e) ≈ 9,08   f) ≈ 25,20

5 a) 8,1225   b) 82,81   c) 1,083681
   d) ≈ 66,66   e) ≈ 9,08   f) ≈ 0,22

6 a) $\sqrt{140\,m^2} \approx 11,83\,m$
Die Seite ist ungefähr 11,83 m lang.

b) Nein, denn 12 m > 11,83 m; die Grundstücksseite ist
ca. 17 cm zu kurz.

6 a) $10\,m^2 = 100\,000\,cm^2$
$100\,000\,cm^2 : 25 = 4000\,cm^2$ pro Platte
$\sqrt{4000\,cm^2} \approx 63,25\,cm$

Die Kantenlänge beträgt etwa 63,25 cm.

b) $72,75\,m^2 = 727\,500\,cm^2$
$727\,500 : 4000 = 181,875$
Es werden etwa 182 Platten benötigt.

7 a)

x	0	5	10	20	50	100
y	0	75	300	1200	7500	30000

b)

x	0	5	10	20	50	100
y	0	5	7,07	10	15,81	22,36

7 a)

x	0	0,5	5	50	100	200
y	0	0,05	5	500	2000	8000

b)

x	0	0,2	0,5	0,75	5	50
y	0	0,26	0,41	0,5	1,29	4,08

8 a) $f(x)^{-1} = \sqrt{\frac{5}{2}}\,x$ b) $f(x)^{-1} = \sqrt{\frac{1}{4}}\,x$
c) $f(x)^{-1} = \sqrt{\frac{5}{2}}\,x$ d) $f(x)^{-1} = \sqrt{\frac{5}{2}}\,x$

8 a) $f(x)^{-1} = \sqrt{\frac{1}{3}}\,x$ b) $f(x)^{-1} = \sqrt{3}\,x$
c) $f(x)^{-1} = \sqrt{\frac{2}{9}}\,x$ d) $f(x)^{-1} = \sqrt{\frac{4}{3}}\,x$

9 a) Nach der Faustformel fällt ein Körper in zwei Sekunden 20 Meter.

b) Lauras Fallzeit beträgt $\sqrt{2}\,s \approx 1,41\,s$.

c) individuell, z.B.

Weg (in m)	1	3	5	7,5
Zeit (in s)	0,45	0,77	1	1,22

10 a) $2,5\sqrt{32}$
b) $20\frac{2}{3}\sqrt{3}$
c) kann nicht zusammengefasst werden
d) kann nicht zusammengefasst werden
e) kann nicht zusammengefasst werden
f) $12,3\sqrt{28}$

10 a) $-2\sqrt{a}$
b) $7n\sqrt{a}$
c) kann nicht zusammengefasst werden
d) $-1,1\sqrt{x}$
e) $4\frac{5}{6}\sqrt{ab}$
f) kann nicht zusammengefasst werden

Seite 56/57

11 a) 16   b) 15   c) 18
d) 2   e) 8   f) 0,8

11 a) $6\,a$ b) $10\sqrt{xy}$ c) $14\,m\sqrt{n}$
d) 5   e) 10   f) $8\,n\sqrt{n}$

12 a) $8 + 2\sqrt{3} \approx 11,46$ b) $5 - \sqrt{10} \approx 1,84$
c) $\sqrt{3} - \sqrt{6} \approx -0,72$ d) $49 + 7\sqrt{2} \approx 58,90$

12 a) $51 + 14\sqrt{2} \approx 70,80$ b) $16 + 8\sqrt{3} \approx 29,86$
c) $9 - 4\sqrt{5} \approx 0,06$ d) 1

Teste dich!

Seite 62

1 a) $y = 0,06\,x$
$y = \frac{50}{3}x$
b) Mit 45 Liter Benzin kann man 750 km zurücklegen.

1 a) PS in kW: $y = 0,736\,x$
kW in PS: $y = \frac{1}{0,736}x$
b) 100 kW sind 135,87 PS.

2 a) $x = \pm 9$ b) $x = 64$
c) $x = 8$ und $x = -2$ d) $x = 16$

2 a) $x = 3$ und $x = 15$ b) $x = 289$
c) $x = 625$ d) $x = 42$

3 a) $A = 400\,\text{cm}^2$ b) $a = 20\,\text{cm}$

3 $a_1 \approx 29,7\,\text{cm}$ $a_2 \approx 24,9\,\text{cm}$

4 ① $f(x) = 0,25\,x^2$ ② $f(x) = \sqrt{2x}$ ③ $f(x) = \frac{1}{4}x$

4 ① $f(x) = 0,5\,x^2$ ② $f(x) = \sqrt{4x}$ ③ $f(x) = -\frac{1}{4}x + 1$

5 a) Nach 80 cm ist die Halfpipe 19,2 cm hoch.
b) Die Halfpipe ist 2 m lang.

5 a) Nach 40 cm: 4,8 cm
Nach 120 cm: 43,2 cm
Nach 160 cm: 76,8 cm
b) 25 cm hoch bei: 91,29 cm
75 cm hoch bei: 158,11 cm
100 cm hoch bei: 182,57 cm

6 a) 4   b) $12\,a$ c) $\frac{1}{2}$ d) $17\,a$

6 a) $\sqrt{\frac{a}{b}} + 1$ b) $a - \sqrt{ab}$ c) $2 \cdot \sqrt{a - b}$ d) $3 \cdot \sqrt{x + 3y}$

Die Satzgruppe des Pythagoras

Noch fit?

Seite 64

1 a) 150 cm   b) 5,5 cm   c) 8 m
d) 27,5 mm   e) 250 mm   f) 367 cm
g) 6,4 cm²   h) 70 mm²   i) 0,45 m²
j) 8 800 cm²

1 a) 275 cm   b) 9,5 cm   c) 60 m
d) 27,5 mm   e) 75 mm   f) 947,3 cm
g) 3,2 cm²   h) 520 mm²   i) 8,3 m²
j) 3 330 cm²

2 a) $A = 6,25\,\text{cm}^2$ b) $a = 60\,\text{m}$
c) $A = 36\,\text{cm}^2$ d) $A = 22,8\,\text{m}^2$

2 a) $A = 12,96\,\text{km}^2$ b) $a = 38,8\,\text{m}$
c) $A = 36\,\text{cm}^2$ d) $b = 18\,\text{m}$

3 a) 9   b) 8   c) 30   d) 12

3 a) 11   b) 14   c) 0,2   d) 16

4 a) spitzwinklig: ②, ⑥, ⑧   rechtwinklig: ①, ④, ⑤, ⑩   stumpfwinklig: ③, ⑦, ⑨
b) gleichschenklig: ⑤, ⑥, ⑧, ⑩   gleichseitig: ②, ⑨   unregelmäßig: ①, ③, ④, ⑦

5 a)
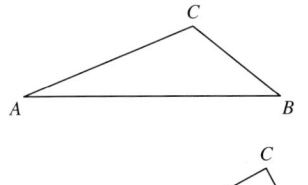

b)
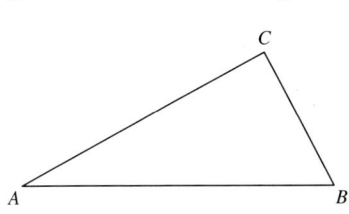

5 a)
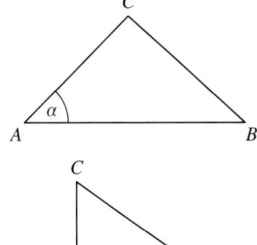

b)
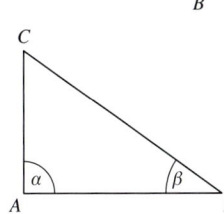

5 c)

5 c)

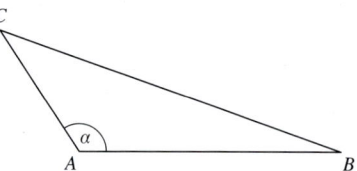

6 a) $x = \mathbf{33}$, denn $54 + 2 \cdot \mathbf{33} = 120$ (wahr)
   b) $x = \mathbf{47}$, denn $225 - 5 \cdot \mathbf{47} = -10$ (wahr)
   c) $y = \mathbf{-3}$, denn $6 \cdot (\mathbf{-3}) - 12 = -3 + 9 \cdot (\mathbf{-3})$ (wahr)
   d) $a = \mathbf{2}$, denn $7 \cdot (\mathbf{2} + 10) = 84$ (wahr)

6 a) $y = 3$, denn $24 \cdot 3 - 12 = 60$ (wahr)
   b) $a = -2$, denn $7(-2 + 12) = 70$ (wahr)
   c) $x = 2$, denn $5(7 - 2) = 25$ (wahr)
   d) $b = 3$, denn $6 \cdot 3^2 = 54$ (wahr)

Klar soweit?

1

1 Ein Beispiel ist in der Lösung 1 links abgebildet.

2 a) $5^2 + 12^2 = 13^2$ *w*   **b)** $5^2 + 10^2 \neq 12^2$ *f*
   c) $6^2 + 20^2 \neq 26^2$ *f*   **d)** $7^2 + 24^2 = 25^2$ *w*

2 a) nicht pythagoreisch   **b)** pythagoreisch
   c) nicht pythagoreisch   **d)** pythagoreisch

3 a) $(8|15|\mathbf{17})$ **b)** $(16|30|\mathbf{34})$
   c) $(24|45|\mathbf{51})$ **d)** $(48|90|\mathbf{102})$
   Multipliziert man alle drei Einträge eines pythagoreischen Tripels mit derselben Zahl, so entsteht ebenfalls ein pythagoreisches Tripel.

3 a) $(9|12|\mathbf{15})$ **b)** $(33|56|\mathbf{65})$ **c)** $(104|\mathbf{153}|185)$
   d) $(51|68|85)$ **e)** $(\mathbf{20}|99|101)$ **f)** $(\mathbf{64}|120|136)$

4 a) wahr   **b)** falsch, da nicht jedes rechtwinklige Dreieck natürliche Zahlen als Seitenlängen hat.

4 a) wahr   **b)** falsch

5 a) $b^2 + c^2 = a^2$ **b)** $a^2 + c^2 = b^2$

5 a) $h^2 + c^2 = b^2$ und $h^2 + d^2 = a^2$ **b)** $\left(\frac{c}{2}\right)^2 + h^2 = a^2$

6 c ist die längste Seite (Hypotenuse), daher ist zu prüfen, ob $a^2 + b^2 = c^2$.
$(12\,\text{cm})^2 + (16\,\text{cm})^2 = (20\,\text{cm})^2$
$144\,\text{cm}^2 + 256\,\text{cm}^2 = 400\,\text{cm}^2$ (wahr)
Das Dreieck ist rechtwinklig.

6 b ist die längste Seite (Hypotenuse), daher ist zu prüfen, ob $a^2 + c^2 = b^2$.
$(7\,\text{mm})^2 + (24\,\text{mm})^2 = (25\,\text{mm})^2$
$49\,\text{mm}^2 + 576\,\text{mm}^2 = 625\,\text{mm}^2$ (wahr)
Das Dreieck ist rechtwinklig.

7 Gesucht ist die Hypotenuse x;
$x^2 = (5\,\text{m})^2 + (12\,\text{m})^2 = 169\,\text{m}^2$; $x = 13\,\text{m}$

7 a)

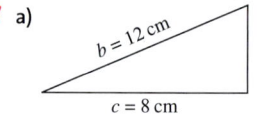

b) $a^2 = (12\,\text{cm})^2 - (8\,\text{cm})^2 = 80\,\text{cm}^2$; $a \approx 8{,}94\,\text{cm}$.

8

	a	b	c
a)	5 dm	12 dm	**13 dm**
b)	**9 cm**	40 cm	41 cm
c)	20 cm	**≈ 28,72 cm**	3,5 dm

8

	Winkel	Seite a	Seite b	Seite c
a)	$\gamma = 90°$	3,5 cm	5 cm	**≈ 6,10 cm**
b)	$\beta = 90°$	9 cm	**≈ 9,12 cm**	1,5 cm
c)	$\gamma = 90°$	6 cm	**≈ 6,02 cm**	8,5 cm

9 a) Gesucht ist die Kathete h;
$h^2 = (100\,\text{m})^2 - (80\,\text{m})^2 = 3\,600\,\text{m}^2$; $h = 60\,\text{m}$
Der Drachen steht 60 m hoch.
   b) Gesucht ist die Kathete h;
$h^2 = (120\,\text{m})^2 - (80\,\text{m})^2 = 8\,000\,\text{m}^2$; $h \approx 89{,}44\,\text{m}$
Der Drachen stünde 89,44 m hoch.

9 Gesucht ist die Kathete h;
$h^2 = (12{,}1\,\text{km})^2 - (11{,}2\,\text{km})^2 = 20{,}97\,\text{km}^2$;
$h = 4{,}58\,\text{km}$
Der Höhenunterschied beträgt etwa 4,58 km.

10 a) $a \approx 3{,}46\,\text{cm}$ **b)** $a \approx 5{,}6\,\text{cm}$ **c)** $a \approx 4{,}33\,\text{cm}$

10 a) $a \approx 3{,}78\,\text{cm}$ **b)** $a \approx 6{,}7\,\text{cm}$ **c)** $a \approx 5{,}69\,\text{cm}$

11 $h = p \cdot q$

11 $(t + u) \cdot u = r^2$
$(t + u) \cdot t = s^2$
$t \cdot u = v^2$

12 a) $h = 4{,}47\,\text{cm}$ **b)** $h = 1\,\text{cm}$

12 a) $h = 2{,}54\,\text{cm}$ **b)** $h = 25{,}88\,\text{m}$

13 Der Tunnel ist ca. 3,35 m hoch.

Teste dich!

1 a) (15|20|**25**)   **b)** (2|21|**29**)

2 a) Katheten: 3,4 m, 2,1 m; Hypotenuse: c
$c^2 = (3,4\,\text{m})^2 + (2,1\,\text{m})^2 = 15,97\,\text{m}^2$
$c \approx 4,00\,\text{m}$
b) Katheten: 15 cm, b; Hypotenuse: 22 cm
$b^2 = (22\,\text{cm})^2 - (15\,\text{cm})^2 = 259\,\text{cm}^2$
$b \approx 16,09\,\text{cm}$

3 $(2,4\,\text{cm})^2 + (3,2\,\text{cm})^2 = (4\,\text{cm})^2$
$5,76\,\text{cm}^2 + 10,24\,\text{cm}^2 = 16\,\text{cm}^2$ (wahr)
Das Dreieck ist rechtwinklig.

4 a) $c = 34\,\text{cm}$ **b)** $b \approx 6,80\,\text{m}$ **c)** $a \approx 101,55\,\text{mm}$

5 h Höhe über Tims Hand:
$h^2 = (32,5\,\text{m})^2 - (15\,\text{m})^2 = 831,25\,\text{m}^2$
$h \approx 28,83\,\text{m}$
Tim hält den Drachen ungefähr in der Körpermitte also bei
etwa 0,85 m. Der Drachen steht also etwa 29,70 m hoch.

6 a) $q = 4,5\,\text{cm}$ **b)** $p = 2,5\,\text{cm}$ **c)** $h_c = 7,2\,\text{cm}$

7 a) $a \approx 4,58\,\text{cm}$ **b)** $h_c \approx 8,12\,\text{cm}$

1 a) (8|15|**17**)   **b)** (15|**20**|25)

2 a) $b^2 = (65\,\text{cm})^2 - (40\,\text{cm})^2 = 2625\,\text{cm}^2$
$b \approx 51,23\,\text{cm}$
b) $a^2 = (8,5\,\text{m})^2 - (3,5\,\text{m})^2 = 60\,\text{m}^2$
$a \approx 7,75\,\text{m}$

3 $(2,5\,\text{cm})^2 + (6\,\text{cm})^2 = (6,5\,\text{cm})^2$
$6,25\,\text{cm}^2 + 36\,\text{cm}^2 = 42,25\,\text{cm}^2$ (wahr)
Das Dreieck ist rechtwinklig.

4 a) $b \approx 9,90\,\text{m}$ **b)** $c \approx 6,86\,\text{cm}$
c) $a \approx 3,74\,\text{km}$ **d)** $a \approx 119,96\,\text{dm}$

5

$x^2 = (14\,\text{cm})^2 + (18\,\text{cm})^2 = 520\,\text{cm}^2$
$x \approx 22,80\,\text{cm}$; So passt der Stift nicht.
$s^2 = (6\,\text{cm})^2 + 520\,\text{cm}^2 = 556\,\text{cm}^2$
$s \approx 23,58\,\text{cm}$; Schräg passt der Stift hinein.

6 a) $h_c \approx 11,34\,\text{cm}$ **b)** $h_c \approx 9,55\,\text{cm}$ **c)** $q \approx 14,56\,\text{cm}$

7 $c = 75\,\text{cm};$ $h_c = 3,6\,\text{cm};$ $b \approx 4,16\,\text{cm};$ $a = 3,12\,\text{cm}$

Pyramide, Kegel, Kugel

Noch fit?

1 a) 50 mm   **b)** 3 km
c) 7 000 cm   **d)** 75 cm
e) 700 mm^2 **f)** 8 m^2
g) 40 000 mm^3 **h)** 9 500 000 dm^3
i) 1 m^3 **j)** 20 000 cm^3

2 a) $A = 9\,\text{cm}^2$ **b)** $A = 28\,\text{cm}^2$
c) $A = 25\,\text{cm}^2$ **d)** $A \approx 113,1\,\text{cm}^2$

1 a) 0,5 m   **b)** 6,7 cm
c) 0,05 m^2 **d)** 0,027 cm^2
e) 64 000 cm^2 **f)** 70 mm^2
g) 0,12 cm^3 **h)** 3 600 mm^3
i) 4 500 cm^3 **j)** 800 m^3

2 a) $A = 6,25\,\text{cm}^2$ **b)** $A = 57\,\text{cm}^2$
c) $A = 11,7\,\text{cm}^2$ **d)** $A \approx 50,3\,\text{cm}^2$

3 ① schiefer Kegel; ② Halbkugel; ③ Zylinder; ④ Kegel; ⑤ quadratische Pyramide; ⑥ Quader; ⑦ schiefe achteckige Pyramide;
⑧ Kugel; ⑨ schiefe dreieckige Pyramide
a) Vieleck als Grundfläche: ⑤ quadratische Pyramide; ⑥ Quader; ⑦ schiefe achteckige Pyramide; ⑨ schiefe dreieckige Pyramide
Kreis als Grundfläche: ① schiefer Kegel; ② Halbkugel; ③ Zylinder; ④ Kegel
keine Grundfläche: ⑧ Kugel
b) schief: ①; ⑦; ⑨, alle anderen Körper sind gerade
c) mit Spitze: ①; ④; ⑤; ⑦; ⑨   ohne Spitze: ②; ③; ⑥; ⑧

4 a) Zeichenübung Schrägbild und Würfelnetz
b) $V = 125\,\text{cm}^3$
c) $A_O = 150\,\text{cm}^2$

4 a) Zeichenübung Schrägbild und Quadernetz
b) $V = 160\,\text{cm}^3$
c) $A_O = 184\,\text{cm}^2$

5 a) $x = 6$; Probe $2 \cdot 6 - 8 = 4$
b) $x = 3$; Probe $25 = 5 \cdot 3 + 10$

5 a) $x = 40$; Probe $0,5 \cdot 40 + 5 = 25$
b) $y = 2$; Probe $4(5 - 2) = 6 \cdot 2$

6 a) $(9\,\text{m})^2 + (12\,\text{m})^2 = a^2$; $a = 15\,\text{m}$
b) $m^2 + (4,5\,\text{cm})^2 = (7,5\,\text{cm})^2$; $m = 6\,\text{cm}$
c) $u^2 + (6\,\text{cm})^2 = (7\,\text{cm})^2$; $u \approx 3,6\,\text{cm}$

6 a) $c \approx 11,1\,\text{cm}$ **b)** $a \approx 8,9\,\text{dm}$ **c)** $b \approx 7,5\,\text{m}$
und Konstruktionsübung Dreiecke

Klar soweit?

1 a) ① Zylinder: kongruente, kreisförmige Grund- und Deckfläche, rechteckiger Mantel
② Kegel: kreisförmige Grundfläche, Kreissektor als Mantel, Spitze oben
③ quadratische Pyramide: 4 kongruente Dreiecke als Seitenflächen, Spitze oben, Quadrat als Grundfläche
④ Quader: je zwei gegenüberliegende, kongruente Seitenflächen (Rechtecke)
⑤ dreieckige Pyramide: dreieckige Grundfläche, 3 Dreiecke als Seitenflächen
⑥ dreieckiges Prisma: 2 kongruente Dreiecke als Grund- und Deckfläche, 3 Rechtecke als Seitenflächen

b) ①, ②: Kreis als Grundfläche
②, ③, ⑤: Spitzkörper
④, ⑥: Prismen
③, ⑤, ⑥: Dreiecke als Grundflächen
①, ④, ⑥: Rechteck(e) als Seitenflächen

c) individuell, z.B.: ① Konservendose
② Pylon
③ Dach eines Kirchturms
④ Schuhkarton
⑤ Kerze
⑥ Warentrenner (Supermarktkasse)

2 a)

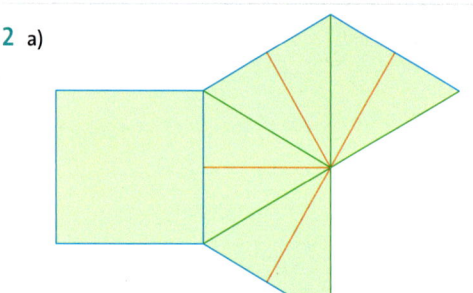

Grundkanten blau; Seitenkanten grün; Seitenhöhen orange

b) Zeichenübung Schrägbild einer Pyramide wie im Schulbuch
Seite 92

3 $A_M = 168\,\text{cm}^2$; $A_O = 217\,\text{cm}^2$

4 a) $h_a = 10\,\text{cm}$; $A_M = 240\,\text{cm}^2$
b) $h_a \approx 4{,}02\,\text{m}$; $A_M \approx 20{,}90\,\text{m}^2$

5 $V = 90\,\text{cm}^3$

6 $h_k \approx 3{,}12\,\text{cm}$; $V \approx 26{,}0\,\text{cm}^3$

7 Die Pyramide ist 4,1 cm hoch.

8 $s = 8{,}4\,\text{m}$; $A_O \approx 126{,}04\,\text{m}^2$

9 $r = 2\,\text{cm}$; $V \approx 20{,}94\,\text{cm}^3$

10 $h_k = 8\,\text{m}$; $V \approx 301{,}59\,\text{m}^3$

11 a) $d = 3{,}6\,\text{m}$; $A_O \approx 40{,}72\,\text{m}^2$
b) $r = 1{,}55\,\text{cm}$; $A_O \approx 30{,}19\,\text{cm}^2$
c) $r = 4{,}30\,\text{cm}$; $d = 8{,}60\,\text{cm}$

12 a) $V \approx 1\,376\,055{,}3\,\text{cm}^3$
b) $(r = 18\,\text{m})$; $V \approx 24\,429{,}02\,\text{m}^3$
c) $r \approx 6{,}13\,\text{cm}$; $d \approx 12{,}26\,\text{cm}$

2 a)

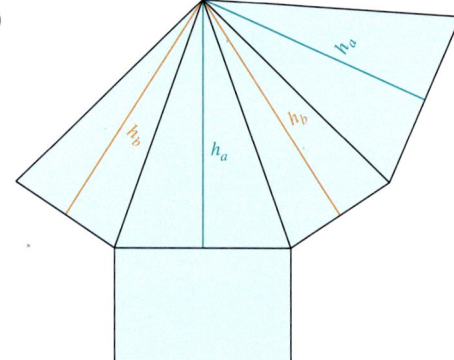

b) Zeichenübung Schrägbild einer Pyramide wie im Schulbuch
Seite 92

3 $A_M = 40\,\text{cm}^2$; $A_O = 65\,\text{cm}^2$

4 a) $h_a \approx 9{,}85\,\text{cm}$; $A_O \approx 221{,}58\,\text{cm}^2$
b) $h_a \approx 15{,}47\,\text{cm}$; $A_O \approx 292{,}96\,\text{cm}^2$
c) $h_a \approx 0{,}73\,\text{m}$; $A_O \approx 1{,}37\,\text{m}^2$

5 $V = 22{,}75\,\text{cm}^3$

6 $h_k \approx 10{,}87\,\text{cm}$; $V \approx 306{,}68\,\text{cm}^3$

7 $(a = 3{,}45\,\text{m})$ Das Volumen beträgt $8{,}33\,\text{m}^3$.

8 a) $A_O \approx 4{,}40\,\text{m}^2$
b) $r = 52{,}5\,\text{mm}$; $A_O \approx 29\,275{,}72\,\text{mm}^2$

9 a) $V \approx 3\,901{,}65\,\text{cm}^3$
b) $r = 31{,}5\,\text{m}$; $V \approx 102\,869{,}09\,\text{m}^3$

10 $s \approx 12{,}71\,\text{cm}$; $A_M \approx 167{,}70\,\text{cm}^2$
Der Partyhut besteht aus $167{,}7\,\text{cm}^2$ Pappe.

11 a) Das Fassungsvermögen beträgt etwa $7\,068{,}58\,\text{cm}^3$,
also gut 7 Liter.
b) Der Oberflächeninhalt der Innenseite beträgt etwa
$1\,413{,}72\,\text{cm}^2$. (Die Glasdicke wurde vernachlässigt.)

12 a) $r \approx 6\,\text{cm}$ **b)** $r \approx 12{,}5\,\text{mm}$
c) $r \approx 2\,\text{m}$ **d)** $r \approx 0{,}9\,\text{cm}$

Teste dich!

1 a) $A_O = 108\,\text{cm}^2$ **b)** $A_O = 18\,\text{m}^2$
c) $h_a = 15\,\text{cm}; A_O = 864\,\text{cm}^2$

2 a) $V = 120\,\text{cm}^3$ **b)** $h_k = 12\,\text{cm}; V = 1\,296\,\text{cm}^3$

3 a) Das Volumen im Inneren beträgt etwa $8\,337,33\,\text{m}^3$.
b) Der Mantelflächeninhalt beträgt etwa $2\,039,44\,\text{m}^2$.

4 a) $V \approx 8,38\,\text{cm}^3$
b) $V \approx 294,52\,\text{cm}^3$
c) $h_k = 4\,\text{cm}; V \approx 9,42\,\text{cm}^3$

5 $r = 4,75\,\text{cm}; h_k \approx 10,58\,\text{cm}; V \approx 250,05\,\text{cm}^3 \approx 0,25\,\text{l}$
In das Glas passen $0,2\,\text{l}$ hinein.

6 a) $V \approx 4,19\,\text{cm}^3; A_O \approx 12,57\,\text{cm}^2$
b) $V \approx 1\,767,15\,\text{m}^3; A_O \approx 706,86\,\text{m}^2$

7 $V \approx 14\,137,17\,\text{cm}^3; m \approx 110\,976,75\,\text{g} \approx 110,977\,\text{kg}$
Die Kugel ist zu schwer, um sie allein zu heben.

1 a) $A_O = 290,26\,\text{cm}^2$ **b)** $h_a \approx 15,2\,\text{dm}; A_O \approx 1\,466,33\,\text{dm}^2$
c) $h_a \approx 10,30\,\text{cm}; A_O \approx 305,91\,\text{cm}^2$

2 a) $V \approx 245,33\,\text{cm}^3$ **b)** $a \approx 31,22\,\text{cm}; V \approx 4\,061,20\,\text{cm}^3$

3 a) $h_a \approx 15,80\,\text{m}$; Die Fensterputzer müssen etwa $576,7\,\text{m}^2$ Glasfläche reinigen.
b) $h_k \approx 12,90\,\text{m}$; Der Raum im Inneren ist etwa $1\,432,69\,\text{m}^3$ groß.

4 a) $V \approx 109\,099,08\,\text{m}^3$
b) $h_k \approx 0,704\,\text{km}; V \approx 0,118\,\text{km}^3$
c) $r = 20,41\,\text{mm}; V \approx 4\,624,83\,\text{mm}^3$
d) $h_k \approx 4,61\,\text{cm}; s \approx 5,07\,\text{cm}$

5 $s \approx 49,03\,\text{cm}; V \approx 7\,539,82\,\text{cm}^3; A_G \approx 314,16\,\text{cm}^2;$
$A_M \approx 1\,540,32\,\text{cm}^2; A_O \approx 1\,854,48\,\text{cm}^2$

6

	r	d	V	A_O
a)	**2 cm**	4 cm	$\approx \mathbf{33,51\,cm^3}$	$\approx \mathbf{50,27\,cm^2}$
b)	12 cm	**24 cm**	$\approx \mathbf{7\,238,23\,cm^3}$	$\approx \mathbf{1\,809,56\,cm^2}$
c)	$\approx$ **1 cm**	$\approx$ **2 cm**	$\approx \mathbf{4,19\,cm^3}$	$12,57\,\text{cm}^2$

7 quadratische Pyramide und Quader mit quadratischer Grundfläche
a) $h_k \approx 1,96\,\text{m}; V \approx 2,61\,\text{m}^3 + 3,2\,\text{m}^3 = 5,81\,\text{m}^3$
b) $A_O = 2 \cdot 2\,\text{m} \cdot 2,2\,\text{m} + 4 \cdot 2\,\text{m} \cdot 0,8\,\text{m} + 4\,\text{m}^2$
$A_O = 19,2\,\text{m}^2$

Daten und Zufall

Noch fit?

1 a) Es haben 25 Schüler mitgeschrieben.
b) (1) $\frac{1}{25} = 4\%$; (2) $\frac{8}{25} = 32\%$; (3) $\frac{6}{25} = 24\%$;
(4) $\frac{1}{5} = 20\%$; (5) $\frac{3}{25} = 12\%$; (6) $\frac{2}{25} = 8\%$
c) Die Note 3,5 gibt den Median an.

2 a) $\frac{1}{8} = 12,5\%$
b) $\frac{1}{2} = 50\%$
c) $\frac{3}{8} = 37,5\%$
d) $\frac{3}{8} = 37,5\%$
e) $\frac{3}{4} = 75\%$

3 a) $\frac{5}{12}$ **b)** $\frac{1}{2}$
c) $\frac{29}{35}$ **d)** $\frac{7}{20}$

1 a) relative Häufigkeit: (1) $\frac{1}{12} \approx 8,3\%$; (2) $\frac{7}{24} \approx 29,2\%$;
(3) $\frac{1}{4} = 25\%$; (4) $\frac{1}{4} = 25\%$; (5) $\frac{1}{8} = 12,5\%$
arithmetisches Mittel: $\approx 3,04$; Median = 3
b) Ja, denn die Summe der relativen Häufigkeiten ergibt die Gesamtheit, also 1.

2 a) Jede Zahl ist gleichwahrscheinlich.
b) $\frac{1}{8} = 12,5\%$
c) $\frac{1}{2} = 50\%$
d) „Eine Zahl kleiner/gleich 5 wird gedreht"
e) sicher „Eine Zahl zwischen 1 und 8 wird gedreht", unsicher: z. B. „Eine 9 wird gedreht"

3 a) $\frac{1}{4}$ **b)** $\frac{5}{8}$
c) $\frac{35}{36}$ **d)** $\frac{9}{10}$

4

Bruch	$\frac{37}{100}$	$\frac{7}{100}$	$\frac{1}{4}$	$\frac{7}{25}$	$\frac{5}{8}$	$\frac{1}{20}$	$\frac{43}{125}$	$\frac{1}{3}$
Dezimalzahl	**0,37**	0,07	**0,25**	**0,28**	0,625	**0,05**	**0,344**	$0,\overline{3}$
Prozent	**37 %**	**7 %**	25 %	**28%**	62,5 %	5 %	**34,4 %**	**33,3 %**

5 a) $\frac{1}{32} \approx 3,13\%$
b) $\frac{1}{16} = 6,25\%$
c) $\frac{1}{4} = 25\%$
d) $\frac{1}{4} = 25\%$
e) $\frac{1}{8} = 12,5\%$

5 a) Nein, denn die einzelnen Seiten sind ungleich groß und fallen daher verschieden häufig.
b) Es ist wahrscheinlicher eine „5" zu werfen, da die Fläche größer ist.
c) Man führt eine sehr hohe Zahl an Würfen aus und ermittelt die relativen Häufigkeiten der Ergebnisse, die dann als Maß für die Wahrscheinlichkeit angenommen werden können.

Klar soweit?

1 a) Es wurde untersucht, wie viele Männer und Frauen jeweils Schwimmer und Nicht-Schwimmer sind.

b)

	Schwimmer	Nicht-Schwimmer	Gesamtzahl
Männer	432	**48**	480
Frauen	**452**	68	520
Gesamtzahl	884	**116**	**1 000**

c)

	Schwimmer	Nicht-Schwimmer	Gesamtzahl
Männer	43,2 %	4,8 %	48 %
Frauen	45,2 %	6,8 %	52 %
Gesamtzahl	88,4 %	11,6 %	100 %

2

	vormittags	nachmittags	Gesamtzahl
Jungen	**22**	37	59
Mädchen	**20**	**35**	55
Gesamtzahl	42	72	**114**

3 a)

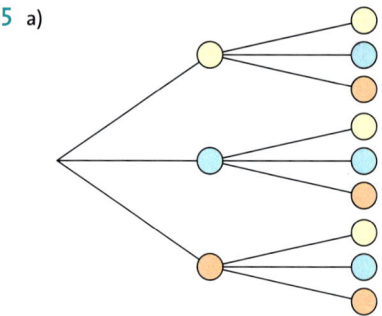

(Rot|Rot); (Rot|Grün); (Grün|Rot); (Grün|Grün)

b) (Rot|Rot); (Grün|Grün)
Markierung: Pfad ganz oben und Pfad ganz unten

4 a) Man kann 12 Zahlen bilden.
b) Man kann 16 Zahlen bilden.

5 a)

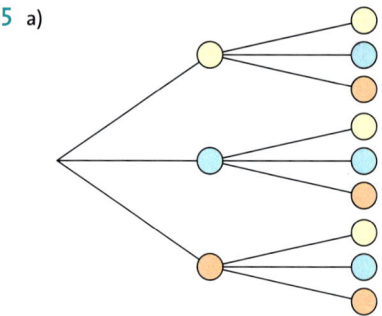

b) Die Wahrscheinlichkeit beträgt $\frac{1}{9} \approx 11,\overline{1}\,\%$.
$\left(\frac{2}{9} = 22,\overline{2}\,\%\right)$.

1 a)

	kann jonglieren	kann nicht jonglieren	Gesamtzahl
Männer	**19**	**791**	810
Frauen	9	**681**	**690**
Gesamtzahl	**28**	1472	1500

b)

	kann jonglieren	kann nicht jonglieren	Gesamtzahl
Männer	1,3 %	52,7 %	54 %
Frauen	0,6 %	45,4 %	46 %
Gesamtzahl	1,9 %	98,1 %	1 500

c) 1,3 % der befragten Frauen konnten jonglieren.

2

	vormittags	nachmittags	Gesamtzahl
Jungen	**28**	**42**	70
Mädchen	20	62	**82**
Gesamtzahl	**48**	104	152

3 a)

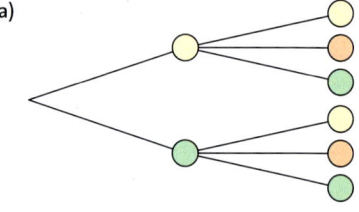

(Gelb|Gelb); (Gelb|Rot); (Gelb|Grün); (Grün|Gelb); (Grün|Rot); (Grün|Grün)

b) A: (Gelb|Gelb); (Grün|Grün)
B: (Gelb|Rot); (Gelb|Grün); (Grün|Gelb); (Grün|Rot)

4 a) Man kann 20 Zahlen bilden.
b) Man kann 25 Zahlen bilden.
c) Man kann 125 Zahlen bilden.

5 a) Die Wahrscheinlichkeit ist $\frac{1}{64} \approx 1,57\,\%$.

b) Die Wahrscheinlichkeit ist $\frac{1}{4} = 25\,\%$.

c) Die Wahrscheinlichkeit ist $\frac{1}{8} = 12,5\,\%$.

6 a) Bei der ersten Wahl ist die Wahrscheinlichkeit für einen Jungen $\frac{7}{13}$ und für ein Mädchen $\frac{6}{13}$. Die zweite Wahl hängt von der ersten ab. Da dort bereits eine Person gewählt wurde, verringert sich die Anzahl der zur Wahl stehenden Personen um 1 und die Wahrscheinlichkeiten ändern sich.

b) Die Wahrscheinlichkeit ist $\frac{6}{13} \cdot \frac{11}{25} = \frac{66}{325} \approx 20,3\,\%$.

c) Die Wahrscheinlichkeit ist $\frac{7}{13} \cdot \frac{12}{25} + \frac{6}{13} \cdot \frac{14}{25} = \frac{168}{325} \approx 51,7\,\%$.

Seite 138/139

7 **a)** Die Wahrscheinlichkeit ist $\frac{1}{4} = 25\%$.

b) Die Wahrscheinlichkeit ist $\frac{21}{50} = 42\%$.

c) Die Wahrscheinlichkeit ist $\frac{9}{25} = 36\%$.

d) Die Wahrscheinlichkeit ist $\frac{16}{25} = 64\%$.

e) Die Wahrscheinlichkeit ist $\frac{3}{25} = 12\%$.

7 **a)**

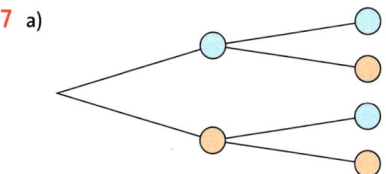

b) Die Wahrscheinlichkeit für

① ist $\frac{9}{25} = 36\%$.   ② ist $\frac{21}{25} = 84\%$.

③ ist $\frac{12}{25} = 48\%$.   ④ ist $\frac{16}{25} = 64\%$.

c) Die Wahrscheinlichkeit für

① ist $\frac{1}{3} \approx 33,\overline{3}\%$.   ② ist $\frac{13}{15} \approx 86,\overline{6}\%$.

③ ist $\frac{8}{15} \approx 53,\overline{3}\%$.   ④ ist $\frac{2}{3} \approx 66,\overline{6}\%$.

8 **a)** Die Wahrscheinlichkeit ist $\frac{1}{12} \approx 8,3\%$.

b) Die Wahrscheinlichkeit ist $\frac{1}{4} = 25\%$.

8 P(kein Licht fehlerhaft) $= \frac{3}{4} \cdot \frac{3}{4} = 56,25\%$

P(beide Lichter fehlerhaft) $= \frac{1}{4} \cdot \frac{1}{4} = 6,25\%$

P(ein Licht fehlerhaft) $= 2 \cdot \frac{1}{4} \cdot \frac{3}{4} = 37,5\%$

Teste dich!

Seite 144

1

	mit Hülle	ohne Hülle	Gesamtzahl
kaputt	30	80	**110**
ganz	**170**	**220**	390
Gesamtzahl	200	**300**	500

1

	mit Hülle	ohne Hülle	Gesamtzahl
kaputt	80	110	**190**
ganz	**370**	**140**	510
Gesamtzahl	450	**250**	**720**

2 $\frac{1}{2} \cdot \frac{1}{2} = \frac{1}{4}$, die Wahrscheinlichkeit, dass beide Welpen weiblich sind beträgt 25%.

2 $0,45 \cdot 0,45 = 0,2025$, die Wahrscheinlichkeit, dass beide Küken männlich sind, beträgt 20,25%.

3 **a)** Es gibt 9 Ergebnisse.
b) $\frac{1}{9}$ **c)** $\frac{4}{9}$

3 **a)** $\frac{1}{9}$ **b)** $\frac{1}{9}$
c) Das Ereignis aus a) ist nun unmöglich, also 0%.
Für das Ereignis aus b) ergibt sich $\frac{1}{6}$.

4 **a)** $\frac{4}{12} \cdot \frac{3}{12} = \frac{12}{144} = \frac{1}{12}$ **b)** $\frac{2}{12} \cdot \frac{2}{12} = \frac{4}{144} = \frac{1}{36}$

4 **a)** $\frac{7}{9} \cdot \frac{7}{9} = \frac{49}{81}$ **b)** $1 - \frac{8}{9} \cdot \frac{8}{9} = \frac{17}{81}$

5 individuelle Lösungen
z.B. es wird Wappen geworfen und dann eine Zahl kleiner als 3; P(Wappen|1 oder 2) $= \frac{1}{2} \cdot \frac{1}{3} = \frac{1}{6}$
oder: es wird eine 4 geworfen;
P(Wappen oder Zahl|4) $= 1 \cdot \frac{1}{6} = \frac{1}{6}$

5 individuelle Lösungen
z.B. es wird zuerst eine Zahl größer als 4 gewürfelt und dann eine 4; P(5 oder 6|4) $= \frac{1}{3} \cdot \frac{1}{6} = \frac{1}{18}$;
es wird erst eine 5 gewürfelt und dann eine durch 3 teilbare Zahl; P(5|3 oder 6) $= \frac{1}{6} \cdot \frac{1}{3} = \frac{1}{18}$;

6 **a)**

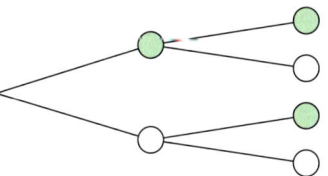

b) Die Wahrscheinlichkeit ist $\frac{6}{8} \cdot \frac{6}{8} = \frac{9}{16} = 56,25\%$.

c) Die Wahrscheinlichkeit ist $2 \cdot \frac{2}{8} \cdot \frac{6}{8} = \frac{3}{8} = 37,5\%$.

d) Die Wahrscheinlichkeit beträgt $1 - \frac{6}{8} \cdot \frac{6}{8} = \frac{7}{16} = 43,75\%$

Ähnlichkeit

Noch fit?

1 **a)** 3 m **b)** 8 km **c)** 4 cm
d) 9 m **e)** 700 cm **f)** 5 000 m
g) 3 700 mm **h)** 50 cm

1 **a)** 7 m **b)** 1,7 km **c)** 6,2 cm
d) 1,5 m **e)** 930 cm **f)** 60 000 m
g) 840 mm **h)** 100 000 cm

2 ① Rechteck; ② Raute (Rhombus); ③ Parallelogramm; ④ Drachen(viereck); ⑤ (gleichschenkliges) Trapez; ⑥ Quadrat; ⑦ Würfel;
⑧ Quader; ⑨ Prisma; Eigenschaften individuell verschieden

3
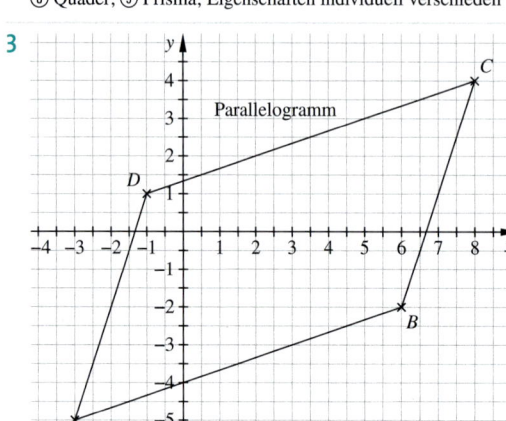

3
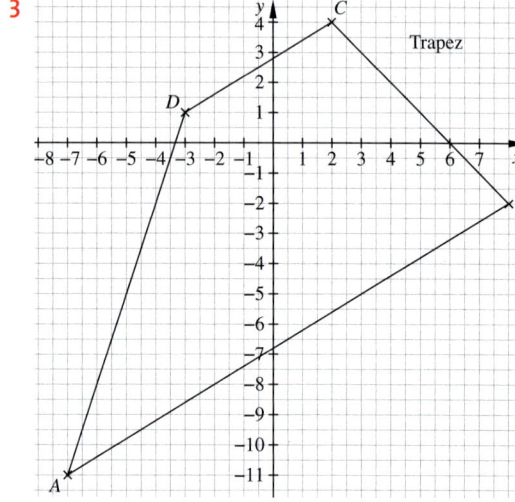

4 **a)** $\frac{4}{8}, \frac{12}{28}, \frac{16}{20}, \frac{8}{36}$ **b)** $\frac{2}{3}, \frac{1}{4}, \frac{1}{2}, \frac{1}{3}$

4 **a)** $\frac{8}{24}, \frac{40}{72}, \frac{56}{96}, \frac{16}{120}$ **b)** $\frac{4}{5}, \frac{3}{4}, \frac{6}{7}, \frac{2}{3}$

5 **a)** $x = 6$ **b)** $x = 6$

5 **a)** $x = 3$ **b)** $x = 5$
 c) $x = 35$ **d)** $x = 12$

6 Zeichenübung zwei Quadrate
Richtig ist die Aussage ②.

6 **a)** $x = 8$ **b)** $x = 7$ **c)** $x = 10$
 d) $x = 3$ **e)** $x = 5$ **f)** $x = 9$

Klar soweit?

1 Die Drachen ①, ⑤ und ⑥ sind zueinander ähnlich. Die Drachen ② und ⑦ sind zueinander ähnlich.

2 Ja, denn alle Quadrate
sind ähnlich zueinander.

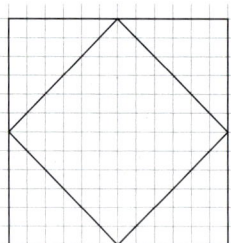

2 Originalrechteck mit $a = 4$ cm, $b = 9$ cm:
Abbildungen maßstäblich verkleinert.

a) Ähnliche Rechtecke:

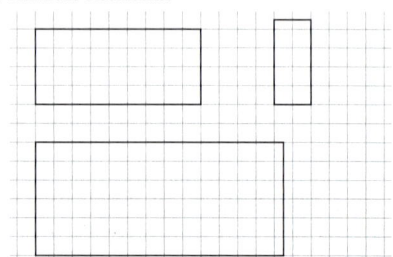

b) Das Seitenverhältnis ist bei allen vier Rechtecken 9 : 4.

3 rechnerische Lösung:
Winkelgrößen im ersten Dreieck:
$90°; 35°$ und $180° - 90° - 35° = 55°$
Winkelgrößen im zweiten Dreieck:
$90°; 55°$ und $180° - 90° - 55° = 35°$
Die beiden Dreiecke stimmen in allen drei Winkelgrößen
überein, also sind sie ähnlich zueinander.
alternativ: zeichnerische Lösung

3 a) Ja, die Dreiecke sind ähnlich, denn die Winkelgrößen
   stimmen überein.
b) Ja, die Dreiecke sind ähnlich, denn die Winkelgrößen
   stimmen überein.
c) Nein, die Dreiecke sind nicht ähnlich, denn die Winkelgrößen stimmen nicht überein.

4 $24\,cm \cdot 18 = 432\,cm = 4{,}32\,m$
Der Oldtimer ist 4,32 m lang.

4 $14\,m = 1\,400\,cm;\quad 1\,400\,cm : 87 = 16{,}09\,cm$
Das Modell ist 16,09 cm lang.

5 a) $120\,km = 12\,000\,m = 1\,200\,000\,cm;\quad 8\,cm : 1\,200\,000\,cm$ l: $8\,cm$, also $1 : 150\,000$
   Der Maßstab ist $1 : 150\,000$.
b) Wanderkarte: Originalstrecke 250 m
   Autokarte: Maßstab $1 : 100\,000$
   Weltkarte Originalstrecke 800 km

6 Zeichenübung Rechtecke; zur Kontrolle:
a) $a = 8\,cm$, $b = 6\,cm$ (Vergrößerung)
b) $a = 4\,cm$, $b = 3\,cm$ (Verkleinerung)

6 Zeichenübung Rechtecke; zur Kontrolle:
a) $a = 10{,}5\,cm$, $b = 6\,cm$ (Vergrößerung)
b) $a = 4{,}3\,cm$, $b = 2{,}6\,cm$ (Verkleinerung)

7 Zeichenübung
a) ① Quadrat mit einer Seitenlänge von 12 Kästchenlängen;
   ② Kreis mit einem Radius von 9 Kästchenlängen, $k = 3$
b) ① Quadrat mit einer Seitenlänge von 2 Kästchenlängen;
   ② Kreis mit einem Radius von 1,5 Kästchenlängen, $k = 0{,}5$

7 Zeichenübung
a) ① Rechteck mit Seitenlänge von 20 und 12 Kästchenlängen;
   ② Drachen mit Diagonalen von 24 und 16 Kästchenlängen,
   $k = 4$
b) ① Rechteck mit einer Seitenlänge von 2,5 und 1,5 Kästchenlängen;
   ② Drachen mit Diagonalen von 3 und 2 Kästchenlängen,
   $k = 0{,}5$

8 a) z. B.

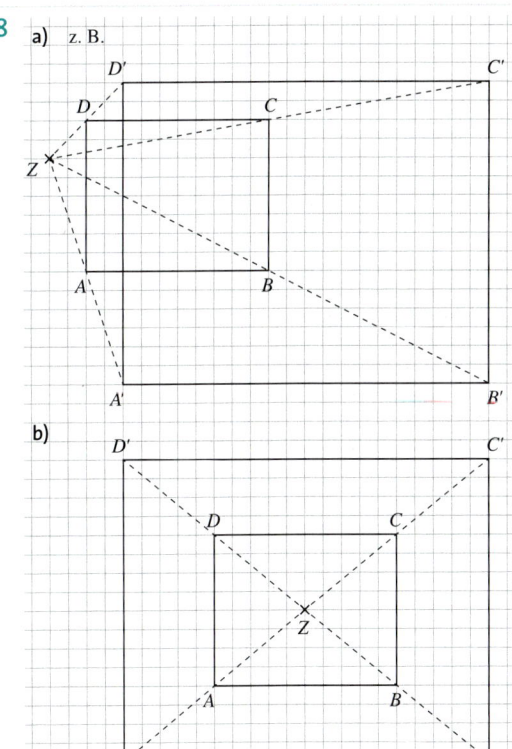

b)

8 k ist bei allen drei Teilaufgaben gleich 1,5.
a)

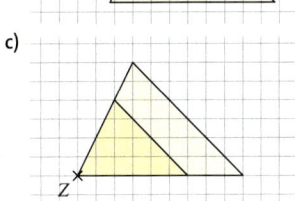

b)

c)

9 Die Strecke $\overline{A'B'}$ ist 12 cm lang.

9 $\overline{A'B'} = 2{,}1\,cm;\ \overline{A'C'} = 2{,}8\,cm$

10 a) 96,4 cm; 74,7 cm; 53,1 cm; 31,5 cm
b) Es wurden insgesamt mindestens $1{,}31\,m^2$ Glas für die Einlegescheiben verwendet.
c) Es wurden $1{,}06\,m^2$ Glas für die Türen der Vitrine verwendet.

Teste dich!

1 Zeichenübung; zur Kontrolle: die untere Seite des vergrößerten
U wird 8 Kästchen lang (4 cm), die beiden äußeren Seiten werden je 12 Kästchen lang (6 cm).

1 wahre Längen:
$a = 12{,}5$ cm; $b = 5{,}0$ cm; $c = 7{,}5$ cm; $d = 10{,}0$ cm; $e = 15{,}0$ cm;
$f = 10{,}0$ cm (wegen Verlauf nach hinten); $g = 5{,}0$ cm

2 a) Wirklichkeit 60 cm
   b) Modell 60 cm
   c) Maßstab 1 : 2

2 a) Karte 2,5 cm
   b) Maßstab 1 : 50 000
   c) Wirklichkeit 70 km

3 ① und ③ sind zueinander ähnlich, ② und ⑪ sind zueinander ähnlich,
④ und ⑨ sind zueinander ähnlich und ⑤ und ⑩ sind zueinander ähnlich.

4 Zeichenübung Drachenviereck im Rechteck
neue Längen zur Kontrolle:
   a) Rechteck mit 8 und 12 Kästchenlängen
   b) Rechteck mit 2 und 3 Kästchenlängen
   Die Größen der Innenwinkel ändern sich nicht.

4 Zeichenübung Pyramidennetz
neue Längen zur Kontrolle:
   a) Quadrat mit 4,5 cm Seitenlänge; vier Dreiecke mit Höhe
      6 cm und Seitenlänge 7,5 cm
   b) Quadrat mit 1,5 cm Seitenlänge; vier Dreiecke mit Höhe
      2 cm und Seitenlänge 2,5 cm

5 Der Gegenstand ist 10 cm groß.

5 Der Durchmesser der Sonne beträgt etwa 1 392 000 km.

6 Der Baum ist 14,40 m hoch.

6 Der Mann ist 1,86 m groß.

Jahrgangsstufentest

1 a) 400   b) 110   c) 276   d) 12   e) 32   f) 20

2 a) 51   b) −1   c) 13   d) 1   e) −1   f) 4

3 a) 3 100 cm   b) 0,05 kg   c) 10 000 cm^2 d) 1 cm^3 e) 54,2 m^3 f) 120 min

4 a) 5 600 mg; 550 g; 5,4 kg   b) 63 m; 0,07 km; 7 392 cm; 852 dm   c) $\frac{1}{20}$ h; 270 s; 5 min

5 a) $\frac{5}{6}$ b) $\frac{1}{20}$ c) $\frac{9}{4} = 2\frac{1}{4}$ d) $\frac{2}{3}$ e) $12\frac{1}{2}$ f) $\frac{9}{16}$

6 a) 5,797   b) 5,81   c) 29,61   d) 8,5   e) 0,69   f) 3,7

7 Der Kontostand beträgt jetzt 1 029 €.

8 a) 22   b) −0,6   c) −33,7   d) 8,3

9 a) $19a + 13b - 15$ b) $150r - 15s$ c) $-7p + 15q$

10 a) $a = 6$ b) $b = 2$ c) $c = -2$ d) $d = 0{,}5$ e) $x = \frac{1}{3}$; $y = \frac{1}{2}$

11 a) 7^6 b) $x^2 \cdot y^3 \cdot z$ c) $(3c)^4$ d) $\left(\frac{1}{2}\right)^3$

12 a) 1; 16; $\frac{1}{9}$; 0,25   b) 1; 27; $\frac{1}{8}$; 0,001   c) 6; 22; $\frac{1}{2}$; 0,7   d) 1; 3; $\frac{1}{2}$; 10

13

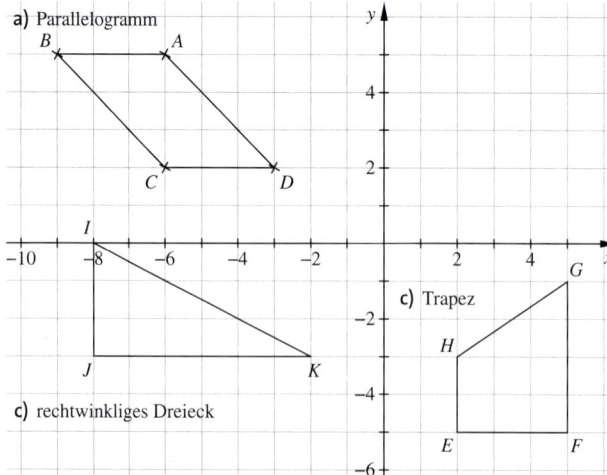

a) Parallelogramm

c) Trapez

c) rechtwinkliges Dreieck

14 Zeichenübung

15 a) Rechteck oder Quadrat   b) Raute oder Quadrat
   c) gleichschenkliges Dreieck   d) Drachenviereck, Raute oder Quadrat

16 **a)** $\alpha = 76°$ **b)** $\beta = 75°$; $\gamma = 105°$

17 **a)** $u = 60\,\text{cm}$; $A = 136\,\text{cm}^2$
b) $u = 28\,\text{cm}$; $A = 36\,\text{cm}^2$
c) $u \approx 89{,}13\,\text{cm}$; $A \approx 484{,}5\,\text{cm}^2$

18 **a)** $c \approx 13{,}89\,\text{cm}$ **b)** $b \approx 126{,}7\,\text{m}$

19 **a)** $a^2 + c^2 = 676\,\text{m}^2 = b^2$ Das Dreieck ist rechtwinklig; der rechte Winkel ist β.
b) $a^2 = 104\,976\,\text{mm}^2$ $b^2 + c^2 = 106\,448\,\text{mm}^2$ Das Dreieck ist nicht exakt rechtwinklig, aber näherungsweise: $\alpha \approx 89{,}2°$.

20 Das Aquarium enthält 108 Liter Wasser.

21 $V \approx 229{,}02\,\text{cm}^3$

22 **a)** $V = 144\,\text{dm}^3$ **b)** $V \approx 141{,}4\,\text{cm}^3$

23 $V \approx 381{,}70\,\text{cm}^3$; $A_O \approx 254{,}47\,\text{cm}^2$

24 Die Bucht ist 22,5 m breit.

25 Der Schatten des Windrads ist etwa 48,11 m lang.

26 **a)**

Anzahl Brote	2	5	11
Preis (in €)	4,60	11,50	25,30

b)

Anzahl Tiere	2	6	12
Vorrat (in d)	30	10	5

27 **a)** Wenn drei Schüler fehlen, beträgt der Preis pro Person 16,80 €.
b) 25 g Chips kosten beim ersten Angebot 0,32 € und beim zweiten 0,325 €. Das erste Angebot ist also günstiger.

28 Beispiele:
a) Bei wie viel Prozent der Fahrräder war das Licht defekt? Bei 14,4 % der Räder war das Licht defekt.
b) Wie hoch ist der neue Preis? Der neue Preis beträgt 71,20 €.
c) Wie viele Schüler sind in der Klasse? Es sind 25 Schülerinnen und Schüler.

29 **a)** Herr Fuchs hat am Jahresende 3 075 €.
b) Nach sieben Monaten bekommt er nur 3 043,75 €.
c) Pro Tag erhält er rund 0,21 € Zinsen.

30 f_1: $y = -0{,}25\,x + 2$ f_2: $y = -3$ f_3: $y = 2\,x - 2$

31

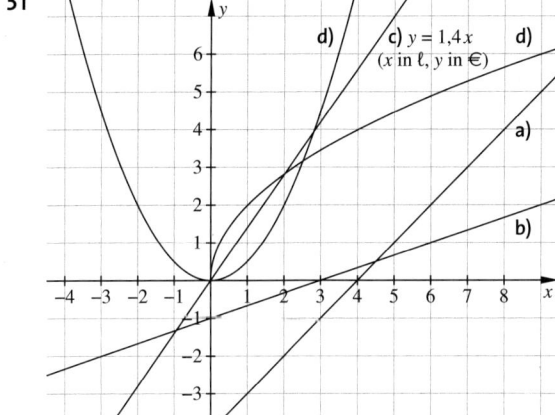

32 Rafting: 32,1 % Klettern: 42,9 % Hockey: 25,0 %

33 Machine Wars: 450 Personen
Triassic Park: 750 Personen
Servant: 600 Personen

34 Die Wahrscheinlichkeit beträgt $\frac{5}{8} = 0{,}625$.

35 Bei 4 000 Stück sind etwa 240 defekte Handys zu erwarten.

Formelsammlung

Arithmetik/ Algebra

Maße und Einheiten

Länge

$$1\,km = 1\,000\,m$$
$$1\,m = 10\,dm$$
$$1\,dm = 10\,cm$$
$$1\,cm = 10\,mm$$

Fläche

$$1\,m^2 = 100\,dm^2$$
$$1\,dm^2 = 100\,cm^2$$
$$1\,cm^2 = 100\,mm^2$$

$$1\,ha = 100\,a = 10\,000\,m^2$$
$$1\,a = 100\,m^2$$

Volumen

$$1\,m^3 = 1\,000\,dm^3$$
$$1\,dm^3 = 1\,000\,cm^3$$
$$1\,cm^3 = 1\,000\,mm^3$$

Liter (l)

$$1\,l = 1\,000\,ml = 1\,dm^3$$
$$1\,ml = 1\,cm^3$$

Gewicht (Masse)

$$1\,t = 1\,000\,kg$$
$$1\,kg = 1\,000\,g$$
$$1\,g = 1\,000\,mg$$

Bruchrechnung

Brüche kürzen und erweitern

Man **kürzt** einen Bruch, indem man Zähler und Nenner durch dieselbe natürliche Zahl **dividiert**.

$$\frac{100}{160} = \frac{100:20}{160:20} = \frac{5}{8}$$

Man **erweitert** einen Bruch, indem man Zähler und Nenner mit derselben natürlichen Zahl **multipliziert**.

$$\frac{2}{5} = \frac{2 \cdot 4}{5 \cdot 4} = \frac{8}{20}$$

Brüche addieren und subtrahieren

Gleichnamige Brüche können addiert bzw. subtrahiert werden.

$$\frac{5}{6} - \frac{5}{9} = \frac{15}{18} - \frac{10}{18} = \frac{15-10}{18} = \frac{5}{18}$$

Brüche multiplizieren

Brüche werden multipliziert, indem man Zähler mit Zähler und Nenner mit Nenner multipliziert.

$$\frac{5}{6} \cdot \frac{9}{10} = \frac{5^1}{6_2} \cdot \frac{9^3}{10_2} = \frac{3}{4}$$

Brüche dividieren

Man dividiert durch einen Bruch, indem man mit seinem Kehrbruch multipliziert.

$$\frac{7}{3} : \frac{3}{4} = \frac{7}{3} \cdot \frac{4}{3} = \frac{7 \cdot 4}{3 \cdot 3} = \frac{28}{9} = 3\frac{1}{9}$$

Brüche in anderen Schreibweisen

$\frac{3}{4}$	=	0,75	=	75%
Bruch		Dezimal-bruch		Prozent-schreibweise

Rechenregeln und Rechengesetze

Zahlen abrunden

Folgt der Rundungsstelle eine **0**, **1**, **2**, **3** oder **4**, wird abgerundet: Die Rundungsstelle bleibt gleich.

auf Tausender gerundet: $63\underline{4}55 \approx 63\,000$

Zahlen aufrunden

Folgt der Rundungsstelle eine **5**, **6**, **7**, **8** oder **9**, wird aufgerundet: Die Rundungsstelle wird um 1 erhöht.

auf Tausender gerundet: $63\underline{7}14 \approx 64\,000$

Vertauschungsgesetz (Kommunikativgesetz)

$$15 + 3 = 3 + 15$$
$$15 \cdot 3 = 3 \cdot 15$$

Verbindungsgesetz (Assoziativgesetz)

$$(15 + 3) + 4 = 15 + (3 + 4)$$
$$(15 \cdot 3) \cdot 4 = 15 \cdot (3 \cdot 4)$$

Verteilungsgesetz (Distributivgesetz)

$$(3 + 5) \cdot 2 = 3 \cdot 2 + 5 \cdot 2 = 6 + 10 = 16$$

$$(100 - 3) \cdot 7 = 100 \cdot 7 - 3 \cdot 7 = 700 - 21 = 679$$

Klammerrechnung geht vor Punktrechnung

$$5 \cdot (3a - 2a) = 5 \cdot a = 5a$$

Punktrechnung geht vor Strichrechnung

$$25 - 3 \cdot 7 = 25 - 21 = 4$$

Auflösen von Klammern

$+ (3 + 5 - 2) = 3 + 5 - 2$
$- (3 + 5 - 2) = -3 - 5 + 2$

Multiplikation von Summen

$(a + b) \cdot (c + d) = ac + ad + bc + bd$

Binomische Formeln

$(a + b)^2 = a^2 + 2 \cdot a \cdot b + b^2$ $\qquad$ $(a - b)^2 = a^2 - 2 \cdot a \cdot b + b^2$ $\qquad$ $(a + b) \cdot (a - b) = a^2 - b^2$

Potenzen

$\underbrace{a \cdot a \cdot \ldots \cdot a}_{n \text{ Faktoren}} = a^n$ $\qquad$ $a^0 = 1; \ a^1 = a; \ a^{-n} = \dfrac{1}{a^n}$

(mit $a \neq 0$ und n aus $\mathbb{Z}$)

Wurzeln

$\sqrt[n]{x} = a$, wenn $a^n = x$ (mit $x \geq 0$)
Schreibe für $\sqrt[2]{x}$ kurz $\sqrt{x}$.

Terme

Terme sind Verbindungen von Variablen, Zahlen und Rechenzeichen, z. B. $2 \cdot y - 6$

Beim Addieren und Subtrahieren kann man gleiche Variable **zusammenfassen**: $2x + 3y + x - 5y = 3x - 2y$

Um den **Wert eines Terms** zu berechnet, setzt man für die Variable eine Zahl ein: $2 \cdot 7 - 6 = 14 - 6 = 8$

Lineare Gleichungen

Um eine lineare Gleichung mit einer Variablen zu lösen, formt man die Gleichung so um, dass die Variable allein auf einer Seite steht. Folgende Rechenschritte (Äquivalenzumformungen) sind erlaubt:
– Auf *beiden Seiten* denselben Term *addieren* oder *subtrahieren*.
– Auf *beiden Seiten* mit demselben Term *multiplizieren* (außer mit 0)
– Auf *beiden Seiten* durch denselben Term *dividieren* (außer durch 0).

$$
\begin{array}{ll}
4x + 4 = 2x + 8 & \mid -2x \\
2x + 4 = 8 & \mid -4 \\
2x \quad\ = 4 & \mid : 2 \\
\ x \quad\ = 2 &
\end{array}
$$

Zuordnungen und lineare Funktionen

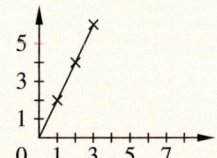

Funktionen

Proportionale Zuordnungen

Verdoppelt sich eine Größe, dann verdoppelt sich auch die andere Größe.
Verdreifacht sich eine Größe, dann verdreifacht sich auch die andere Größe.
Halbiert sich eine Größe, dann halbiert sich auch die andere Größe.

Beispiel Gewicht und Preis einer Ware
Wenn 4 kg Kartoffeln 8 € kosten, dann kosten 12 kg Kartoffeln 24 €

Quotientengleichheit:
$\frac{1}{2} = \frac{2}{4} = \frac{3}{6} = \frac{4}{8} = 0,5$

Wertetabelle

x	0	1	2
y	0	2	4

Gerade, durch den Nullpunkt $(0|0)$

Antiproportionale Zuordnungen

Verdoppelt sich eine Größe, dann halbiert sich die andere Größe.
Verdreifacht sich eine Größe, dann drittelt sich auch die andere Größe.
Halbiert sich eine Größe, dann verdoppelt sich die andere Größe.

Beispiel Anzahl der Arbeiter und Arbeitsdauer
Bei einem Einsatz von 3 Arbeitern dauert eine Arbeit 10 Stunden.
Bei einem Einsatz von 6 Arbeitern dauert eine Arbeit 5 Stunden.

Produktgleichheit:
$1 \cdot 6 = 2 \cdot 3 = 3 \cdot 2 = 1 \cdot 6 = 6$

Wertetabelle

x	1	2	3
y	6	3	2

fallende Kurve im Koordinatensystem

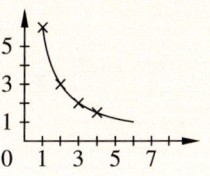

Lineare Funktionen

Bei linearen Funktionen liegen alle Punkte auf einer Geraden.

Geradengleichung
$y = 0,5x + 2$

Wertetabelle

x	0	2	4
y	2	3	4

Gerade im Koordinatensystem

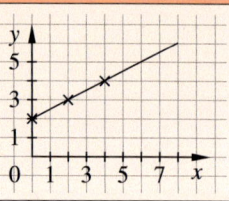

Prozentrechnung

G: Grundwert
W: Prozentwert
$p\%$: Prozentsatz

$$W = G \cdot p\% = \frac{G \cdot p}{100}$$

Zinsrechnung

K: Kapital
Z: Zinsen (pro Jahr) $\quad Z = K \cdot p\% = \frac{K \cdot p}{100}$
$p\%$: Zinssatz
Z: Zinsen (für t Tage) $\quad Z = K \cdot p\% = \frac{t}{100} = \frac{K \cdot p \cdot t}{100}$

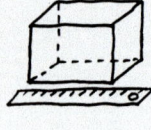

Geometrie

Winkel

Winkel benennen

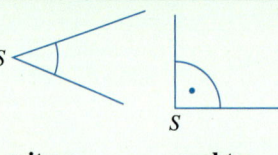
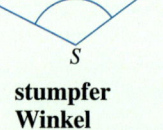

spitzer Winkel	rechter Winkel	stumpfer Winkel	gestreckter Winkel	überstumpfer Winkel	Vollwinkel
$0° < \alpha < 90°$	$\alpha = 90°$	$90° < \alpha < 180°$	$\alpha = 180°$	$180° < \alpha < 360°$	$\alpha = 360°$

Winkel an Geradenkreuzungen

Scheitelwinkel sind gleich groß, $\alpha_1 = \gamma$.
Nebenwinkel ergänzen sich zu 180°, $\alpha_1 + \beta_1 = 180°$.

An zwei parallel geschnittenen Geraden gilt:
Stufenwinkel sind gleich groß, $\alpha_1 = \alpha_2$.
Wechselwinkel sind gleich groß, $\beta_1 = \beta_2$.

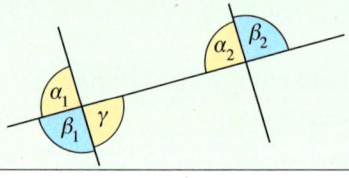

Dreiecke

Dreiecke benennen

unregelmäßig	gleichschenklig	gleichseitig	spitzwinklig	rechtwinklig	stumpfwinklig

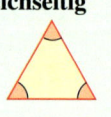
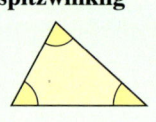
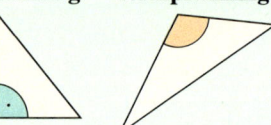

Spitze
Schenkel
Basis- winkel
Basis

In jedem Dreieck beträgt die Summe der Innenwinkel 180°.

Sätze am rechtwinkligen Dreieck

Satz des Pythagoras
In einem rechtwinkligen Dreieck mit $\gamma = 90°$ gilt:
$a^2 + b^2 = c^2$
Kathetensatz
$a^2 = c \cdot p$ und $b^2 = c \cdot q$
Höhensatz
$h_c{}^2 = p \cdot q$

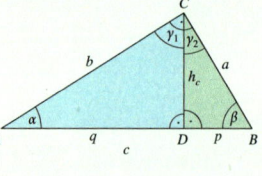

Satz des Thales
Wenn die dritte Ecke eines Dreiecks auf dem Halbkreis über der Grundseite (Thaleskreis) liegt, dann ist das Dreieck rechtwinklig.

Grundseite

Symmetrie

Achsensymmetrie

Achsensymmetrische Figuren haben mindestens eine **Spiegelachse**.
Jeder Originalpunkt hat denselben Abstand zur Spiegelachse wie der
Bildpunkt: $\overline{AS} = \overline{SA'}$
Die Verbindungsstrecke zwischen Original- und Bildpunkt steht
senkrecht zur Spiegelachse: z. B. $\overline{AA'} \perp s$.

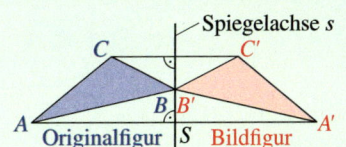

Drehsymmetrie

Kommt eine Figur bei einer Drehung um ein **Drehzentrum Z** zur Deckung,
so nennt man die Figur **drehsymmetrisch**.
Die Hilfslinien unterteilen die Figur in drei gleiche Teilbilder.
Der Drehwinkel kann berechnet werden: $360° : 3 = 120°$.
Der *kleinste* Symmetriewinkel beträgt also 120°.
Auch bei einer Drehung um Vielfache von 120° (240°, 360°)
kommt die Figur zur Deckung.

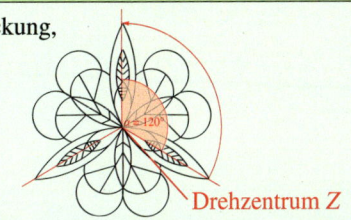

Punktsymmetrie

Figuren heißen **punktsymmetrisch**, wenn sie durch eine Drehung
um 180° zur Deckung kommen. Der Punkt, um den die Figur
gedreht wird, heißt **Symmetriezentrum Z**.
Eine **Punktspiegelung** hat folgende Eigenschaften:
– Originalpunkt, Symmetriezentrum und Bildpunkt liegen auf einer
  Geraden.
– Originalpunkt und Bildpunkt haben denselben Abstand zum
  Symmetriezentrum.

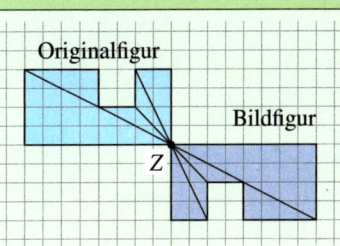

Figuren und Körper

Ebene Figuren (A: Flächeninhalt   u: Umfang)

Quadrat
$A = a^2$
$u = 4 \cdot a$

Rechteck
$A = a \cdot b$
$u = 2 \cdot a + 2 \cdot b$

Dreieck
$A = \frac{g \cdot h}{2}$
$u = a + b + c$

Parallelogramm
$A = g \cdot h$
$u = 2 \cdot a + 2 \cdot b$

Raute
$A = \frac{1}{2} \cdot e \cdot f$
$u = 4 \cdot a$

Drachenviereck
$A = \frac{1}{2} \cdot e \cdot f$
$u = 2 \cdot a + 2 \cdot b$

Trapez
$A = \frac{a + c}{2} \cdot h$
$u = a + b + c + d$

Kreis
$d = 2 \cdot r$
$A = \pi \cdot r^2 = \pi \cdot \frac{d^2}{4}$
$u = 2 \cdot \pi \cdot r = \pi \cdot d$

d: Durchmesser
M: Mittelpunkt
r: Radius

Körper (*V*: Volumen A_O: Oberfläche A_G: Grundfläche A_M: Mantelfläche)

Würfel

$V = a^3$

$A_O = 6 \cdot a^2$

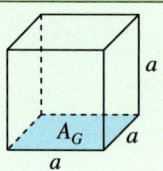

Quader

$V = a \cdot b \cdot c$

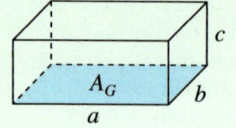

$A_O = 2 \cdot a \cdot b + 2 \cdot a \cdot c + 2 \cdot b \cdot c$

Prisma

$V = A_G \cdot h_k$

$A_O = 2 \cdot A_G + A_M$

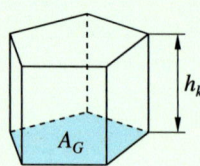

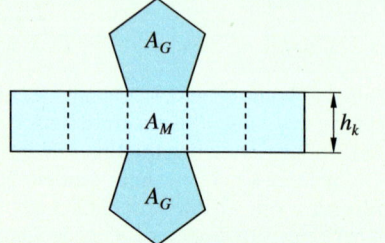

Zylinder

$V = \pi \cdot r^2 \cdot h_k$

$A_O = 2 \cdot \pi \cdot r^2 + 2 \cdot \pi \cdot r \cdot h_k$

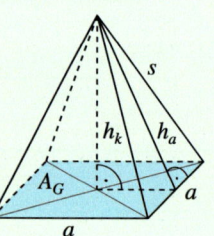

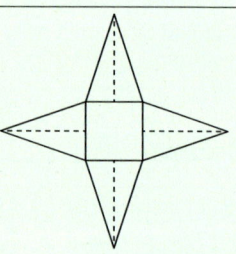

Quadratische Pyramide

$V = \frac{a^2 \cdot h}{3}$

$A_O = a^2 + 2 \cdot a \cdot h_a$

$h_a{}^2 = h_k{}^2 + \left(\frac{a}{2}\right)^2$

$s^2 = \left(\frac{a}{2}\right)^2 + h_a{}^2$

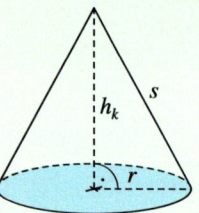

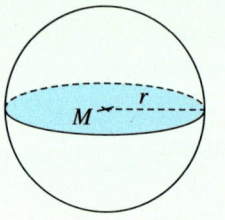

Kegel

$V = \frac{\pi \cdot r^2 \cdot h_k}{3}$

$A_O = \pi \cdot r^2 + \pi \cdot r \cdot s$

$s^2 = h_k{}^2 + r^2$

Kugel

$V = \frac{4 \cdot \pi \cdot r^3}{3}$

$A_O = 4 \cdot \pi \cdot r^2$

Maßstab

In einer Maßstabszeichnung wird jede Strecke der Originalfigur im gleichen Maß verändert.

Verkleinerung   Maßstab $1 : x$
Alle Längen des Originals werden durch x geteilt.

Vergrößerung   Maßstab $x : 1$
Alle Längen des Originals mit x multipliziert.

Zentrische Streckung und Ähnlichkeitsbeziehungen

Wird das Viereck *ABCD* (Original) bei einer zentrischen Streckung mit dem Streckzentrum *Z* und dem Streckfaktor $k\,(k \neq 0)$ auf das Viereck *A'B'C'D'* (Bild) abgebildet, dann sind beide Vierecke zueinander ähnlich.

Bei einer zentrischen Streckung bleiben die Winkelgrößen erhalten.

Folgende Streckenverhältnisse gelten:

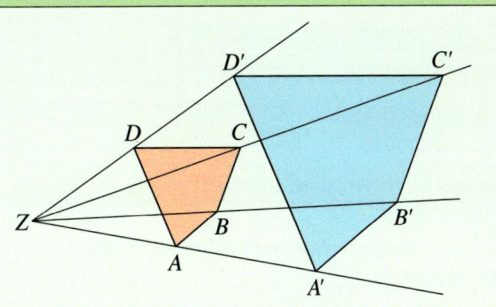

$\frac{\overline{AB}}{\overline{AD}} = \frac{\overline{A'B'}}{\overline{A'D'}}$ usw. $\quad \frac{\overline{ZA}}{\overline{ZA'}} = \frac{\overline{AB}}{\overline{A'B'}} = \frac{1}{k}$

Strahlensätze

In einer Strahlensatzfigur schneiden sich zwei Geraden. Beide Geraden werden von zwei weiteren zueinander parallelen Geraden geschnitten. Dabei entstehen zwei zueinander ähnliche Dreiecke *ZAB* und *ZA'B'*.

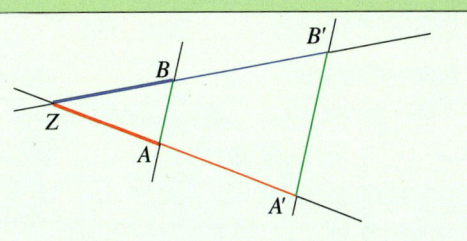

1. Strahlensatz

$\frac{\overline{ZA'}}{\overline{ZA}} = \frac{\overline{ZB'}}{\overline{ZB}}$ und $\frac{\overline{ZA'}}{\overline{AA'}} = \frac{\overline{ZB'}}{\overline{BB'}}$

2. Strahlensatz

$\frac{\overline{ZA'}}{\overline{ZA}} = \frac{\overline{A'B'}}{\overline{AB}}$ und $\frac{\overline{ZB'}}{\overline{ZB}} = \frac{\overline{A'B'}}{\overline{AB}}$

Zufallsexperimente und Wahrscheinlichkeit

Daten und Zufall

Wahrscheinlichkeiten berechnen

Jedes Zufallsexperiment hat mögliche **Ergebnisse**.
Mehrere Ergebnisse können zu einem **Ereignis** zusammengefasst werden.

Sind alle Ergebnisse eines Zufallsexperiments gleich wahrscheinlich, so gilt für die **Wahrscheinlichkeit *P*** für das Eintreten eines Ereignisses:

Wahrscheinlichkeit *P* eines Ereignisses $= \frac{\text{Anzahl der Ergebnisse, die zum Ereignis gehören}}{\text{Anzahl aller möglichen Ergebnisse}}$

Mehrstufige Zufallsversuche

Bei einem mehrstufigen Zufallsversuch laufen mehrere Teilexperimente nacheinander oder nebeneinander ab. Zur Darstellung von mehrstufigen Zufallsversuchen eignen sich Baumdiagramme. Jedes Ergebnis entspricht darin genau einem Pfad.
Die Wahrscheinlichkeiten lassen sich mithilfe von Produkt- und Summenregel berechnen.

1. Pfadregel (Produktregel)

Die Wahrscheinlichkeit eines Ergebnisses ist gleich dem Produkt der Wahrscheinlichkeiten entlang des Pfades.

$P(E) = p_1 \cdot p_2$

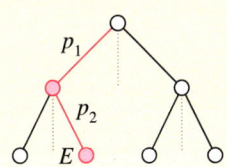

2. Pfadregel (Summenregel)

Die Wahrscheinlichkeit eines zusammengesetzten Ereignisses ist gleich der Summe der Wahrscheinlichkeiten der Einzelergebnisse, die zu diesem Ereignis gehören.

$P(E) = P(E_1) + P(E_2)$

$\quad\quad = p_1 \cdot p_2 + q_1 \cdot q_2$

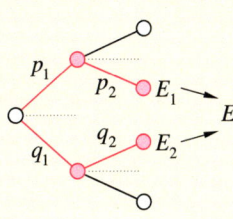

Daten auswerten und darstellen

Absolute und relative Häufigkeiten

Die **absolute Häufigkeit** gibt eine Anzahl an. Die **relative Häufigkeit** ist ein Anteil.

$$\text{relative Häufigkeit} = \frac{\text{absolute Häufigkeit}}{\text{Gesamtzahl}}$$

Durchschnitt (arithmetisches Mittel)

Der Durchschnitt gibt einen Mittelwert einer Datenreihe an.

$$\text{Durchschnitt} = \frac{\text{Summe aller Werte}}{\text{Anzahl der Werte}}$$

Zentralwert (Median)

Sind alle Daten der Größe nach geordnet, heißt der in der Mitte stehende Wert **Zentralwert**. Bei einer geraden Anzahl von Daten liegen zwei Werte in der Mitte. Dann ist der Zentralwert der Durchschnitt aus diesen beiden Werten.

Diagramme

Figurendiagramm

Fußball finde ich ...   ⚽ = 2 Antworten

„cool" ⚽ ⚽ ⚽ ⚽ ⚽ ⚽ ⚽

„egal" ⚽ ⚽ ⚽ ⚽

„blöd" ⚽ ⚽

Balkendiagramm

Fußball finde ich ...

„cool"
„egal"
„blöd"

0 2 4 6 8 10 12 Anzahl

Säulendiagramm

Anzahl der Stimmen

12
8
4
0

Kevin Lisa Bezaf Olaf

Streifendiagramm
Streifen ≙ 100 %

Kreisdiagramm
Vollkreis ≙ 100 %

Partei B 53 %   Partei A 47 %

Liniendiagramm

Temperatur in °C

Temperaturen an einem Märztag

10
6
2
0

2 6 10 14 18 22   Uhrzeit-

Baumdiagramm

G < G, N
N < G, N

Zwei Lose werden nacheinander gezogen. Es gibt Gewinne (G) und Nieten (N).

Stängel-Blätter-Diagramm

Das Minimum ist 1,26 m.

1,2 | 6 9
1,3 | 1 7
1,4 | 1 3 4 7
1,5 | 0 1

Der größte Wert ist 1,51 m.

Boxplot

unteres Quartil   oberes Quartil
        Median
Minimum   Maximun

Mathelexikon und Stichwortverzeichnis

A absolute Häufigkeit [126] siehe Formelsammlung

Abstand kürzeste Verbindungsstrecke eines Punkts oder einer *Parallelen* zu einer *Geraden*

Achsenspiegelung, Achsensymmetrie siehe Formelsammlung

achsensymmetrisch Figur mit mindestens einer *Symmetrieachse*

Addition
Summand + Summand = Wert der Summe

Additionsverfahren [24] Rechenverfahren zum Lösen linearer Gleichungssysteme

ähnlich [148, 169] Zwei Figuren, die durch maßstäbliches Vergrößern oder Verkleinern auseinander hervorgehen, sind zueinander ähnlich.

Anteil Beim Vergleichen von Anteilen nutzt man Brüche mit dem Nenner 100.

Antenne in einem *Boxplot* die Verbindung zwischen Box und Minimum bzw. Maximum

antiproportional siehe Formelsammlung

Äquivalenzumformung Umformung einer *Gleichung*, die deren *Lösungen* nicht verändert; siehe Formelsammlung unter *lineare Gleichungen*

Ar (a) 1 a = 10 · 10 m² = 100 m²

arithmetisches Mittel siehe Formelsammlung

Assoziativgesetz (Verbindungsgesetz)
– Addition: $(a + b) + c = a + (b + c)$
– Multiplikation: $(a \cdot b) \cdot c = a \cdot (b \cdot c)$

ausklammern siehe *Distributivgesetz* oder *faktorisieren*

B Balkendiagramm Im Balkendiagramm werden absolute Häufigkeiten dargestellt; siehe Formelsammlung

Basis (Dreieck) siehe Formelsammlung

Basis (einer Potenz) siehe *Potenz*

Baumdiagramm [130, 143] geeignet zur Darstellung zweistufiger Zufallsexperimente; siehe Formelsammlung

Behauptung siehe *Beweis*

Berührungspunkt der Punkt, in dem eine *Tangente* einen *Kreis* berührt

Berührungsradius verbindet den *Mittelpunkt* eines *Kreises* mit dem *Berührungspunkt* einer *Tangente* an den *Kreis*, steht *senkrecht* zur *Tangente*

Bestimmungsstücke für eindeutige Konstruktion erforderliche Werte

Betrag der *Abstand* einer Zahl zur Null

Beweis Beim Beweis zeigt man, dass eine *Behauptung* aus bereits bekannten *Aussagen* (*Voraussetzungen*) abgeleitet werden kann.

Bild(figur) siehe *Drehung, Verschiebung, Maßstab, zentrische Streckung* und Formelsammlung

Binom *Summe* aus zwei *Summanden* (lateinisch binominis: „zweinamig")

binomische Formeln Sonderfälle bei der Multiplikation von Summen; kürzen die Berechnung ab;
– 1. binomische Formel:
$(a + b)^2 = a^2 + 2ab + b^2$
– 2. binomische Formel:
$(a - b)^2 = a^2 - 2ab + b^2$
– 3. binomische Formel:
$(a + b) \cdot (a - b) = a^2 - b^2$

Boxplot grafische Darstellung der *Kennwerte* einer Datenreihe; siehe Formelsammlung

Bruch $\frac{\text{Zähler}}{\text{Nenner}}$, Teile vom Ganzen; Rechenregeln siehe Formelsammlung

Bruchgleichung [161] gesuchte Größe steht im Nenner, Beispiel: $\frac{3}{4} = \frac{6}{x}$

Bruttopreis Preis inklusive *Mehrwertsteuer*

C Cent (ct) 100 ct = 1 €

Cavalieri, Bonaventura [108] italienischer Mönch und Mathematiker im 17. Jahrhundert

D Daten Ergebnisse von Umfragen, Experimenten, Beobachtungen, …

Deckfläche siehe *Körper*

deckungsgleich siehe *kongruent*

Definitionsbereich siehe *Funktion*

Definitionsmenge [161] Menge von Zahlen, die man in eine Gleichung einsetzen darf

Dezimalbruch Bruch in Dezimalschreibweise (Zahlen mit einem Komma, auch Dezimalzahl) Beispiel: $\frac{7}{10} = 0{,}7$

Dezimalsystem siehe *Zehnersystem*

DGS siehe *dynamische Geometrie-Software*

Diagonale verbindet in *Vielecken* zwei nicht benachbarte Eckpunkte

Diagramm grafische Darstellung von *Daten*; siehe Formelsammlung

Differenz siehe *Subtraktion*

Distributivgesetz (Verteilungsgesetz)

$$a \cdot (b + c) = a \cdot b + a \cdot c$$
$$a \cdot (b - c) = a \cdot b - a \cdot c$$
$$(a + b) : c = a : c + b : c$$
$$(a - b) : c = a : c - b : c$$

Dividend siehe *Division*

Division

Dividend : Divisor = Wert des Quotienten

Divisor siehe *Division*

Drachen(viereck) siehe Formelsammlung

drehsymmetrisch siehe Formelsammlung

Drehung Bei einer Drehung wird ein Punkt um ein *Drehzentrum Z* mit dem *Drehwinkel* α gedreht.

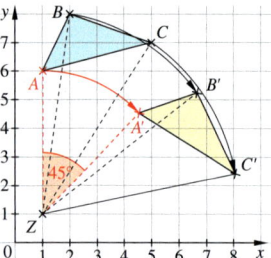

Dreiecksarten siehe Formelsammlung

Dreisatzschema Tabelle, mit deren Hilfe aus drei bekannten *Größen* eine unbekannte *Größe* berechnet werden kann.

Durchmesser siehe Formelsammlung

Durchschnitt siehe Formelsammlung

Dynamische Geometrie-Software [157 f.] Software zur Konstruktion, dynamischen Bewegung und Änderung von Figuren

E **Ecke** siehe *Körper*

Einheit Um *Größen* wie *Länge*, *Fläche*, *Masse*, *Zeit*, *Geld* usw. anzugeben, benutzt man Einheiten wie cm, cm^2, kg, min, €.

Einheitsfläche, Einheitsquadrat Quadrate, mit z.B. 1 cm oder 1 dm Seitenlänge

Einsetzungsverfahren [20, 35] Rechenverfahren zum Lösen von linearen Gleichungssystemen

Ereignis (E) Mehrere *Ergebnisse* eines *Zufallsexperiments* können zu einem Ereignis zusammengefasst werden; Beispiel: mit einem Würfel eine *gerade Zahl* werfen

Ergebnis (e) Ausgang eines *Zufallsexperiments*; Beispiel: mit einem Würfel eine 2 werfen

Ergebnismenge (S) alle möglichen *Ergebnisse* eines *Zufallsexperiments*

erweitern siehe Formelsammlung

Excel siehe *Tabellenkalkulation*

Exponent Hochzahl, z.B. 2 bei a^2

F **Faktor** siehe *Multiplikation*

faktorisieren einen gemeinsamen Faktor aus einer Summe ausklammern; Beispiel:
$$a \cdot b + a \cdot c = a \cdot (b + c)$$

Faustformel bzw. **Faustregel** vereinfachte Formel, mit der man Werte grob abschätzen kann

Figurendiagramm siehe Formelsammlung

Fixelement [154] feststehende Größe

Flächeninhalt (A) siehe Formelsammlung

Formel Gleichung mit mehreren Variablen

Formelsammlung [206 ff.]

Funktion *Zuordnung*, bei der jedem Wert *x* aus dem Definitionsbereich genau ein Wert *y* aus dem Wertebereich zugeordnet wird. Eine lineare Funktion hat die *Funktionsgleichung* $y = mx + b$.

Funktionenplotter [13] Computerprogramm zum Zeichnen von *Funktionsgraphen*

Funktionsgleichung Übersetzung der *Wortvorschrift* in eine *Gleichung*

Funktionsgraph siehe *Graph*

G **ganze Zahlen [54]** *natürliche Zahlen* und ihre *Gegenzahlen* (zusammen mit der Null), $\mathbb{Z} = \{ \ldots; -2; -1; 0; 1; 2; \ldots \}$

Geburtstagsproblem [138] bekannte Fragestellung aus der Wahrscheinlichkeitsrechnung

Gegenbeispiel Mithilfe eines Gegenbeispiels können Aussagen widerlegt werden; Beispiel: Aussage: Jede natürliche Zahl ist gerade. Gegenbeispiel: 3

Gegenereignis [126] alle Ereignisse eines Zufallsversuchs, die nicht zu einem bestimmten Ereignis gehören

Gegenzahl Gegenzahlen haben den gleichen Abstand zur Null. Beispiel: -3 ist die Gegenzahl von $+3$

gemischte Zahl Beispiele: $1\frac{1}{2}$, $3\frac{1}{4}$

Geodreieck Werkzeug zum Messen und Zeichnen von *Winkeln*, *Parallelen* und *Senkrechten*

Gerade gerade Linie ohne Anfangspunkt und ohne Endpunkt

Geradengleichung *Funktionsgleichung* einer *linearen Funktion*

gestreckter Winkel ein *Winkel* von 180°; siehe Formelsammlung

Gewicht (Masse) siehe Formelsammlung

ggT siehe *größter gemeinsamer Teiler*

gleichnamig *Brüche* mit gleichem Nenner nennt man gleichnamig; Beispiel: $\frac{3}{5}$ und $\frac{4}{5}$

Gleichsetzungsverfahren [24] Rechenverfahren zum Lösen linearer Gleichungssysteme

Gleichung verbindet zwei *Terme* durch ein Gleichheitszeichen „="

Grad (°) Die Größe eines *Winkels* wird in Grad gemessen.

grafisches Lösen von linearen Gleichungssystemen [16, 35] Zeichnen der Graphen, die zu den gegebenen Gleichungen gehören, und Ablesen des Schnittpunkts als Lösung

Graph [12] Darstellung von *Wertepaaren* im *Koordinatensystem*

Größe besteht aus Maßzahl und Maß*einheit*. Beispiele: 6 € (*Geld*), 30 min (*Zeit*), 3,26 kg (*Masse*), weitere Größen: *Länge*, *Fläche*, *Volumen*

größter gemeinsamer Teiler die größte Zahl, die in den Teilermengen zweier Zahlen vorkommt; Beispiel: $T_8 = \{1; 2; 4; 8\}$; $T_{12} = \{1; 2; 3; 4; 6; 12\}$; ggT (8; 12) = 4

Grundfläche [88, 121] siehe *Körper*

Grundmenge gibt an, aus welchem Zahlbereich die Lösungen für eine Gleichung kommen können

Grundseite Seite einer Figur, die z. B. zur Berechnung des Flächeninhalts gewählt wird

Grundwert entspricht dem Ganzen, also 100 %
 – **vermehrter** $G^+ = G \cdot \left(1 + \frac{p}{100}\right)$
 – **verminderter** $G^- = G \cdot \left(1 - \frac{p}{100}\right)$

H **Halbgerade** gerade Linie mit einem Anfangspunkt, aber ohne Endpunkt

Häufigkeit siehe Formelsammlung

Hauptnenner kleinster gemeinsamer Nenner zweier *Brüche*

Haus der Vierecke Übersicht über verschiedene *Vierecke*, ihre Beziehungen untereinander und ihre Eigenschaften (*Symmetrie*, Anzahl nötiger *Bestimmungsstücke* für *Konstruktion*)

Hektar (ha) $1\,\text{ha} = 100 \cdot 100\,\text{m}^2 = 10\,000\,\text{m}^2$

Heronverfahren [55] Rechenverfahren zum Ziehen von Quadratwurzeln

Höhe
 – **von Dreieck und Viereck (h)** Lot vom Eckpunkt zur gegenüberliegenden Seite bzw. Abstand zwischen den parallelen Seiten
 – **von Körpern (h_k) [88]** Abstand zwischen Grund- und Deckfläche

Höhensatz (des Euklid) [76, 83]; siehe Formelsammlung

Hohlkörper entsteht, wenn aus einem geometrischen Körper ein kleinerer Körper herausgeschnitten wird

Hohlmaß Volumenmaß für Flüssigkeiten: Liter (l) und Milliliter (ml); siehe Formelsammlung

Hyperbel fallende Kurve, auf der alle Punkte einer *antiproportionalen Zuordnung* liegen; siehe Formelsammlung

Hypotenuse [66, 83] die längste Seite im *rechtwinkligen Dreieck*, liegt dem *rechten Winkel* gegenüber

I **Innenwinkelsummensatz** siehe *Winkelsummensatz*

Innkreis *Kreis* im Inneren eines *Vielecks*, der jede *Seite* in genau einem Punkt berührt. Bei einem *Dreieck* ist der *Mittelpunkt* des Innkreises der Schnittpunkt der *Winkelhalbierenden* des Dreiecks.

Invariante [154] unveränderliche Größe

Iteration [55] schrittweises Annähern an einen Wert

J **Jahr (a)** 1 a = 365 d (Tage)

Jahreszinsen (Z) siehe *Zinsen*

K Kante siehe *Körper*

Kapital (*K*) entspricht dem *Grundwert (G)* bezogen auf den Geldverkehr

Kathete [66, 83] im rechtwinkligen Dreiecks eine der beiden Seiten, die den *rechten Winkel* einschließen

Kathetensatz (des Euklid) [76, 83]; siehe Formelsammlung

Kegel [88, 104, 121] siehe Formelsammlung

Kehrbruch Beispiel: der Kehrbruch von $\frac{2}{5}$ ist $\frac{5}{2}$

Kehrwert siehe *Kehrbruch*

Kennwerte *Minimum*, *Maximum*, *Median*, *Quartile* und *Spannweite* sind Kennwerte von *Daten*.

kgV, kleinstes gemeinsames Vielfaches die kleinste Zahl, die in beiden *Vielfachen*mengen zweier Zahlen vorkommt; Beispiel: $V_8 = \{8; 16; 24; 32; ...\}$; $V_{12} = \{12; 24; 36; ...\}$; kgV $(8; 12) = 24$

Klammern auflösen siehe *Distributivgesetz*

Koeffizient Zahl vor *Variable*; Beispiel: $3x$

Kommutativgesetz (Vertauschungsgesetz)
– Addition: $a + b = b + a$
– Multiplikation: $a \cdot b = b \cdot a$

kongruent (deckungsgleich) Zwei Dreiecke sind kongruent zueinander, wenn sie in den drei Seitenlängen und der Größe ihrer drei Winkel übereinstimmen.

Kongruenzabbildung Bewegung, bei der Seitenlängen und Winkelgrößen erhalten bleiben. *Achsenspiegelung*, *Drehung* und *Verschiebung* sind Kongruenzabbildungen.

Kongruenzsatz Dreiecke sind eindeutig konstruierbar, wenn folgende Bestimmungsstücke gegeben sind:
– **SSS:** drei Seiten
– **SsW:** zwei Seiten und der Winkel, der der längeren Seite gegenüberliegt
– **SWS:** zwei Seiten und der eingeschlossene Winkel
– **WSW:** eine Seite und die beiden anliegenden Winkel

konstruieren zeichnen mithilfe von *Zirkel* und *Geodreieck*; siehe auch *Kongruenzsatz*

Konstruktionsbeschreibung Auflistung der einzelnen Schritte einer Konstruktion

Koordinaten geben die Lage eines Punktes an

Koordinatensystem [12] zwei zueinander senkrecht stehende Zahlengeraden, die sich im *Nullpunkt* $(0|0)$ schneiden

Beispiel: Die Lage eines Punktes im Koordinatensystem wird durch seine Koordinaten angegeben: $A(2|1)$; $B(-2|3)$

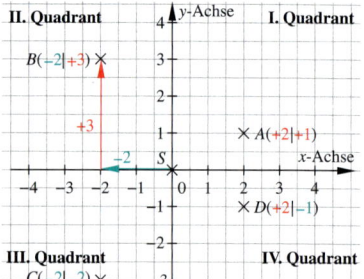

Koordinatenursprung Punkt $(0|0)$ im Koordinatensystem; Schnittpunkt der beiden Zahlengeraden (*x*-Achse und *y*-Achse)

Körper Beispiel:

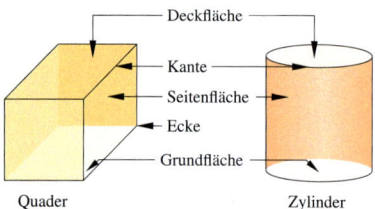

Dort, wo zwei Flächen zusammenstoßen, entstehen Kanten. Wenn mindestens drei Kanten aufeinander treffen, entstehen Ecken.

Körperhöhe (h_k) siehe *Höhe*

Körpernetz [90 f.] eine zusammenhängende Abwicklung aller Begrenzungsflächen eines *Körpers*; Beispiel:

Kreis siehe Formelsammlung

Kreisdiagramm zeigt *relative Häufigkeiten* an (Vollkreis $\hat{=}$ 100%); siehe Formelsammlung

Kreisring Fläche zwischen zwei *Kreisen* mit demselben *Mittelpunkt M*

Kreiszahl (π) Verhältnis von *Umfang* zu *Durchmesser* beim *Kreis*; $\pi = \frac{u}{d} \approx 3{,}14$

Kugel [110, 121] siehe Formelsammlung

kürzen siehe Formelsammlung

L **Länge** siehe Formelsammlung

Laplace-Experiment [130] Zufallsexperiment, bei dem alle Ergebnisse gleich wahrscheinlich sind

LGS siehe *lineares Gleichungssystem*

Lichtjahr die Strecke, die das Licht innerhalb eines *Jahres* zurücklegt

lineare Gleichung Gleichung, die durch Umformen in die Form $a \cdot x + b = 0$ ($a \neq 0$) gebracht werden kann, siehe Formelsammlung

lineare Gleichung mit zwei Variablen [8, 35] Gleichung, die durch Umformen in die Form $y = mx + b$ ($m, b \neq 0$) gebracht werden kann; die Lösungen sind Wertepaare auf einer Geraden

lineares Gleichungssystem (LGS) [16, 28, 35] zwei oder mehr *lineare Gleichungen*, die zu einem Sachverhalt gehören

lineares Optimieren [27] Unter Berücksichtigung von *Nebenbedingungen* soll eine *lineare Zielfunktion* einen möglichst großen oder möglichst kleinen Wert annehmen.

lineares Wachstum siehe *Wachstum*

Liniendiagramm siehe Formelsammlung

Lösung Zahl bzw. *Größe*, die eine *(Un)Gleichung* mit *Variablen* zur wahren *Aussage* macht.
Beispiel: „6" ist Lösung der Gleichung $5 \cdot x = 30$, denn $5 \cdot 6 = 30$.

Lösungsmenge (L) enthält alle *Lösungen* einer *(Un)Gleichung* aus dem *Grundbereich*

M **Manipulation** undurchschaubare Einflussnahme auf eine Person

Mantelfläche (M) [88, 96, 104, 121] alle *Seitenflächen* eines *Körpers*; siehe Formelsammlung

Masse (Gewicht) wissenschaftliche Bezeichnung für die *Größe*, in der man in *Gramm* und *Kilogramm* misst; siehe Formelsammlung

Maßstab [148, 169] Beispiel: Der Maßstab 1:10 bedeutet: 1 cm im Bild sind 10 cm in Wirklichkeit; siehe Formelsammlung

Maßzahl siehe *Größe*

Maximum größter Wert einer Datenreihe

Median auch: Zentralwert; der Wert, der genau in der Mitte aller der Größe nach geordneten Werte einer Datenreihe liegt. Beispiel: 8; 15; 17; 35; 72; Median: 17

Mehrwertsteuer Anteil am Verkaufserlös einer Ware, den der Händler an den Staat abführen muss (zur Zeit 7% bzw. 19%)

Mindmap übersichtliche Darstellung von Notizen zu einem Thema

Minimum kleinster Wert einer Datenreihe

Minuend siehe *Subtraktion*

Minute (min) 60 min = 1 h (*Stunde*)

Mittelsenkrechte Gerade, die eine Strecke $\overline{AB}$ halbiert. Jeder Punkt auf der Strecke hat zu A und B denselben Abstand.

Mittelwert siehe Formelsammlung

Monte-Carlo-Verfahren [136] Simulationsverfahren aus der Wahrscheinlichkeitsrechnung

Multiplikation
Faktor · Faktor = Wert des Produkts

N $\mathbb{N}$ siehe *natürliche Zahlen*

Nachfolger Beispiel: Der Nachfolger von 7 ist 8.

natürliche Zahlen [54], $\mathbb{N} = \{0; 1; 2; \ldots\}$

Nebenbedingung [27] Bedingungen, die beim Lösen einer *linearen Optimierungsaufgabe* beachtet werden müssen.

Nebenwinkel ergänzen sich zu 180°; siehe Formelsammlung

negative Zahl kleiner als Null. Beispiel: -2; -15

negatives Wachstum siehe *Wachstum*

Nenner siehe *Bruch*

Nettopreis Preis ohne *Mehrwertsteuer*

Netz siehe *Körpernetz*

Nullpunkt siehe *Koordinatenursprung*

Nullstelle Im Schnittpunkt eines Graphen mit der *x-Achse* nimmt die *Funktion* den Wert $y = 0$ an. Diese Stelle auf der *x-Achse* heißt Nullstelle.

O **Oberfläche [96, 104, 110, 114, 121]** Alle Begrenzungsflächen eines *Körpers* ergeben zusammen die Oberfläche des Körpers; siehe Formelsammlung

Original siehe *Drehung* und *Verschiebung*

Originalfigur siehe Formelsammlung

P *p* % siehe *Prozentsatz*

p. a. bedeutet pro Jahr

Pantograph siehe *Storchschnabel*

parallel, Parallele *g* ∥ *h* bedeutet: Die Geraden *g* und *h* sind zueinander parallel, *g* und *h* sind *Parallelen*, d. h. ihr *Abstand* zueinander ist überall gleich groß.

Parallelogramm siehe Formelsammlung

Pascal, Blaise französischer Mathematiker (1623–1662)

Passante Gerade, die keinen Punkt mit einem Kreis gemeinsam hat

Periode, periodischer Dezimalbruch Bei vielen *Brüchen* führt die *Division* dazu, dass sich im Ergebnis Ziffern unendlich oft wiederholen. Diese Brüche nennt man periodische Dezimalbrüche. Die Ziffer (oder die Zifferngruppe), die sich wiederholt, wird durch einen Strich darüber gekennzeichnet und Periode genannt. Beispiel: $\frac{1}{3} = 0{,}333\ldots = 0{,}\overline{3}$

Pfadregel [132, 143] siehe Formelsammlung

pi (π) siehe *Kreiszahl*

positive Zahl größer als Null. Beispiele: 3; +5

Potenz *Produkte* aus gleichen Faktoren;
Beispiel: $2 \cdot 2 \cdot 2 = 2^3$ (sprich „2 hoch 3")
Basis ↗ Exponent (Hochzahl)

Primzahl eine *natürliche Zahl*, die nur durch 1 und sich selbst teilbar ist; Beispiel: 2; 3; 5; 7; 11; 13

Prisma siehe Formelsammlung

Probe Bei den Grundrechenarten rechnet man zur Probe die *Umkehraufgabe*. Bei *Gleichungen* setzt man zur Probe die *Lösung* ein.

Produkt siehe *Multiplikation*

produktgleich Alle *Wertepaare* einer *antiproportionalen Zuordnung* bilden das gleiche *Produkt*.

Produktregel [132, 143] siehe Formelsammlung

Promille (‰) $1\,‰ = 0{,}1\,\% = \frac{1}{1\,000}$

proportional siehe *Zuordnung*

Proportionalzirkel [152] Hilfsmittel zum Teilen von Strecken in bestimmtem Verhältnis, zum Vergrößern und Verkleinern

Prozent (%) Das %-Zeichen bedeutet „von Hundert". Beispiel: $1\,\% = \frac{1}{100}$

Prozentsatz (*p* %) Anteil in Prozentschreibweise; Beispiel: 3 von 5 entspricht 60 %

Prozentschreibweise *Brüche* mit dem *Nenner* 100 kann man in der *Prozent*schreibweise angeben. Beispiel: $\frac{75}{100} = 75\,\%$

Prozentwert (*W*) Wert, der einem *Prozentsatz* entspricht; Beispiel: 10 % von 50 Personen entspricht 5 Personen

Punktspiegelung siehe Formelsammlung

Punktsymmetrie siehe Formelsammlung

Pyramide [88, 96, 100, 121] siehe Formelsammlung

Pythagoras [66] griechischer Philosoph und Mathematiker

pythagoreisches Zahlentripel [66] drei natürliche Zahlen *a*, *b*, *c* für die $a^2 + b^2 = c^2$ gilt. Beispiel: (3 | 4 | 5), denn $3^2 + 4^2 = 5^2$

Q ℚ siehe *rationale Zahlen*

Quader siehe Formelsammlung

Quadranten vier Bereiche, in die das *Koordinatensystem* die Zeichenebene teilt; Beispiel: Der Punkt $P(-2\,|\,1)$ liegt im II. Quadranten

Quadrat siehe Formelsammlung

quadratische Funktion [48, 61] Zu einer (rein) quadratischen Funktion gehört eine Gleichung der Form $f(x) = a \cdot x^2$.

quadratische Pyramide [88, 121] Pyramiden mit einem *Quadrat* als Grundfläche

Quadratwurzel [44, 61] Die Quadratwurzel aus *x* ist die positive Zahl, die zweimal mit sich selbst multipliziert *x* ergibt. Beispiel: $\sqrt{144} = 12$

Quadratzahl [44, 61] Eine Zahl wird mit sich selbst malgenommen. Beispiel: $8^2 = 64$

Quartil Kennwert einer Datenreihe, siehe *Boxplot*
– oberes Quartil: *Median* der zweiten Hälfte einer Datenreihe
– unteres Quartil: *Median* der ersten Hälfte einer Datenreihe

Quersumme die Summe aller Ziffern einer Zahl; Beispiel: Die Quersumme von 735 ist $7 + 3 + 5 = 15$

Quotient aus *a* und *b* $a : b$ bzw. $\frac{a}{b}$

quotientengleich Alle *Wertepaare* einer *proportionalen Zuordnung* bilden einen gleichwertigen *Bruch*.

R **Rabatt** Preisnachlass vom Händler

Radikand [52] Ausdruck unter dem Wurzelzeichen

Radius siehe *Kreis* in der Formelsammlung

rationale Zahlen [54] Die *ganzen Zahlen* und die *positiven* und *negativen Brüche* und *Dezimalbrüche* bilden zusammen die Menge der rationalen Zahlen, kurz $\mathbb{Q}$.

Rauminhalt siehe *Volumen*

Raute siehe Formelsammlung

reelle Zahlen [54] *Rationale* Zahlen und *irrationale* Zahlen bilden zusammen die Menge reellen Zahlen, kurz $\mathbb{R}$.

Rechenausdruck siehe *Term*

Rechteck siehe Formelsammlung

rechteckige Pyramide [88, 121] Pyramiden mit einem *Rechteck* als Grundfläche

rechter Winkel ein *Winkel* von 90°; siehe Formelsammlung

rechtwinkliges Dreieck [66] Dreieck mit einem *rechten Winkel*, also einem Winkel von 90°

relative Häufigkeit [126] siehe Formelsammlung

römische Zahlen *Natürliche Zahlen* können mit römischen Zahlzeichen dargestellt werden. Dabei werden alle Zahlen durch Addition oder Subtraktion zusammengesetzt.
I (1), V (5), X (10), L (50), C (100), D (500), M (1000), Beispiel: MMXVI (2016), XC (90)

S **Satz des Cavalieri [108]** Zwei Körper mit gleichen Höhen und gleich großen Querschnittsflächen in gleicher Höhe haben auch das gleiche Volumen.

Satz des Pythagoras [70, 74, 83, 100] Im rechtwinkligen Dreieck mit $\gamma = 90°$ gilt: $a^2 + b^2 = c^2$. Das heißt: Die Quadrate über den beiden Katheten haben zusammen den gleichen Flächeninhalt wie das Quadrat über der Hypotenuse.

Satz des Thales siehe Formelsammlung

Säulendiagramm stellt absolute Häufigkeiten dar; siehe Formelsammlung

Schätzwert für Wahrscheinlichkeit Bei einer großen Anzahl an Wiederholungen eines *Zufallsexperiments* ist die *relative Häufigkeit* eines *Ergebnisses* ein Schätzwert für die *Wahrscheinlichkeit* des *Ergebnisses*.

Scheitelpunkt siehe *Winkel*

Scheitelwinkel gegenüberliegende *Winkel* an einer Geradenkreuzung; sind gleich groß; siehe Formelsammlung

Schenkel siehe *Winkel*

Schrägbild [92 f.] vermittelt einen räumlichen Eindruck eines Körpers; nach hinten verlaufende Kanten werden in halber Länge im Winkel von 45° angetragen; verdeckte Kanten werden gestrichelt; Beispiel:

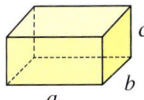

Sehne *Strecke* zwischen zwei Punkten auf einem *Kreis*

Seite *Strecke*, die eine *Fläche* begrenzt

Seitenfläche siehe *Körper*

Sekante *Gerade*, die mit einem *Kreis* zwei gemeinsame Punkte hat

Sekunde (s) 60 s = 1 min (*Minute*)

senkrecht, Senkrechte $g \perp h$ bedeutet: Die Geraden g und h sind zueinander senkrecht, g und h sind Senkrechte, d. h. sie bilden einen rechten Winkel.

Simulation [136] „Nachspielen" eines Experiments mithilfe eines (vereinfachten) Modells

Skala Maßeinteilung an Messinstrumenten, z. B. am Geodreieck oder am Thermometer

Skizze Zeichnung von Hand, die einen groben Überblick verschafft

Skonto Preisnachlass z. B. bei Barzahlung

Spannweite Unterschied zwischen *Maximum* und *Minimum* einer *Datenreihe*

Spiegelachse siehe Formelsammlung

spitzer Winkel ein *Winkel*, der größer als 0° aber kleiner als 90° ist; siehe Formelsammlung

Stängel-Blätter-Diagramm siehe Formelsammlung

Steigung (*m*) bei einer linearen Funktion $y = mx + b$; Beispiel: für $m = \frac{3}{4}$ gilt: wenn x um 4 wächst, dann wächst y um 3

Steigungsdreieck rechtwinkliges Dreieck am Graphen einer linearen Funktion zum Bestimmen der *Steigung*

stellengleich, stellengerecht, stellenweise Zehner werden unter Zehner geschrieben, Einer unter Einer, Zehntel unter Zehntel, … *Dezimalbrüche* werden stellenweise addiert und subtrahiert (Komma unter Komma).

Stellenwertsystem Beispiel: *Dezimalsystem* und *Binärsystem*

Storchschnabel [152] Hilfsmittel zum präzisen Abzeichnen, Vergrößern oder Verkleinern von Zeichnungen

Strahlensatz [160, 169] siehe Formelsammlung

Strecke gerade Linie mit einem Anfangspunkt und einem Endpunkt

Streckfaktor k [154, 169] siehe *zentrische Streckung* und Formelsammlung

Streckzentrum Z [154, 169] siehe *zentrische Streckung* und Formelsammlung

Streifendiagramm zeigt relative Häufigkeiten an (Streifen $\widehat{=}$ 100%); siehe Formelsammlung

Strichliste *Häufigkeiten* einer *Daten*erhebung werden mit Strichen angegeben.

Stufenwinkel sind gleich groß; siehe Formelsammlung

Stufenzahl Beispiel: im *Zehnersystem* nennt man 10, 100, 1000, … Stufenzahlen

stumpfer Winkel größer als 90° aber kleiner als 180° ist; siehe Formelsammlung

Stunde (h) 1 h = 60 min (Minuten)

Subtrahend siehe *Subtraktion*

Subtraktion
Minuend – Subtrahend = Wert der Differenz

Summand siehe *Addition*

Summe siehe *Addition*
– **Multiplikation von Summen** siehe Formelsammlung

Summenregel [132, 143] siehe Formelsammlung

Symmetrie siehe Formelsammlung

Symmetriezentrum siehe Formelsammlung

systematisches Probieren [20, 35] geschicktes Wählen von möglichen Lösungen und Überprüfung durch Einsetzen

T **Tabellenkalkulation [55]** Software zur Eingabe und Verarbeitung von Daten

Tag (d) 1 d = 24 h (*Stunden*)

Tageszinsen (Z) siehe Formelsammlung

Tangente *Gerade*, die mit einem *Kreis* genau einen Punkt gemeinsam hat. Die Tangente steht senkrecht zum *Berührungsradius*.

teilbar siehe *Teiler*

Teilbarkeitsregeln durch…
– **2**: die letzte *Ziffer* ist gerade
– **3**: die *Quersumme* ist durch 3 teilbar
– **4**: die letzten beiden *Ziffern* stellen eine durch 4 teilbare Zahl dar
– **5**: die letzte *Ziffer* ist eine 0 oder eine 5
– **8**: die letzten drei *Ziffern* stellen eine durch 8 teilbare Zahl dar
– **9**: die *Quersumme* ist durch 9 teilbar
– **10**: die letzte Ziffer ist eine 0

Teiler Eine Zahl ist ein Teiler einer anderen Zahl, wenn beim Dividieren kein Rest bleibt. Beispiel: 6 ist ein Teiler von 18, d. h. 18 ist durch 6 teilbar (6|18); 6 ist kein Teiler von 20 (6∤20)

teilerfremd Zahlen, die keinen gemeinsamen *Teiler* außer der 1 haben

Teilermenge alle *Teiler* einer Zahl; Beispiel: Teilermenge von 12: $T_{12} = \{1; 2; 3; 4; 6; 12\}$

Term (Rechenausdruck) sinnvolle Verbindung von Variablen, Zahlen und Rechenzeichen. Beispiel: 12; x; 12 − (6 + 1); $x + 5$ cm; 2 · a

Thales von Milet Mathematiker im antiken Griechenland

Thaleskreis siehe Formelsammlung

Trapez siehe Formelsammlung

Tripel [66, 83] drei zusammengehörige Zahlen, Schreibweise (3|5|9)

U **Überschlag** Rechnen mit gerundeten Werten

überstumpfer Winkel ein *Winkel*, der größer als 180° aber kleiner als 360° ist; siehe Formelsammlung

Umfang (u) *Summe* aller *Seiten*längen eines *Vielecks*; siehe Formelsammlung

umformen siehe *Äquivalenzumformung*

Umkehraufgabe Beispiel: eine Umkehraufgabe von 5 + 6 = 11 ist 11 − 5 = 6

Umkehrfunktion [40, 48, 61] Funktion, die beim Vertauschen der Variablen x und y entsteht. Die Umkehrfunktion von $f(x) = x^2$ ist $f^{-1}(x) = \sqrt{x}$.

Umkehroperation siehe *Umkehrung*

Umkehrung Die *Subtraktion* ist die Umkehrung der *Addition*, die *Division* ist die Umkehrung der *Multiplikation*.

Umkreis Der Umkreis eines *Vielecks* verläuft durch alle Eckpunkte des *Vielecks*. Bei einem Dreieck schneiden sich die *Mittelsenkrechten* im *Mittelpunkt* des Umkreises.

Umrechnungszahl Beispiel: Wandelt man *Volumenmaße* in die benachbarte *Volumeneinheit* um, so ist die Umrechnungszahl 1000.

ungleichnamig *Brüche* mit unterschiedlichem *Nenner* sind ungleichnamig; Beispiel: $\frac{3}{8}$ und $\frac{4}{5}$

Ungleichung zwei durch ein *Verhältniszeichen* ($<$; $\leq$; $>$; $\geq$) miteinander verbundene Terme

Urliste ungeordnete Übersicht der Ergebnisse einer *Daten*erhebung

V Variable Platzhalter für Zahlen oder Größen; Beispiel: *a*, *b*, *c*, *x*, *y*, *z*

Verbindungsgesetz siehe *Assoziativgesetz*

Verhältnisgleichung [161] entsteht z.B. aus Strahlensätzen, $\frac{x}{4} = \frac{5}{8}$

Verschiebung Beispiel:

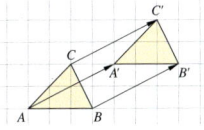

Verschiebungspfeil gibt Länge und Richtung einer *Verschiebung* an

Vertauschungsgesetz siehe *Kommutativgesetz*

Verteilungsgesetz siehe *Distributivgesetz*

Vieleck Beim Vieleck bestimmt die Anzahl der Eckpunkte den Namen der Fläche. Beispiel: Ein Fünfeck hat fünf Eckpunkte.

Vielfaches Wenn eine Zahl einmal, zweimal, dreimal, … so groß wie eine andere Zahl ist, so ist sie ein Vielfaches dieser Zahl.

Vierfeldertafel [126, 143] Tabelle, in die man die Häufigkeiten von zwei verschiedenen Merkmalen eintragen kann

vollständig gekürzt Einen *Bruch*, der nicht mehr weiter ge*kürzt* werden kann, nennt man vollständig gekürzt.

Vollwinkel ein *Winkel* von 360°; siehe Formelsammlung

Volumen [100, 104, 110, 114] Rauminhalt eines Körpers; siehe Formelsammlung

Voraussetzung siehe *Beweis*

Vorgänger Beispiel: Der Vorgänger von 9 ist 8.

Vorrangregeln siehe Formelsammlung

W Wahrscheinlichkeit (*P*) Maß für das Eintreten eines *Ergebnisses* bei einem *Zufallsexperiment*. Die Wahrscheinlichkeit für das Eintreten eines *Ergebnisses* liegt zwischen 0 (unmögliches Ergebnis) und 1 (sicheres Ergebnis); siehe auch *Schätzwert für Wahrscheinlichkeit*

Wechselwinkel sind gleich groß; siehe Formelsammlung

Wert des Terms Wenn man für die *Variablen* Zahlen einsetzt, kann man den Wert des Terms bestimmen.
Beispiel: Der Wert des Terms $10 \cdot x + 8$ für $x = 3$ ist 38, denn $10 \cdot 3 + 8 = 38$

Wertepaar zwei einander zugeordnete Werte; Beispiel: $(2\,|\,3{,}5)$

Wertetabelle *Wertepaare* können in einer Tabelle angegeben werden.

Winkel

Scheitelpunkt *S* — Winkel — 2. Schenkel, 1. Schenkel

Winkelhalbierende *Halbgerade*, die einen *Winkel* halbiert. Jeder Punkt auf der Winkelhalbierenden hat denselben *Abstand* zu den beiden *Schenkeln* des *Winkels*. Im Koordinatensystem: Gerade zu $y = x$.

Winkelsummensatz
– Dreieck $\alpha + \beta + \gamma = 180°$
– Viereck $\alpha + \beta + \gamma + \delta = 360°$

Wortvorschrift Ein Text beschreibt, welche Werte einander zugeordnet werden sollen; Beispiel: „Jeder Zahl wird ihr Dreifaches zugeordnet." ergibt z.B. $(1\,|\,3)$, $(2\,|\,6)$, $(-1{,}5\,|\,-4{,}5)$

Würfel siehe Formelsammlung

Wurzel ziehen siehe *Quadratwurzel*

Wurzelfunktion [48, 61] $f(x) = \sqrt{x}$; Umkehrfunktion von $f(x) = x^2$

X *x*-Achse siehe *Koordinatensystem*

x-Koordinate siehe *Koordinatensystem*

Y *y*-Achse siehe *Koordinatensystem*

y-Koordinate siehe *Koordinatensystem*

Z ℤ siehe *ganze Zahlen*

Zahlbereiche *Natürliche Zahlen*, *ganze Zahlen* und *rationale Zahlen* sind Beispiele für Zahlbereiche.

Wenn eine Aufgabe in einem Zahlbereich nicht lösbar ist, dann muss der Bereich durch Hinzufügen von Elementen erweitert werden. Beispiel: 3 – 7 ist in ℕ nicht lösbar, aber in ℤ.

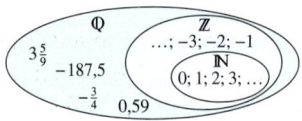

Zahlengerade bildet anders als der *Zahlenstrahl* auch die *negativen Zahlen* ab

Zahlenstrahl Beispiel:

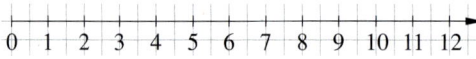

Zähler siehe *Bruch*

Zehnerbruch *Brüche* mit dem *Nenner* 10, 10, 1000, …

Zehnersystem (Dezimalsystem) unser Zahlensystem; Beispiel: Stellenwerttafel im Zehnersystem:

·10	·10	·10	·10	·10	
Tausender			Einer		
H	Z	E	H	Z	E
		3	0	6	1

Zeit *Maßeinheiten* der Zeit sind z. B. a (*Jahre*), d (*Tage*), h (*Stunden*), min (*Minuten*), s (*Sekunden*)

Zeitfaktor Ein Zinsjahr wird mit 12 Monaten zu 30 Tagen angegeben. Bei einem Tag entspricht der Zeitfaktor $\frac{1}{360}$, bei einem Monat entspricht der Zeitfaktor $\frac{1}{12}$.

Zeitpunkt ein genau festgelegter Termin, z. B. 12:50 Uhr oder der 12. Januar

Zeitspanne die Dauer zwischen zwei Zeitpunkten, z. B. 15 Minuten, 2 Jahre oder von 8:00 Uhr bis 8:45 Uhr

Zentralwert siehe *Median*

zentrische Streckung [154, 157, 169] Konstruktion zum maßstäblichen Vergrößern und Verkleinern von Figuren mit einem festen *Streckfaktor k* und von einem festen Punkt, dem *Streckzentrum Z*, aus, siehe Formelsammlung

Ziegenproblem [135] Fragestellung aus der *Wahrscheinlichkeitsrechnung*

Zielfunktion [27] Funktion, die bei einer *linearen Optimierungsaufgabe* einen möglichst großen oder möglichst kleinen Wert annehmen soll.

Zinsen entspricht dem *Prozentwert* (*W*) bezogen auf den Geldverkehr; Preis für die Überlassung von *Kapital*

Zinseszinsen entstehen, wenn auch die *Zinsen* angelegt werden und wieder *Zinsen* erbringen

Zinsformel siehe Formelsammlung

Zinssatz (*p* %) entspricht dem *Prozentsatz* (*p* %) bezogen auf den Geldverkehr

Ziffer Alle Zahlen bestehen aus den Ziffern 1, 2, 3, 4, 5, 6, 7, 8, 9, 0.

Zufallsexperiment Vorgang mit einem zufälligen Ergebnis; Beispiel: Münzwurf, Würfelwurf

Zufallsversuch siehe *Zufallsexperiment*

Zuordnung Zuordnungen weisen Werten aus einem vorgegebenen Bereich einen oder mehrere Werte aus einem anderen Bereich zu (*Wertepaar*). Zuordnungen können als *Wortvorschrift*, *Wertetabelle,* im *Koordinatensystem* oder im *Diagramm* dargestellt werden.

zusammengesetzte Körper [114 f.]

zweistufiges Zufallsexperiment [130, 143] Zwei Zufallsversuche laufen nebeneinander oder nacheinander ab.

Zylinder siehe Formelsammlung

Bildverzeichnis

Illustrationen:
Cornelsen/Roland Beier

Grafik:
Cornelsen/Christian Böhning; Ulrich Sengebusch †

Abbildungen:
Cover: mauritius images/Radius Images; **S.3 o.li.** Fotolia/Zoschy; **S.3 o.re.** Hartmut Skerbisch: Fraktal PYTHAGORASBAUM/© kunstGarten Graz, Irmi und Reinfrid Hor; **S.3 u.li.** Fotolia/Nazzu; **S.3 o.re.** ddp images/H.E.Knab/Shotshop.com; **S.4 u.li.** Fotolia/Fiona; **S.4 o.re.** Fotolia/Fotowerk; **S.4 o.li.** Fotolia/tunedin; **S.4 u.re.** mauritius Images/Radius images; **S.9 o.re.** Fotolia/Ruediger Rau; **S.9 M.re.** Fotolia/Gina Sanders; **S.9 o.li.** Shutterstock/auremar; **S.11 M.re.** Shutterstock/MiVa; **S.11 M.li.** Shutterstock/Lerche&Johnson; **S.14 u.re.** Shutterstock/Givaga; **S.14 u.li.** Shutterstock/Irina Rogova; **S.15 u.re.** Shutterstock/iofoto; **S.16 o.re.** Deutsche Postbank AG; **S.16 o.li.** Shutterstock/Art Allianz; **S.17** Cornelsen/Kerstin Kälberer, Berlin; **S.19 o.re.** Shutterstock/Monkey Business Images; **S.20 o.li.** Fotolia/twystydigi; **S.20 o.re.** Fotolia/Krawczyk-Foto; **S.22** Cornelsen/Kerstin Kälberer, Berlin; **S.24 o.re.** mauritius images/Onoky; **S.27 u.re.** Fotolia/Dan Race; **S.27 o.li.** Fotolia/Halfpoint; **S.28 o.re.** Fotolia/auremar; **S.28 M.li.** shutterstock/Nicku; **S.29 u.re.** shutterstock/Eviled; **S.29 M.3** shutterstock/Zoran Ras; **S.29 o.re.** shutterstock/Jasminko Ibrakovic; **S.29 M.1** Fotolia/industrieblick; **S.29 M.2** Fotolia/gpointstudio; **S.30** shutterstock/Eric Isselee; **S.34 o.re.** Shutterstock/Monkey Business Images; **S.34 o.li.** Shutterstock/Monkey Business Images; **S.36 o.re.** Fotolia/taddle; **S.36 o.li.** Fotolia/Elnur; **S.39 o.re.** Shutterstock/Songquan Deng; **S.40 o.re.** Fotolia/AndiPu; **S.42 M.li.** Günter Gräfenhain/Schapowalow; **S.43 u.re.** Shutterstock/_LeS_; **S.44 o.li.** shutterstock/alex.makarova; **S.44 M.li.** Fotolia/blobbotronic; **S.45 u.re.** Fotolia/auremar; **S.46 M.re.** Fotolia/pegbes; **S.48 o.li.** Fotolia/Stefan Körber; **S.49 u.re.** Fotolia/candy1812; **S.51 u.re.** shutterstock/dmitriylo; **S.52 o.li.** Cornelsen/Kerstin Kälberer, Berlin; **S.55** Cornelsen, Kerstin Kälberer/© Microsoft® Office. Nutzung mit Genehmigung von Microsoft; **S.56 M.** shutterstock/ruzanna; **S.57 M.** Shutterstock/wellphoto; **S.59 o.re.** Fotolia/LVDESIGN; **S.60 o.li.** Fotolia/auremar; **S.60 o.re.** Fotolia/industrieblick; **S.60** Cornelsen, Kerstin Kälberer/© Microsoft® Office. Nutzung mit Genehmigung von Microsoft; **S.65** (3x) Cornelsen/Nadja Diane, Berlin; **S.65 u.re.** Fotolia/Jan Jansen; **S.66 o.re.** akg-images/James Morris; **S.68 M.** Cornelsen, Kerstin Kälberer/© Microsoft® Office. Nutzung mit Genehmigung von Microsoft; **S.68** u. Cornelsen/Kerstin Kälberer, Berlin; **S.73 u.li.** Fotolia/MaBiCeLeTa; **S.76 u.re.** shutterstock/Alexander Raths; **S.81** Cornelsen/Christina Schwalm, Berlin; **S.82 o.re.** Fotolia/Kara; **S.82 o.li.** Fotolia/minicel73; **S.87 o.1** action press/ADOLPH,CHRISTOPHER; **S.87 o.2** Shutterstock/3Dalia; **S.87 o.5** Fotolia/Günter Menzl; **S.87 o.4** Shutterstock/Gordana Sermek; **S.88 M.li.** Fotolia/Amy_tang; **S.89 li.1** Fotolia/kameraauge; **S.89 li.3** Fotolia/GP; **S.89 li.4** Fotolia/helmutvogler; **S.89 li.2** Fotolia/ErnstPieber; **S.89 li.5** shutterstock/Pecold; **S.92 o.li.** Fotolia/donyanedomam; **S.94 u.re.** mauritius images/Pixtal; **S.96 o.re.** shutterstock/2009fotofriends; **S.97 u.li.** mauritius images/Alamy; **S.99 o.re.** Wiemann Lehrmittel e. K., Günter Wiemann; **S.99** Cornelsen/Ludwig Heyder; **S.100 o.re.** Fotolia/PRILL Mediendesign; **S.101 M.li.** laif/Imaginechina/Zhang Wei; **S.102 u.li.** ddp images/Darius Turek; **S.103 u.li.** Wiemann Lehrmittel e. K., Günter Wiemann; **S.103 o.re.** mauritius images/Alamy; **S.105 u.li.** Fotolia/Thierry GUIMBERT; **S.105 u.re.** Fotolia/kamillok; **S.106 u.re.** Fotolia/Platti; **S.106 M.re.** shutterstock/Nadiia Korol; **S.106 M.li.** Fotolia/Lucky Dragon; **S.106 u.li.** Fotolia/InPixKommunikation; **S.107 o.re.** shutterstock/Natykach Natali; **S.107 o.li.** Fotolia/simon gurney; **S.108 o.li.** akg images/De Agostini Picture Lib.; **S.109 u.li.** picture-alliance/ZB; **S.109 M.re.** Fotolia/logos2012; **S.109 u.re.** F1online/Foodcollection; **S.110 o.re.** Cornelsen/Matthias Hamel, Berlin; **S.111 o.li.** Fotolia/stockphoto-graf; **S.111 o.re.** Fotolia/olganik; **S.111 M.re.** Fotolia/Bjoern Wylezich; **S.111 u.li.** Fotolia/Smileus; **S.111 u.re.** Fotolia/taddle; **S.112 u.li.** Fotolia/embeki; **S.112 o.re.** mauritius images/Alamy; **S.112 o.li.** Fotolia/rangizzz; **S.112 u.li.** Fotolia/artemoberland; **S.113** o.re. shutterstock/Pavel Ilyukhin; **S.113 M.re.** Fotolia/ArTo; **S.113 o.li.** Fotolia/DE Photography; **S.113 u.li.** ClipDealer/Claudio Divizia; **S.113 M.li.** Shutterstock/Maria Uspenskaya; **S.113 u.li.** Fotolia/iuliiawhite; **S.114 o.re.** shutterstock/Pecold; **S.117 M.re.** Fotolia/